U0160306

IPv6 网络部署实战

锐捷版

IPv6 Network Deployment in Action

孔德丽　沈　群　崔北亮◎著

人民邮电出版社

北　京

图书在版编目（CIP）数据

IPv6网络部署实战：锐捷版 / 孔德丽，沈群，崔北
亮著. -- 北京：人民邮电出版社，2023.11
ISBN 978-7-115-62236-5

Ⅰ. ①I… Ⅱ. ①孔… ②沈… ③崔… Ⅲ. ①计算机
网络—通信协议 Ⅳ. ①TN915.04

中国国家版本馆CIP数据核字(2023)第121692号

内 容 提 要

本书详细介绍 IPv6 的基础知识，并基于仿真实验平台 EVE-NG 和锐捷网络公司开发的防火墙、路由器和交换机镜像讲解 IPv6 的部署方法。

本书共 9 章，内容涵盖 IPv6 的发展历程、现状和特性，EVE-NG 的安装、部署和管理，IPv6 的基础知识，IPv6 地址的配置方法，DNS 知识，IPv6 路由技术和协议，IPv6 安全机制，IPv6 网络过渡技术，以及 IPv6 应用过渡技术等。

本书共提供 66 个仿真实验，包括 IPv6 相关的地址配置、DNS 配置、路由配置、网络安全、故障排除和过渡技术等，让读者通过动手操作深入理解并掌握 IPv6 的具体应用。

本书适合从事网络架构、部署、运维和管理等相关工作的人员阅读，也适合网络相关专业的高校师生阅读。

◆ 著　　　　孔德丽　沈　群　崔北亮
　　责任编辑　胡俊英
　　责任印制　王　郁　焦志炜

◆ 人民邮电出版社出版发行　　北京市丰台区成寿寺路 11 号
　　邮编　100164　电子邮件　315@ptpress.com.cn
　　网址　https://www.ptpress.com.cn
　　人卫印务（北京）有限公司印刷

◆ 开本：787×1092　1/16
　　印张：24.75　　　　　　　　　　　2023 年 11 月第 1 版
　　字数：628 千字　　　　　　　　　2023 年 11 月北京第 1 次印刷

定价：119.80 元

读者服务热线：**(010)81055410**　印装质量热线：**(010)81055316**
反盗版热线：**(010)81055315**
广告经营许可证：京东市监广登字 20170147 号

推荐序

随着 IPv4 地址资源的逐步枯竭，以及人们对网络安全及网络服务质量要求的不断提升，全球主要的互联网大国已充分认识到部署 IPv6 的紧迫性和重要性。此外，近些年不断涌现的新技术极大地增加了对 IP 地址的需求，使得 IPv6 逐渐从"可选项" 变身为"必选项"。欧盟、日本、美国、韩国、加拿大等国家和组织纷纷出台相关发展战略、制定明确的发展路线图和时间表来积极推进 IPv6 的大规模商用部署，以确保不会在互联网发展中"掉队"。

2023 年 4 月，工业和信息化部、中央网信办、国家发展改革委、教育部、交通运输部、人民银行、国务院国资委、国家能源局等八部门联合发布《关于推进 IPv6 技术演进和应用创新发展的实施意见》，提出到 2025 年底，要让 IPv6 技术演进和应用创新取得显著成效，网络技术创新能力明显增强，"IPv6+"等创新技术应用范围进一步扩大，重点行业"IPv6+"融合应用水平大幅提升。该意见还提出要在统筹联动、经验推广以及人才队伍培育等方面采取有力措施，支持高等院校、科研机构与企业联合共建实验室、实训基地、专业研究院，开展 IPv6 技术培训，促进知识普及，培养 IPv6创新人才，丰富人才挖掘和选拔渠道，强化复合型领军人才培养。

早在 2004 年，我国便率先建成了世界上最大的纯 IPv6 网络——第二代中国教育和科研计算机网（China Education and Research Network 2，CERNET2）。2006 年，清华大学在国际互联网工程任务组（Internet Engineering Task Force，IETF）推动了 IPv6 源地址验证（Source Address Validation Architecture，SAVA）和 IPv6 过渡技术（如 4over6、IVI）等标准化工作，共形成了 20 多项 IETF 的 IPv6 核心技术标准，并在产业界得到推广应用。

然而，在 IPv6 的实际建设中，基层 IPv6 网络技术人才的匮乏制约了 IPv6 的普及速度。为保持我国互联网的技术优势，加快基层 IPv6 人才培养尤为重要。有幸的是，孔德丽、沈群和崔北亮编写了《IPv6 网络部署实战（锐捷版）》一书。本书专注于 IPv6 网络中的关键问题和热门应用，内容新颖、理论联系实践。通过本书提供的定制化综合网络实验环境，读者可以亲自动手完成各种实验。书中的众多实验令人印象深刻，例如"实验 3-8 常用的 IPv6 诊断工具"中通过抓包对报文进行分析，"实验 5-8 调整双栈计算机 IPv4 和 IPv6 的优先级"中演示了通过配置前缀策略表调整 IPv4 和 IPv6 的优先，"实验 7-4 利用 ND Snooping 功能彻底解决 NDP 攻击"中演示了利用邻居发现协议防范攻击。相信这些实验能够帮助读者更好地理解和掌握 IPv6 的相关知识。

锐捷公司为本书提供了大力支持，投入了大量的人力物力把锐捷的防火墙、路由器和交换机镜像迁移至下一代仿真虚拟环境中，并做了大量的适应性开发。读者可以通过该模拟设备熟悉和加深对网络设备的了解，并亲自动手进行实验。期待更多的国产通信设备厂商也能进行这样的适应性开发，解决学习者因缺乏设备而不能实践的困境。

希望本书以及锐捷公司开发的实验平台可以培养大量的一线 IPv6 工程技术人员，加速我国 IPv6 的建设进程，为构建更加安全、高效和创新的网络世界做出贡献。

崔 勇

清华大学计算机系教授、博士生导师

教育部长江学者特聘教授

IETF IPv6 过渡工作组主席

2023 年 5 月于清华园

前　言

Preface

2011 年，全球 IPv4 地址资源分配完毕，打造基于 IPv6 的下一代互联网逐渐成为各国共识。根据亚太互联网络信息中心（Asia-Pacific Network Information Center，APNIC）监测的数据，截至 2023 年 6 月，全球互联网的 IPv6 覆盖率已达到 35.45%。党的十八大以来，我国 IPv6 部署规模实现了跨越式发展，目前已全面建成 IPv6 网络"高速公路"，信息基础设施基本具备 IPv6 服务能力。截至 2022 年 8 月，我国 IPv6 活跃用户数达 7.137 亿，占网民总数的 67.9%，同比增长 29.5%，超过全球平均增长水平。

为什么写这本书

本书作者之一崔北亮于 2019 年出版了《非常网管——IPv6 网络部署实战》一书，深受读者的好评。面对日新月异的 IPv6 技术发展，崔北亮于 2021 年出版了《IPv6 网络部署实战》，对前一本书的内容进行了大量的修订、更新和扩展。由于缺少能够较好适应仿真实验平台 EVE-NG 的国产路由器和交换机镜像，上述两本书都是以思科路由器和交换机为例进行讲解的。然而，作者团队收到众多读者来信，希望能以国产的路由器和交换机为例对 IPv6 进行讲解。2022 年，本书作者团队有幸结识锐捷网络公司的高层，他们愿意投入大量人力物力来开发适应 EVE-NG 环境的镜像。经过长达近一年的研发，锐捷的防火墙、路由器和交换机镜像终于开发完成，这是国内首款由网络设备生产厂商投入开发的适用于 EVE-NG 环境的路由器和交换机镜像。

当前，IPv6 热潮已经来临，社会上迫切需要既懂 IPv6 的工作原理，又能部署实施 IPv6，还能快速排除网络故障的实用型人才。本书将理论与实践相结合，借助综合性的网络实验环境让读者身临其境。读者可以通过大量的实际操作来验证知识、加深对理论的理解，并提高动手能力，进而掌握部署和管理 IPv6 的技能。

作为下一代互联网的基础协议，IPv6 与 IPv4 有许多不同之处，比如 IPv6 地址的获取方式、邻居发现方式等，理解这些内容的工作原理对于解决实际的网络问题、排除网络故障大有裨益。

本书特色

本书在介绍 IPv6 技术时融入了作者 20 多年的工作经验和心得体会。本书针对 IPv6 网络中的焦点问题和热门应用提供 66 个实验，包括 IPv6 相关的地址配置、DNS 配置、路由配置、网络安全、故障排除和过渡技术等。

此外，本书还介绍了综合性仿真实验平台 EVE-NG，便于读者通过"做中学"的方式深入领会网络管理技术的精髓。读者仅通过一台计算机便可模拟出多台计算机、路由器、交换机和防火墙等设备，并能将它们完美地结合在一起，完成本书中的各种实验配置及测试。

本书内容架构

本书共 9 章，主要内容如下。

- **第 1 章，"绪论"**，主要介绍 IPv4 的局限性、IPv6 的发展历程及现状，以及 IPv6 的特性。
- **第 2 章，"EVE-NG"**，主要介绍仿真实验平台 EVE-NG 及其部署和管理方法。本书对 EVE-NG 进行了定制，并预置了实验拓扑。借助 EVE-NG，读者可以完成本书涉及的防火墙、路由器、交换机、Windows 10、Windows Server 2016 和 Linux 等实验。
- **第 3 章，"IPv6 基础"**，主要介绍 IPv6 地址的表示方法与分类、ICMPv6 和 NDP。本章还介绍数据包捕获工具的使用，通过捕获数据包了解 NS、NA、RS 和 RA 报文格式；介绍常用的 IPv6 诊断工具和 PMTU 的工作原理；介绍 IPv6 地址的层次化规划。
- **第 4 章，"IPv6 地址配置方法"**，主要介绍 IPv6 地址的手动配置、自动配置和 DHCPv6 配置，并介绍 IPv6 地址的多样性和优选配置等。
- **第 5 章，"DNS"**，主要介绍 DNS 基础、IPv6 域名服务、BIND 软件和 Windows Server DNS 域名服务。本章演示 DNS 域名服务的使用、DNS 转发配置、DNS 委派，以及调整双栈计算机中 IPv4 和 IPv6 访问的优先级等。
- **第 6 章，"IPv6 路由技术"**，主要介绍路由原理、路由协议、直连路由、静态路由、默认路由和动态路由等，演示静态、默认、RIPng、OSPFv3 和 BGP4+等路由协议的配置，讲解路由选路的原则。本章还演示如何配置静态路由助力网络安全以及如何配置 SRv6 路由等。
- **第 7 章，"IPv6 安全"**，主要介绍 IPv6 的主机安全并演示 Windows 防火墙的配置，介绍 IPv6 局域网安全并演示非法 RA 报文的检测和防范以及 NDP 攻击和防范，介绍 IPv6 网络互联安全并演示 IPv6 路由过滤和访问控制列表等。
- **第 8 章，"IPv6 网络过渡技术"**，主要介绍 IPv6 的网络过渡技术，通过实验讲解双栈技术、各种隧道技术（GRE、IPv6 in IPv4、6to4、ISATAP、Teredo 等）和协议转换技术（NAT64）。
- **第 9 章，"IPv6 应用过渡"**，主要介绍应用过渡技术，比如远程登录服务（包括 Telnet 和 SSH 服务）、Web 应用服务（包括配置 Apache、Tomcat、Nginx、Windows IIS 等，使其支持 IPv6）、配置支持 IPv6 的 FTP 应用服务和数据库应用服务，以及配置反向代理技术使纯 IPv4 应用无感知地支持 IPv6 访问等。

本书应用范围

本书既可供网络管理和维护人员自学 IPv6 的部署和管理，也可作为高等院校计算机网络相关专业的教材和参考书。

资源获取

读者可通过 http://blcui.njtech.edu.cn/eve-ng-rg.zip 下载专门为本书定制的综合实验环境，通过 http://blcui.njtech.edu.cn/ipv6config-rg.zip 下载本书相关软件及源代码。读者还可通过作者主页 blcui.njtech.edu.cn 或本书的 QQ 群 59767579 进行资料索取和交流。

作者简介

孔德丽，南京机电职业技术学院副院长，副研究员，教育部学校规划建设发展中心专家，分管学校信息化总体规划和建设。长期从事学校信息化建设的总体规划、建设、管理及维护。主要研究方向为网络及信息安全，以及智慧校园、绿色校园的规划建设。主持省级、校级信息化建设相关课题近 10 项，公开发表相关研究论文 10 余篇。

沈群，南京航空航天大学信息化处综合技术服务部主任，网络通信工程师，负责校园网基础设施、校园一卡通、教室多媒体、视频会议等网络工程的建设和维护保障等工作。主持和参与多个省级科研课题，发表相关研究论文多篇。

崔北亮，南京工业大学图书馆副馆长，计算机网络方向硕士生导师，正高级工程师，从事网络方面的教学和研究工作 20 余年，出版专著 12 部，发表学术论文多篇。主持申报的《南京工业大学 IPv6 规模部署和应用实战培育基地》入选国家"2022 年互联网协议第六版（IPv6）规模部署和应用优秀案例"。

致谢

非常感谢锐捷网络股份有限公司对本书的大力支持。感谢项小升、肖波、黄鹏、杨航、蔡杰、黄崇滨、林振彬、张博勋、金水生、翟仁爱、陈洁、黄晓伟、李妍青、王莹、许堃、王墩墩、唐旻昱等工程师为镜像开发和实验测试等工作付出的辛勤努力，使得本书可以顺利出版。特别感谢清华大学崔勇教授为本书作序。

资源与支持

资源获取

本书提供如下资源：
- 本书定制的综合实验环境；
- 本书相关软件及源代码；
- 本书思维导图；
- 异步社区 7 天 VIP 会员。

要获得以上资源，您可以扫描下方二维码，根据指引领取。

提交勘误

作者和编辑尽最大努力来确保书中内容的准确性，但难免会存在疏漏。欢迎您将发现的问题反馈给我们，帮助我们提升图书的质量。

当您发现错误时，请登录异步社区（https://www.epubit.com），按书名搜索，进入本书页面，单击"发表勘误"，输入勘误信息，然后单击"提交勘误"按钮即可（见下图）。本书的作者和编辑会对您提交的勘误进行审核，确认并接受后，您将获赠异步社区的 100 积分。积分可用于在异步社区兑换优惠券、样书或奖品。

与我们联系

我们的联系邮箱是 contact@epubit.com.cn。

如果您对本书有任何疑问或建议，请您发邮件给我们，并请在邮件标题中注明本书书名，以便我们更高效地做出反馈。

如果您有兴趣出版图书、录制教学视频，或者参与图书翻译、技术审校等工作，可以发邮件给我们。

如果您所在的学校、培训机构或企业想批量购买本书或异步社区出版的其他图书，也可以发邮件给我们。

如果您在网上发现有针对异步社区出品图书的各种形式的盗版行为，包括对图书全部或部分内容的非授权传播，请您将怀疑有侵权行为的链接发邮件给我们。您的这一举动是对作者权益的保护，也是我们持续为您提供有价值的内容的动力之源。

关于异步社区和异步图书

"异步社区"（www.epubit.com）是由人民邮电出版社创办的 IT 专业图书社区，于 2015 年 8 月上线运营，致力于优质内容的出版和分享，为读者提供高品质的学习内容，为作译者提供专业的出版服务，实现作者与读者的在线交流互动，以及传统出版与数字出版的融合发展。

"异步图书"是异步社区策划出版的精品 IT 图书的品牌，依托于人民邮电出版社在计算机图书领域 30 余年的发展与积淀。异步图书面向 IT 行业以及各行业使用 IT 的用户。

目　录

第1章
绪　论

Chapter 1

　　单独的计算机即使功能再强大，也是信息孤岛，只有将计算机组建成互联网才能发挥更大的作用。20 世纪 70 年代，计算机网络开始兴起，比较著名的有美国国防部的高级研究计划局网（Advanced Research Projects Agency Network，ARPANET）和美国数字设备公司（Digital Equipment Corporation，DEC）的数字化网络架构（Digital Network Architecture, DNA）等。在那时，计算机网络还没有统一完善的协议，因此各个网络之间互不兼容，无法方便地实现互联。直到 20 世纪 80 年代，ARPANET 重新采用 TCP/IP 框架，凡是想接入 ARPANET 网络的主机和网络都必须运行 TCP/IP，TCP/IP 框架自此也成为互联网的标准协议。

　　TCP/IP 主要分为传输控制协议（Transmission Control Protocol，TCP）和互联网协议（Internet Protocol，IP）。IP 主要负责网络数据包的路由选择，而 TCP 则负责提供 IP 层之上的功能（如分段重组、差错检测等）。在 TCP/IP 框架的互联网中，每一个网络终端都需要有一个逻辑上的唯一标识，这个标识就是常说的 IP 地址。

　　IP 地址有多个版本，过去使用最多的是第 4 版互联网协议（Internet Protocol version4，IPv4）地址，它使用 32 位地址作为每个网络终端的标识，根据理论值，可以为全球近 43 亿终端各分配一个 IPv4 地址。但是 IPv4 在设计和管理等方面存在缺陷，这导致 IPv4 地址分配不均，有一些国家和地区有大量剩余的 IPv4 地址，而另一些国家和地区却面临无 IPv4 地址可用的境地。加之当前访问互联网的终端类型越来越丰富，如手机、手持终端、智能家电、汽车等，甚至物联网的传感器和读卡器等都需要使用 IP 地址，IPv4 地址实际早已分配完毕。

　　为解决 IPv4 地址枯竭的问题，互联网工程任务组（Internet Engineering Task Force，IETF）组织设计了第 6 版互联网协议（Internet Protocol version6，IPv6），其主要目的是采用 128 位的地址（理论 IP 地址数能达到 2^{128} 个）来解决 IP 地址不够用的问题，并在 IPv4 的基础上做了改进，以更好地支持互联网的发展。

1.1　IPv4 的局限性

实际上，当前互联网的核心协议 IPv4 是一种非常成功的协议，它经受住了互联网几十亿台计算机等终端互联的考验。但以当今互联网的发展现状来看，几十年前 IPv4 的设计者对未来互联网的发展显然估计不足。随着物联网、"互联网+"时代的到来，网络终端数量呈指数级增长，新的网络应用层出不穷，IPv4 的局限性也越来越突出，例如地址枯竭、地址分配不均、骨干路由表巨大、NAT 破坏了端到端通信模型，以及服务质量（Quality of Service，QoS）和安全性得不到保障等。

1.1.1　地址枯竭

IPv4 地址为 32 位，理论上可供近 43 亿（2^{32}）网络终端使用，但在实际使用时还需要剔除一些保留地址块，如表 1-1 所示。

表 1-1　　　　　　　　　　　　　IPv4 保留地址块

CIDR 地址块	描述	参考 RFC
0.0.0.0/8	本网络（仅作为源地址）	RFC 5735
10.0.0.0/8	私网地址	RFC 1918
100.64.0.0/10	共享地址	RFC 6598
127.0.0.0/8	本地环回地址	RFC 5735
169.254.0.0/16	链路本地地址	RFC 3927
172.16.0.0/12	私网地址	RFC 1918
192.0.0.0/24	IANA 保留	RFC 5735
192.0.2.0/24	TEST-NET-1，文档和实例	RFC 5735
192.88.99.0/24	6to4 中继	RFC 3068
192.168.0.0/16	私网地址	RFC 1918
198.18.0.0/15	网络基准测试	RFC 2544
198.51.100.0/24	TEST-NET-2，文档和实例	RFC 5737
203.0.113.0/24	TEST-NET-3，文档和实例	RFC 5737
224.0.0.0/4	D 类多播地址，仅作目的地址	RFC 3171
240.0.0.0/4	E 类地址，保留	RFC 1700
255.255.255.255	受限广播	RFC 919

IPv4 地址枯竭是一个不争的事实。一方面是因为需要接入互联网的网络终端越来越多，包括手机、汽车、家电等智能设备，这些都需要用 IP 地址进行标识。另一方面是因为 IPv4 地址长度不足，导致不能有效地层次化分配 IPv4 地址。另外，子网划分和保留地址的存在导

致实际可用的 IPv4 地址进一步减少。现有的 32 位地址空间显然已经不能满足未来互联网发展规模的要求。2011 年 2 月 3 日，互联网数字分配机构（Internet Assigned Numbers Authority，IANA）正式宣布所有的 IPv4 地址资源分配结束，这也意味着必须启用新的 IP 地址方案来解决地址枯竭的问题。

1.1.2　地址分配不均

"二八原则"在 IPv4 分配领域同样存在，这进一步加剧了 IP 地址紧缺的矛盾。在互联网的发源地美国，特别是在 20 世纪 80 年代，几乎所有的大公司和大学都能得到至少一个 A 类或一个 B 类地址，尽管它们只有很少的计算机等网络终端，甚至到目前很多机构还有闲置的 IPv4 地址。与此形成对比的是，在欧洲和亚太等地区，很多组织机构很难申请到 IPv4 地址。这些地区的组织机构需要提供完整可靠的网络建设证明，包括网络设备购置合同等，才有可能申请到 IPv4 地址。IPv4 地址枯竭问题其实对各国（地区）的影响不尽相同。对于美国这种人均 5 个 IP 地址的国家，影响并不算严重。但对于中国这种人均只有 0.6 个 IP 地址且互联网普及率还有较大提升空间的国家，推进新的 IP 编址技术就刻不容缓、势在必行。

1.1.3　骨干路由表巨大

互联网络的基础是路由表，网络终端之间的通信数据是由网络设备选路转发完成的，而选路的依据就是路由表。路由表主要是由各个自治系统（Autonomous System，AS）网络设备通告并生成的。由于各个 AS 难以做到提前规划，因此子网划分不尽合理，IP 地址的层次化分配结构也遭到破坏，而且随着 AS 的不断增长，会不断产生新的、不连续的、不可聚合的多条路由，从而使路由表条目越来越巨大。路由条目的增多，增加了网络路由设备的寻址压力，降低了路由设备的转发效率。

IPv4 地址不足导致无法提供有效的层次化规划，从而进一步导致路由表条目的数量越来越巨大。从精简路由条目、提高网络设备转发效率的角度出发，寻找替代 IPv4 的新协议也是发展的必然要求。

1.1.4　NAT 破坏了端到端通信模型

由于 IP 地址的短缺，网络地址转换（Network Address Translation，NAT）技术在目前的 IPv4 网络中得到了广泛的应用，这在一定程度上缓解了 IP 地址短缺造成的影响。但 NAT 技术仅仅是用来延长 IPv4 使用寿命的临时手段，而不是 IPv4 地址空间问题的终极解决方案。

在端到端通信模型中，通信是直接将原始数据报发送给接收端，其间不需要其他设备来干预，这也是 IP 设计的初衷。然而 NAT 却破坏了这种端到端通信模型。

在 NAT 环境中，如果通信的一方处于 NAT 后方，则需要使用额外的转换设备及资源来保证通信双方的连接。此转换设备必须记录下转换前的地址和端口，这势必会影响网络的转发性能。而且一旦通信发生故障，也无法第一时间确认到底是转换设备还是 NAT 后方设备所引起的。此外，对出于网络安全和上网行为管理的需要而记录最终用户行为的组织机构来说，记录并保存 NAT 状态表还需耗费更多的资源。

　　NAT 对于一些非常规 IP+端口转换的协议支持不足，比如文件传输协议（File Transfer Protocol，FTP）、会话初始协议（Session Initiation Protocol，SIP）、点对点隧道协议（Point to Point Tunneling Protocol，PPTP）等。此外，有时需要通过一些加密手段来保护 IP 报头的完整性，报头在源到目的的传输过程中不允许被篡改，即在源端保护报头的完整性，在目的端检查数据包的完整性。但是 NAT 会在通信中改变报头，这就破坏了完整性检查，从而出现预期之外的错误。

1.1.5　QoS 问题和安全性问题

　　互联网中总会存在一些特殊的应用，如音视频等实时性高的通信应用，它们对网络的延时、抖动、丢包率和带宽等都有较高的要求，这就要求互联网协议对这些特殊应用做出服务质量保证，即 QoS。虽然在 IPv4 中针对此问题有区分服务（Differentiated Service，DiffServ）等 QoS 解决方案，但由于实际部署复杂、管理难度高等原因，当前的 IPv4 互联网实际上并不能提供全面的 QoS 服务保障。

　　在 IPv4 网络中，某些链路的最大传输单元（Maximum Transmission Unit，MTU）限制会导致一些网络设备对原始数据报进行拆分。在这个过程中，难免存在数据丢失或被修改的安全隐患。虽然在 IPv4 中能通过互联网安全协议（Internet Protocol Security，IPSec）等技术手段来实现信息的完整性和保密性传输，但单一的技术手段并不能完全解决 IPv4 设计上的安全缺陷，特别是在 NAT 泛滥的环境中。

　　综上，IPv4 的诸多局限性促使业界达成了一个共识：需要一个全新的协议来从根本上解决 IPv4 面临的问题。

1.2　IPv6 发展历程及现状

　　正是因为 IPv4 地址短缺等局限性，IETF 在 1993 年成立了下一代互联网 IPng 工作组，当时提出了 3 个研究方案，分别是 CATNIP（参见 RFC 1707）、SIPP（参见 RFC 1752）和 TUBA（参见 RFC 1347）。最终于 1994 年，IPng 工作组提出将 IPv6 作为下一代 IP 网络协议推荐版本，并于 1995 年完成了 IPv6 的协议规范。1996 年，IETF 发起并成立了全球 IPv6 试验床：6BONE 网络（3ffe::/16）。1999 年，IPng 工作组完成了对 IPv6 的审定和测试，并成立了 IPv6 论坛，开始正式分配 IPv6 地址。自此，各大主流操作系统和主流厂家均正式推出支持 IPv6 的产品，并不断改进和完善。

　　我国也积极参与了 IPv6 的研究和试验，中国教育和科研计算机网（CERNET）于 1998 年 6 月加入了 6BONE 试验床，于 2003 年正式启动中国下一代互联网（China's Next Generation Internet，CNGI）示范工程。2004 年，CNGI-CERNET2 教育网主干网正式开通，它也是迄今为止世界上规模最大的纯 IPv6 主干网，全面支持 IPv6，连接了我国 20 个城市的 25 个核心节点。2005 年，北京国内/国际互联中心 CNGI-6IX 建成，分别实现了和其他 CNGI 示范核心网、美国 Internet2、欧洲 GEANT2 和亚太地区 APAN 的高速互联。

　　表 1-2 罗列了 IPv6 自产生以来所经历的重大事件。

时间	事件
1993 年	IETF IPng 启动
1994 年	IPng 推荐将 IPv6 作为下一代 IP 推荐版本
1995 年	IPng 完成 IPv6 文本
1996 年	全球 6BONE 试验床建立
1998 年	中国加入 6BONE
1999 年	成立 IPv6 论坛，正式分配 IPv6 地址
2000 年	各大主流厂商、操作系统开始支持 IPv6，并不断完善
2003 年	中国成立 CNGI
2004 年	中国创建 CNGI-CERNET2 纯 IPv6 网络
2005 年	中国与其他 CNGI 示范网实现互联

表 1-2 　　　　　　　　　　IPv6 大事记

我国的 IPv6 发展现状

在 2016 年 12 月 7 日举行的 "2016 全球网络技术大会（GNTC）" 上，中国工程院院士、清华大学教授吴建平在演讲中表示，我国的 IPv6 发展 "起了个大早，赶了个晚集"。吴建平教授认为，国家在 2003 年就将 IPv6 的发展提上了日程，这是非常正确和及时的战略决策。当时经过 5 年的发展，第一期取得了预期的战略目标。但从 2008 年以后，我国 IPv6 的发展速度开始放缓并落后于国际水平。在吴建平看来，造成这个局面的主要原因有 3 个：NAT 技术大量使用、互联网缺乏应有的国际竞争和推广迁移的代价巨大。

自 2017 年中共中央办公厅、国务院办公厅印发《推进互联网协议第六版（IPv6）规模部署行动计划》以来，工业和信息化部先后组织开展了 "IPv6 网络就绪""IPv6 端到端贯通""IPv6 流量提升" 等系列专项行动。2021 年 7 月，工业和信息化部、中央网信办发布《IPv6 流量提升三年专项行动计划（2021—2023）》，推动 IPv6 产业发展迈入新阶段。此计划聚焦 IPv6 流量提升总目标，从网络和应用基础设施服务性能、主要商业互联网应用 IPv6 浓度、支持 IPv6 的终端设备占比等方面提出了量化目标。网信办监测数据显示，截至 2021 年 12 月底，我国 IPv6 活跃用户数达 6.08 亿，占网民总数的 60.11%，物联网 IPv6 连接数达 1.4 亿，移动网络 IPv6 流量占比达 35.15%，固定网络 IPv6 流量占比达 9.38%，家庭无线路由器 IPv6 支持率达 16%，政府门户网站 IPv6 支持率达 81.8%，主要商业网站及移动互联网应用 IPv6 支持率达 80.7%。主要年度指标超额完成，呈现出良好发展势头。

IPv6 这个核心技术在互联网世界中越来越受重视，它的新技术、新能力、新品质必将在未来的互联网世界中发挥举足轻重的作用。我国虽然 "起步早，发展慢"，但近些年越来越重视 IPv6 技术，并为此投入大量的人力、物力和财力。未来，IPv6 必将在大数据、物联网、云计算、智能家居等新兴领域大放异彩。

1.3　IPv6 的特性

相较于 IPv4，IPv6 凭借其具备的如下特性获得了业界认可。

1. 巨大的地址空间

IPv6 的地址位数是 IPv4 地址位数的 4 倍，达到了 128 位。128 位长度的地址理论上可以有 2^{128} 个地址，平均全球每个人约可拥有 5.7×10^{28} 个 IPv6 地址。虽然由于前缀划分、地址段保留等原因，实际可用的地址可能会少一些，但 IPv6 的地址空间依然很大。

2. 全新的报头格式

IPv6 报头并不是在原有 IPv4 报头的基础上进行更改，而是拥有全新的报头格式，这意味着 IPv6 报头和 IPv4 报头并不兼容。为了比较 IPv6 与 IPv4 报头，我们先看 IPv4 报头结构，如图 1-1 所示。

版本 (4位)	报头长度 (4位)	业务类型 (8位)	总长度 (16位)	
标识 (16位)			标志 (3位)	分段偏移 (13位)
生存期 (8位)		协议号 (8位)	报头校验和 (16位)	
源IPv4地址 (32位)				
目的IPv4地址 (32位)				
选项			填充	

图 1-1 IPv4 报头结构

IPv4 报头长度不固定，如果没有选项字段，则 IPv4 报头至少为 20 字节，而选项字段最多支持 40 字节。再来看 IPv6 基本报头格式，如图 1-2 所示。

版本 (4位)	流量类型 (8位)	流标签 (20位)		
有效载荷长度 (16位)		下一个报头 (8位)	跳限制 (8位)	
源IPv6地址 (128位)				
目的IPv6地址 (128位)				

图 1-2 IPv6 基本报头格式

通过比较发现，IPv4 中的报头长度、标识、标志、分段偏移、报头校验和、选项和填充在 IPv6 中被去掉了，其原因如下。

- 报头长度：IPv6 中的报头长度固定为 40 字节，所以不再需要。
- 标识、标志和分段偏移：在 IPv6 网络中，中间路由器不再处理分片。分片处理交由源节点处理，是否分片则由路径最大传输单元（Path Maximum Transmission Unit，PMTU）来决定（第 3 章将详细讲解 PMTU）。
- 报头校验和：在 IPv6 中，二层和四层都有校验和，所以三层的校验和并非必需。
- 选项和填充：在 IPv6 中，这两个字段由扩展报头来代替。是否有扩展报头则由下一个字段来指明，即把扩展报头与上层协议（TCP、UDP 等）做同等处理。

报头长度固定、不需要分片处理、不需要校验和，IPv6 的这些特性使得中间路由器不用再耗费大量的 CPU 资源，从而提高了转发效率。

3．可扩展报头

IPv6 基本报头后面可以跟可选的 IPv6 扩展报头，扩展报头字段中包括下一报头字段以指明上层协议单元类型。可扩展报头可以有多个，它只受 IPv6 数据报长度的限制。常用的扩展报头如下。

- 逐跳选项报头（唯一一个每台中间路由器都必须处理的扩展报头）。
- 目标选项报头（指定路由器处理）。
- 路由报头（强制经过指定路由器）。
- 分段报头（需要分段时由源节点构造）。
- 认证报头（类似 IPSec）。
- 封装安全有效载荷报头（类似认证报头）等。

因为目标选项报头和路由报头等扩展报头的存在，移动 IPv6 也更容易实现。

4．全新的地址配置方式

IPv6 的地址长度有 128 位，用十六进制表示，相较于 IPv4 而言，手工配置 IPv6 地址较为困难，因此 IPv6 地址配置主要采用自动配置的方式。在大多数情况下，需要接入 IPv6 网络中的主机只需要获取自己的 64 位 IPv6 前缀，此前缀通过本地网关发送路由器通告（Router Advertisement，RA）报文来完成，然后结合自己的 64 位扩展唯一标识符（64-bit Extended Unique Identifier，EUI-64）格式作为主机号生成完整的 IPv6 地址，就能实现"即插即用"。当然实际配置 IPv6 时，还分无状态自动配置和有状态自动配置。考虑到安全性，其主机位也可以不使用 EUI-64 格式（具体参见第 3 章和第 4 章）。

5．对于按照优先级传输的支持更加完善

在 IPv6 的基本报头中，有 8 位流量类型标签和 20 位流标签，这样在无须打开内层数据的情况下就能为视频会议、IP 语音等实时性较高的业务提供更好的 QoS 保障。

6．全新的邻居节点交互协议

在 IPv4 网络中，邻居发现主要靠广播的地址解析协议（Address Resolution Protocol，ARP）来完成，这很容易发生广播风暴。而 IPv6 网络不再使用 ARP，而是使用邻居发现协议（Neighbor Discovery Protocol，NDP）来找到邻居。NDP 使用多播传输机制，从而减少了网络流量，提高了网络性能。有关 NDP 的详细介绍，请参见第 3 章。

1.4 接入和体验 IPv6

本节介绍普通用户如何接入和体验 IPv6。

1.4.1 家庭用户接入 IPv6

在中央网信办的督办下，中国电信、中国移动和中国联通等网络运营商的家庭宽带已全面支持 IPv6。许多家庭用户不能使用 IPv6 的原因是一些家用无线宽带路由器不支持或没有

启用 IPv6。下面以常用的锐捷家用无线路由器为例，介绍家庭宽带用户如何开启 IPv6。

　　购买锐捷家用无线路由器前，请查询相关说明，确认该型号的无线路由器支持 IPv6。作者家里使用锐捷无线路由器的型号是"X32 PRO 千兆版"，淘宝售价大约 300 多元，家里接入的是南京联通的宽带。不同区域的不同运营商在配置和使用上可能会有些差异。

　　登录无线路由器的管理界面（默认登录地址为 192.168.110.1），如图 1-3 所示，选择"更多设置"→"IPv6 设置"，将"是否开启"设置为"开启"，"WAN 配置"中的"联网类型"根据宽带的接入方式进行选择，作者家中的接入方式是"动态 IP"。

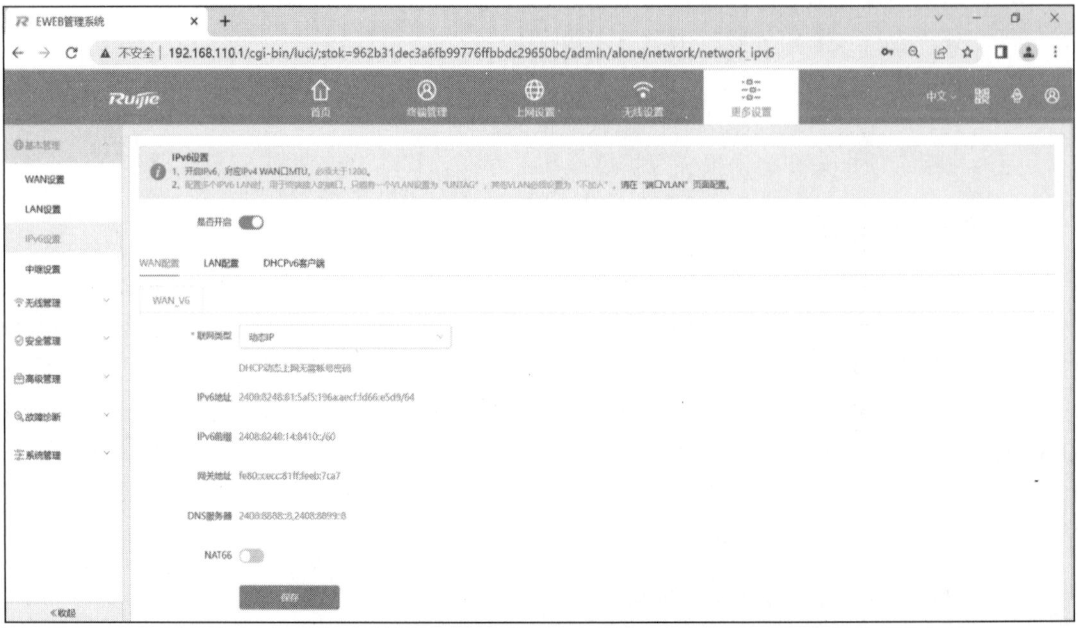

图 1-3　锐捷家用无线路由器 IPv6 配置

在连接家用无线路由器的计算机上执行 ipconfig /all 命令，显示如下：

```
C:\Users\Administrator>ipconfig /all
Windows IP 配置
    主机名 . . . . . . . . . . . . . . . : DESKTOP-SNMJ735
    主 DNS 后缀 . . . . . . . . . . :
    节点类型 . . . . . . . . . . . . : 混合
    IP 路由已启用 . . . . . . . . : 否
    WINS 代理已启用 . . . . . . : 否
以太网适配器 以太网:
    连接特定的 DNS 后缀 . . . . . . . :
    描述. . . . . . . . . . . . . . . . . . : Intel(R) 82579LM Gigabit Network Connection
    物理地址. . . . . . . . . . . . . . . : 34-17-EB-C9-70-DB
    DHCP 已启用 . . . . . . . . : 否
    自动配置已启用. . . . . . . : 是
    IPv6 地址 . . . . . . . . . . . : 2408:8248:14:8410:210e:b297:1254:9bb8(首选)
    临时 IPv6 地址. . . . . . . . : 2408:8248:14:8410:59d7:73a2:8a93:f5dc(首选)
    本地链接 IPv6 地址. . . . : fe80::210e:b297:1254:9bb8%8(首选)
    IPv4 地址 . . . . . . . . . . . : 192.168.110.206(首选)
```

```
子网掩码  . . . . . . . . . . . . : 255.255.255.0
默认网关. . . . . . . . . . . . : fe80::eeb9:70ff:fef1:361c%8
              192.168.110.1
DHCPv6 IAID . . . . . . . : 104077291
DHCPv6 客户端 DUID  : 00-01-00-01-28-A4-03-C9-34-17-EB-C9-70-DB
DNS 服务器  . . . . . . . . : 2408:8248:14:8410::1
              192.168.110.1
TCPIP 上的 NetBIOS  : 已启用
```

上面输出中的粗体部分显示计算机已经获得了 IPv6 地址。有关这里显示信息的更多解释，后面章节会陆续进行介绍。在计算机上 ping 中国教育科研网的域名 www.edu.cn，显示如下：

```
C:\Users\Administrator>ping www.edu.cn

正在 Ping www.edu.cn [2001:da8:20d:22::10] 具有 32 字节的数据:
来自 2001:da8:20d:22::10 的回复: 时间=34ms
来自 2001:da8:20d:22::10 的回复: 时间=34ms
来自 2001:da8:20d:22::10 的回复: 时间=34ms
来自 2001:da8:20d:22::10 的回复: 时间=34ms
2001:da8:20d:22::10 的 Ping 统计信息:
    数据包: 已发送 = 4，已接收 = 4，丢失 = 0 (0% 丢失)
往返行程的估计时间(以毫秒为单位):
    最短 = 34ms，最长 = 34ms，平均 = 34ms
```

从上面的输出可以看出，该计算机已经获得了 IPv6 地址，并可以访问互联网上的 IPv6 资源。目前，IPv6 流量的占比不高，很大一部分原因是家用无线路由器不支持或没有开启 IPv6。通过本小节的演示可以得知，开通 IPv6 的方法很简单。

图 1-4 手机移动数据配置

1.4.2 移动用户接入 IPv6

中国电信、中国移动和中国联通等网络运营商的 4G/5G 网络默认也开通了 IPv6，这里以华为 Mate40 为例，介绍如何验证手机支持 IPv6。点击手机的"设置"→"移动网络"→"移动数据"，打开"移动数据"窗口，如图 1-4 所示。

可以看到该手机同时接入了卡 1 网络（中国电信）和卡 2 网络（中国移动），点击卡 1 网络的"接入点名称（APN）"，打开"APN"配置页面，点击"中国电信互联网设置 CTNET"后的信息符号，打开"修改接入点"页面，如图 1-5 所示。

从图 1-5 中可以看出，"APN 协议"默认是 IPv4/IPv6，即同时支持 IPv4 和 IPv6。读者若想对此进行修改，可以新建 APN，然后在"APN 协议"中选择 IPv4、IPv6 或 IPv4/IPv6。

断开手机的无线网络后，点击手机的"设置"→"关于手机"→"状态信息"，打开"状态信息"窗口，如图 1-6 所示。在"IP 地址"部分可以看到同时具有 IPv4 和 IPv6 地址。

图 1-5　修改接入点

图 1-6　查看状态信息

　　在手机上打开"淘宝"等 APP，可以看到支持 IPv6 的提示。越来越多的 APP 将支持 IPv6，不过对用户来说是无感知的，若不支持 IPv6，将会使用 IPv4 访问。

1.4.3　企业用户接入 IPv6

　　这里以南京工业大学校园网为例，介绍企业无线用户和有线用户如何接入 IPv6。

1. 无线用户

　　南京工业大学部署了 1 万多台锐捷的放装、面板和智分 AP，实现了校园无线全覆盖，"Njtech"信号随处可见。用户连接"Njtech"，经锐捷 SAM 认证后，即可接入校园网。由于"Njtech"信号支持双栈（同时开通了 IPv4 和 IPv6），用户连接无线后，即可享受 IPv6 服务。为了鼓励师生使用 IPv6，学校对 IPv6 的访问免流量限制，同时放开互联网对校内用户 IPv6 地址的部分访问权限。

2. 有线用户

　　有线校园网默认也开通了双栈，直接连接有线校园网的设备可以获得 IPv6 支持。但一些用户为了使用方便，在办公室架设了无线路由器，把无线路由器的 WAN 口连接到校园网。

连接无线路由器的有线和无线设备可以获得校园网分配的 IPv4 地址，并能正常访问互联网，默认却得不到校园网分配的 IPv6 前缀，不能享受 IPv6 服务。这里仍以锐捷的"X32 PRO 千兆版"路由器为例，介绍如何配置无线路由器，使连接无线路由器的有线和无线设备也能获得校园网分配的 IPv6 前缀和提供的服务。无线路由器的其他配置不变，需要在"更多设置"→"中继设置"中将工作模式修改为"有线中继"，如图 1-7 所示。这样该无线路由器对 IPv4 和 IPv6 来说相当于是普通的交换机，可以透传 IPv4 和 IPv6 的流量。

图 1-7 IPv6 设置中继模式

1.4.4 体验 IPv6

前面介绍了一些 IPv6 的接入方式，这里感受一下 IPv6 可以提供的服务。从互联网上另一台 IPv6 计算机通过 ping 命令连接 1.4.1 小节中给出的 IPv6 地址（2408:8248:14:8410:210e:b297:1254:9bb8）和临时 IPv6 地址（2408:8248:14:8410:59d7:73a2:8a93:f5dc），都可以成功连接，表示这里的 IPv6 地址全球可达。从互联网上另一台 IPv6 计算机远程桌面连接前面的 IPv6 地址和临时 IPv6 地址，都可成功连接，也可进行直接操控和文件复制等操作。

注 意

这里的 ping 命令和远程桌面等操作会受到网络运营商的影响，不同运营商会基于不同的侧重点实施不同的安全策略。经测，南京电信的有线宽带和移动网络没有禁用这些服务，更注重用户的网络应用范围；南京移动的移动网络仅允许 ping，禁用了远程桌面等服务，更注重用户的网络安全。

由于计算机的 IPv6 地址经常变化，可以通过动态域名进行域名和 IPv6 地址的绑定，例如"青岛每步数码科技有限公司"提供的小程序可以将用户的实时 IPv6 地址与免费注册的域名进行关联。

1.5 总结

IPv4 的局限性决定了必须寻找并使用一种全新的互联网协议来替代它。而 IPv6 在设计之初针对的就是 IPv4 的局限性，旨在以一种全新的互联网协议架构来支撑互联网。IPv6 和 IPv4 的主要区别包括地址空间的扩展、报头格式的改变、对 QoS 更好的支持、多播代替广播、增强的可扩展报头、内置安全性和移动性等。

当前，各国政府都在加紧实施 IPv6 的大规模部署和改造，IPv6 已势不可挡。然而真正拥有 IPv6 相关技术、部署和使用经验的技术人员却少之又少，有太多的机遇摆在面前。接下来，我们开始 IPv6 网络部署的实战之旅，争当技术的引领者和时代的弄潮儿。

　　俗话说，巧妇难为无米之炊。很多网络爱好者就是因为缺少设备，而不能深入学习并动手实践，学习效果大打折扣。本章将介绍一款功能强大的模拟器——下一代仿真虚拟环境（Emulated Virtual Environment-Next Generation，EVE-NG），这里暂且把它称为"仿真实验室"。通过 EVE-NG，读者可身临其境地亲自动手完成所有实验。本章介绍了这款模拟器的搭建过程和使用方法，从而为读者完成本书的学习打下硬件基础。同时，尽管本书很多章节涉及的实验提供了搭建好的实验环境，但读者也可以通过本章的学习自行搭建所需的实验环境。

2.1　EVE-NG 简介

　　EVE-NG 是一款运行在 Ubuntu 上的虚拟仿真环境，由安德烈·戴内斯（Andrea Dainese）等国外技术专家开发。它不仅可以模拟各种网络设备（比如 Cisco、Juniper、锐捷等），还可以模拟 Windows、Linux 等虚拟机。从理论上说，只要能将虚拟机的虚拟磁盘格式转换为 qcow2（Qemu Copy On Write，QEMU 写入复制，是 QEMU 的一种镜像格式），就可以在 EVE-NG 上运行。借助 EVE-NG，用户只需一台计算机，即可快速搭建网络拓扑，验证解决方案。用户还可以在虚拟场景中重现和改进真实的物理架构，灵活选择多供应商设备，然后进行互连互通的测试和部署。

2.1.1　EVE-NG 的版本

　　EVE-NG 有社区版和专业版两个版本。"社区版"免费但功能受限，比如不支持同时运行多个实验，每个实验中最多只支持 63 个节点，设备开机的情况下不能改变网络连接等。"专业版"收费但功能有所增强，比如可以同时运行多个实验，每个实验中最多可以支持 1024 个节点，设备在开机状态下也可改变网络连接。当前社区版可以满足个人网络实验学习使用，本书环境部署和功能介绍均以社区版为例。

2.1.2　EVE-NG 的安装方式

EVE-NG 的安装方式有两种：ISO 镜像安装和利用 OVA 模板导入虚拟机。读者可以从 EVE-NG 官网下载所需的安装文件。本书推荐选用 OVA 模板导入作者定制的 EVE-NG 虚拟机，该虚拟机中已经导入了锐捷防火墙、路由器和交换机的镜像文件，此外也包含了 Windows Server 2016 和 Windows 10 等的镜像，虚拟机中也搭好了涉及的几十个实验拓扑。读者可参考本书前言下载 eve-ng-rg.zip 获取该 OVA 文件。

1．ISO 镜像安装

从 EVE-NG 官网下载 ISO 文件后，可以将其安装在虚拟机或物理机中。若将 EVE-NG 安装在物理机中，则因为少了一层虚拟化嵌套，而使 EVE-NG 的性能更优越，但这会涉及硬盘、网卡、显卡等驱动程序的安装。

2．OVA 模板导入虚拟机

可以将 OVA 模板文件导入 VMware Workstation、Hyper-V 或 vSphere ESXi 等虚拟机中，从而方便快捷地完成 EVE-NG 的安装。本书以 VMware Workstation 和 vSphere ESXi 为例来演示 EVE-NG 的安装和部署。

2.1.3　EVE-NG 的环境准备说明

1．计算机的硬件要求

- CPU：推荐使用 Intel VT-x/EPT 处理器。
- 内存：8GB 以上。

在 EVE-NG 中运行虚拟设备会占用硬件资源，本书中的一些实验会涉及同时运行多台路由器、交换机、防火墙、计算机（可以是 Windows 10、Windows Server 2016、Linux 等）的情况，建议读者的计算机配置为 8 核以上 CPU、16GB 以上内存、500GB 以上固态硬盘。更好的 CPU、更大的内存可以保障读者流畅地完成本书中的相关实验。作者所用的台式计算机的配置为 i7-1260P 单核 CPU、32GB 内存、500GB 固态硬盘。

考虑到有些读者的计算机配置不高，但单位中有高性能的 vSphere ESXi 主机，本书后面也会介绍如何把定制的 EVE-NG 虚拟机部署到 vSphere ESXi 主机中。

2．安装 VMware Workstation

VMware Workstation 是一款功能强大的桌面虚拟计算机软件。由于运行 EVE-NG 的 Ubuntu 系统与低版本的 VMware Workstation 存在兼容性问题，因此需要安装 VMware Workstation 16 以上的版本。读者可以在个人计算机上安装 Windows 10、Windows 11、Windows Server 2016、Windows Server 2022 等多种操作系统，然后安装 VMware Workstation，最后在 VMware Workstation 中导入定制的 EVE-NG 虚拟机。

读者可参考本书前言下载 ipv6config-rg.zip 获取 IPv6 配置包，然后双击配置包中"02\VMware Workstation 17 pro"文件下的"VMware-workstation-full-17.0.0-20800274.exe"文件开始安装。由于安装比较简单，这里不再赘述。软件安装完成后，宿主计算机的网络连接如图 2-1 所示，其中新增加了两块虚拟机网卡，分别为 VMnet1 和 VMnet8。

图 2-1　VMware Workstation 安装完成后的网络连接

2.2　EVE-NG 部署

部署 EVE-NG 之前，须确保宿主计算机的 BIOS 中开启了虚拟化支持。这里以作者的 DELL 台式计算机为例，开机后按 F2 键，进入 BIOS 配置界面，在左侧选择 Virtualization（虚拟化），在右侧选中"Enable Intel Virtualization Technology"（启用 Intel 虚拟化技术）复选框，开启虚拟化支持，如图 2-2 所示。

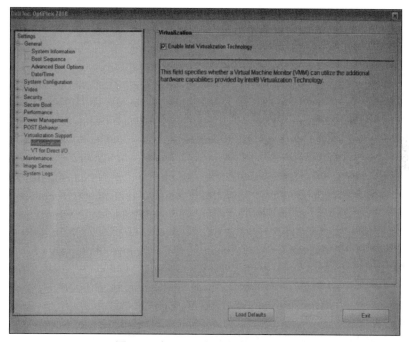

图 2-2　在 BIOS 中开启虚拟化支持

2.2.1　基于 VMware Workstation 环境安装

1. 导入 EVE-NG 虚拟机

可参考本书前言下载 eve-ng-rg.zip 获取 EVE-NG 的 OVA 文件压缩包，其名字为 EVE-ng-

172.18.1.18-v5.1.ova。作者从 EVE-NG 官网下载了 EVE-NG 社区版 V5.0.1-13 的 OVA 模板文件，并对其进行改装，包含了锐捷设备（路由器、交换机和防火墙）、Windows 10、Windows Server 2016 和 CentOS 等所有完成本书实验所需的虚拟机和网络设备（Windows 10 和 Windows Server 2016 的默认系统管理员是 administrator，对应的密码是 admin@123；CentOS 的默认系统管理员是 root，对应的密码是 eve@123）。

双击 EVE-ng-172.18.1.18-v5.1.ova 文件，打开"导入虚拟机"向导，如图 2-3 所示。在"新虚拟机名称"文本框中可自定义一个名称，在"新虚拟机的存储路径"文本框中选择一个空闲空间大于 300GB 的磁盘，原因是随着实验的进行，会产生大量的临时文件，尤其是涉及 Windows 虚拟机的实验。当 EVE-NG 磁盘空间满了后，实验平台的工作会发生异常，但系统并不会提示。后面会介绍如何清理产生的临时文件。如果读者能记得经常清理临时文件，那么磁盘的空闲空间大于 80GB 也是可以的。

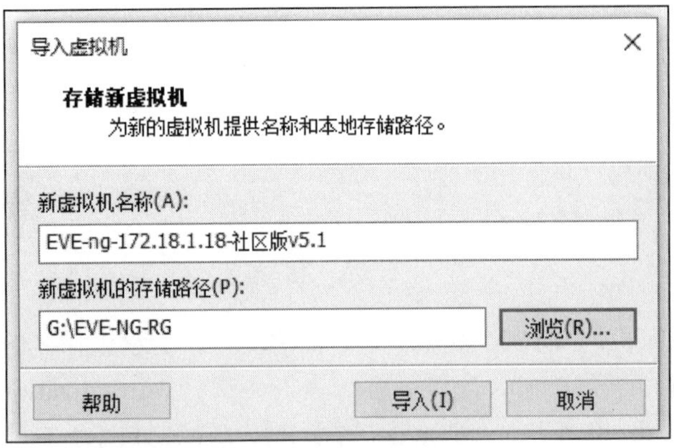

图 2-3　导入虚拟机

单击"导入"按钮，开始导入虚拟机。大约 10 分钟后，虚拟机导入完成，如图 2-4 所示。此时可以看到虚拟机的默认配置：16GB 内存、4 核 CPU、NAT 模式的网络适配器、1 块 60GB 的硬盘和 1 块 300GB 的硬盘。

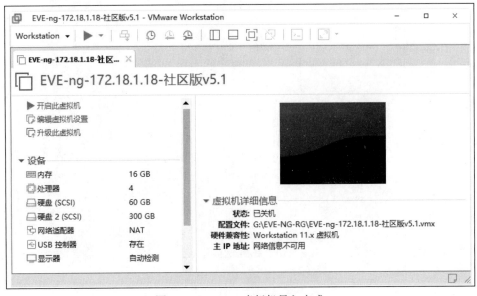

图 2-4　EVE-NG 虚拟机导入完成

单击图 2-4 中的"编辑虚拟机设置"，根据宿主计算机的配置调整虚拟机的内存大小和 CPU 数量（建议至少分配 8GB 内存，若涉及复杂的实验，则需相应地增加内存。CPU 的数量影响不大）。因为要在 EVE-NG 中运行虚拟机，所以 CPU 要开启虚拟化。在图 2-5 中选中"虚拟化 Intel VT-x/EPT 或 AMD-V/RVI（V）"和"虚拟化 CPU 性能计数器"复选框。

图 2-5　CPU 开启虚拟化

接下来选择网络适配器类型。在图 2-6 的"网络连接"区域中选择"NAT 模式：用于共享主机的 IP 地址"单选按钮。这里选择 NAT 模式是为了不影响真实网络。

图 2-6　选择网络适配器类型

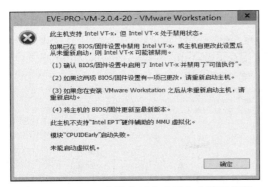

图 2-7　因 BIOS 中没有开启虚拟化支持而报错

最后单击"确定"按钮，完成虚拟机的编辑。返回图 2-4 并单击"开启此虚拟机"按钮，若出现图 2-7 所示的报错信息，则是 BIOS 没有成功开启虚拟化支持，须确保图 2-2 中的配置正确无误。

大约 1 分钟后，EVE-NG 启动成功，提示登录的 IP 地址是 172.18.1.18，如图 2-8 所示（该地址是预先设定的静态 IP 地址，可以通过编辑/etc/network/interfaces 文件来修改该 IP 地址）。这里用来登录 EVE-NG 的用户名和密码分别是 root 和 eve。

图 2-8　EVE-NG 正常启动的界面

2．VMware Workstation 网络类型介绍

在图 2-6 中的"网络连接"区域中有多个选项，这里逐一介绍。

- **"桥接模式：直接连接物理网络"**：这种模式最简单，它直接将虚拟网卡桥接到物理机的物理网卡上，相当于在物理机的前面连接了一台交换机，虚拟出来的计算机和真实的计算机都接在交换机上。在这种模式下，由于虚拟机的网卡直接连到了物理机的物理网卡所在的网络上，因此可以想象为虚拟机与物理机处于同等的地位，即两者在网络关系上是平等的。这种模式简单易用，前提是需要有 1 个以上的 IP 地址。网卡类型可以随时改变，即使虚拟机启动后也可以实时改动并立即生效。

假如物理机既配置了有线网卡，也配置了无线网卡，或者配置了多块有线网卡，并且这些网卡都在使用，那么虚拟机最终桥接到哪块网卡上呢？答案是：不确定。要将虚拟机桥接到某块指定的物理网卡上，可执行如下操作。

单击 VMware Workstation 的菜单"编辑"→"虚拟网络编辑器"，打开"虚拟网络编辑器"对话框。在有些环境下，可能会出现图 2-9 所示的情况，即对话框中的很多选项都不可以编辑，也没有出现"桥接"的选项。单击对话框右下角的"更改设置"按钮（有的系统中可能是"还原默认设置"按钮），稍后对话框中的很多选项就可以编辑了，如图 2-10 所示。

图 2-9 虚拟网络编辑器

在图 2-10 中,"桥接到"下拉列表框中默认是"自动",可从该下拉列表框中选择虚拟机要桥接到的网卡。

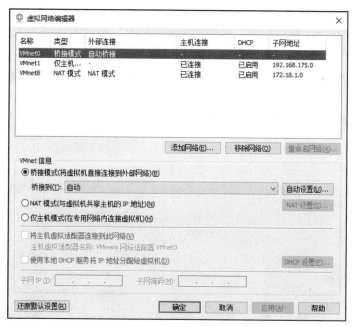

图 2-10 桥接模式

* **"NAT 模式:用于共享主机的 IP 地址"**:安装 VMware Workstation 后,可以在宿主计算机的"服务"窗口中找到 VMware DHCP Service(见图 2-11)。该服务自动为配置成"NAT 模式"和"仅主机模式"类型的虚拟机网卡分配 IP 地址信息。该服务的启动类型为"自动"。若不需要自动分配 IP 地址,可以禁用该服务。

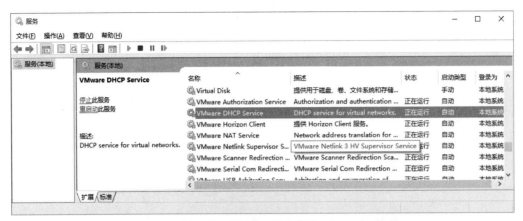

图 2-11　VMware DHCP Service

配置为 NAT 模式的虚拟机可以借助宿主计算机的合法 IP 访问外部网络，NAT 提供了从虚拟机私有 IP 到宿主计算机合法 IP 之间的地址转换。这种情况相当于有一个 NAT 服务器在运行，只不过这个 NAT 配置已集成到 VMware Workstation 中，不需要用户配置。很显然，如果只有一个外网 IP 地址，这种方式比较适用。

在图 2-10 中选中 VMnet8 条目，如图 2-12 所示，可以看到"NAT 模式（与虚拟机共享主机的 IP 地址）"单选按钮被选中，也就是说，虚拟机可使用宿主计算机的 IP 地址共享上网。在图 2-12 中可以看到，"子网 IP"和"子网掩码"字段分别输入的是 172.18.1.0 和 255.255.255.0。

单击图 2-12 中的"NAT 设置"按钮，打开"NAT 设置"对话框，如图 2-13 所示。把"网关 IP"改成 172.18.1.1，使其与 EVE-NG 虚拟机中的配置网关一致，这样 EVE-NG 就可以访问互联网了。还可以在"端口转发"区域添加端口映射，比如把对宿主计算机某个端口的访问映射到某台虚拟机的某个端口进行访问。

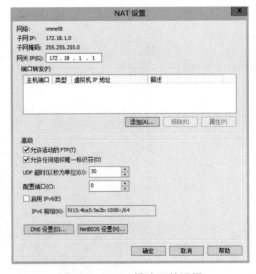

图 2-12　NAT 模式　　　　　　　　图 2-13　NAT 模式网关设置

安装 VMware Workstation 后，宿主计算机中会多出两块虚拟网卡，分别是 VMnet1 和 VMnet8。从图 2-12 中可以看到，宿主计算机的 VMnet8 网卡和 NAT 模式的虚拟机网卡连接在同一个网络中，只要为它们配置同一网段的 IP 地址，它们就可以相互访问了。单击图 2-12

中的"DHCP 设置"按钮,打开"DHCP 设置"对话框,配置起始 IP 地址和结束 IP 地址,如图 2-14 所示。在后面的实验中,一些虚拟机可以通过这里配置的 DHCP 服务,自动分配 172.18.1.0/24 网段的 IP 地址,并可借助宿主计算机的 IP 地址访问互联网。

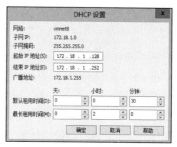

这里将宿主计算机 VMnet8 网卡的 IP 地址配置为 172.18.1.2,子网掩码配置为 255.255.255.0,网关为空。宿主计算机此时可通过 IP 地址 172.18.1.18 访问 EVE-NG。

图 2-14 NAT 模式的 DHCP 设置

>
> **注 意**
>
> NAT 模式的虚拟机是借助 VMware NAT Service 实现访问外部网络的,但与宿主计算机上的 VMnet8 网卡无关。可任意配置宿主计算机 VMnet8 网卡的 IP 地址,或者禁用 VMnet8 网卡,这对虚拟机访问外部网络没有任何影响。

- **"仅主机模式:与主机共享的专用网络"**:与 NAT 模式不同的是,该模式没有地址转换服务。默认情况下,虚拟机只能访问物理机,这也是"仅主机"名字的意义。VMware DHCP 服务默认为仅主机模式的网卡提供了 DHCP 支持,以方便系统的配置。
- **"自定义:特定虚拟网络"**:除了 VMnet0(桥接)、VMnet1(仅主机)和 VMnet8(NAT)外,还可以使用其他网卡类型,比如 VMnet2、VMnet3 等。可以把两台虚拟机的网卡类型都设置成 VMnet2,这两台虚拟机就组建成了一个私有的局域网。

每种网络类型都有自己的特点,读者可以根据实际需要进行选择。在虚拟机运行后也可改变网卡的类型,可立即生效。

2.2.2 将 EVE-NG 导入 vSphere ESXi 主机

考虑到读者的个人计算机硬件配置可能不高,这里演示如何把 EVE-NG 导入 vSphere ESXi 主机。如果读者使用的是 VMware vCenter 管理的 vSphere 集群,同样也可以导入 VMware vCenter。本节以单台 vSphere ESXi 主机为例,进行演示。

STEP ① 在浏览器(vSphere ESXi 6.5 及以上版本不再支持 VMware vSphere Client。若是 vSphere ESXi 6.5 以下版本,推荐使用 VMware vSphere Client 软件部署)中登录 vSphere ESXi 主机。如图 2-15 所示,单击"创建/注册虚拟机",打开"新建虚拟机"向导,在"选择创建类型"中选择第二个"从 OVF 或 OVA 文件部署虚拟机",单击"下一步"按钮继续。

图 2-15 VMware ESXi 主机管理界面

STEP 2　接下来是"选择 OVF 和 VMDK 文件",如图 2-16 所示。为该虚拟机输入名称,这里可以输入一个直观的名称,例如"EVE-ng-172.18.1.18-社区版 v5.1"。单击下面的"单击以选择文件或拖放",然后选择"EVE-ng-172.18.1.18-v5.1.ova"文件,单击"下一页"按钮继续。接下来是"选择存储",选择可用空间在 300GB 以上的存储单元,单击"下一页"按钮继续。

STEP 3　接下来是"部署选项",如图 2-17 所示,在"网络映射"中选择对应的网络,这里默认是 VM Network〔如果真实交换机端口配置了 trunk,vSphere ESXi 支持多个 VLAN(Virtual Local Area Network,虚拟局域网),这里要选择对应的网络〕,其他保持默认,单击"下一页"按钮继续。

图 2-16　选择 OVF 和 VMDK 文件

图 2-17　部署选项

STEP 4　接下来是"即将完成"页面,屏幕提示"请勿在部署此虚拟机时刷新浏览器",单击"完成"按钮开始虚拟机的部署。可以单击"近期任务",查看虚拟机的部署进度,如图 2-18 所示。该 OVA 文件较大,上传的时间取决于网速和硬盘的速度,作者在千兆网速下上传花费了大约 15 分钟。

图 2-18　查看虚拟机的部署进度

STEP 5　修改 IP 地址。EVE-NG 启动成功后,默认的 IP 地址是 172.18.1.18,编辑/etc/network/interfaces 文件,将 IP 和 Gateway 修改为实际网络中的 IP 地址和网关。登录

EVE-NG 的用户名和密码分别是 root 和 eve。

STEP 6 修改 vSphere ESXi 主机的网络接受混杂模式。VMware ESXi 默认每台虚拟机只能有一个 MAC 地址，后面的实验有时需要把 EVE-NG 中的虚拟设备也连接到真实的网络中，这就需要修改 vSphere ESXi 主机的网络设置。在 vSphere ESXi 对应的网络（例如"VM Network"）上右击，在弹出的快捷菜单中选择"编辑设置"，如图 2-19 所示。

图 2-19　编辑网络设置

在弹出的"编辑端口组"对话框中，展开"安全"项，选择"混杂模式"后的"接受"单选按钮，如图 2-20 所示。单击"保存"按钮完成 vSphere ESXi 主机网络混杂模式的修改。

图 2-20　接受混杂模式

至此，EVE-NG 导入 vSphere ESXi 主机成功。

2.2.3　EVE-NG 登录方式

EVE-NG 成功启动后，在宿主计算机的浏览器（推荐使用火狐浏览器访问 EVE-NG）的地址栏中输入 http://172.18.1.18，可以看到 EVE-NG 的登录页面（如果不能访问，请确认宿主计算机 VMnet8 网卡的 IP 地址正确配置为 172.18.1.0/24 网段），如图 2-21 所示。这里的登录用户名和登录密码分别为 admin 和 eve。管理方式有如下两种。

- Native console：这种管理方式需要安装集成客户端软件包（稍后介绍如何安装）。

● Html5 console：这种管理方式不需要安装集成客户端软件包，是基于 Web 的管理方式。当管理其他设备时，会弹出一个新的 Web 页面（前提是将浏览器设置成允许弹出新页面）。

图 2-21　EVE-NG 登录页面

由上文可知，Html5 console 的管理方式比较简单，不需要安装额外的客户端软件。使用 Native console 模式需要安装 EVE-NG 提供的集成客户端软件，这种模式的设备配置管理比较直观，推荐使用 Native console 模式，现将其安装过程简单介绍如下。

在宿主计算机上双击 EVE-NG 集成客户端软件安装包文件（也就是文件 02\EVE-NG-Win-Client-Pack.exe）开始安装，出现图 2-22 所示的安装页面。在这里，Wireshark 和 UltraVNC 为可选安装，其他都是必选项。部分选项介绍如下。

图 2-22　集成客户端软件包安装

● PuTTY：轻量级的远程终端软件，主要用于对 EVE-NG 中的网络设备进行 Telnet 管理。作者感觉 PuTTY 并没有 SecureCRT 使用方便，读者若是觉得不习惯，可在安装完集成客户端软件包后，再额外安装 SecureCRT。

● UltraVNC：远程控制工具，可实现对 EVE-NG 中多数设备的配置和管理。

- Wireshark：网络数据包分析软件。该软件免费、开源，其前身是 Ethereal，是目前比较流行的抓包软件。配套资源中的 02\Wireshark-win64-4.0.2.exe 文件是 Wireshark 的更新版本且支持中文，读者可在安装完集成客户端软件包后，再升级安装 Wireshark 4.0。

在图 2-22 中全部保持默认选项，然后单击 Next 按钮继续，直至安装完成。

2.3 EVE-NG 管理

安装完成后，在宿主计算机上以 Native console 方式登录 EVE-NG，登录后的主界面如图 2-23 所示。

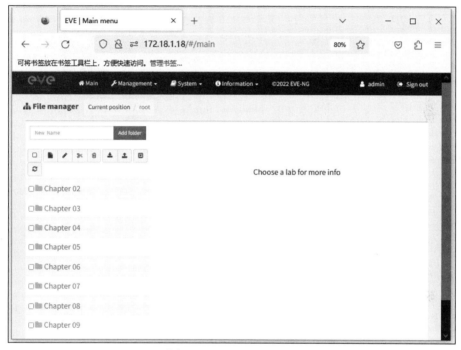

图 2-23　EVE-NG 主界面

2.3.1 EVE-NG 主界面

这里仅对图 2-23 中会用到的部分菜单（System 和 File manager）进行介绍。

1．System

在 System 下有 3 个子菜单，分别是 System status、System logs 和 Stop All Nodes。

- System status：显示当前 CPU、内存、磁盘和交换空间的使用情况，如图 2-24 所示。图中显示了当前运行设备的情况：IOL 是思科公司内部用来测试路由器和交换机操作系统的工具软件，用来模拟思科的路由器和交换机比较理想；Dynamips 也是思科设备模拟器，主要用来模拟思科的路由器，现在对思科路由器和交换机的模拟一般使用 IOL，Dynamips 很少被使用；借助 QEMU（Quick Emulator，快速仿真器），

EVE-NG 可以运行更多厂商、更多种类的操作系统，通过 QEMU 几乎可以模拟所有的网络设备；Docker 是 EVE-NG 集成的 Linux 系统，本书中使用不到；VPCS 是 EVE-NG 集成的虚拟 PC 模拟器（Virtual PC Simulator），它并不是一台完整的 PC，它可以支持少量的命令，主要用来测试网络，优势就是占用的 CPU 和内存资源极少。读者的计算机配置若不高，可以借助 VPCS 来模拟终端计算机。有关 VPCS 的使用请读者自行查阅相关资料。

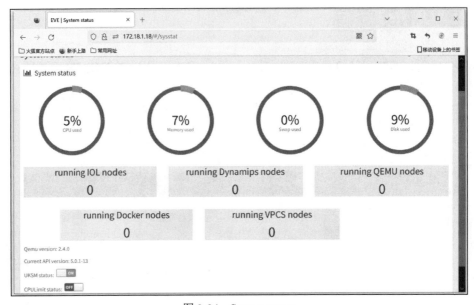

图 2-24　System status

- System logs：显示系统运行的日志信息，有 access、api、error、php_errors、unl_wrapper 和 cpulimit 共 6 种日志文件，如图 2-25 所示。
- Stop All Nodes：停止所有运行的设备。

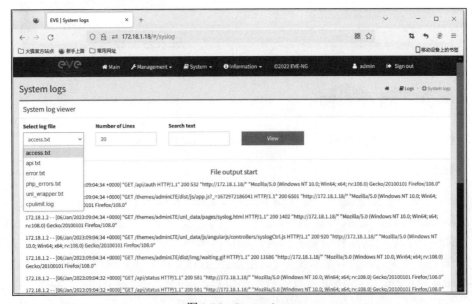

图 2-25　System logs

2. File manager

在 File manager 中有 10 个子项，如图 2-26 所示。

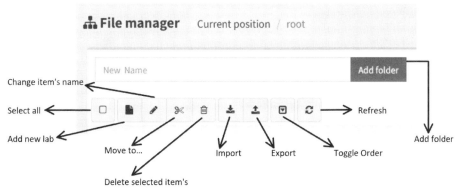

图 2-26　File manager

- Select all：选择所有。
- Add new lab：新建实验，单击该选项后弹出 Add New Lab 对话框，如图 2-27 所示。
- Change item's name：重命名。
- Move to…：移动，比如可以把某个实验拓扑移动到其他文件夹。
- Delete selected item's：删除选中项。
- Import：可以导入实验，导入实验的文件格式是.zip 格式。导入的实验文件可以包含设备的配置文件。
- Export：可以把选中的实验导出，导出格式是.zip 格式。导出的实验文件也可以包含设备的配置。
- Toggle Order：排序。
- Refresh：刷新。
- Add folder：新建文件夹（避免使用中文名，否则文件夹不能删除和编辑）。

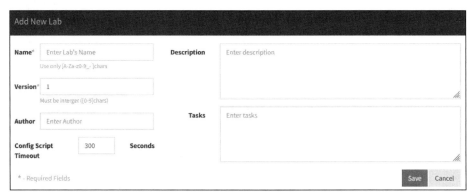

图 2-27　Add New Lab 对话框

2.3.2　实验主界面

单击 EVE-NG 主界面中的"Chapter 02"文件夹，可以看到第 2 章的实验拓扑，选中"2-1

IPv4-lab"实验拓扑，右侧会显示出该拓扑的示意图，如图 2-28 所示。单击下方的 Open 按钮，可打开该拓扑对应的实验。

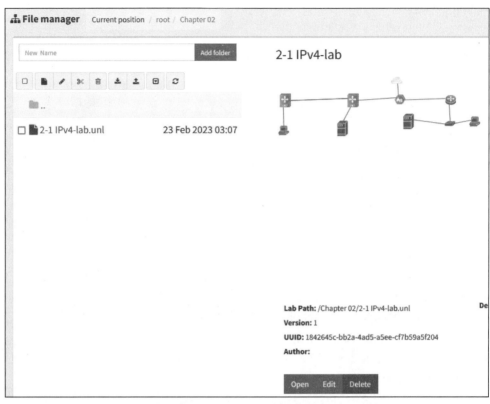

图 2-28　第 2 章的实验拓扑

打开后的"2-1 IPv4-lab"实验拓扑如图 2-29 所示，图中有 1 台锐捷防火墙、2 台锐捷三层交换机、1 台锐捷路由器、1 台非网管二层交换机、2 台 Win10 计算机和 2 台 Windows Server 2016 服务器。

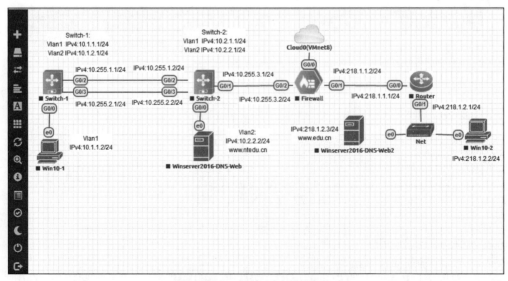

图 2-29　2-1 IPv4-lab 实验拓扑

1. 快捷菜单

把鼠标移动到图 2-29 的左侧栏，会展开实验快捷菜单，其中 Add an object、More actions 还有二级子菜单，如图 2-30 所示。

（1）Add an object。该菜单用来添加一个对象，它还包含一个二级子菜单，可以添加 Node、Network、Picture、Custom Shape、Text，其功能解释如下。

- Node：添加设备节点，也就是 EVE-NG 中的虚拟设备。默认情况下，该菜单只支持 Docker 和 Virtual PC。实验平台已经预先导入了 Cisco IOL（包含 l2-adventerprisek9-ms.SSA.high_iron_20190423.bin 和 l3-AdvEnterpriseK9-M2_157_3_May_2018.bin；这里的 l2 指的是具有交换机特性，可以模拟思科的二层交换机或三层交换机；这里的 l3 指的是具有路由特性，不具有交换机特性，可以用来模拟思科路由器）、锐捷防火墙、锐捷路由器、锐捷交换机、Virtual PC、Win10 和 Windows Server 2016 等设备，如图 2-31 所示。EVE-NG 中默认会显示所有支持的设备类型，列表很长，为了方便操作，定制的 EVE-NG 中隐藏了没有设备镜像的设备类型。在显示所有支持设备类型的情况下，图 2-31 下拉列表中有设备镜像的设备名称显示为蓝色，没有设备镜像的设备名称显示为灰色。

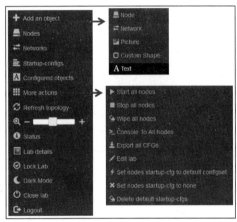

图 2-30 实验快捷菜单

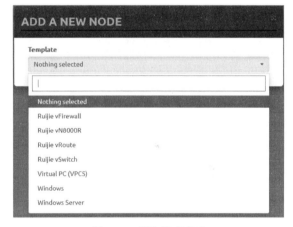

图 2-31 添加设备节点

提 醒

　　图 2-31 中的没有设备镜像的设备名称已经被隐藏，可以编辑/opt/unetlab/html/includes/config.php 文件，把 DEFINE('TEMPLATE_DISABLED', '.hided')中的 hided 替换成 missing，这样没有设备镜像的设备名称将被显示出来。

这里简单演示如何添加图 2-31 下拉列表中没有的设备，添加 1 台系统为 CentOS 的 Linux 设备，后面 Linux 部分的实验中会用到该设备。"02\linux-centos7.3"文件夹中是 CentOS 的镜像文件，可利用 SFTP 上传工具，比如 WinSCP（"02\WinSCP5144.zip"是其安装文件），把 linux-centos7.3 文件夹上传到 EVE-NG 的/opt/unetlab/addons/qemu 文件夹下，如图 2-32 所示。再次添加节点，可以发现下拉列表中出现了蓝色的 Linux 设备名称，该 Linux 系统的登录用户名是 root，密码是 eve@123。

图 2-32　上传镜像文件

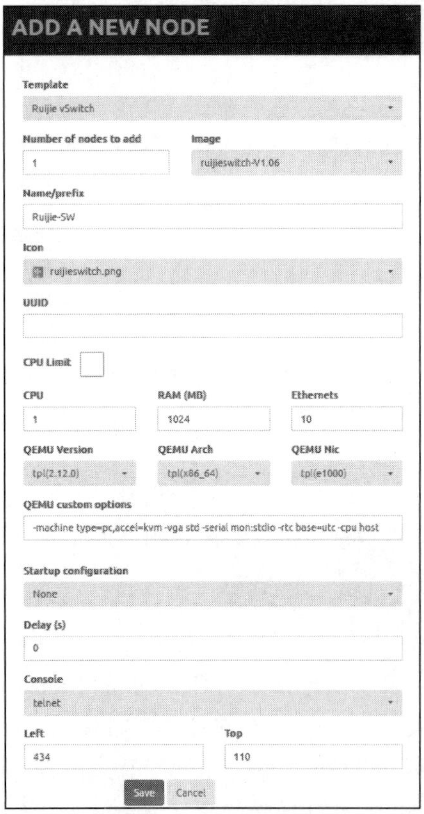

下面演示如何添加一台锐捷交换机。在图 2-31 中，在 Template 下拉列表中选择 Ruijie vSwitch，界面显示如图 2-33 所示。Number of nodes to add 文本框中的默认值是 1，也可以改为其他数字，一次创建多台设备；在 Image 下拉列表中选择镜像文件（这里锐捷交换机只有 1 个镜像文件 ruijieswitch-RG-NSE-V1.03，如果 EVE-NG 的 /opt/unetlab/addons/qemu 文件夹有多个版本的交换机镜像文件，可以在该下拉列表中进行选择）；在 Name/prefix 文本框中填写设备的名字，如果一次添加多台设备，这里输入的就是前缀，在对设备命名时会在设备前缀的后面加入编号；在 Icon 下拉列表中选择图标，这里选择交换机的图标；UUID 是设备唯一标识编码，系统会自动生成，这里文本框保留为空；CPU Limit 复选框是要不要对该设备的 CPU 使用进行限制，这里选中与不选中影响不大；CPU 文本框用来设置 CPU 的数量，默认为 1，此处 1 个 CPU 即可满足锐捷交换机的使用需求；RAM（MB）文本框用来设置内存大小，默认为 1024MB，可以满足锐捷交换机的使用需求；Ethernets 文本框用来设置交换机端口的数量，默认的 10 个端口几乎可以满足所有实验的需求；QEMU Version、QEMU Arch、QEMU Nic、QEMU custom options 保持默认；Startup configuration 下拉列表用来选择配置

图 2-33　添加锐捷交换机

文件的加载方式，默认为 None（不加载），另一个选项是 Exported（加载），模拟的锐捷设备

暂不支持加载配置文件；Delay (s)文本框用来设置延迟多少秒启动；Console 下拉列表框保持默认的 telnet 选项；Left 和 Top 文本框用来设置设备所在的坐标。单击 Save 按钮，新设备添加成功。

- Network：设置网络类型。bridge，类似傻瓜交换机，可以通过这台傻瓜交换机把多个网络设备连接在一起，图 2-29 中的交换机就属于该类型；Cloud0~Cloud9 分别连接 EVE-NG 的第 1 块~第 10 块网卡（如果有），其中 Cloud0 也就是 EVE-NG 的第 1 块网卡，一般配置了管理 IP 地址，所以标注为 Management，如图 2-34 所示。图 2-29 中锐捷防火墙的 G0/0 接口连接的就是 Management（Cloud0）网络，相当于连接宿主计算机的 VMnet8 网卡，可以给防火墙的 G0/0 接口配置 172.18.1.0/24 网段的 IP 地址，然后在宿主计算机上通过浏览器访问和配置锐捷防火墙。

小应用

若实验中的某台设备，比如 Windows 或 Linux 虚拟机，需要连接互联网以更新软件，或者从宿主计算机上复制软件，那么可以添加一个 Management（Cloud0）网络，然后把需要上网设备的网卡连接到此网络，并将 IP 地址配置为自动获取，即可访问互联网或从宿主计算机（通过宿主计算机 VMnet8 上配置的 IP 地址 172.18.1.2）上复制数据。

图 2-34　添加网络

- Picture：添加图片。
- Custom Shape：添加自定义形状。
- Text：添加文本，可以给拓扑图添加一些标签或说明性文字。

由于上述 3 个子菜单的重要性不是很大，这里不再赘述。

（2）Nodes。单击图 2-30 所示的快捷菜单中的 Nodes，弹出"CONFIGURED NODES"对话框，它列出了实验中的所有设备节点，如图 2-35 所示。通过该对话框我们可以对列出的所有设备进行编辑。由于该图较大，为便于读者阅读，分成了两部分。

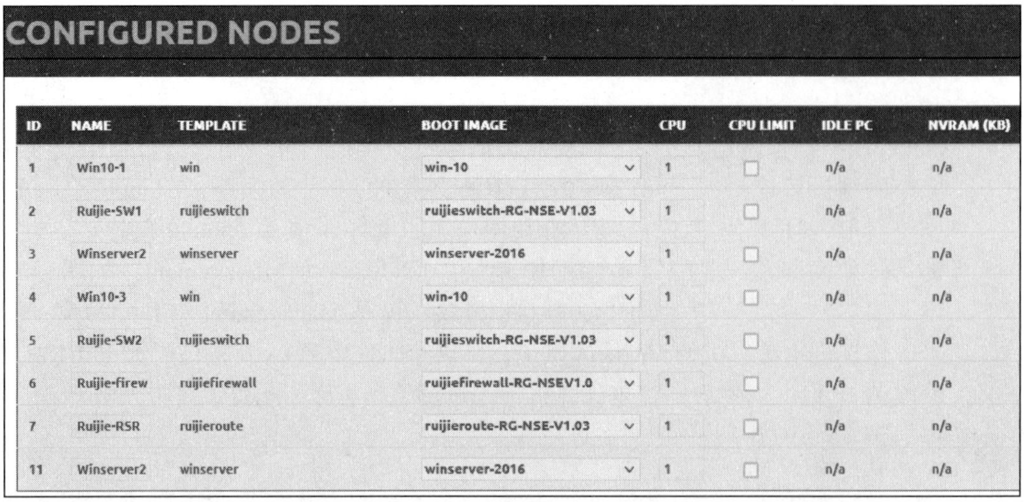

CONFIGURED NODES

ID	NAME	TEMPLATE	BOOT IMAGE	CPU	CPU LIMIT	IDLE PC	NVRAM (KB)
1	Win10-1	win	win-10	1	☐	n/a	n/a
2	Ruijie-SW1	ruijieswitch	ruijieswitch-RG-NSE-V1.03	1	☐	n/a	n/a
3	Winserver2	winserver	winserver-2016	1	☐	n/a	n/a
4	Win10-3	win	win-10	1	☐	n/a	n/a
5	Ruijie-SW2	ruijieswitch	ruijieswitch-RG-NSE-V1.03	1	☐	n/a	n/a
6	Ruijie-firew	ruijiefirewall	ruijiefirewall-RG-NSEV1.0	1	☐	n/a	n/a
7	Ruijie-RSR	ruijieroute	ruijieroute-RG-NSE-V1.03	1	☐	n/a	n/a
11	Winserver2	winserver	winserver-2016	1	☐	n/a	n/a

（左半部分）

RAM (MB)	ETH	SER	CONSOLE	ICON	STARTUP-CONFIG	ACTIONS
1024	1	n/a	vnc	Desktop.png	None	▶■⬇⬆⇄☑ 🗑
1024	10	n/a	telnet	ruijieswitch.png	None	▶■⬇⬆⇄☑ 🗑
2048	1	n/a	vnc	Server.png	None	▶■⬇⬆⇄☑ 🗑
1024	1	n/a	vnc	Desktop.png	None	▶■⬇⬆⇄☑ 🗑
1024	10	n/a	telnet	ruijieswitch.png	None	▶■⬇⬆⇄☑ 🗑
2048	8	n/a	telnet	ruijiefirewall.png	None	▶■⬇⬆⇄☑ 🗑
1024	10	n/a	telnet	ruijieroute.png	None	▶■⬇⬆⇄☑ 🗑
2048	1	n/a	vnc	Server.png	None	▶■⬇⬆⇄☑ 🗑

（右半部分）

图 2-35　"CONFIGURED NODES" 对话框

- ID：设备的 ID，具有唯一性。若删除某个设备，其他设备的 ID 不会改变，新添加的设备很有可能使用已经删除设备的 ID。
- NAME：设备名称。
- TEMPLATE：设备使用的模板名称。
- BOOT IMAGE：设备使用的镜像文件。
- CPU：设备的 CPU 数量。
- CPU LIMIT：限制 CPU 过载。
- IDLE PC：这个值仅对 Dynamips 模拟的思科路由器有影响。
- NVRAM (kB)：保存配置文件的空间大小，单位为 KB。
- RAM (MB)：内存大小，单位为 MB。
- ETH：以太网端口的数量。
- SER：串口的数量。
- CONSOLE：管理方式，存在 VNC 和 Telnet 两种。
- ICON：图标。

- STARTUP-CONFIG：是否加载保存的配置文件；None 为不加载，Exported 为加载。实验拓扑图可以导出/导入，但导出/导入的仅是设备描述，不含设备配置（本实验平台里 IOL 中的思科路由器和交换机除外，IOL 中的路由器和交换机如果执行了 Export CFG，配置会随之导出）。
- ACTIONS：具有 Start（开启设备）、Stop（停止设备）、Wipe（清除；该命令会在下面单独介绍）、Export CFG（导出配置；仅针对思科路由器和交换机有效）、Interfaces（显示设备所有接口）、Edit（编辑设备）、Delete（删除设备）等功能选项。

这里着重介绍一下 ACTIONS 中的 Wipe。可以在 Windows 桌面上新建一个文件夹，关闭计算机，执行 Wipe 操作。再开机时可以发现桌面上的文件夹消失了，计算机恢复到最初的状态。可以这样理解：设备的配置由两部分组成——最初的模板镜像和后来的修改配置，设备重启时，先加载最初的镜像文件，然后加载后来的修改配置，后来的修改配置位于临时文件中，Wipe 的功能相当于清除临时文件。

下面是来自 EVE-NG 的输出，也是临时文件存储的路径：

```
root@eve-ng:/opt/unetlab/tmp/0/1842645c-bb2a-4ad5-a5ee-cf7b59a5f204# ls
1  2  3  4  5  6  7
```

其中，/opt/unetlab/tmp 是临时文件的路径，"0" 是 admin 用户对应的编号，"1842645c-bb2a-4ad5-a5ee-cf7b59a5f204" 是实验拓扑的 UUID（通用唯一识别码，每一个实验拓扑都对应唯一的 UUID，在图 2-28 中可以看到该实验对应的 UUID），/opt/unetlab/tmp/0/1842645c-bb2a-4ad5-a5ee-cf7b59a5f204#目录下是每个设备的 ID，如上面显示的 1、2、…、7 等，每个 ID 目录下存放的就是每台设备的临时文件。若想把设备拓扑和配置全部导出，需要将整个文件夹一起复制。随着实验的增加，EVE-NG 磁盘空间会变得越来越大。可以通过下面的命令查看磁盘空间的使用情况。

```
root@eve-ng:~# df -h
```

Filesystem	Size	Used	Avail	Use%	Mounted on
udev	7.8G	0	7.8G	0%	/dev
tmpfs	1.6G	1.4M	1.6G	1%	/run
/dev/mapper/ubuntu--vg-ubuntu--lv	**353G**	**28G**	**311G**	**9%**	**/**
tmpfs	7.9G	0	7.9G	0%	/dev/shm
tmpfs	5.0M	0	5.0M	0%	/run/lock
tmpfs	7.9G	0	7.9G	0%	/sys/fs/cgroup
/dev/loop0	62M	62M	0	100%	/snap/core20/1328
/dev/sda2	1.5G	252M	1.2G	19%	/boot
/dev/loop1	68M	68M	0	100%	/snap/lxd/21835
/dev/loop2	92M	92M	0	100%	/snap/lxd/24061
/dev/loop3	44M	44M	0	100%	/snap/snapd/14978
tmpfs	1.6G	0	1.6G	0%	/run/user/0

注　意

EVE-NG 中的磁盘空间消耗起来速度很快，尤其是 Windows 系统，某台虚拟设备的临时文件通常会达到好几 GB。EVE-NG 磁盘空间不足会导致实验没有响应，而且系统也没有任何提示，这就需要定期清理 EVE-NG 的临时文件。清理的方式比较简单，就是在每台虚拟设备上执行 Wipe 操作，自动清除该设备产生的临时文件。如果删除某个拓扑图，则随着临时目录下拓扑图文件目录的删除，该拓扑图中所有设备的目录也随之被自动删除。

注　意

　　设备的 ID 虽然唯一，但是可在不同时间关联不同设备。比如在当前实验中添加两台 Windows 系统的计算机，两台计算机的 ID 分别是 1 和 2，现在删除 ID 是 1 的计算机，再添加一台路由器，此时路由器的 ID 将是 1。有时添加了某台设备，但该设备却无法开机或开机会出现异常（比如明明添加的是 Windows 系统的计算机，开机后却发现是路由器），则很可能是该 ID 之前被别的设备使用，而且产生了临时文件，导致临时文件与新添加的设备产生的临时文件冲突，从而无法启动设备。可以通过重启 EVE-NG 或执行 Wipe 操作来清除临时文件。

（3）Networks。显示实验中添加的所有网络。

（4）Startup-configs。单击图 2-30 所示的快捷菜单中的 Startup-configs，弹出"STARTUP-CONFIGS"对话框，其中列出了设备的配置情况，如图 2-36 所示，目前在 EVE_NG 中锐捷设备还不支持 startup-config。一台设备首先要保存配置，然后才可以导出配置，保存后仍不支持导出配置的设备图标是灰色的，支持导出配置的设备图标是蓝色的。导出配置后，启动时加载配置的设备后面的图标显示为 ON，启动时不加载配置的设备后面的图标显示为 OFF。选中某台支持已导出配置的设备，右边窗口中会显示该设备的配置文件，可以直接对其进行编辑和保存。

图 2-36　"STARTUP-CONFIGS"对话框

（5）Configured objects。用来编辑添加的文本标签。

（6）More actions。可以在拓扑图中选中某台或某几台设备，然后执行开启或关闭等操作。若是想对拓扑中的所有设备进行操作，可以通过 More actions 来完成，具体如下。

- Start all nodes：开启所有设备。
- Stop all nodes：关闭所有设备。
- Wipe all nodes：清除所有设备的配置，相当于删除该拓扑文件目录下的所有临时文件。
- Console To All Nodes：打开所有设备的配置窗口。

- Export all CFGs：导出所有设备的配置文件。
- Edit lab：编辑实验文件。
- Set nodes startup-cfg to default configset：设备启动时加载导出的配置。
- Set nodes startup-cfg to none：设备启动时不加载导出的配置。
- Delete default startup-cfgs：删除导出的配置文件。

（7）Refresh topology。刷新拓扑。

（8）滚动条。调整拓扑图的显示比例。

（9）Status。显示实验状态，例如资源的占用情况。

（10）Lab details。显示实验细节，例如拓扑的 UUID 号。

（11）Lock Lab。锁定实验。锁定后，实验拓扑不能编辑。

（12）Dark Mode/Light Mode。黑夜/白天模式切换。

（13）Close lab。关闭实验。社区版需要关闭实验拓扑中的所有设备，才能关闭实验。

（14）Logout。注销当前登录。

2．设备间的连线

把鼠标指针移动到节点设备上，会出现类似于电源插头的图标。将该图标拖动到要连接的设备上，会弹出图 2-37 所示的对话框，可在其中分别选择两台设备对应的端口。若要删除设备间的连线，可将鼠标指针移动到线上然后右击，在弹出的快捷菜单中选择 Delete。

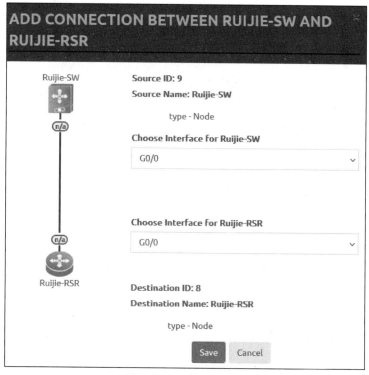

图 2-37　设备间的连线

实验 2-1　IPv4 综合实验

打开“Chapter02”文件夹中的“2-1 IPv4-lab”实验，拓扑如图 2-29 所示，按图中所示配置所有计算机的 IPv4 地址，配置 Switch-1、Switch-2、Router、Firewall，使其实现下述功能。

（1）Switch-1 和 Switch-2 上的两台内网计算机都可以访问外网（Winserver2016-DNS-Web2 和 Win10-2）。

（2）Switch-1 和 Switch-2 之间的流量优先走 G0/2 链路，当该链路出现故障时，流量自动切换到 G0/3 链路；当 G0/2 链路修复时，流量自动切换回 G0/2 链路。

（3）Win10-2 可以访问内网 Winserver2016-DNS-Web 服务器上的通讯录登记网页。

通过本实验的配置，可检验读者在 IPv4 中对配置 VLAN、浮动静态路由、防火墙、IIS 的掌握情况。

STEP 1　从图 2-30 所示的实验快捷菜单中选择 More actions→Start all nodes，开启所有设备。

STEP 2　按拓扑图中所示配置所有计算机的 IPv4 地址。Windows 计算机启动后，单击计算机图标，会弹出图 2-38 所示的对话框，询问"要允许此网站使用 ultravnc_wrapper 打开 vnc 链接吗？"ultravnc_wrapper 就是 ultravnc_wrapper.bat 批处理文件，这里选中"一律允许 http://172.18.1.18 打开 vnc 链接"复选框，以后所有打开 vnc 的操作都交由 ultravnc_wrapper.bat 批处理文件来处理，不再弹出该询问对话框。

单击"打开链接"按钮，打开 Windows 计算机的管理页面，直接操作即可。

STEP 3　单击 Switch-1 图标，弹出图 2-39 所示的对话框，询问"要允许此网站使用选取应用打开 telnet 链接吗？"选中"一律允许 http://172.18.1.18 打开 telnet 链接"复选框，单击图中的"选择其他应用程序"，打开"选择用于打开 telnet 链接的应用程序"对话框，如图 2-40 所示（若没有弹出图 2-40 所示的对话框，可以单击 Firefox 浏览器的"设置"菜单，然后在"常规"选项"应用程序"中，更换内容类型 telnet 对应的操作程序为下文中的 iou 程序）。

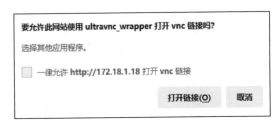

图 2-38　打开 vnc 链接选择

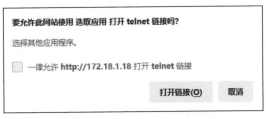

图 2-39　打开 telnet 链接选择

在图 2-40 中单击"选择…"按钮，打开"其他应用程序…"对话框，定位到 SecureCRT 的安装路径，如图 2-41 所示。由于 SecureCRT 默认会使用多个窗口打开 telnet 链接，操作起来不太方便，这里引入 iou 程序，该程序是配置包中"02\iou.exe"文件，把该文件复制到 SecureCRT 文件夹中。在图 2-41 中，选择 iou 程序，单击"打开"按钮，返回图 2-40 所示的对话框，选中"一律使用此应用程序打开 telnet 链接"复选框，单击"打开链接"按钮，即可通过 SecureCRT 打开 Switch-1 的配置窗口。

图 2-40　选择用于打开 telnet 链接的应用程序

图 2-41　选择 iou 程序用于打开 telnet 链接

　　继续单击 Switch-2 和 Router 图标，SecureCRT 在多个标签窗口中打开不同设备的配置页面，操作方便，如图 2-42 所示。

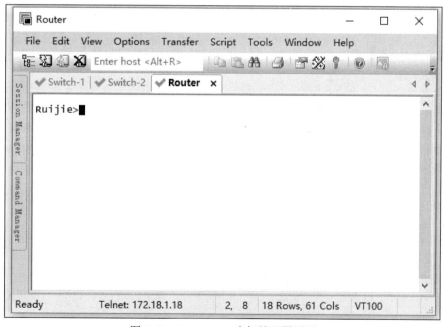

图 2-42　SecureCRT 多标签配置页面

　　在 SecureCRT 中打开 Switch-1 的配置页面，如图 2-43 所示，输入配置命令。该配置命令可在配置包 "02\IPv4 综合实验.txt" 中找到，读者可以复制相应设备的配置命令，直接粘贴在配置页面中。

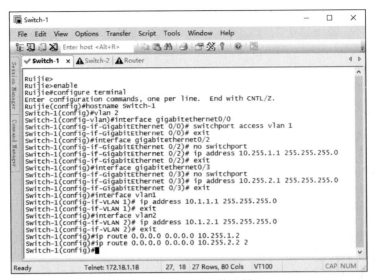

图 2-43　Switch-1 的配置

Switch-1 的相关配置命令及解释如下（本书代码中斜体部分为解释）：

Switch>

Switch> enable　　　　　　　　　　*进入特权配置模式。很多命令可以缩写，例如这里输入 en 也可以，命令不存在二异性即可*

Switch# configure terminal　　　　*进入全局配置模式。这里可以缩写成 conf t*

Enter configuration commands, one per line.　End with CNTL/Z.　　　*该行是系统的提示，可以忽略*

Switch (config)# hostname Switch-1　　　*更改交换机的名字*

Switch-1(config)# vlan 2　　　　　*创建 VLAN 2*

Switch-1(config-vlan)# exit

Switch-1(config)# interface gigabitethernet 0/2　　　*配置 G0/2 接口，可以手动输入 gigabitethernet，系统会自动识别为 GigabitEthernet*

Switch-1(config-if-GigabitEthernet 0/2)# no switchport　　　*三层交换机的端口默认是二层端口，通过该命令把端口改成三层端口，三层端口可以配置 IP 地址*

Switch-1(config-if-GigabitEthernet 0/2)# ip address 10.255.1.1 255.255.255.0　　　*配置 IP 地址和子网掩码*

Switch-1(config-if-GigabitEthernet 0/2)# exit

Switch-1(config)# interface gigabitethernet 0/3　　　*继续配置 G0/3 接口*

Switch-1(config-if-GigabitEthernet 0/3)# no switchport

Switch-1(config-if-GigabitEthernet 0/3)# ip address 10.255.2.1 255.255.255.0

Switch-1(config-if-GigabitEthernet 0/3)# exit

Switch-1(config)# interface vlan 1　　　*配置三层 VLAN 接口；VLAN 中的计算机需要把网关配成对应 VLAN 的 IP 地址*

Switch-1(config-if-VLAN 1)# ip address 10.1.1.1 255.255.255.0

Switch-1(config-if-VLAN 1)# no shutdown　　　*开启端口。锐捷交接机三层 VLAN 端口默认是开启的，该命令可以省略*

Switch-1(config-if-VLAN 1)# exit

Switch-1(config)# interface vlan 2

Switch-1(config-if-VLAN 2)# ip address 10.1.2.1 255.255.255.0

Switch-1(config-if-VLAN 2)# no shutdown

Switch-1(config-if-VLAN 2)# exit

Switch-1(config)# ip route 0.0.0.0 0.0.0.0 10.255.2.2 2   *配置静态路由，指定管理距离是 2，当两条链路*
都有效时，管理距离大的路由不起作用。当管理距离小的路由无效时，管理距离大的路由生效

Switch-1(config)#

STEP 4   Switch-2 的配置如下：

Switch>
Switch> enable
Switch# configure terminal
Switch (config)# hostname Switch-2
Switch-2(config)# vlan 2
Switch-2(config-vlan)# exit
Switch-2(config)# interface gigabitethernet 0/0
Switch-2(config-if-GigabitEthernet 0/0)# switchport access vlan 2
Switch-2(config-if-GigabitEthernet 0/0)# exit
Switch-2(config)# interface gigabitethernet 0/2
Switch-2(config-if-GigabitEthernet 0/2)# no switchport
Switch-2(config-if-GigabitEthernet 0/2)# ip address 10.255.1.2 255.255.255.0
Switch-2(config-if-GigabitEthernet 0/2)# exit
Switch-2(config)# interface gigabitethernet 0/3
Switch-2(config-if-GigabitEthernet 0/3)# no switchport
Switch-2(config-if-GigabitEthernet 0/3)# ip address 10.255.2.2 255.255.255.0
Switch-2(config-if-GigabitEthernet 0/3)# exit
Switch-2(config)# interface gigabitethernet 0/1
Switch-2(config-if-GigabitEthernet 0/1)# no switchport
Switch-2(config-if-GigabitEthernet 0/1)# ip address 10.255.3.1 255.255.255.0
Switch-2(config-if-GigabitEthernet 0/1)# exit
Switch-2(config)# interface vlan 1
Switch-2(config-if-VLAN 1)# ip address 10.2.1.1 255.255.255.0
Switch-2(config-if-VLAN 1)# no shutdown
Switch-2(config-if-VLAN 1)# exit
Switch-2(config)# interface vlan 2
Switch-2(config-if-VLAN 2)# ip address 10.2.2.1 255.255.255.0
Switch-2(config-if-VLAN 2)# no shutdown
Switch-2(config-if-VLAN 2)# exit
Switch-2(config)# ip route 0.0.0.0 0.0.0.0 10.255.3.2
Switch-2(config)# ip route 10.1.0.0 255.255.0.0 10.255.1.1
Switch-2(config)# ip route 10.1.0.0 255.255.0.0 10.255.2.1 2

STEP 5   Router 的配置如下：

Router>
Router> enable
Router(config)# configure terminal
Router(config)# interface gigabitethernet 0/0
Router(config-if-GigabitEthernet 0/0)# ip address 218.1.1.1 255.255.255.0
Router(config-if-GigabitEthernet 0/0)# no shutdown
Router(config-if-GigabitEthernet 0/0)# exit
Router(config)# interface gigabitethernet 0/1
Router(config-if-GigabitEthernet 0/1)# ip address 218.1.2.1 255.255.255.0

Router(config-if-GigabitEthernet 0/1)# no shutdown

STEP ⑥　防火墙的配置。为保证各项功能的正常使用，防火墙的最低配置是 CPU 为 2 核、内存为 2G。锐捷防火墙的配置主要是通过 Web 图形化界面进行，防火墙的 Ge0/0 接口默认配置了 192.168.1.200/24 的 IP 地址，并允许 HTTPS 访问，读者可以配置宿主计算机的 VMnet8 网卡，再添加一个 192.168.1.0/24 网段的 IP 地址，然后在浏览器的地址栏中输入 https://192.168.1.200，访问防火墙的管理页面，默认的管理员账号是 admin，对应的密码是 firewall。成功登录防火墙后，可以在图形化界面中修改防火墙 Ge0/0 接口的 IP 地址。这里再介绍另一种防火墙的初始化配置方法，可以对防火墙的任一个接口配置 IP 地址，然后开启这个接口的 HTTPS 功能。在 SecureCRT 中打开 Firewall 的配置页面，输入如下配置命令：

```
firewall login: root                            输入 root 登录
root@firewall:~# nc-cli  -e                      输入 nc-cli  -e 进入命令行配置
firewall> edit running                          输入 edit running 进入编辑模式
firewall running config# vrf main interface physical Ge0/0    输入 vrf main interface physical Ge0/0 编辑
Ge0/0 接口，注意 G 要大写。这里之所以选择 Ge0/0，主要是方便在宿主计算机上进行配置，当然也可以选
择 Ge0/1 或 Ge0/2，这就需要在虚拟的 Win10-2 和 Win10-1 计算机上进行配置了
firewall running physical Ge0/0# ipv4 address 172.18.1.100/24    配置 IP 地址和子网掩码
firewall running physical Ge0/0# access-control https true      允许 https 访问
firewall running physical Ge0/0# commit         使前面的配置命令生效
firewall running physical Ge0/0# exit           退出接口模式
firewall> copy running startup                   保存配置
Overwrite startup configuration? [y/N] y         确认保存
firewall>                                       可以使用 show interface 命令查看接口的 IP 地址配置是否正确
```

在宿主计算机的浏览器地址栏中输入 https://172.18.1.100 登录锐捷防火墙的 Web 管理页面，用户名为 admin，密码为 firewall，如图 2-44 所示。登录成功后，首先更改默认密码，然后进入"快速上线向导"。为了更清楚地演示每个步骤，这里退出快速上线向导。

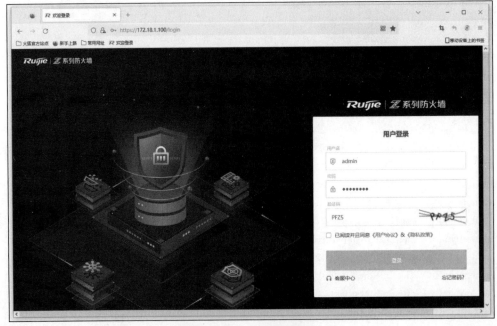

图 2-44　防火墙登录页面

防火墙的 Web 配置主要分为以下方面。

1. 配置接口

单击菜单"网络配置"→"接口"→"物理接口",打开"物理接口"配置页面,单击"Ge0/1"接口后的编辑链接,打开"编辑物理接口"页面。如图 2-45 所示填写信息,"描述"文本框中输入"外网";"连接状态"选择"启用";"模式"选择"路由模式"(该防火墙处在内外网之间,要用于 IP 地址转换,所以选择"路由模式",若只是单纯地用于安全过滤,也可以选择"透明模式");"所属区域"选择"untrust";"接口类型"选择"WAN 口";"连接类型"选择"静态地址";"IP/网络掩码"文本框中输入"218.1.1.2/24";"下一跳地址"文本框中输入"218.1.1.1";启用"默认路由",会在路由表中生成一条 0.0.0.0/0 的静态路由;"访问管理"区域中选中 HTTPS、PING、SSH 复选框。单击"保存"按钮,保存 Ge0/1 接口的配置。

参照图 2-45 继续配置 Ge0/2 接口,"描述"文本框中输入"内网";"连接状态"选择"启用";"模式"选择"路由模式";"所属区域"选择"trust";"接口类型"选择"LAN 口";"连接类型"选择"静态地址";"IP/网络掩码"文本框中输入 10.255.3.2/24;"访问管理"区域中选中 HTTPS、PING、SSH 复选框。单击"保存"按钮,保存 Ge0/2 接口的配置。

2. 配置路由

单击菜单"网络配置"→"路由"→"静态路由",打开"静态路由"配置页面,单击"新增"按钮,打开"新增静态路由"页面。如图 2-46 所示,"目的网段/掩码"文本框中输入"10.0.0.0/8"(这里是整个内网的 IP 地址段),"下一跳地址"文本框中输入"10.255.3.1"(内网互联的三层交换机的接口 IP),"接口"选择"Ge0/2","优先级"保持默认的 5。单击"保存"按钮,完成静态路由的添加。

3. 配置 NAT

单击菜单"策略配置"→"NAT 策略"→"NAT 转换",打开"NAT 转换"配置页面,单击"新增"按钮,打开"新增 NAT 转换"页面。如图 2-47 所示,"转换类型"选择"源地址转换";"名称"可自定义,如输入 in-to-out;"启用状态"选择"启用";"描述"文本框中可输

图 2-45 编辑物理接口

图 2-46 添加静态路由

入自定义内容;"时间段"选择"any",表示任何时间,若是限定某些时间,可以新增单次时间计划或循环时间计划;数据流的方向是由内向外,所以源安全域是内网,也就是 trust 的区域,目的安全域是外网,是 untrust 区域;源地址、目的地址和服务都选择"any";"源地址

转换为"选择"出接口地址",也就是内网访问外网时,源地址将会被转换成外网接口的 IP 地址,即 218.1.1.2。单击"保存"按钮,完成 NAT 转换条目的添加。

图 2-47　新增源地址转换

　　上面配置的是源地址转换,内网访问外网时,把内网的私有 IP 地址转换成防火墙外网接口的公网 IP 地址。由于内部的服务器 10.2.2.2 需要对外网提供 WWW 服务,这里还需要配置一条目的地址转换。如图 2-48 所示,新增一条目的地址转换条目,其中"目的地址"选择的是一个地址对象"www 服务器外网",对应的 IP 是 218.1.1.2。

图 2-48　新增目的地址转换

4. 配置安全策略

单击菜单"策略配置"→"安全策略",打开"安全策略"配置页面,单击"新增"按钮,弹出"是否在模拟空间新增"提示框,选中"不再弹出该提示"复选框,单击"直接新增"按钮,打开"新增安全策略"页面。如图 2-49 所示,新增一条允许内网访问外网的安全策略。在此,有的读者可能会有疑惑,是否需要再添加一条允许外网到内网的策略,不然出去的数据返回的时候会不会被丢弃,回答是不需要添加,因为防火墙是有状态的防火墙,会自动识别哪些是返回的数据包(放行),哪些是外网主动发起的数据包(拒绝)。单击"保存"按钮,完成内网访问外网安全策略的添加。

参照图 2-49 再配置一条允许外网访问内网 WWW 服务器的安全策略条目,其中"目的地址"选择的是一个地址对象"www 服务器内网",对应的 IP 是 10.2.2.2。添加完成的策略组列表如图 2-50 所示,第 1 条策略是允许内网访问外网,命中次数是 92;第 2 条策略是允许外网访问内网的 WWW 服务器,命中次数是 3;第 3 条策略是默认策略,拒绝所有,命中次数 729。这 3 条策略的顺序还是有讲究的,因为策略的执行顺序由上往下,如果第 3 条策略在前,将会导致错误的结果;第 1 条和第 2 条前后顺序不影响执行结果,但却影响执行效率,在不影响执行结果的情况下,为了提高执行效率,一般把命中次数多的放在前面。

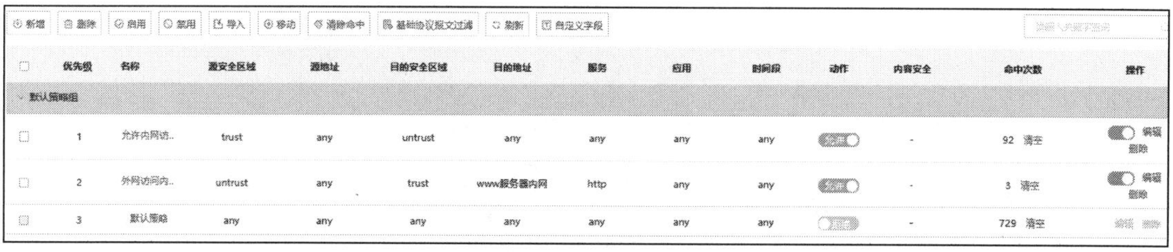

图 2-49 新增安全策略

图 2-50 查看策略组

STEP 7 配置 Web 服务器。默认情况下,IIS 并没有随 Windows Server 2016 操作系统一起安装。单击两台服务器 Winserver2016-DNS- Web,打开配置页面,在"服务器管理器"中,单击"添加角色和功能",弹出"添加角色和功能向导"对话框。单击 3 次"下一步"按钮,直至出现"服务器角色"对话框,如图 2-51 所示。选中"Web 服务器(IIS)"复选框,弹出"添加 Web 服务器所需功能"对话框,单击"添加功能",返回"服务器角色"对话框。单击多次"下一步"按钮,对要安装的服务进行确认,单击"安装"按钮,开始安装。稍后提示安装成功。

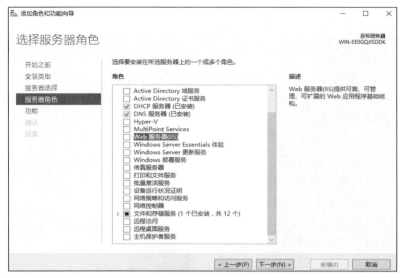

图 2-51　添加 IIS

读者也可添加 DNS 服务，测试域名访问，本书对此不做介绍了。

STEP 8　测试。在内网计算机 Win10-1 上 ping 外网（Winserver2016-DNS-Web2 或 Win10-2）的 IPv4 地址，发现都能 ping 通。在内网计算机 Win10-1 的浏览器中输入 http://10.2.2.2 和 http://218.1.2.3，都可以打开 Web 网页，如图 2-52 所示。在外网计算机 Win10-2 的浏览器中输入 http://218.1.1.2，也可打开 IIS 的测试页面。

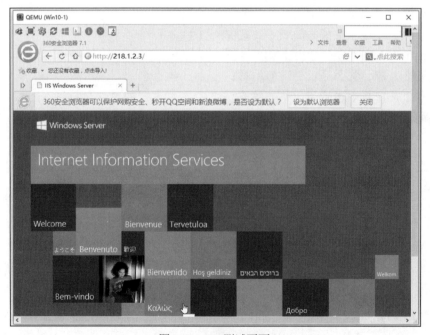

图 2-52　IIS 测试页面

交换机 Switch-1 和 Switch-2 之间有两条链路，可使用下面的命令查看数据包经过的是哪一条链路。

```
Switch-1# show ip route | include 0.0.0.0
```

```
Gateway of last resort is 10.255.1.2 to network 0.0.0.0
S*      0.0.0.0/0 [1/0] via 10.255.1.2
Switch-1# configure terminal
Switch-1(config)# interface gigabitethernet 0/2
Switch-1(config-if-GigabitEthernet 0/2)# shutdown        关闭 GigabitEthernet 0/2 接口
Switch-1(config-if-GigabitEthernet 0/2)# end
Switch-1# show ip route | include 0.0.0.0
Gateway of last resort is 10.255.1.2 to network 0.0.0.0
S*      0.0.0.0/0 [2/0] via 10.255.2.2        此时默认路由走的是 GigabitEthernet 0/3 接口
```

从上面的输出中可以看到，默认路由的下一跳是 10.255.1.2，出口是 G0/2；关闭 G0/2 接口，再次查看默认路由，可以看到下一跳变成了 10.255.2.2，出口是 G0/3 接口。

注　意

EVE-NG 有一个特殊设置，即使交换机端口没有连线，端口也是 Up 的。可以使用命令 show ip interface brief 进行验证。可以将其理解成 EVE-NG 把每一台设备的每一个接口都接到了不同的傻瓜交换机上，所以接口总是 Up 的，除非手动关闭。所谓两台设备之间的连线，其实就是用线把两台傻瓜交换机连接起来。在本实验中如果对接口的 Up 状态进行测试，需要同时关闭 Switch-2 的 G0/2 接口。如果仅关闭 Switch-1 的 G0/2 接口，那么 Switch-2 的接口依然处于 Up 状态，Switch-2 返回的数据包将不能正确到达 Switch-1。

实验 2-2　EVE-NG 磁盘清理

在 EVE-NG 中可以使用 "df –h" 命令查看磁盘空间的使用情况，建议经常清理临时文件夹，以释放 EVE-NG 的磁盘空间。但事实上，EVE-NG 虚拟机占用的物理磁盘的空间并没有被释放出来，也就是说，在 EVE-NG 中事实上并不存在的文件却占用着物理的磁盘空间，读者可以查看 EVE-NG 安装目录下的 "EVE-ng-172.18.1.18-社区版 v5.1-disk1.vmdk" 和 "EVE-ng-172.18.1.18-社区版 v5.1-disk2.vmdk" 文件的大小。这两个文件是 EVE-NG 虚拟机的磁盘文件，类似于物理计算机的物理磁盘，只不过 EVE-NG 的磁盘类型是动态磁盘，所以这个 vmdk 的文件大小会发生改变。

可以通过下述步骤释放物理磁盘空间。

STEP 1　登录 EVE-NG 系统，执行下面的命令，如图 2-53 所示。

```
root@eve-ng:~# cat /dev/zero > zero.fill;sync;sleep 1;sync;rm -f zero.fill        对未使用空间清零，需要较大的空闲空间，可以理解成 Windows 磁盘的碎片整理，该命令执行需要一段时间
```

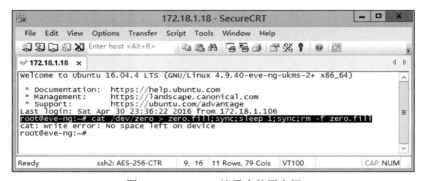

图 2-53　EVE-NG 清零未使用空间

STEP 2　关闭 EVE-NG 系统，在 Windows 的管理员命令提示符窗口中执行下面的命令：
C:\Program Files (x86)\VMware\VMware Workstation>vmware-vdiskmanager.exe -k "g:\EVE-NG-RG\EVE-ng-172.18.1.18-社区版 v5.1-disk1.vmdk"　　　　　　　　　　　　　　　　　缩小虚拟机磁盘空间大小，

上方代码中 "C:\Program Files (x86)\VMware\VMware Workstation>" 是 Wmworkstation 的安装路径，"g:\EVE-NG-RG\EVE- ng-172.18.1.18-社区版 v5.1-disk1.vmdk" 是 EVE-NG 虚拟机磁盘 1 对应的文件。

如图 2-54 所示，该操作完成后，再次查看 EVE-ng-172.18.1.18-社区版 v5.1-disk1.vmdk 文件，可发现占用的物理磁盘空间有明显减小。

图 2-54　缩小 EVE-NG 占用的物理磁盘空间大小

同样的操作继续压缩 EVE-NG 的第 2 块磁盘 "EVE-ng-172.18.1.18-社区版 v5.1-disk2.vmdk"，压缩效果更明显。

本书仅是借助 EVE-NG 工具讲解 IPv6 技术，读者若想详细了解 EVE-NG，可登录国内比较权威的 EVE-NG 网站 EmulatedLab 了解更多内容，也可购买专门介绍 EVE-NG 的图书。

从本章开始，我们将正式进入 IPv6 的世界。万丈高楼平地起，磨刀不误砍柴工，打下坚实的基础，在学习后面的 IPv6 高级应用知识时才能得心应手。

本章结合 EVE-NG 来重点介绍 IPv6 的基础知识，主要包括 IPv6 地址格式、IPv6 地址分类及应用场景、如何在主机/路由器上手动配置 IPv6 地址、IPv6 中重要的网络控制消息协议版本 6（Internet Control Message Protocol version 6, ICMPv6）、邻居发现协议（Neighbor Discovery Protocol, NDP）、重复地址检测（Duplicated Address Detection, DAD）等内容。

通过对本章的学习，读者能加深对 IPv6 基础知识的理解，并可以将实验内容迁移至生产环境中，以完成基本的 IPv6 网络地址的配置。

3.1　IPv6 地址表示方法

众所周知，IPv4 地址共计 32 位，由 4 个八位组（即 8 位）组成，每 8 位为一个十进制整数，中间由 "." 隔开，即通常所说的点分十进制表示法。而 IPv6 地址多达 128 位，不再适合以十进制表示，而是改用十六进制表示。在 IPv6 的具体表示方法上，目前 RFC 4291 描述的 3 种表示方法较为流行，即首选格式、压缩格式和内嵌 IPv4 地址的 IPv6 地址格式。

3.1.1　首选格式

IPv6 地址的首选格式是最严谨的表示方法，它将 IPv6 地址的 128 位用 ":" 分成 8 段，每段 16 位，每连续的 4 位转换成十六进制。例如，一个完整的 128 位地址（0010 0000 0000 0001）：（0000 1101 1010 1000）：（0001 0000 0000 0100）：（0000 0000 0000 0001）：（0000 0000 0000 0000）：（1111 0000 0101 1111）：（0000 0001 1100 0000）：（1010 1011 1100 1101）。为了便于识别，每 16 位用括号及冒号隔开，每 4 位一组转换成十六进制数，上述地址转换后就是 2001:0DA8:1004:0001:0000:F05F:01C0:ABCD。

以首选格式来表示 IPv6 地址时，需要特别注意以下两点。

- 与十进制表示的 IPv4 地址一样，每段中 4 个十六进制数前面的 0 可以省略，但后面的 0 不能省略。
- 如果一个段中 4 个十六进制数全是 0，则必须要写一个 0。

所以上例中的地址还可以简化为 2001:DA8:1004:1:0:F05F:1C0:ABCD。该地址常见的错误如下（斜体字为注释）：

2001:DA8:1004:1:F05F:1C0:ABCD	*省掉全 0 段导致只有 7 个段的十六进制数*
2001:DA8:1004:1:0:F05F:1C:ABCD	*"01C0" 前面的 0 能省掉，后面的 0 不能省掉*

3.1.2　压缩格式

从 IPv6 地址首选格式表示法可以看出，IPv6 地址实在太长，书写和记忆都很困难。在实际应用中，特别是服务器、网关等用到的 IPv6 地址，都会出现连续多位的 0，此时采用压缩格式来表示会更合理。假设一个首选格式的 IPv6 地址为 2001:DA8:1004:0:1:0:0:1，这里连续的多个 0 就可以用 "::" 来代替，该地址就可以写成 2001:DA8:1004:0:1::1，这样地址书写起来更有效率，也更便于记忆。

以压缩格式来表示 IPv6 地址时，也需要注意两点。

- 前面提到连续的多个 0 是首选格式中每一段都为 0，而不包括前面一段末尾的 0 和后面一段首位的 0。
- 压缩格式中的 "::" 只能出现一次。

上述地址的一种常见错误如下所示：

2001:DA8:1004::1::1	*出现了两个 "::"，难以搞清楚 "::" 究竟代表多少个 0*

实验 3-1　验证 IPv6 地址的合法性

在 EVE-NG 中打开 "Chapter 03" 文件夹中的 "3-1 Basic" 网络拓扑，读者也可以在自己的 Windows 7 计算机或 Windows 10 计算机上完成。通过本实验，读者不仅能知道如何在 Windows 计算机（此后若无特别说明，计算机泛指默认支持 IPv6 的 Windows 计算机）上手动设置 IPv6 地址，还能知道设置的 IPv6 地址是否合法，从而加深对 IPv6 地址首选格式和压缩格式的理解。本实验主要完成以下功能。

- 设置合法的首选格式和压缩格式的 IPv6 地址。
- 设置首选格式少于 7 段和压缩格式出现两个 "::" 的非法格式地址，让系统判定是否合法。
- 省去前面的 0 和后面的 0，与真实地址进行比较。

STEP 1　右击拓扑图中的 Win10-1 计算机，从快捷菜单中选择 Start，开启计算机。双击 Win10-1 计算机图标，通过 VNC 打开计算机配置窗口。右击任务栏上的网络图标，从快捷菜单中选择 "网络和共享中心"，打开 "网络和共享中心" 窗口，如图 3-1 所示。单击 "以太网" 链接，打开 "以太网 状态" 对话框，单击对话框中的 "属性"，打开 "以太网 属性" 对话框，如图 3-2 所示。

图 3-1 网络和共享中心　　　　　　　　　　图 3-2 以太网属性

STEP 2 配置 IPv6 地址。在图 3-2 中，选中"Internet 协议版本 6（TCP/IPv6）"复选框，再单击"属性"按钮，打开"Internet 协议版本 6（TCP/IPv6）属性"对话框，手动输入首选格式的 IPv6 地址 2001:0da8:1001:aabb:0001:0000:abcd:bbc0，地址前缀长度保持默认的 64（本章后面会详细介绍地址前缀），其他保持空白，如图 3-3 所示。单击"确定"按钮，完成 IPv6 地址的配置。

右击"开始"→"运行"，在"运行"栏中输入 cmd，打开命令提示符窗口。在命令提示符窗口中输入 ipconfig 命令，查看设置的 IPv6 地址，如图 3-4 所示。从中可以发现 IPv6 地址中的哪些 0 能省略，哪些 0 不能省略，以加深对 IPv6 地址的理解。

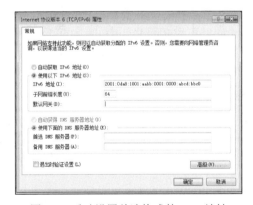
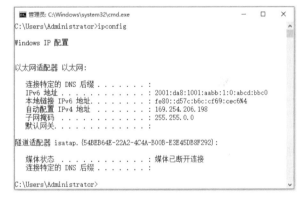

图 3-3 手动设置首选格式的 IPv6 地址　　　　图 3-4 查看 IPv6 地址

从图 3-4 中可以看出：第二段 0da8 前面的 0 可省略，变成了 da8；第三段 1001 中间的 0 不能省略；第五段 0001 前面的 0 可省略，变成了 1；第六段 0000 变成了 0，保留了 1 位，不能全省略；第八段 bbc0 最后的 0 不能省略，仍为 bbc0。

STEP 3 设置 IPv6 地址为 2001:da8:1001:aabb:0:0:abcd:bbc0，再用 ipconfig 命令验证。这次 IPv6 地址显示为 2001:da8:1001:aabb::abcd:bbc0，第五段和第六段的连续两个 0 被转成了压缩格式的"::"。再设置 IPv6 地址为 2001:0:0:1:1:0:0:1，继续用 ipconfig 命令验证。IPv6 地址第二段和第三段的 0 被压缩成"::"，第六段和第七段不再被压缩成"::"，也就说压缩格式地址最多只允许出现一次"::"，如图 3-5 所示。需要说明的一点是，压缩格式优先考虑长度（长度越短越好），在长度相同的情况下优先考虑高位。比如，2001:0:0:1:0:0:0:1 将显示成

2001:0:0:1::1，因为 2001::1:0:0:0:1 的 "::" 只能表示两段，2001:0:0:1::1 的 "::" 可以表示 3 段，故优先考虑长度。再比如 2001:0:0:1:1:0:0:1 既可以写成 2001::1:1:0:0:1，也可以写成 2001:0:0:1:1::1，在长度相同的情况下，优先考虑高位。

STEP 4　继续设置以下错误地址：2001::1::1，该地址中的 "::" 超过 1 个；20010da81004 10000001000100010001，该地址没有 ":"；2001:1:1:1:1:1:1，该地址少于 8 个段；2001:1:1:1:1:1:1:g，该地址含有非十六进制字符。Windows 系统会判定上述 IPv6 地址无效，如图 3-6 所示。

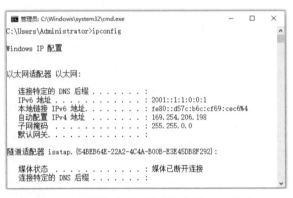

图 3-5　压缩格式最多只允许出现一个 "::"　　　　图 3-6　IPv6 地址无效

3.1.3　内嵌 IPv4 地址的 IPv6 地址格式

虽然在大多数情况下是用十六进制数来表示 IPv6 地址的，但在实际应用中也允许十六进制数和十进制数并存，这就是内嵌 IPv4 地址的 IPv6 地址格式。其书写格式一般是前面 96 位地址用首选格式或压缩格式的十六进制数表示，后面追加以十进制数表示的 32 位 IPv4 地址。比如，一个 IPv6 地址可以是 2001:da8:1004::192.168.1.1。其实这种格式只是便于书写，系统会自动将末尾的 IPv4 地址转换成十六进制数，后面通过实验进行验证。

实验 3-2　配置内嵌 IPv4 地址格式的 IPv6 地址

本实验验证操作系统会自动将这种内嵌 IPv4 地址格式的地址中的 IPv4 地址转成十六进制，即将点分十进制格式转成以冒号分隔的十六进制格式。在 EVE-NG 中打开 "Chapter 03" 文件夹中的 "3-1 Basic" 拓扑。

STEP 1　配置 IPv6 地址。在 Win10-1 计算机上配置 IPv6 地址 2001:da8:1004::192.168.1.1，并单击 "确定" 按钮，如图 3-7 所示。

STEP 2　验证。使用 ipconfig 命令验证设置的 IPv6 地址，如图 3-8 所示。可见，192.168.1.1 被自动转成了 c0a8:101。

小窍门

大家经常会遇到需要把十进制转换成二进制或十六进制的情况，比如把 218.94.124.26 转换成十六进制或二进制。转换方法一般是用除以 2 取余法先转换成二进制，进而再转换成十六进制。这里有一个转换小窍门，请看图 3-8 的下半部分。计算机自动把 218.94.124.26 转换成了十六进制的 da5e:7c1a，然后把每一位十六进数再换成 4 位二进制数，就完成了十进制到十六进制再到二进制的转换。

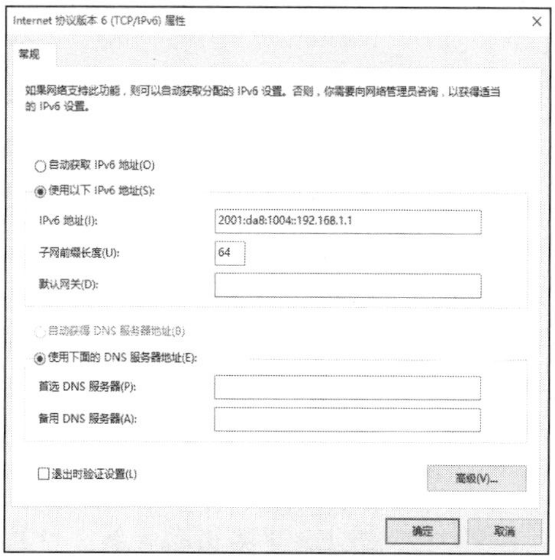

图 3-7 配置内嵌 IPv4 地址格式的 IPv6 地址

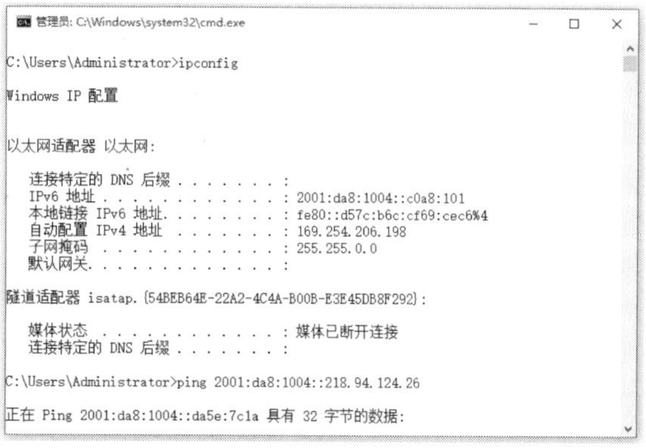

图 3-8 验证 IP 地址从十进制到十六进制的转换

3.1.4 地址前缀和接口 ID

1. 地址前缀

在 IPv4 网络中，一个地址往往还配有子网掩码，用来指明网络号和主机号。如 192.168.1.1/24［这是无类别域间路由（Classless Inter-Domain Routing，CIDR）的写法，与 192.168.1.1/255.255.255.0 相同］，它的网络号是 192.168.1.0/24，主机号是 1。在 IPv6 中也存在类似情况，只不过网络号改名为地址前缀，主机号改名为接口 ID（IDentifier，标识符）了。一个完整的 IPv6 地址类似于 IPv4 的 CIDR 写法，需要带一个表示前缀长度的数字，此数字标明地址前缀所占的位数，剩余的位数就是接口 ID 所占的位数。通常情况下，地址前缀长度为 64，即地址前缀和接口 ID 各占 64 位。比如，2001:1::1/64 的地址前缀是 2001:1::/64，接口 ID 是剩余的::1。需要说明的是，虽然 RFC 4291 规定，除了以二进制"000"开头的 IPv6 单播地址，其他所有单播地址要求地址前缀和接口 ID 必须各占 64 位，且接口 ID 必须是修正的 64 位扩展唯一标识符（64-bit Extended Unique Identifier，EUI-64，由网卡的 MAC 地址转换而来）格式。但实际应用中并不总是这样。这是因为限制地址前缀长度会使得应用的灵活性降低，而规定 EUI-64格式的接口 ID 则存在隐私泄露的风险。

那设定这个地址前缀长度的作用是什么呢？其实 IPv6 与 IPv4 一样都是在 IP 层中使用，这也就涉及路由选路的问题，而网络设备选路的依据就是路由表。在 IPv4 网络中，由子网掩码与目的 IP 地址做"与"运算来得出网络号，再查路由表中对应网络号的下一跳，就可以选择出口转发数据了。在 IPv6 网络中也是一样，只不过直接用地址前缀长度来替代子网掩码的计算功能，这类似于 IPv4 中的 CIDR。

实验 3-3 设置不同的前缀长度并观察路由表

在 EVE-NG 中打开"Chapter 03"文件夹中的"3-1 Basic"拓扑，开启 Win10-1 计算机进行配置。

STEP 1 设置 IPv6 地址为 2001:250:5005:1111::1/64，在命令提示符下执行 route print -6 命令，观察主机路由表，结果如图 3-9 所示。

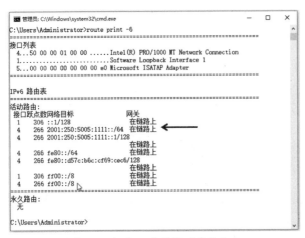

图 3-9　查看 64 位前缀时的路由表

route print 命令可同时显示 IPv4 和 IPv6 的路由表，"-4" 或 "-6" 参数用来设定只显示 IPv4 或 IPv6 的路由表。

"接口列表" 显示当前计算机有几个接口（也称网络适配器）。图 3-9 中显示有 3 个接口，编号为 4 的接口是计算机的物理网卡，另外两个是虚拟网络适配器。

"IPv6 路由表" 显示当前计算机的路由表，图 3-9 中路由表的第 2 行显示 "4　266　2001:250:5005:1111::/64　在链路上"，其中 "4" 是接口编号；"266" 是跃点数，跃点数越小，路由越优先；"2001:250:5005:1111::/64" 是具体的路由条目；"在链路上" 相当于是直连路由，若是非直连路由，这里显示的则是下一跳的地址。有关路由的更多知识，请参见第 6 章。

STEP 2 设置 IPv6 地址为 2001:250:5005:1111::1/52，观察路由表。

STEP 3 设置 IPv6 地址为 2001:250:5005:1111::1/56，观察路由表。

2. 接口 ID

不知大家是否注意到，一旦在主机或路由器等网络接口启用了 IPv6，就会在该接口下自动生成一个 "FE80::" 开头的 "链路本地地址"，这也是 IPv6 的 "即插即用" 特性，即规定好固定前缀，再快速生成接口 ID 以拥有一个完整的 IPv6 地址。链路本地地址会在 3.2 节进行详细介绍，这里重点介绍一下接口 ID 是如何自动生成的。其实这个接口 ID 是基于 EUI-64 格式的接口 ID。RFC 4291 的附录 A 中定义了不同链路类型的网络自动生成接口 ID 的方法，这里只介绍比较常用的与以太网 MAC 地址相关的 EUI-64 格式接口 ID 的生成方法。

以太网的 MAC 地址是 48 位，而基于 EUI-64 格式的接口 ID 是 64 位，在 MAC 地址中间插入特定的 FFFE（16 位），并将标识全球/本地范围的第 7 位设置为 1。如果第 7 位本身是 1，则转成 0。这样即可生成 EUI-64 格式的接口 ID。这里假定以太网接口（如网卡）的 MAC 地址是全球唯一的，所以自动生成的 EUI-64 格式的接口 ID 也是唯一的。但实际应用中还有一些特殊情况（比如存在隧道等逻辑接口，以及故意修改网卡 MAC 地址），此时就不能保证自动生成的接口 ID 是唯一的了。对于特殊情况，首先选择其他接口的 ID，如果没有，则需要自身随机生成一个接口 ID，只要保证在此接口所在的子网中没有冲突即可。

实验 3-4　验证基于 EUI-64 格式的接口 ID

本实验主要验证计算机和路由器接口 ID 是否符合 EUI-64 格式，以及如何在计算机和路由器接口中启用和禁用 EUI-64 格式的接口 ID。

STEP 1 配置计算机。在 EVE-NG 中打开 "Chapter 03" 文件夹中的 "3-1 Basic" 拓扑，开启 Win10-1 计算机，在命令提示符窗口中输入 ipconfig /all 命令，查看接口 MAC 地址和以 FE80 开头的地址的接口 ID 之间的对应关系，验证是否符合 EUI-64 格式，结果如图 3-10 所示。

从图 3-10 中可以看到，MAC 地址是 50:00:00:01:00:00，链路本地地址的接口 ID 是 d57c:b6c:cf69:cec6，说明接口 ID 与基于 MAC 地址转换生成的 EUI-64 格式的 ID 之间没有关系。

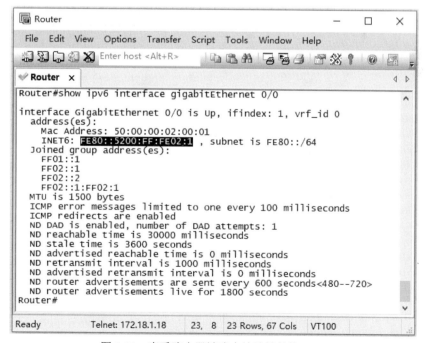

图 3-10 查看链路本地地址接口 ID 和 MAC 地址

STEP 2 配置路由器。开启拓扑图中的路由器 Router，双击该路由器，在 SecureCRT 或 PuTTY 中打开路由器的配置界面，执行下面的配置命令（斜体为注释）：

```
Router>enable
Router#configure terminal Router(config)# interface gigabitethernet 0/0
Router(config-if-GigabitEthernet 0/0)# ipv6 enable          接口开启 IPv6
Router(config-if-GigabitEthernet 0/0)# no shutdown
Router(config-if-GigabitEthernet 0/0)# end
```

配置完成后，使用 show ipv6 interface GigabitEthernet 0/0 命令查看以 FE80 开头的链路本地地址的接口 ID，如图 3-11 所示。

图 3-11 查看路由器链路本地地址的接口 ID

使用 show interfaces GigabitEthernet 0/0 命令查看接口的 MAC 地址，如图 3-12 所示。

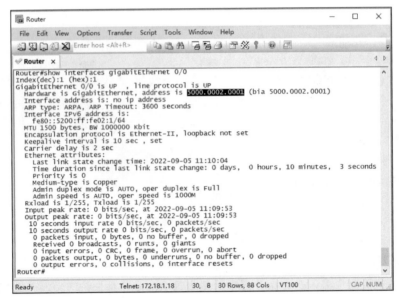

图 3-12　查看路由器接口的 MAC 地址

从图中可以看到，路由器接口的 MAC 地址为 5000.0002.0001。根据 EUI-64 变换规则，接口 ID 是 5200:00FF:FE02:0001，与图 3-11 中显示的链路本地地址的接口 ID 相同。

STEP 3　修改 Windows 的默认设置，使其不再使用基于 EUI-64 格式的接口 ID。这样也实现了 RFC 3041 中定义的私密性扩展，即无法再根据 MAC 地址推导出接口 ID，安全性也得以提升。

打开命令提示符，执行 netsh interface ipv6 show global 命令，查看接口 ID 是否已经随机化，如图 3-13 所示。

```
C:\Users\Administrator>netsh interface ipv6 show global
查询活动状态...

常规全局参数
----------------------------------------
默认跃点极限                    : 128 跃点
邻居缓存极限                    : 256 项/接口
路由缓存极限                    : 128 项/分段
重汇编极限                      : 16773984 字节
ICMP 重定向                     : enabled
源路由行为                      : dontforward
任务卸载                        : enabled
DHCP 媒体感知                   : enabled
媒体感知日志记录                : disabled
MLD 级别                        : all
MLD 版本                        : version3
多播转发                        : disabled
组转发片断                      : disabled
随机标识符                      : enabled
地址掩码回复                    : disabled
最小 MTU                        : 1280

当前全局统计数据
----------------------------------------
分段数                          : 1
NL 客户端数量                   : 7
FL 提供程序数量                 : 4

C:\Users\Administrator>
```

图 3-13　查看 IPv6 全局配置参数

从结果中可以看出，查看到的接口 ID 之所以不是基于 EUI-64 格式的，是因为系统默认已经对接口 ID 随机化了。如果要使用 EUI-64 格式的接口 ID，关闭随机标识符选项即可。打开 Windows PowerShell 或命令提示符窗口（在 Windows 7 中要以管理员身份打开），输入 netsh interface ipv6 set global randomizeidentifiers=disable store=persistent，如图 3-14 所示。再次查看接口 ID，发现已经是 EUI-64 格式了，有些系统可能需要重新启动后才会生效。做完实验后，记得输入 netsh interface ipv6 set global randomizeidentifiers=enable store=persistent 命令，恢复为默认的随机生成接口 ID。

图 3-14　启用 EUI-64 格式的接口 ID

STEP 4　配置 EUI-64 格式的 IPv6 地址。为交换机或路由器设置基于 EUI-64 格式的 IPv6 地址，只需在接口下执行下述命令：

Router(config-if-GigabitEthernet 0/0)# ipv6 address 2001:1::/64 eui-64　　*设置接口的 IPv6 地址，接口 ID 采用 EUI-64 格式自动生成*

Router(config-if-GigabitEthernet 0/0)# ipv6 address 2001:2::1/64　　*一个接口可以设置多个 IPv6 地址，此地址的接口 ID 指定为 0:0:0:1，和前面的地址前缀一起缩写为::*

在路由器上使用 show ipv6 interface GigabitEthernet 0/0 命令查看接口的 IPv6 配置，结果如图 3-15 所示。

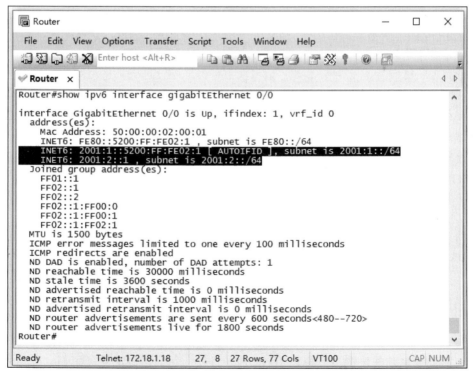

图 3-15　验证路由器基于 EUI-64 格式的接口 ID

在图 3-15 中可以看到，该接口还有一个 2001:2::1 的 IPv6 地址。

3.2　IPv6 地址分类

相较于 IPv4 地址的分类情况，IPv6 地址有以下 3 个重要变化。

- IPv6 地址不再有网络地址和广播地址，广播被组播（有时也称多播）替代，减少了广播风暴对网络性能的影响。
- 不再有 A、B、C、D、E 类地址，而是固定特定的地址段用于特殊的网络或环境。
- 一个接口一般会有多个 IPv6 地址，每个地址有不同的用途。

根据 RFC 4291 的定义，IPv6 地址分为 3 类：单播、任播和组播。IPv6 中还有特殊的未指定地址和环回地址。

3.2.1　单播地址

单播地址用于标识一定范围内唯一的网络接口，发送给单播地址的数据包最终发送到由该地址标识的网络接口。单播地址具有两个特点：在一定范围内唯一存在；一个地址只能配置在一个接口上。一个单播地址包括 N 位网络 ID 和 128−N 位接口 ID，且通常情况下前缀长度（即网络 ID 位数）和接口 ID 长度都是 64 位。

单播地址又可继续分为 4 类：可聚合全球单播地址、链路本地单播地址、站点本地单播地址和内嵌 IPv4 地址的兼容地址。

1. 可聚合全球单播地址

顾名思义，可聚合全球单播地址即可用在全球 IPv6 互联网中且可聚合、可路由的地址，它类似于 IPv4 的公网地址，在 IPv6 网络中可相互直接通信。当然，这样的地址也是需要向专门的地址分配机构——互联网数字分配机构（Internet Assigned Numbers Authority，IANA）申请才能获得。虽然 IPv6 的地址很多，但目前可聚合的全球单播地址仅限于前 3 位是"001"的地址，即 2000::/3，其范围为 2000::~3FFF:FFFF:FFFF:FFFF:FFFF:FFFF:FFFF:FFFF。尽管可聚合全球单播地址数量众多，但 IANA 将来仍有可能会把其他未分配的地址段重新定义为全球单播地址。当前，IANA 已经对部分可聚合全球单播地址进行了专门使用，比如，将 2001::/32 用于 Teredo 前缀（本书的第 8 章介绍 Teredo），将 2002::/16 用于 6to4 网络，将 3FFE::/16 用于 6BONE 试验床网络。

2. 链路本地单播地址

链路本地单播地址是以 fe80::/64 开头的地址，它在 IPv6 通信中是受限制的，其作用范围仅限于连接到同一本地链路的节点之间，即以路由器为界的单一链路范围内，路由器网关并不会将来自本地链路的数据转发到别的出口。也可以简单地认为链路本地地址只用来在不跨网段的局域网内通信。链路本地单播地址在局域网通信中有着重要的作用，自动配置机制、邻居发现机制等都会用到链路本地单播地址。通常情况下，链路本地单播地址都是自动配置的，即只要接口启用了 IPv6，就会自动生成 fe80::/64+64 位接口 ID（可为 EUI-64 格式，也可遵循私密性扩展，对接口 ID 进行随机化处理）形式的 IPv6 地址。该地址也可进行手动修改。

实验 3-5　增加和修改链路本地单播地址

可以在计算机上增加链路本地单播地址。在 EVE-NG 中打开"Chapter 03"文件夹中的"3-1 Basic"拓扑，进行如下操作。

STEP 1　查看链路本地单播地址。打开 Win10-1，在命令提示符下执行 ipconfig 命令，结果如图 3-16 所示。

从结果中可以看出，链路本地单播地址为 fe80::d57c:b6c:cf69:cec6，后面的%4 表示接口编号。主机可以有很多接口，每个接口都有一个编号，可以用命令 netsh interface ipv6 show interface 来查看每个接口对应的编号。

STEP 2　修改链路本地单播地址。执行命令 netsh interface ipv6 set address "4" fe80::abcd，给该接口增加一个链路本地单播地址，其中"4"是接口编号。执行 ipconfig 命令查看增加的链路本地单播地址，如图 3-17 所示。要想删除某个地址，将命令中的 set 改为 delete 即可。

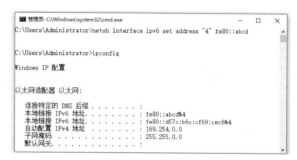

图 3-16　查看链路本地单播地址　　　　图 3-17　为 Win10 增加一个链路本地单播地址

实验 3-6　数据包捕获演示

数据包捕获也就是通常所称的抓包。数据包捕获是网管人员的一项必备技能。网管人员经常通过捕获数据包并分析其内容的方法来排查网络问题。例如，有一个单位在召开视频会议时经常出现卡顿，他们找不到原因，请我们帮忙排查。我们在使用抓包软件抓包后发现，每隔几分钟会产生大量的视频数据包，经询问单位的网管人员，得知单位会周期性地调用分部的多个监控摄像头，正是这些视频导致了视频会议受阻。找到原因后事情就好办了，接下来要么增加带宽，要么在视频会议期间暂停监控调用。

EVE-NG 提供的集成客户端软件安装包中包含了抓包软件 Wireshark，该软件是目前比较流行的抓包软件。本实验主要演示 Wireshark 的使用。

在 EVE-NG 中打开"Chapter 03"文件夹中的"3-1 Basic"拓扑。

STEP 1　开启 Win10-1 和路由器 Router。

STEP 2　配置路由器。Router 的配置如下：

```
Router> enable
Router# configure terminal
Router(config)# ipv6 unicast-routing          开启 IPv6 单播路由功能。锐捷路由器默认已经开启 IPv6
路由，该命令可以省略
Router(config)# interface gigabitethernet 0/0
Router(config-if-GigabitEthernet 0/0)# ipv6 enable
```

Router(config-if-GigabitEthernet 0/0)# no ipv6 nd suppress-ra　*关闭 IPv6 邻居发现协议中的路由通告抑*
制功能，使 Win10 客户机能自动获取 IPv6 网关。锐捷路由器默认抑制路由通告，需要通过该命令关闭路由
通告抑制功能

Router(config-if-GigabitEthernet 0/0)# no shutdown

STEP 3　测试。在 Win10-1 上启用 IPv6，并配置为自动获取地址。用 ipconfig 命令查看本机的链路本地单播地址和网关的链路本地单播地址，并 Ping 网关的链路本地单播地址，如图 3-18 所示。

图 3-18　测试链路本地单播地址之间的通信

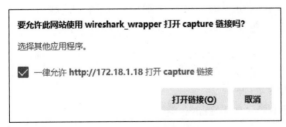

图 3-19　准备捕获数据包

STEP 4　数据包捕获。右击 Router，在快捷菜单中选择 "Capture" → "G0/0"，弹出询问框，询问 "要允许此网站使用 wireshark_wrapper 打开 capture 链接吗？"（如图 3-19 所示）。在 EVE-NG 实验环境中，所有虚拟设备运行在 172.18.1.18 上，每台虚拟设备的端口都对应到 172.18.1.18 的某个虚拟网卡（可以在 EVE-NG 中运行 ifconfig | more 查看所有的网卡），可以通过监听 172.18.1.18 的对应网卡来实现捕获某台虚拟设备的某个端口流量的目的。可以选中 "一律允许 http://172.18.1.18 打开 capture 链接" 复选框，以后抓包时，将不会弹出这个询问框。单击 "确定" 按钮，打开图 3-20 的命令行确认窗口，询问是否在缓存中存储捕获的数据包，选择 "y"，窗口中显示 "tcpdump: listening on vunl0_2_1, link-type EN10MB (Ethernet), capture size 262144 bytes"，意思是开始监听 EVE-NG 虚拟机的 vunl0_2_1 网卡，这块网卡对应路由器 Router 的 G0/0 接口。捕获数据包

期间，不要关闭该 DOS 窗口。

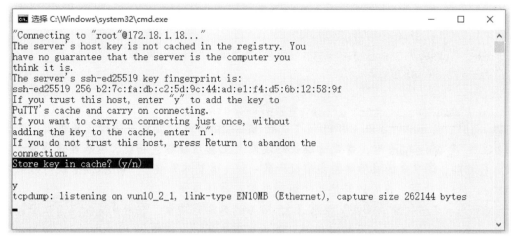

图 3-20　开始监听 EVE-NG 的某块网卡

STEP 5　分析数据包。在 Win10-1 上继续 Ping 路由器 Router 的链路本地单播地址，数据包捕获窗口如图 3-21 所示。在捕获窗口中，有菜单栏、工具栏、数据包概要（显示捕获的数据包编号、时间、源地址、目的地址、协议、长度、简要信息等）、数据包分层窗口（数据包分成了哪几层，可以展开每层进一步查看内容）、数据包具体内容窗口（显示数据包的具体内容，只能显示一些明文的内容）。在图 3-18 所示的界面中执行 Ping 操作时，系统默认发送 32 字节给对方，对方收到后再返回这 32 字节，从图 3-21 中可以看到，32 字节的内容是 "abcdefghijklmnopqrstuvwabcdefghi"。

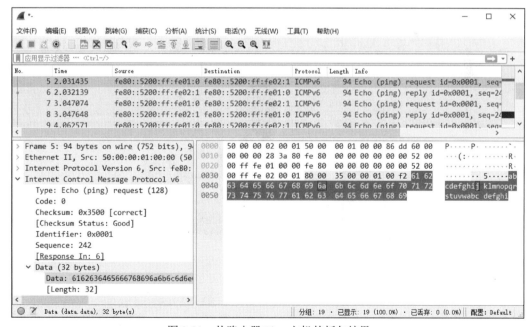

图 3-21　从路由器 Ping 主机的抓包结果

在图 3-21 中，Wireshark 捕获了整个 Ping 的往返数据包，此外，它还捕获了其他数据包。当然，也可以从路由器上 Ping 计算机的链路本地单播地址，命令如下：

```
Router# ping fe80::5200:ff:fe01:0
Output Interface: GigabitEthernet 0/0
```
由于 Ping 的是链路本地单播地址，因此需要在路由器上明确指出从哪个接口发出 Ping 数据包。在计算机上执行 Ping 操作时不用指出是哪块网卡，计算机默认从每块网卡发出 Ping 数据包，没有路由器严谨
```
Sending 5, 100-byte ICMP Echoes to fe80::5200:ff:fe01:0, timeout is 2 seconds:
   < press Ctrl+C to break >
!!!!!
Success rate is 100 percent (5/5), round-trip min/avg/max = 1/1/1 ms.
```

STEP 6　在物理计算机上抓包。可以把 Wireshark 单独安装在物理计算机上。在物理计算机上打开 Wireshark 时，首先选择在哪块网卡上启用数据包捕获，然后在这块网卡上启用数据包捕获，接下来的操作与在虚拟机中的一样，这里不再演示。Wireshark 既可以对要捕获的数据包进行过滤，也可以对捕获的数据包进行统计分析。

STEP 7　交换机端口镜像。在图 3-22 所示的真实环境中，有用户反映网速很慢，网管人员想通过抓包来分析网络的健康状况。因为交换机是基于目的 MAC 地址转发数据的，所以用户计算机访问互联网的数据都被转发给了防火墙，并不会发往 Wireshark 计算机。如果需要分析整个网络发往互联网的数据包，就需要分析交换机 G0/1 接口的数据包。可在网管交换机上配置交换机端口镜像，把 G0/1 接口的数据包复制一份发给 G0/2，这样 Wireshark 计算机就可以分析整个网络发往互联网的数据包了。真实交换机上，端口镜像是硬件芯片直接转发的，目前锐捷交换机的模拟器暂不支持该功能，以下命令来自真实的交换机：

```
Switch> enable
Switch# configure terminal
Switch(config)# monitor session 1 source interface gigabitethernet 0/1 both
```
session 1 中的 1 指的是交换机镜像端口组，源和目的端口要在镜像组中，交换机型号不同，支持的镜像组数也不同。source 指的是源端口，both 是双向（这也是默认值），即把该端口的进出流量都进行镜像，还可以指定只镜像进方向或出方向的流量
```
Switch(config)# monitor session 1 destination interface gigabitethernet 0/2
```
配置镜像的目的端口

图 3-22　真实环境中的数据包捕获

3. 站点本地单播地址

站点本地单播地址是 IPv6 中的私网地址，它类似于 RFC 1918 中定义的不可路由到互联网上的私网 IPv4 地址。早期的站点本地单播地址的前缀是 FEC0::/10，其后的 54 位用于子网 ID，最后 64 位用于主机 ID，如表 3-1 所示。后来该地址被 IANA 收回，并重新采用 RFC 4193 中定义的唯一本地地址段 FC00::/7 来替代站点本地单播地址。按照子网划分的原则，FC00::/7 可以划分为 FC00::/8 和 FD00::/8，其中 FC00::/8 为保留地址段，FD00::/8 为站点本地范围内的单播地址。换言之，站点本地单播地址已由早期的 FEC0::/10 更换成 FD00::/8 了。

表 3-1 早期的站点本地单播地址格式

1111111011	子网 ID	接口 ID
10 位	54 位	64 位

4．内嵌 IPv4 地址的兼容地址

在 IPv6 过渡技术中，经常会使用内嵌了 IPv4 地址的兼容地址。兼容地址一般用于在 IPv4 网络中建立 IPv6 自动隧道，从而将各个 IPv6 孤岛连接起来。IPv6 过渡技术的工作原理是部署双协议栈节点（路由器网关或主机本身），在 IPv6 侧使用兼容地址，在 IPv4 侧提取兼容地址中的 IPv4 地址信息，构建 IPv4 报头，然后对 IPv6 进行封装，从而在 IPv4 网络中通过这种自动隧道实现 IPv6 孤岛的互连。常见的 IPv6 兼容地址有::FFFF/96+32 位 IPv4 地址；6to4 使用的兼容地址为 2002（16 位）+IPv4 地址（32 位）+子网 ID（16 位）+接口 ID（64 位）；ISATAP 隧道使用的兼容地址为固定前缀（64 位）+0000:5EFE（32 位）+IPv4 地址（32 位）。这些兼容地址将在第 8 章中进行详细介绍。

3.2.2 任播地址

任播地址在地址格式上与单播地址别无二致，但用途不同。单播地址用于一个源地址到一个目的地址的通信，即一个单播地址只能用于一个接口，而任播地址是同一个地址用在网络中多个节点、多个接口之上。换句话说，任播地址用于表示一组不同节点的接口。若某个数据包的目的地址是任播地址，该数据包将被发送到路由意义上最近的一个网络接口。为了与单播地址区分，任播地址一般约定 64 位接口 ID 全是 0。这有点类似于 IPv4 的主机位全是 0 的网络地址，只不过 IPv4 主机位全是 0 的网络地址和主机位全是 1 的广播地址是不能分配给设备使用的，而 IPv6 中主机位全是 0 的任播地址和主机位全是 1 的地址都能供设备使用。

注意，在使用任播地址时一定要谨慎，一定要事先约定哪些地址作为任播地址，并作为特殊用途，不然网络中就会出现地址冲突。比如，移动 IPv6 就需要任播地址，使得客户主机不管在什么位置，都能就近访问由任播地址标识的接入点。

3.2.3 组播地址

IPv6 中的组播地址用来标识多个接口，它对应于一组接口的地址，且这些接口通常分属于不同的节点。由源节点发送到组播地址的数据包会被由该地址标识的每个接口所接收。由此可见，组播地址只能用作目的地址。组播地址的前 8 位必须全是 1，具体格式如表 3-2 所示。

表 3-2 组播地址格式

11111111	标志	范围	组 ID
8 位	4 位	4 位	112 位

标志位目前只定义了十六进制的 0 和 1，其中 0 经常使用，表示永久；1 较少使用，表示临时。IPv6 不像 IPv4 那样使用 TTL 来限制范围，而是使用组播地址中的范围字段来定义和限制。目前，范围字段定义的十六进制数包括："1"表示本地接口范围；"2"表示本地链路范围；"3"表示本地子网范围；"4"表示本地管理范围；"5"表示本地站点范围；"8"表示组织机构范围；"E"表示全球范围。其中"2"表示的本地链路范围较为常用。

在 IPv6 中，由于组播替代了广播，所以即便网络中没有组播应用，也常常见到一些组播地址。这些常见的组播地址及含义如表 3-3 所示。

表 3-3　　　　　　　　　　　　　常见组播地址及含义

组播地址	描述
FF01::1	本地接口范围的所有节点
FF01::2	本地接口范围的所有路由器
FF02::1	本地链路范围的所有节点
FF02::2	本地链路范围的所有路由器
FF05::2	在一个站点范围内的所有路由器

1. 被请求节点组播地址

除了上面的常见组播地址，还有一种被请求节点组播地址，它的前 104 位是固定的，即 FF02::1:FF00:0000/104，后面的 24 位是单播或任播地址的低 24 位。被请求节点组播地址主要用于替代 IPv4 的地址解析协议（Address Resolution Protocol，ARP）来获取邻居的 MAC 地址以生成邻居表，并用在局域网中进行地址冲突检测。本章稍后会介绍被请求节点组播地址的使用。

2. 组播地址到 MAC 地址的映射

组播地址毕竟是在网络层使用，在以太网这样的局域网中，还需要底层链路层来封装传输数据帧，因此就需要将组播地址映射成 MAC 地址。在 IPv4 中，其映射关系是前 24 位固定为 01-00-5E，第 25 位为 0，然后加上组播地址的低 23 位，从而构成 MAC 地址。而在 IPv6 中，映射关系是前 16 位为固定的十六进制 3333，然后加上组播地址的低 32 位，这样构成了 48 位的 MAC 地址。例如，组播地址是 FF02::1111:AAAA:BBBB，则对应的 MAC 地址就是 33-33-AA-AA-BB-BB。

实验 3-7　查看路由器上常用的 IPv6 组播地址

本实验展示路由器上常用的 IPv6 组播地址。在 EVE-NG 中打开"Chapter 03"文件夹中的"3-1 Basic"拓扑。

STEP 1 路由器配置。开启路由器 Router，并进行如下配置：

```
Router> enable
Router# configure terminal
Router(config)# ipv6 unicast-routing
Router(config)# interface gigabitethernet 0/0
Router(config-if-GigabitEthernet 0/0)# ipv6 enable
```

Router(config-if-GigabitEthernet 0/0)# ipv6 address 2001::1/64

Router(config-if-GigabitEthernet 0/0)# no shutdown

STEP 2 查看路由器接口的 IPv6 地址。在路由器 R1 上执行 show ipv6 interface GigabitEthernet 0/0 命令，结果如图 3-23 所示。

```
Ruijie#show ipv6 interface gigabitEthernet 0/0

interface GigabitEthernet 0/0 is Up, ifindex: 1, vrf_id 0
  address(es):
    Mac Address: 50:00:00:02:00:01
    INET6: FE80::5200:FF:FE02:1 , subnet is FE80::/64
    INET6: 2001::1 , subnet is 2001::/64
  Joined group address(es):
    FF01::1
    FF02::1
    FF02::2
    FF02::1:FF00:0
    FF02::1:FF00:1
    FF02::1:FF02:1
  MTU is 1500 bytes
  ICMP error messages limited to one every 100 milliseconds
  ICMP redirects are enabled
  ND DAD is enabled, number of DAD attempts: 1
  ND reachable time is 30000 milliseconds
  ND stale time is 3600 seconds
  ND advertised reachable time is 0 milliseconds
  ND retransmit interval is 1000 milliseconds
  ND advertised retransmit interval is 0 milliseconds
  ND router advertisements are sent every 600 seconds<480--720>
  ND router advertisements live for 1800 seconds
Ruijie#
```

图 3-23 查看路由器接口的 IPv6 地址

可以看到，路由器接口具有多个 IPv6 地址，其地址和含义如表 3-4 所示。

表 3-4 路由器接口具有的 IPv6 地址

IPv6 地址	含义
FE80::5200:FF:FE02:1	接口只要启用了 IPv6，就会有一个链路本地单播地址
2001::1	为接口手动配置的全球单播地址
FF01::1	加入的本地接口范围所有节点组播地址
FF02::1	加入的本地链路所有节点组播地址
FF02::2	加入的本地链路所有路由器组播地址
FF02::1:FF00:0	FF02::1:FF00:0000/104 表示被请求节点组播组
FF02::1:FF00:1	全球单播地址 2001::1 对应的被请求节点组播地址
FF02::1:FF02:1	本地链路单播地址 FE80::5200:FF:FE02:1 对应的被请求节点组播地址

通过本实验可以发现，即使路由器没有运行组播路由协议，其接口默认也会加入一些组播组中，接收目的地址是这些组播地址的数据包。

3.2.4 未指定地址和本地环回地址

未指定地址就是 128 位全是 0 的地址，可以表示为 "::/128"，其用途与 IPv4 的全 0 地址一样，可在接口还未自动获取 IPv6 地址时，用作源地址。环回地址则是除了最后一位是 1，其余位全是 0，可以表示为"::1/128"。本地环回地址跟 IPv4 的本地环回地址一样，用于测试网络协议是否正常。发送给本地环回地址的数据包并不会从本机网络接口发送出去，而是由本机自己响应。Windows 等主机默认设有本地环回地址，可以在命令提示符下执行 netsh interface ipv6 show interface 查看环回地址，也可以在主机上自行 Ping 本地环回地址。

3.3　ICMPv6

与 IPv4 一样，IPv6 报文在网络传输中也需要一种协议来报告它在网络中的传输状态，这就是 ICMPv6，它是 IPv6 的一个重要组成部分。网络中的每一个 IPv6 节点都支持 ICMPv6，当任何一个节点无法正确处理所接收到的 IPv6 报文时，就会通过 ICMPv6 向源节点发送消息报文或差错报文，让源节点知道报文的传输情况。比如，前面实验中用到的 Ping，就是通过发送 ICMPv6 请求报文和回应报文来确定目的节点的可达性。再比如，如果一个 IPv6 报文过大，路由器不能将其转发到下一跳，那么路由器就会发送 ICMPv6 报文向源节点报告报文过大，源节点就可以适当调整报文大小，重新发送。需要说明的是，ICMPv6 只能用于网络诊断、管理等，而不能用来解决存在的问题。

相较于 ICMPv4，ICMPv6 实现的功能更多，IPv4 网络中使用的 ICMP、ARP、Internet 组管理协议（Internet Group Management Protocol，IGMP）、反向地址解析协议（Reverse Address Resolution Protocol，RARP）等功能，在 IPv6 网络中均由 ICMPv6 替代实现。此外，ICMPv6 报文还用于 IPv6 的无状态自动配置、重复地址检测、前缀重新编址、路径最大传输单元（Maximum Transmission Unit，MTU）发现等。总体来说，ICMPv6 实现了 5 种网络功能：错误报告、网络诊断、邻居发现、多播实现和路由重定向。这些功能主要是依靠 ICMPv6 的差错报文和消息报文实现的。差错报文主要包括目的不可达、报文分组过大、超时、参数错误等。消息报文主要包括请求报文、回应报文、邻居请求、邻居通告、路由器请求、路由器通告等。

3.3.1　ICMPv6 差错报文

ICMPv6 报文格式如表 3-5 所示，类型占 8 位，其最高位是 0 时，即类型值范围为 0～127 时，为差错报文；最高位是 1 时，即类型值范围为 128～255 时，为消息报文。代码字段占 8 位，用于描述类型的详细信息。比如类型为 1 时表示目的不可达，但目的不可达的原因有多种——代码为 3 时表示地址不可达，代码为 4 时表示端口不可达。校验和字段占 16 位，用于为报文的正确传输提供校验。整个 ICMPv6 报文封装在 IPv6 报头中，其 IPv6 报头中下一报头值是 58。ICMPv6 报文的总大小不能超过 IPv6 的 MTU 值 1280 字节。

表 3-5　　　　　　　　　　　　　　　ICMPv6 报文格式

IPv6 报头，下一报头=58	类型（8 位）	代码（8 位）	校验和（16 位）	ICMPv6 报文主体

常见的 ICMPv6 差错报文类型和代码如表 3-6 所示。

表 3-6   常见的 ICMPv6 差错报文类型和代码

类型	类型含义	代码	代码含义
1	目的不可达	0	没有去往目的地址的路由
		1	与目的地址的通信被管理策略禁止
		2	超出源地址的范围（草案）
		3	目的地址不可达
		4	目的端口不可达
2	分组过大	0	发送方将代码字段置 0，接收方忽略代码字段
3	超时	0	跳数超出限制
		1	分段重组超时
4	参数问题	0	错误的首部字段
		1	不可识别的下一报头类型
		2	不可识别的 IPv6 选项

ICMPv6 差错报文主要是用于网络中的错误诊断，需要明确的是，ICMPv6 本身并不能解决网络中的故障，只是为网络排障提供线索。

3.3.2 ICMPv6 消息报文

ICMPv6 消息报文的报头类型字段的范围为 128～255，比较常见的消息报文是类型为 128 的回声请求报文和类型为 129 的回声应答报文。我们在执行 Ping 操作时，就是发送 128 类型的回声请求报文，并期待收到 129 类型的回声应答报文，从而检查网络的可达性，这一点与 ICMPv4 的功能类似。但与 ICMPv4 相比，ICMPv6 报文中的类型编号、代码字段的值以及含义都大不相同，即两者是完全不同且不兼容的协议，这主要表现在 ICMPv6 消息报文的类型更为丰富，每种类型的消息报文都有其特殊的用途。常见的 ICMPv6 消息报文如表 3-7 所示。

表 3-7   常见的 ICMPv6 消息报文

报文类型	报文名称	使用场景
128	回声请求	Ping 请求
129	回声应答	Ping 应答
130	组播侦听查询	组播应用，类似于 IPv4 的 IGMP
131	组播侦听报告	组播应用
132	组播侦听完成	组播应用
133	路由器请求	用于网关发现和 IPv6 地址自动配置
134	路由器通告	用于网关发现和 IPv6 地址自动配置
135	邻居请求	用于邻居发现及重复地址检测（类似于 IPv4 的 ARP）
136	邻居通告	用于邻居发现及重复地址检测（类似于 IPv4 的 ARP）
137	重定向报文	与 IPv4 的重定向类似

实验 3-8　常用的 IPv6 诊断工具

本实验介绍两个常用的 IPv6 诊断工具：Ping 和 Traceroute（这是路由器上的命令，计算机中对应的命令是 Tracert）。这两个命令主要用于测试网络的连通性。本实验将演示它们的使用方法，并介绍相关的工作原理。在 EVE-NG 中打开"Chapter 03"文件夹中的"3-2 IPv6 Command"拓扑，如图 3-24 所示。

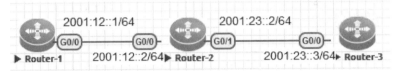

图 3-24　IPv6 命令实验拓扑

STEP 1　基本配置。该部分的配置可见配置包中的"03\IPv6 Command.txt"文件。Router-1 的配置如下：

```
Router>enable
Router#configure terminal
Router(config)#    hostname Router-1
Router-1(config)# ipv6 unicast-routing
Router-1(config)# interface gigabitehernet 0/0
Router-1(config-if-GigabitEthernet 0/0)# ipv6 enable
Router-1(config-if-GigabitEthernet 0/0)# ipv6 address 2001:12::1/64
Router-1(config-if-GigabitEthernet 0/0)# no shutdown
Router-1(config-if-GigabitEthernet 0/0)# exit
Router-1(config)# ipv6 route ::/0 2001:12::2
```

Router-2 的配置如下：

```
Router>enable
Router#configure terminal
Router(config)#    hostname Router-2
Router-2(config)# ipv6 unicast-routing
Router-2(config)# interface gigabitehernet 0/0
Router-2(config-if-GigabitEthernet 0/0)# ipv6 enable
Router-2(config-if-GigabitEthernet 0/0)# ipv6 address 2001:12::2/64
Router-2(config-if-GigabitEthernet 0/0)# no shutdown
Router-1(config-if-GigabitEthernet 0/0)# exit
Router-2(config)# interface gigabitehernet 0/1
Router-2(config-if-GigabitEthernet 0/1)# ipv6 enable
Router-2(config-if-GigabitEthernet 0/1)# ipv6 address 2001:23::2/64
Router-2(config-if-GigabitEthernet 0/1)# no shutdown
```

Router-3 的配置如下：

```
Router>enable
Router#configure terminal
Router(config)#    hostname Router-3
Router-3(config)# ipv6 unicast-routing
```

```
Router-3(config)# interface gigabitehernet 0/0
Router-3(config-if-GigabitEthernet 0/0)# ipv6 enable
Router-3(config-if-GigabitEthernet 0/0)# ipv6 address 2001:23::3/64
Router-3(config-if-GigabitEthernet 0/0)# no shutdown
Router-3(config-if-GigabitEthernet 0/0)# exit
Router-3(config)# ipv6 route ::/0 2001:23::2
```

STEP 2 Ping 命令测试。在 Router-1 上，可以使用 "ping ip ipv4 地址/名字" 去 Ping 一个 IPv4 的地址；使用 "ping ipv6 ipv6 地址/名字" 去 Ping 一个 IPv6 的地址；使用 "ping 地址/名字" 让路由器根据输入的目的地址是 IPv4 或 IPv6 自动选择发送 ICMPv4 回声报文或 ICMPv6 回声报文。Windows 计算机下对应的 ping 命令则是 ping -4、ping -6、ping。

在路由器 Router-2 的 G0/0 接口开始抓包，然后在路由器 Router-1 上执行命令 ping 2001:12::2，抓包窗口如图 3-25 所示。选中编号是 6 的报文，展开中间栏中的 "Internet Control Message Protocol v6" 层，可以看到 Type（类型）是 "Echo（ping）request（128）"，说明这是一个回声请求报文，报文类型是 128。

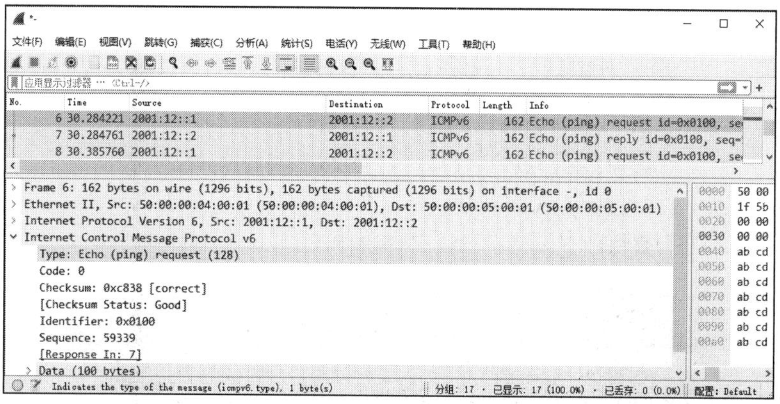

图 3-25　IPv6 回声请求报文

在抓包窗口中选中编号是 7 的报文，展开中间栏中的 "Internet Control Message Protocol v6" 层，可以看到 Type（类型）是 "Echo（ping）reply（129）"，说明这是一个回声应答报文，报文类型是 129，如图 3-26 所示。

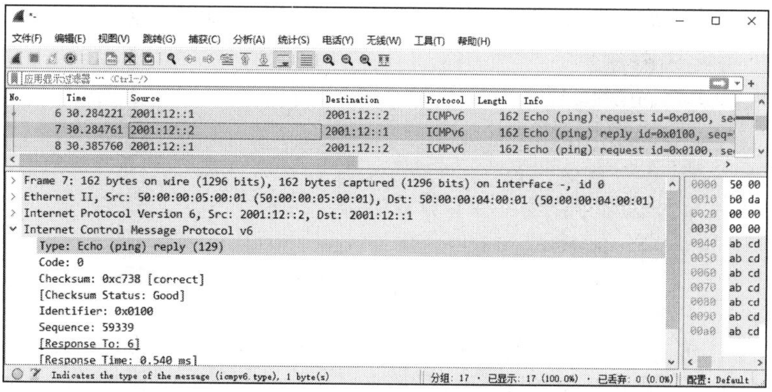

图 3-26　IPv6 回声应答报文

STEP 3 Traceroute 命令测试。Traceroute 是另一个必不可少的网络诊断工具，可以显示

IP 数据报文从一个节点传到另一个节点所经过的路径。Traceroute 命令和 Ping 命令一样，也可以后跟 ip、ipv6 或不带参数。在 Router-1 上执行如下命令：

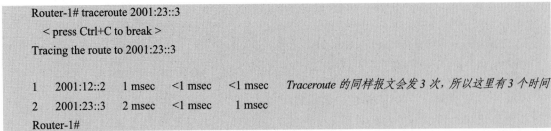

```
Router-1# traceroute 2001:23::3
  < press Ctrl+C to break >
Tracing the route to 2001:23::3

1    2001:12::2    1 msec    <1 msec    <1 msec    Traceroute 的同样报文会发 3 次，所以这里有 3 个时间
2    2001:23::3    2 msec    <1 msec    1 msec
Router-1#
```

读者在实验中可能会发现，输出与上述不一致，重复执行几次，可以看到上述结果，这可能是模拟器还不稳定造成的。由上可知，Router-1 可以到达 2001:23::3，且中间经过了一台路由器 2001:12::2。Traceroute 是如何知道中间经过哪些设备的呢？图 3-27 是执行 Traceroute 命令时在 Router-2 的 G0/0 接口捕获的报文，编号为 4 的报文是 Router-1 Traceroute Router-3 时发出的第一个报文，在中间栏中可以看到"Hop Limit: 1"，表示这个报文的跳数限制是 1。当路由器 Router-2 收到这个报文后，Hop Limit=0 表示这个报文将被丢弃，同时 Router-2 向报文的源发送方（也就是 2001:12::1）反馈一个报文，告诉它报文被丢弃了，这个反馈报文也就是编号为 5 的报文。展开图 3-27 中编号为 10 的报文，可以看到"Hop Limit: 2"，这是因为"Hop Limit: 1"的追踪失败，增加 Hop Limit 的值，继续追踪。

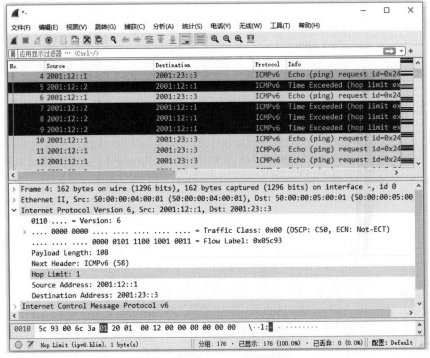

图 3-27　Traceroute 发送报文

在图 3-27 中，编号为 5 的报文是 Router-2 返回给 Router-1 的 ICMPv6 报文，用来告诉 Router-1 目的不可达，展开该报文的 ICMPv6 部分，如图 3-28 所示，可以看到反馈的具体原因是"Type:Time Exceeded (3)"，更具体的原因则是下一行"Code: 0 (hop limit exceeded in transit)"，即传输过程中跳数超限。当 Router-1 收到 Router-2 返回的报文时，Router-1 就知道了去往目

的 IPv6 地址时所经过的第一跳路由器的 IPv6 地址。当 Router-1 收到 Router-3 返回的报文时，Router-1 就知道去往目的 IPv6 地址时所经过的第二跳路由器的 IPv6 地址。接下来源会发送 Hop Limit=3、4、5、…的报文，直至最终到达目的地，这样源就会知道中间经过的每一台路由器的 IPv6 地址。

在实际使用 Traceroute 工具时，有时会探测不到中间某台路由器的 IPv6 地址，这通常是中间路由器做了数据包过滤或网络安全防护，以阻止接收 Traceroute 的报文或者在接收报文后拒绝反馈报文，这样潜在的攻击者就探测不到中间路由器的 IPv6 地址，也就无从对其发动攻击。但互联网上大部分路由器允许使用 Traceroute 进行路径探测。

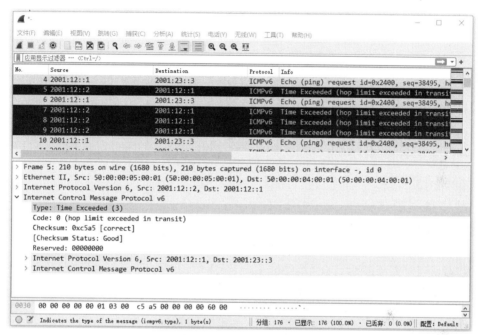

图 3-28　Traceroute 反馈报文

不要关闭本实验，下一个实验将在此基础上继续进行。

3.3.3　PMTU

在网络通信中，每一条通信链路都有一个允许传输的 PMTU，当一个数据报文长度超过 PMTU 值时，就必须在链路的源节点进行分片后传输，在到达链路的目的节点后再按一定的规则将分片的数据报文重新组装。在 IPv4 网络中，如果从通信源到通信目的传输的报文过大，则经过的每一台中间路由器都要对报文进行分片和重组，通信效率大大降低。IPv6 网络不再允许中间路由器对数据报文进行分片和重组，这些操作只能在源节点和目的节点上进行。为了避免中间路由器进行分片和重组，从源发送出来的数据报文的大小，不能超过在到达目的节点之前所经过的每一条链路的 MTU 值。即数据报文在从源到目的的路径上所经过的每一条链路中，谁的 MTU 值最小，谁就是源到目的路径上的 PMTU。这样，只要从源发出来的数据报文的长度不超过 PMTU，中间路由器就不会丢弃。PMTU 的值是这样确定的：向路径中的每一个节点发送一定长度的 ICMPv6 报文，直到收到类型为 2（分组过大）的 ICMPv6 差错报文，然后逐渐调小 ICMPv6 报文，最终找到 PMTU 值。

实验 3-9　演示 PMTU 的使用和 IPv6 分段扩展报头

本实验用来演示在发送较大报文时，网络设备如何进行分片处理。同时，通过本实验读者也能看到 IPv6 使用类型为 44 的扩展报头来分片。本实验是实验 3-8 的延续，需要在其基础上进行。

STEP 1　正常 Ping 测试。在路由器 Router-2 的 G0/0 接口开启数据包捕获，在 Router-1 上 ping 2001:23::3，Router-2 上捕获的数据报文如图 3-29 所示。注意，锐捷路由器默认的 Ping 包大小是 100 字节，字符是 50 次重复的 "abcd" 十六制编码字符，相当于 ACSII 码 171 和 205 的字符。Windows 默认的 Ping 包大小是 32 字节，字符是以 abcd 开始的 23 个字母（没有 x、y、z）的重复组合。由此看来，不同厂家 Ping 包的大小和字符并不完全一样。

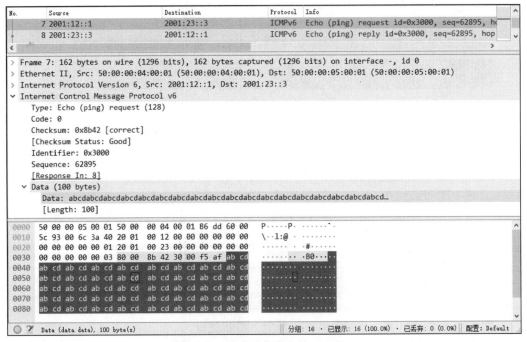

图 3-29　捕获路由器上的 Ping 包

STEP 2　扩展 Ping 测试。在 Router-1 上使用扩展 Ping 进行测试，改变默认的 Ping 包大小。首先查看 Ping 包的大小范围，在 Router-1 上执行如下命令：

> Router-1# ping 2001:23::3 length ?　　*带 size 参数*
> <48-18024>　An integer value for Ping data length in bytes　　*数据包的大小是 48 ~ 18 024 字节，这是因为 IPv6 数据包的封装默认占用了 48 字节，所以不能比 48 再小。比如 size 为 80，则真正发送的字符只有 80-48=32 字节*

在 Router-1 上执行 ping 2001:23::3 length 10000 命令，Ping 包的大小是 10 000 字节。在 Router-2 的 G0/0 接口捕获的数据报文如图 3-30 所示。

从图 3-30 中可以看出，发送的 ICMPv6 回声请求报文被分成了 7 段（编号 3~9），看捕获报文的 length 字段，前 6 段的长度为固定的 1510 字节，最后一段是 1382 字节，小于 1510 字节。路由器应答的报文一样也被分成 7 段（编号 10~16）。

STEP 3　观察被分片报文的详细信息。从图 3-30 中看出，分片报文使用了 IPv6 扩展报头，即下一报头为 44 的分片扩展报头。再在分片报文中指明下一报头为 58，即 ICMPv6。

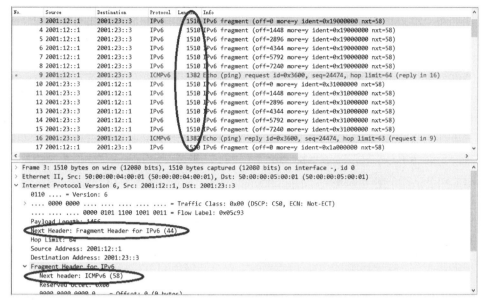

图 3-30 ICMPv6 报文分片传输

STEP 4 修改路由器 Router-2 的 G0/1 接口的 IPv6 MTU 值，命令如下：

```
Router-2(config)# interface gigabitethernet 0/1
Router-2(config-if-GigabitEthernet 0/1)# ipv6 mtu ?        查看MTU 大小的取值范围
 <1280-1500>   Mtu of ipv6 interface
Router-2(config-if-GigabitEthernet 0/1)# ipv6 mtu 1400     将MTU 改为 1400 字节
```

继续在 Router-1 上执行 ping 2001:23::3 length 10000 命令，在 Router-2 的 G0/0 接口捕获的数据报文如图 3-31 所示。

No.	Source	Destination	Protocol	Length	Info
3	2001:12::1	2001:23::3	IPv6	1510	IPv6 fragment (off=0 more=y ident=0x05000000 nxt=58)
4	2001:12::1	2001:23::3	IPv6	1510	IPv6 fragment (off=1448 more=y ident=0x05000000 nxt=58)
5	2001:12::1	2001:23::3	IPv6	1510	IPv6 fragment (off=2896 more=y ident=0x05000000 nxt=58)
6	2001:12::1	2001:23::3	IPv6	1510	IPv6 fragment (off=4344 more=y ident=0x05000000 nxt=58)
7	2001:12::1	2001:23::3	IPv6	1510	IPv6 fragment (off=5792 more=y ident=0x05000000 nxt=58)
8	2001:12::1	2001:23::3	IPv6	1510	IPv6 fragment (off=7240 more=y ident=0x05000000 nxt=58)
9	2001:12::1	2001:23::3	ICMPv6	1382	Echo (ping) request id=0x0200, seq=20099, hop limit=64 (no response found)
10	2001:12::2	2001:12::1	ICMPv6	1294	Packet Too Big
11	2001:12::1	2001:23::3	IPv6	1414	IPv6 fragment (off=0 more=y ident=0x06000000 nxt=58)
12	2001:12::1	2001:23::3	IPv6	1414	IPv6 fragment (off=1352 more=y ident=0x06000000 nxt=58)
13	2001:12::1	2001:23::3	IPv6	1414	IPv6 fragment (off=2704 more=y ident=0x06000000 nxt=58)
14	2001:12::1	2001:23::3	IPv6	1414	IPv6 fragment (off=4056 more=y ident=0x06000000 nxt=58)
15	2001:12::1	2001:23::3	IPv6	1414	IPv6 fragment (off=5408 more=y ident=0x06000000 nxt=58)
16	2001:12::1	2001:23::3	IPv6	1414	IPv6 fragment (off=6760 more=y ident=0x06000000 nxt=58)
17	2001:12::1	2001:23::3	IPv6	1414	IPv6 fragment (off=8112 more=y ident=0x06000000 nxt=58)
18	2001:12::1	2001:23::3	ICMPv6	606	Echo (ping) request id=0x0200, seq=8580, hop limit=64 (reply in 25)
19	2001:23::3	2001:12::1	IPv6	1510	IPv6 fragment (off=0 more=y ident=0x0b000000 nxt=58)
20	2001:23::3	2001:12::1	IPv6	1510	IPv6 fragment (off=1448 more=y ident=0x0b000000 nxt=58)
21	2001:23::3	2001:12::1	IPv6	1510	IPv6 fragment (off=2896 more=y ident=0x0b000000 nxt=58)
22	2001:23::3	2001:12::1	IPv6	1510	IPv6 fragment (off=4344 more=y ident=0x0b000000 nxt=58)
23	2001:23::3	2001:12::1	IPv6	1510	IPv6 fragment (off=5792 more=y ident=0x0b000000 nxt=58)
24	2001:23::3	2001:12::1	IPv6	1510	IPv6 fragment (off=7240 more=y ident=0x0b000000 nxt=58)
25	2001:12::1	2001:23::3	ICMPv6	1382	Echo (ping) reply id=0x0200, seq=8580, hop limit=63 (request in 18)
26	2001:12::1	2001:23::3	IPv6	1414	IPv6 fragment (off=0 more=y ident=0x07000000 nxt=58)

```
> Frame 10: 1294 bytes on wire (10352 bits), 1294 bytes captured (10352 bits) on interface -, id 0
> Ethernet II, Src: 50:00:00:05:00:01 (50:00:00:05:00:01), Dst: 50:00:00:04:00:01 (50:00:00:04:00:01)
> Internet Protocol Version 6, Src: 2001:12::2, Dst: 2001:12::1
∨ Internet Control Message Protocol v6
    Type: Packet Too Big (2)
    Code: 0
    Checksum: 0x50a8 [correct]
    [Checksum Status: Good]
    MTU: 1400
    Internet Protocol Version 6, Src: 2001:12::1, Dst: 2001:23::3
```

图 3-31 修改 MTU 后的分片传输情况

从图 3-31 中（编号 3~9）可以看出，从 Router-1 发出来的数据报文分片大小没有变化。

但当分片报文从路由器 Router-2 G0/1 接口发出时，因大于 MTU 值而被丢弃，Router-2 向 Router-1 返回了 "Packet Too Big" 的报错信息（编号 10），并告诉 Router-1 它能接受的 MTU 值是 1400 字节。Router-1 再次发出 Ping 报文（编号 11～18），每个 Ping 报文的大小是 1414 字节，10 000 字节大小的数据包被分成了 8 段。Router-3 返回 Router-1 的报文（编号 19～25）大小仍然是 1510 字节，这也说明 MTU 的修改只影响从本地接口发送出去的数据报文的分片大小，接收的报文不受影响。

使用如下命令还原 Router-2 的 G0/1 接口的默认 MTU 大小：

```
Router-2(config)# interface gigabitethernet 0/1
Router-2(config-if-GigabitEthernet 0/1)# no ipv6 mtu
```

继续在 Router-1 上执行 ping 2001:23::3 length 10000 命令，捕获的数据报文显示发出的 Ping 包仍然是 1414 字节，并没有还原到 1510 字节，这是因为存在 MTU 缓存的缘故。保存 Router-1 的配置并重启或者等待 10 分钟，重新在 Router-1 上执行 ping 2001:23::3 length 10000 命令，此时捕获的数据报文显示发出的 Ping 包还原到 1510 字节。

3.4　NDP

3.4.1　NDP 简介

邻居发现协议（Neighbor Discovery Protocol，NDP）是 IPv6 体系中重要的基础协议之一，很多 IPv6 功能都依赖 NDP 来实现，读者必须熟悉此协议。一般说来，NDP 可以实现的功能包括：替代 IPv4 的 ARP 来形成邻居表、默认网关的自动获取、无状态地址自动配置，以及路由重定向等。

与 IPv4 一样，IPv6 报文在局域网中传输时，仍需要被封装在数据链路层的数据帧中。以常见的局域网为例，即需要将 IPv6 报文封装在以太网报文中。以太网报头中有源 MAC 地址和目的 MAC 地址，二层交换机就是根据 MAC 地址与端口的对应表进行转发。那么，以太网如何获知目的节点的 MAC 地址呢？在 IPv4 网络中，该地址是通过广播 ARP 报文来获取的，一旦获知目的节点的 MAC 地址，就将 IP 和 MAC 的对应关系写入自身的 ARP 表中。而在 IPv6 中，ARP 换成了 NDP，ARP 表也换成了 IPv6 邻居表。IPv6 邻居表中记录着同一局域网内邻居的 IPv6 地址与 MAC 地址的对应关系。当需要与局域网内的邻居通信时，首先查看 IPv6 邻居表中是否有邻居的 MAC 地址。如果有，则将自己的 MAC 作为源 MAC，邻居 MAC 作为目的 MAC，最终将 IPv6 报文封装起来发送到目的地址；如果 IPv6 邻居表中没有目的地址的 MAC 地址，则使用 NDP 来发现并形成 IPv6 邻居表条目。当然，NDP 并不仅仅用来形成 IPv6 邻居表，其他功能将在后文继续介绍。

除了解析同一局域网中 IPv6 邻居的链路层地址，NDP 还增加了路由器网关发现功能。在局域网中，自动配置地址的主机会主动寻找默认网关，而路由器默认也会通告自己是默认网关。路由器在通告自己是默认网关的同时，会携带自身的链路层地址，因此主机无须再次运行 NDP 来解析默认网关的链路层地址。路由器在通告自己是默认网关的同时，可以携带前缀信息，使得主机可以根据获得的前缀信息自动生成 IPv6 地址。关于路由器通告及主机的自动配置的详细内容，将在第 4 章中介绍。

路由重定向也属于 NDP 的作用范围。IPv6 中的路由重定向与 IPv4 中的一样，即首选的默认网关发现到达目的地有更好的路由器网关时，会向其转发数据报文，并同时向源节点发送路由重定向报文，告知源节点有更好的下一跳到达目的节点，同时会在重定向报文中携带新的网关的链路层地址。

3.4.2 NDP 常用报文格式

NDP 定义了 5 种类型的 ICMPv6 报文，即路由器请求（Router Solicitor，RS）报文、路由器通告（Router Advertisement，RA）报文、邻居请求（Neighbor Solicitor，NS）报文、邻居通告（Neighbor Advertisement，NA）报文和路由重定向报文。这 5 种类型的 ICMPv6 报文都是消息类型报文，用来实现邻居链路层地址解析、网关发现、地址自动配置和路由重定向等功能。

1. RS 报文

RS 报文供 IPv6 主机查找本地链路上存在的路由器，主机发送 RS 报文后会触发同网段的路由器立即回复 RA 报文，以获取前缀信息、MTU 信息等，而不用等待路由器周期性地发送 RA 报文。RS 报文格式如表 3-8 所示。

表 3-8   RS 报文格式

类型（133）	代码（0）	校验和
保留		
选项		

图 3-32 所示的是捕获的 RS 报文。IPv6 主机发送 RS 报文时，目的地址是预定义的本地链路所有路由器的组播地址 FF02::2，源地址是自身接口以 FE80 开头的链路本地地址。数据链路层源地址是发送 RS 报文主机的 MAC 地址，目的地址是 FF02::2 对应的组播 MAC 地址 3333.0000.0002。

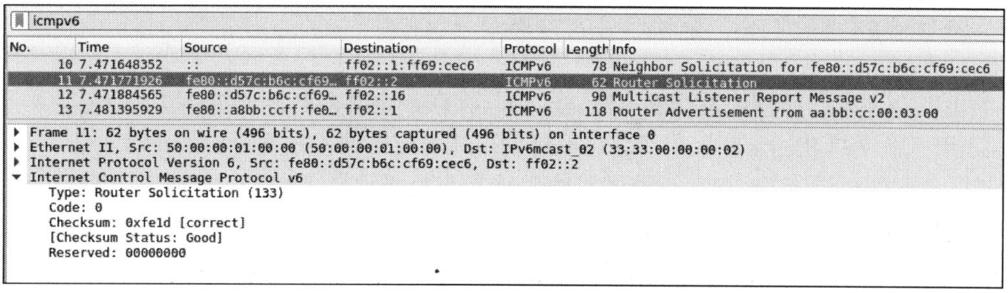

图 3-32   捕获的 RS 报文

2. RA 报文

路由器一般会周期性地发送 RA 报文，向邻居节点通告自己的存在。锐捷部分版本的路由器发送 RA 报文的周期默认是 200 秒，可以通过下面的命令进行查看：

```
Router# show ipv6 interface gigabitethernet 0/0 ra-info
GigabitEthernet 0/0: UP
  RA timer is on
```

```
waits: 0, initcount: 3
statistics: RA(out/in/inconsistent): 9/0/0, RS(input): 0
Link-layer address: 50:00:00:04:00:01
Physical MTU: 1500
ND router advertisements live for 1800 seconds
ND router advertisements are sent every 600 seconds<480--720>
Flags: !M!O, Adv MTU: 1500
ND advertised reachable time is 0 milliseconds
ND advertised retransmit time is 0 milliseconds
ND advertised CurHopLimit is 64
Prefixes: <total: 1>
    2001:12::/64(Def, Auto, vltime: 2592000, pltime: 604800, flags: LA!PPriority: Medium )
```

通过上面的输出可以看到，这款路由器默认的发送 RA 报文的周期是 600 秒，随机间隔在 480~720 秒之间。可以使用下面的命令修改发送 RA 报文的周期：

```
Router# configure terminal
Router(config)# interface gigabitethernet 0/0
Router(config-if-GigabitEthernet 0/0)# ipv6 nd ra-interval ?
    <3-1800>   Router advertisement interval(sec)   (default value: 600)
    min-max    Set minimum value and maximum value
Router(config-if-GigabitEthernet 0/0)# ipv6 nd ra-interval 30      把发送 RA 报文的周期修改成 30 秒
```

RA 报文可以携带一些路由前缀、自身链路层等参数信息。RA 报文格式如表 3-9 所示。

表 3-9　　　　　　　　　　　　　　　RA 报文格式

类型（134）	代码（0）			校验和
跳数限制	M 位	O 位	保留	路由器生存期
可达时间				
重传时间				
选项				

路由器会主动周期性地发送 RA 报文通告其存在，也会对收到的 RS 报文回复 RA 报文。图 3-33 所示的是捕获的 RA 报文，通过抓包发现：不论是路由器主动的周期性通告，还是收到 RS 报文后的被动应答，RA 报文的目的地址都是组播地址 FF02::1，这一点可能与有些文档中描述的不一样，作者也认为这些文档的描述有道理，应答 RA 报文的目的地址没必要是 FF02::1，应该对应 RS 报文的发送者更合适。当然，回应 RS 报文的 RA 报文的目的地址是 FF02::1 也能达到效果，只是多骚扰了其他 IPv6 主机一次而已。跳数限制字段用来告知 IPv6 主机后面发送的单播报文将使用的默认跳数值。M 位和 O 位（大写字母 O，不是数字 0）是 DHCPv6 相关的选项。当 M 位是 1 时，告知 IPv6 主机使用 DHCPv6 来获取 IPv6 地址；当 O 位是 1 时，则是告知 IPv6 主机使用 DHCPv6 获取其他参数信息，如 DNS 地址信息等。路由器生存期字段占 16 位，用来告知 IPv6 主机本路由器作为默认网关时的有效期，单位是秒。当该字段值为 0 时，表示本路由器不能作为默认路由器。可达时间选项用来告知 IPv6 主机邻居表中关于自己的可达信息。重传时间字段为周期性发送 RA 报文的时间间隔。选项字段可以包括路由器接口的链路层地址、MTU、单播前缀信息等。

```
No.    Time        Source        Destination    Protocol  Length  Info
     8 10.501532 fe80::d57c:b…  ff02::2         ICMPv6    62 Router Solicitation
     9 10.501676 fe80::d57c:b…  ff02::16        ICMPv6    90 Multicast Listener Report Message v2
    10 10.525595 fe80::5200:f…  ff02::1         ICMPv6    118 Router Advertisement from 50:00:00:02:00:01
> Frame 10: 118 bytes on wire (944 bits), 118 bytes captured (944 bits) on interface -, id 0
> Ethernet II, Src: 50:00:00:02:00:01 (50:00:00:02:00:01), Dst: IPv6mcast_01 (33:33:00:00:00:01)
> Internet Protocol Version 6, Src: fe80::5200:ff:fe02:1, Dst: ff02::1
∨ Internet Control Message Protocol v6
    Type: Router Advertisement (134)
    Code: 0
    Checksum: 0x4ef5 [correct]
    [Checksum Status: Good]
    Cur hop limit: 64
  ∨ Flags: 0x00, Prf (Default Router Preference): Medium
      0... .... = Managed address configuration: Not set
      .0.. .... = Other configuration: Not set
      ..0. .... = Home Agent: Not set
      ...0 0... = Prf (Default Router Preference): Medium (0)
      .... .0.. = Proxy: Not set
      .... ..0. = Reserved: 0
    Router lifetime (s): 1800
    Reachable time (ms): 0
    Retrans timer (ms): 0
  > ICMPv6 Option (Source link-layer address : 50:00:00:02:00:01)
  > ICMPv6 Option (MTU : 1500)
  ∨ ICMPv6 Option (Prefix information : 2001:da8::/64)
      Type: Prefix information (3)
      Length: 4 (32 bytes)
      Prefix Length: 64
    > Flag: 0xc0, On-link flag(L), Autonomous address-configuration flag(A)
      Valid Lifetime: 2592000
      Preferred Lifetime: 604800
      Reserved
      Prefix: 2001:da8::
```

图 3-33　捕获的 RA 报文

3. NS 报文

NS 报文用于查询邻居节点的链路层地址。NS 报文格式如表 3-10 所示。

表 3-10　　　　　　　　　　　NS 报文格式

类型（135）	代码（0）	校验和
保留		
目的地址		
选项		

图 3-34 所示的是捕获的 NS 报文。NS 报文中的目的地址字段存放的是想要解析成链路层地址的 IPv6 单播地址。选项字段可以携带自身的链路层地址。当 NS 报文用于邻居可达性检测时，目的地址是单播地址；当用于邻居解析时，目的地址是被请求节点的组播地址 FF02::1:FF00:0/104 加目的单播地址的最后 24 位。IPv6 节点在检测 IPv6 地址冲突时，也会发送邻居请求报文，此时目的 IPv6 地址是被请求节点的组播地址 FF02::1:FF00:0/104 加自己 IPv6 地址的最后 24 位，若收不到回复则表示 IPv6 地址没有冲突，IPv6 地址配置生效。在实际配置中发现，在为 Windows 计算机配置 IPv6 地址时，存在地址冲突时不会弹出提示信息，这一点与 IPv4 地址的配置不同（在地址冲突时会弹出提示信息）。因此只能在命令行模式下执行 ipconfig 命令来查看 IPv6 地址是否生效。若没有生效，则可能是地址配置存在冲突。在路由器上配置 IPv6 地址时，若存在地址冲突，则会出现下面的提示信息：

*Mar　9 12:25:02.462: %TCPIP_ND-3-DAD_FAILED: **Duplicate 2001::1** was detected on interface GigabitEthernet 0/0.

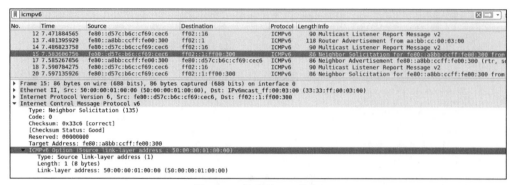

图 3-34　捕获的 NS 报文

4．NA 报文

IPv6 节点通过使用 NA 报文来通告自己的存在，或者告诉邻居需要更新自己的链路层地址信息。NA 报文格式如表 3-11 所示。

表 3-11　　　　　　　　　　　　　　　　　NA 报文格式

类型（136）			代码（0）	校验和
R 位	S 位	O 位	保留	
目的地址				
选项				

当节点发送 NA 报文来回应 NS 报文时，目的地址使用单播地址，如果是告诉邻居需要更新自己的链路层地址信息，则使用组播地址 FF02::1 作为目的地址。需要注意的是，路由器除了发送 RA 报文外，也会发送 NA 报文。NA 报文中有 3 个标志位：当 R 位为 1 时表示此报文是由路由器发送的；当 S 位为 1 时表示这是 NS 报文的回复；当 O 位为 1 时表示需要更改原先的邻居表条目。如果 S 位为 1，则 NA 报文的源地址字段是对应的 NS 报文中的目的地址字段；如果 S 位为 0，则 NA 报文的源地址就是自身需要更新链路层地址信息的接口 IPv6 地址。选项字段是发送 NA 报文设备的链路层地址。

图 3-35 所示的是一个捕获的 NA 报文，注意其中的 R、S、O 位。

```
   12 16.478068826   fe80::a8bb:ccff:fe00:300   2001::4431:a655:e7e0:f1ef   ICMPv6   86 Neighbor Solicitation
   13 16.478636219   2001::4431:a655:e7e0:f1ef   fe80::a8bb:ccff:fe00:300   ICMPv6   86 Neighbor Advertisemen
   14 21.271638149   fe80::d57c:b6c:cf69:cec6   fe80::a8bb:ccff:fe00:300   ICMPv6   86 Neighbor Solicitation
   15 21.281971088   fe80::a8bb:ccff:fe00:300   fe80::d57c:b6c:cf69:cec6   ICMPv6   78 Neighbor Advertisemen
   16 23.008012683   aa:bb:cc:00:03:00   aa:bb:cc:00:03:00   LOOP   60 Reply
   17 26.349256722   fe80::a8bb:ccff:fe00:300   fe80::d57c:b6c:cf69:cec6   ICMPv6   86 Neighbor Solicitation
   18 26.349809008   fe80::d57c:b6c:cf69:cec6   fe80::a8bb:ccff:fe00:300   ICMPv6   86 Neighbor Advertisemen
   19 27.980263257   fe80::d57c:b6c:cf69:cec6   ff02::1:3   LLMNR   84 Standard query 0x65b0
   20 27.981149796   fe80::d57c:b6c:cf69:cec6   ff02::1:3   LLMNR   84 Standard query 0x3bd7
▶ Frame 15: 78 bytes on wire (624 bits), 78 bytes captured (624 bits) on interface 0
▶ Ethernet II, Src: aa:bb:cc:00:03:00 (aa:bb:cc:00:03:00), Dst: 50:00:00:01:00:00 (50:00:00:01:00:00)
▶ Internet Protocol Version 6, Src: fe80::a8bb:ccff:fe00:300, Dst: fe80::d57c:b6c:cf69:cec6
▼ Internet Control Message Protocol v6
     Type: Neighbor Advertisement (136)
     Code: 0
     Checksum: 0x4f97 [correct]
     [Checksum Status: Good]
  ▼ Flags: 0xc0000000
     1... .... .... .... .... .... .... .... = Router: Set
     .1.. .... .... .... .... .... .... .... = Solicited: Set
     ..0. .... .... .... .... .... .... .... = Override: Not set
     ...0 0000 0000 0000 0000 0000 0000 0000 = Reserved: 0
     Target Address: fe80::a8bb:ccff:fe00:300
```

图 3-35　NA 报文

5. 重定向报文

当 IPv6 主机设置的默认网关不是最优的下一跳时，作为默认网关的路由器会发送重定向报文告诉 IPv6 主机：到达某目的地址的最优网关是另外一台路由器。重定向报文格式如表 3-12 所示。

表 3-12 重定向报文格式

类型（137）	代码（0）	校验和
保留		
目标地址（更优的路由器网关地址，到达目的地址更好的下一跳地址）		
目的地址（需要到达的目标地址）		
选项		

3.4.3 默认路由自动发现

1. IPv6 主机维护的表项

在 NDP 中，每一个 IPv6 节点都需要跟踪和维护至少包括邻居表在内的多张表，每种表都有自己的用途。

- **邻居表**：记录着同一局域网中相邻 IPv6 节点的 MAC 地址等信息。与 ARP 一样，表项内容既可以手动绑定，也可以通过 NDP 自动获取，自动获取的条目超过一定时间没有被更新，就会被清除，再次使用时，需再次通过 NDP 获取。邻居表不同于 ARP 的地方是，因为 IPv6 节点可能会有必需的链路本地地址以外的其他单播地址，所以邻居表会有两个以上的 IPv6 地址与同一个 MAC 地址对应，而且会标明邻居是路由器网关还是普通主机。在计算机上查看邻居表的命令是 netsh interface ipv6 show neighbors。

- **目的地缓存表**：记录的是最近发送的目的地址，可实现快速转发功能。可以将目的地缓存表理解为缓存下来的路由表，它类似于 Cisco 的快速转发表。有了它，无须每次都查路由表即可实现快速转发。在计算机上查看缓存表的命令是 netsh interface ipv6 show destinationcache。

- **路由表**：与 IPv4 类似，就是主机在发送报文前，为了决定该如何到达目的地址而查询的表。路由表中至少包括自身接口所在的前缀列表（网段地址），可以将前缀列表理解为主机的直连路由表，如 FE80::/64 和自身 IPv6 单播地址的前缀（前面已有介绍）。对于不在本网段的目的地址，路由表中可以有明确的下一跳或者能匹配到的默认路由。在计算机上查看路由表的命令是 route print。

2. IPv6 主机发送报文的过程

一台主机如果要向某目的地发送报文，需要经历以下过程。

STEP 1 查找目的地缓存表，看目的地址是否与表中的表项有匹配项，如果有匹配项，那么直接跳到 STEP3 查找邻居表，否则继续下一步查找路由表。

STEP 2　查找路由表，看目的地址是否有匹配项。一般情况下，主机如果有默认路由，最差也能匹配到默认路由。如果有匹配项，则继续下一步；如果没匹配项，则会向数据包中的源 IPv6 地址发送 ICMPv6 差错报文。

STEP 3　检查下一跳地址在邻居表中是否有匹配项，如果有，则提取其对应的链路层地址进行封装转发；如果没有，则通过 NDP 来获取下一跳节点的链路层地址，再进行封装转发。

3．默认路由自动发现过程

对于一般主机节点而言，可以手动在路由表中添加明细路由或默认路由。在 IPv6 中，如果要自动获取默认路由，即默认网关，那么可以通过 RS 和 RA 报文来完成。这与 IPv4 通过 DHCP 来下发默认路由的机制不一样，即便是 DHCPv6，默认路由也是由 RS 和 RA 报文来完成的。首先，路由器会周期性地向组播地址 FF02::1 发送 RA 报文，向网段中的主机通告自己是默认路由；其次，主机自动获取网络配置时，也会发送 RS 报文，以查找网段中的默认路由。

在这个过程中，可能会出现多个路由器同时发送 RA 报文的情况，从而导致主机有多个默认路由。这在某些情况下是不允许的。比如存在非法路由器时，非法路由器通告错误的网关，会导致用户不能正常使用网络。此时可以在交换机的非信任端口上禁止接受路由器的 RA 报文，以避免用户获取错误的网关。第 7 章会介绍如何在二层交换机上进行配置，以拒绝非法的 RA 报文进入网络。

还有一种办法是在主机上手动设置默认路由的优先级，但该方法比较专业，对一般用户来说难度较大。

实验 3-10　网关欺骗防范

本实验将用路由器向主机通告自己是默认路由，同时也会将自己的链路层地址发送给主机，以便主机更新自己的邻居表。通过本实验，读者可以了解当同网段有多台路由器通告自己是默认路由时，主机如何选择正确的默认路由；路由器如何发送 RA 报文，以及如何修改路由器 RA 报文中的属性；在主机上如何查看邻居表和路由表，如何手动设置路由表以及如何手动选择正确的默认路由等。在 EVE-NG 中打开"Chapter 03"文件夹中的"3-3 IPv6 Protocol"拓扑，如图 3-36 所示。

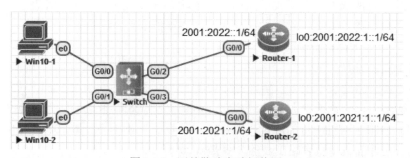

图 3-36　网关欺骗实验拓扑图

STEP 1　基本配置。开启 Win10-2、Switch 和 Router-1。这里的 Switch 暂不配置。Router-1 的配置如下：

```
Router> enable
Router# configure terminal
```

```
Router(config)# hostname Router-1
Router-1(config)# ipv6 unicast-routing
Router-1(config)# interface gigabitethernet 0/0
Router-1(config-if-GigabitEthernet 0/0)# ipv6 enable
Router-1(config-if-GigabitEthernet 0/0)# ipv6 address 2001:2022::1/64
Router-1(config-if-GigabitEthernet 0/0)# no ipv6 nd suppress-ra
Router-1(config-if-GigabitEthernet 0/0)# no shutdown
Router-1(config-if-GigabitEthernet 0/0)# interface loopback 0
Router-1(config-if -Loopback 0)# ipv6 address 2001:2022:1::1/64
```

STEP 2 查看地址分配。在 Win10 的命令提示符窗口中使用 ipconfig 命令查看获得的地址及默认网关，如图 3-37 所示。

默认网关是路由器 Router-1 的 GigabitEthernet 0/0 接口的链路本地地址，读者可以在 Router-1 上执行命令 show ipv6 interface GigabitEthernet 0/0 进行验证。Win10-2 自动获得一个 IPv6 地址和一个临时 IPv6 地址，两者的前缀都是 2001:2022::/64，第 4 章会解释临时地址的作用以及如何禁用临时地址。前缀信息也是通过 RA 报文来通告的，第 4 章会对此详细介绍，这里只关注默认路由。

STEP 3 查看邻居表。在 Win10-2 上使用命令 netsh interface ipv6 show neighbors 查看所有邻居表。也可以只看某个接口对应的邻居表，比如要查看接口 4 对应的邻居表，可使用命令 netsh interface ipv6 show neighbors "4"，如图 3-38 所示。由图 3-38 可知，默认网关的物理地址已经解析，类型为"可以访问（路由器）"。有时看到的类型是"停滞（路由器）"，这是因为还没进行可达性检测。

图 3-37 IPv6 地址分配

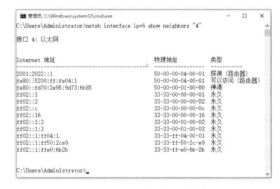

图 3-38 查看邻居表

在图 3-38 中，2001:2022::1 是路由器 Router-1 的 G0/0 接口配置的 IPv6 地址，fe80::5200:ff:fe04:1 是路由器 Router-1 的 G0/0 接口的链路本地地址，对应的都是路由器 Router-1 的 G0/0 接口，所以两者的 MAC 地址是一样的。这里能看到 MAC 地址是问题的关键，假如网络中有非法的路由器通告了非法的网关，通过在计算机上查看邻居表，就可以看到非法网关对应的 MAC 地址，然后在交换机上就可以根据 MAC 地址找到对应的交换机端口，最后关闭这个端口即可。交换机上的命令如下：

```
Switch# show mac-address-table
```

Vlan	MAC Address	Type	Interface	Live Time
1	5000.0001.0000	DYNAMIC	GigabitEthernet 0/0	0d 00:24:00

1	5000.0002.0000	DYNAMIC	GigabitEthernet 0/1	0d 04:39:00
1	5000.0004.0001	DYNAMIC	GigabitEthernet 0/2	0d 13:18:10
1	5000.0005.0001	DYNAMIC	GigabitEthernet 0/3	0d 13:18:10

show mac address-table 命令用来查看交换机的 MAC 地址表，生产环境中交换机上的 MAC 地址条目众多，可以加上 address 5000.0004.0001 进行过滤，从而只查看某个 MAC 地址。从上面的输出中可以看到，这个 MAC 地址在交换机的 G0/2 接口。这是一种事后处理方法。

STEP 4　更新邻居表。若 Win10 邻居表中看到路由器的类型是"停滞（路由器）"，可以在 Win10 上 Ping 路由器的链路本地地址，强制对邻居表中默认网关的物理地址进行可达性检测，再次查看邻居表，默认网关变为了"可以访问（路由器）"类型。

STEP 5　查看路由表。在计算机上使用 route print 命令查看路由表，可以同时显示 IPv4 和 IPv6 的路由表。若在命令后使用带 "-6" 的参数，则只显示 IPv6 的路由表。在 Win10-2 上使用 route print -6 命令查看 IPv6 的路由表，如图 3-39 所示。

图 3-39　查看路由表

STEP 6　修改 RA 属性。在 Router-1 上将 RA 报文的 Lifetime 属性改为 0，即执行如下命令：

```
Router-1(config-if-GigabitEthernet 0/0)# ipv6 nd ra-lifetime ?          查看 RA 通告时间取值范围
  <0-9000>    Router lifetime(seconds)    (default value: 1800)
Router-1(config-if-GigabitEthernet 0/0)# ipv6 nd ra-lifetime 0
```

在 Win10-2 上使用 ipconfig 命令查看网络配置，发现默认网关没有了，这是因为 RA 报文的 Lifetime 一旦为 0，就表明路由器不再是默认网关，但 IPv6 地址仍在，即 RA 报文还是可以携带前缀信息给客户主机。当然读者还可以在路由器 Router-1 的 G0/0 接口下对 RA 报文的其他属性，如 hop-limit（跳限制）、interval（周期性发送的间隔时间）等进行修改，其方法都是在 ipv6 nd 命令后面跟上相应的参数，这里不再赘述。

STEP 7　加入非法路由器。将上一步 RA 报文的 Lifetime 属性修改成默认值，命令如下：

```
Router-1(config)# interface gigabitethernet 0/0
```

```
Router-1(config-if-GigabitEthernet 0/0)# no ipv6 nd ra-lifetime
```

再打开路由器 Router-2 进行配置，其配置与 Router-1 类似，如下所示：

```
Router> enable
Router# configure terminal
Router(config)# hostname Router-2
Router-2(config)# ipv6 unicast-routing
Router-2(config)# interface gigabitethernet 0/0
Router-2(config-if-GigabitEthernet 0/0)# ipv6 enable
Router-2(config-if-GigabitEthernet 0/0)# ipv6 address 2001:2021::1/64
Router-2(config-if-GigabitEthernet 0/0)# no ipv6 nd suppress-ra
Router-2(config-if-GigabitEthernet 0/0)# no shutdown
Router-2(config-if -Loopback 0)# interface loopback 0
Router-2(config-if -Loopback 0)# ipv6 address 2001:2021:1::1/64
```

此时网络中的两台路由器同时发送 RA 报文。在 Win10-2 上使用命令 route print -6（也可以使用 netsh interface ipv6 show route 命令）查看路由表，如图 3-40 所示。

图 3-40　查看路由表

从图 3-40 中可以看出，在 Win10-2 主机上自动获取了两条跃点数都是 266 的等价默认路由，分别是 Router-1 和 Router-2 的对应接口的链路本地地址。在主机上使用 ipconfig 命令也会看到同时存在两个默认网关。有了两条等价的默认路由，通信中就会产生负载均衡效果，但具体到哪一个数据包走哪一条默认路由却不可控，这还会涉及缓存技术、快速交换技术等。

在本次实验中，读者也可以在 Win10-2 或 Win10-1 上分别 Ping Router-1 上的环回接口 2001:2022:1::1 和 Router-2 上的环回接口 2001:2021:1::1，以查看网络的连通情况。从理论上来讲，这两个 Ping 测试各自发出去的包应该是一个发送成功、一个发送失败。可事实并非如此，去往 2001:2022:1::1 的 Ping 包全通，去往 2001:2021:1::1 的 Ping 包全不通，这说明两台主机的默认路由都是选择的 Router-1。经过多次尝试后发现，这居然与网关的链路本地地址有关。这种结果太难控制，以致大多数实际应用场景中不允许出现这种情况。因为除了一个合法的默认网关，其他的通告自己是默认网关的路由器很可能是冒充的。

避免上述情况发生的理想办法就是在网络中仅允许合法的路由器发送 RA 报文，禁止其他终端设备发送 RA 报文，这部分内容将在第 7 章继续介绍。接下来介绍如何在主机上配置优先选择某条默认路由。

STEP 8　修改跃点数。在图 3-40 中可以看到，两条默认路由的跃点数（也称为 metric）都为 266。主机在选择默认路由时，总是优先选择跃点数较小的路由。可以通过命令 route change 将优先选择默认路由的 metric 值设置为小于 256（进入路由表时，这个 metric 会被自动加 10）。这里使用 route change 命令把 metric 值改成 100，如图 3-41 所示。注意图 3-41 中多了"-p"参数，表示永久的意思，否则在主机重启后，修改的跃点数就不存在了。

图 3-41　通过修改合法默认路由的 metric 值来移除非法默认路由

再次使用 route print -6 命令查看路由表，可以发现只有一条默认路由了，其跃点数是 110（100+10=110），如图 3-41 所示。跃点数是 266 的默认路由没有出现在路由表中，使用 ipconfig 命令也会发现默认网关现在只有一个。

> **注　意**
>
> 　　将合法默认路由的 metric 值改小，一段时间后其他的默认路由又出现在路由表中，但因为其优先级低于合法默认路由，所以不会影响通信。估计这是 Windows 中的一个 Bug。

STEP 9　添加明细路由。注意到图 3-39 的最下方提示永久路由为"无"，永久路由是需要管理员使用命令 route add 手动添加的。route add 命令在路由控制方面非常有用，可以用来添加某条具体路由，且具体路由会优于默认路由。假如在本实验中，Router-2 上的环回地址也是一条合法的路由，也需要被主机访问，则可以通过命令添加一条明细路由，在 Win10 的命令行窗口中执行 route add 2001:2021:1::/64 fe80::5200:ff:fe05:1 -p 命令（见图 3-42），添加明细路由，其中 fe80::5200:ff:fe05:1 是路由器 Router-2 的 G0/0 接口的链路本地地址，参数-p 的意思是把这条路由写入注册表，保证其永久有效，即使计算机重启后也仍然有效。

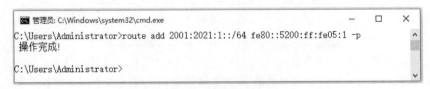

图 3-42　添加明细路由

此时再使用 route print -6 命令查看路由表时，会发现路由表最后多出一条永久路由，如图 3-43 所示。

```
====================================================================
永久路由:
    接口跃点数网络目标                      网关
     0     1 2001:2021:1::/64               fe80::5200:ff:fe05:1
     0   100 ::/0                           fe80::5200:ff:fe04:1
====================================================================
```

图 3-43　永久路由

此时在主机上不管是 Ping Router-1 上的环回地址 2001:2022:1::1 还是 Ping Router-2 上的环回地址 2001: 2021:1::1，都可以 Ping 通。第 6 章将对静态路由做更深入的介绍。

3.4.4　地址解析过程及邻居表

1. 地址解析过程

地址解析过程即主机或路由器将邻居节点的 IPv6 地址解析成链路层 MAC 地址，然后保存在邻居表中的过程。这个解析过程是通过 NS 和 NA 报文来完成的，主要步骤如下。

STEP 1　节点发送一个目的地址是被请求者节点组播地址的 NS 报文，此请求报文选项中携带了节点自身的链路层 MAC 地址，以便邻居能快速解析自身的链路层 MAC 地址。被请求节点的组播地址是 FF02::1:FF00:0/104 外加单播地址的末 24 位。比如要想解析 FE80::ABCD:1234 的链路层 MAC 地址，发送的 NS 报文的目的地址就是 FF02::1:FFCD:1234。

STEP 2　目的节点收到 NS 报文后，首先提取源地址和报文选项中的源链路层 MAC 地址，形成映射关系，再添加或更新本地邻居表。然后向请求者发送目的地址为单播地址的 NA 报文，并在报文中携带自己的链路层 MAC 地址。

STEP 3　最初的节点收到 NA 报文后，根据其内容更新自己的本地邻居表。

2. 邻居表及邻居状态信息

前面讲到，每个 IPv6 节点都会跟踪和维护邻居表，但前面只讲解了 IPv6 地址和 MAC 地址的映射关系，并没有介绍邻居表中记录的邻居状态信息。邻居表记录邻居状态信息的目的是尽快发现和解决网络中断问题。就像路由表中记录路由是处于停滞状态还是可以访问状态那样，邻居表中也记录着每个邻居的状态。

实验 3-11　查看邻居表

通过本实验读者可以掌握如何在 Windows 主机和路由器上查看邻居表及其状态。

STEP 1　Windows 主机邻居表。前面实验已经介绍了可在 Win10 计算机上通过使用 netsh interface ipv6 show neighbor 命令查看邻居表，这里只介绍如何查看邻居状态。

在图 3-38 中可以看到，有一项是 fe80::fd70:2e95:9d73:6b85，类型是"停滞"状态（超时）。前面已经介绍过可以通过 Ping 命令强制进行可达性检测，使得地址的类型为"可以访问（路由器）"。另外，邻居表中还有一些组播地址对应的链路层地址，其类型都是"永久"。这些对应的链路层 MAC 地址都是固定的 33-33 加上组播地址的低 32 位地址。

在 IPv4 中，攻击者可以不断地发送伪造的 ARP 报文给被攻击者，ARP 报文携带了网关的 IPv4 地址和错误的网关 MAC 地址，从而达到中间人攻击或破坏网络的目的。在 IPv6 中，攻击者除了使用实验 3-10 介绍的非法网关，还可以发送伪造的 NS 或 NA 报文，让主机将默认路由或主机的错误链路层地址更新到邻居表中。如何避免这种情况呢？与 IPv4 一样，也是将正确的链路层地址手动绑定在邻居表中。对于 Windows 主机，手动绑定的命令是"netsh interface ipv6 set neighbor '接口 ID' 邻居 IPv6 地址 邻居链路层 MAC 地址"。在 Win10 计算机上绑定后查看邻居表，结果如图 3-44 所示。

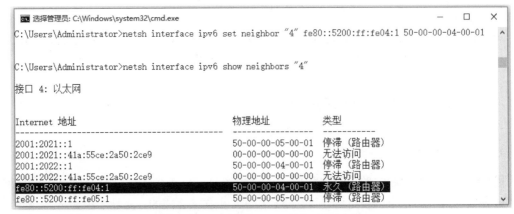

图 3-44　手动绑定 MAC 地址到邻居表

注意图 3-44 中的黑底部分，该项类型显示为"永久（路由器）"。

STEP 2　路由器邻居表。在路由器 Router-1 上通过命令 show ipv6 neighbors 查看邻居表，显示如下：

```
Router-1# show ipv6 neighbors
IPv6 Address                        Linklayer Addr      Interface
2001:2022::1                        5000.0004.0001      GigabitEthernet 0/0
2001:2022::58B3:3D0C:403D:BE32      5000.0001.0000      GigabitEthernet 0/0
2001:2022::7C30:3889:89EA:276       5000.0002.0000      GigabitEthernet 0/0
FE80::5200:FF:FE04:1                5000.0004.0001      GigabitEthernet 0/0
FE80::5D03:AE85:29E0:6B2B           5000.0002.0000      GigabitEthernet 0/0
FE80::FD70:2E95:9D73:6B85           5000.0001.0000      GigabitEthernet
```

同样，在路由器上也可以手动绑定邻居的链路层 MAC 地址，可在路由器上执行如下命令：

```
Router-1(config)# ipv6 neighbor 2001:2022::7C30:3889:89EA:276 gigabitethernet 0/0 5000.0002.0000
```
手动绑定

保存路由器的配置文件时，这条配置命令也被保存，路由器重启后绑定仍然有效。

3.4.5　路由重定向

前面在介绍重定向报文格式时已经提过，当路由器收到一个报文时，若发现同网段有更好的下一跳，则向发送方发送重定向报文（这与 IPv4 类似）。路由重定向的具体过程如下。

STEP 1　发送方在向一个目的地址发送 IPv6 单播报文时，根据路由表中的最佳匹配原则，将报文发送给下一跳路由器。

STEP 2　路由器收到报文后查找路由表，发现去往目的地的下一跳地址与报文中的源地址处于同一网段。

STEP 3　路由器继续转发报文给下一跳路由器，同时向发送方发送路由重定向报文，告知源节点去往此目的地有更好的下一跳。这个更好的下一跳地址在重定向报文中的目的地址字段中指定，且该地址与源节点处于同一网段。源节点收到路由重定向报文后，是否采用新的下一跳地址转发后续报文，由源节点的配置决定。

3.5 IPv6 层次化地址规划

第 1 章讲到，IPv4 的一个缺陷就是地址分配混乱。由于缺乏统一的设计和管理，各种子网的存在不仅导致骨干路由表过于庞大、路由设备资源消耗过大、路由转发效率降低，还造成了地址的浪费（如子网网络地址和广播地址不能用于网络节点）。IPv6 在设计之初就充分考虑到了这个问题，即 IPv6 地址在分配上采用层次化的路由分配原则，尽可能减少主干路由条目数，从而提高网络转发效率。当我们在进行 IPv6 地址规划时，也要遵循层次化的规划原则，这样才能充分提高 IPv6 网络的转发效率。

什么是层次化规划呢？就是在进行网络规划时，按网络区域从大到小的顺序，对应着 IPv6 前缀长度也由短到长的规律来划分地址。比如一个可能的网络规划如表 3-13 所示。

表 3-13　　　　　　　　　　　一个可能的 IPv6 层次化地址规划

2001:1:1::/48（省）			
2001:1:1:0000::/52（A 市）		2001:1:1:1000:/52（B 市）	
2001:1:1:0000:/56（县）	2001:1:1:0100::/56（县）	2001:1:1:1000::/56（县）	2001:1:1:1100::/56（县）

从表 3-13 中可以看出，一个省级单位申请到/48 位的地址，而到市级单位，就可以使用/52 位，也就是到市级单位时，利用了 52-48=4 位来划分子网，即可以划分 16 个子网。如果一个省有 16 个以上的市，就用 5 位来划分子网。每个市级单位再到县级单位，就可以使用/56 位地址，同样，每个市下面可以支持 16 个子网分别用于各个县级单位。每个县还可以进一步把/56 位的地址分到下面的各个乡镇。当然这只是一个大概的例子，在实际应用中，还需要根据具体情况来决定到哪一级使用多少位来划分子网。

当这样做好规划后，网络就可以按区域来汇聚路由，比如在表 3-13 中，对于省级单位的路由器来说，一条 2001:1:1:0000::/52 路由条目就包括了整个 A 市，不用再单独针对某个县来写入具体的/56 位路由。这就在减少路由条目的同时，提高了网络转发效率。其实 IPv4 也可以遵循这样的层次化规划原则，只不过 IPv4 地址位数太短，不可能像 IPv6 这么方便地进行层次化地址规划。这里需要说明的是，虽然标准规定主机节点使用的 IPv6 地址前缀长度必须是 64 位，但其实很多网络设备和终端主机都支持更长的前缀长度，也就是说，用户主机完全可以使用/80 位这样的前缀长度，从而使得层次化规划的层级数可以更深入、更细致。

我们来看一个实际的例子。假定某高校申请到一个 2001:da8:1::/48 地址段，该高校有 3 个校区，未来也不确定是否会有新的校区。每个校区又包括两个教学区域和两个宿舍区域。每个区域又由若干栋楼宇组成。考虑到校区、区域、楼宇等数量的不确定性，要进行足够的冗余设计，IPv6 地址可进行如下规划。

- A 校区：2001:da8:1:0000::/50。
- B 校区：2001:da8:1:4000::/50。
- C 校区：2001:da8:1:8000::/50。

- D 校区（预留）：2001:da8:1:c000::/50。

以 C 校区为例，继续分 4 个区域，采用"/52"来划分。

- 教学区域 1：2001:da8:1:8000::/52。
- 教学区域 2：2001:da8:1:9000::/52。
- 宿舍区域 1：2001:da8:1:a000::/52。
- 宿舍区域 2：2001:da8:1:b000::/52。

再以教学区域 1 为例，可以再按"/56"给楼宇分配地址，总共支持 $2^{(56-52)}=2^4=16$ 栋楼宇，地址段分别为 2001:da8:1:8000::/56、2001:da8:1:8100::/56、2001:da8:1:8200::/56、…、2001:da8:1: 8F00::/56。

最后可以再为每栋楼宇划分"/64"地址，每栋楼可以分配 $2^{(64-56)}=2^8=256$ 个子网。

这样的 IPv6 地址就有层次化概念。只要确定 IPv6 地址所在的网段，就能快速定位在哪栋楼哪个网段；同时，因为路由条目层次分明，在主干上也便于进行路由聚合，所以条目数也大大减少，转发效率也会提高。

第 4 章
IPv6 地址配置方法

本章主要介绍 IPv6 地址的配置方法,包括手动静态配置、无状态地址自动配置(Stateless Address Auto-Configuration,SLAAC)、有状态 DHCPv6 配置和无状态 DHCPv6 配置等。

通过对本章的学习,读者可以掌握 IPv6 地址配置的方法,并了解这些方法之间的区别,从而知道在计算机存在多种或多个 IPv6 地址时,优先选择哪个 IPv6 地址与外界通信。

4.1 节点及路由器常用的 IPv6 地址

第 3 章介绍了多种 IPv6 地址类型和应用场景。在 IPv6 网络中,主机和路由器的接口在开启 IPv6 协议栈时无须配置也会自动生成 IPv6 的链路本地地址。由于 IPv6 大量使用组播替代了广播,因此节点或路由器的接口会自动加入一些组播地址组中。

4.1.1 节点常用的 IPv6 地址

对于普通主机节点来说,一般具有以下 IPv6 地址。

● **链路本地地址**:以 FE80::/64 开头,每个接口只要启用了 IPv6,就会有链路本地地址,它是诸如自动地址配置、邻居发现等机制的基础。

● **环回地址**:即 ::1 地址,主要用于测试本地主机上的协议是否完整安装以及是否可以正常通信。

● **所有节点组播地址**:FF01::1 和 FF02::1 地址。前者很少用到,是节点本地作用域的所有节点组播地址;后者是链路本地作用域的所有节点组播地址。

● **单播地址**:一般是申请后分配到的地址,在 2000::/3 范围内。

● **被请求节点组播地址**:由 FF02::1:FF00/104 附加上单播地址的末 24 位组成,用于邻居发现和重复地址检测(Duplicated Address Detection,DAD)等机制。

● **主动加入的组播地址**：FF00::/8 地址。该地址是可选地址，在特定的组播应用中使用。

4.1.2　路由器常用的 IPv6 地址

在实验 3-7 中，我们接触到了路由器上常用的 IPv6 地址。对于路由器而言，一般具有以下 IPv6 地址。

- ● **链路本地地址**：与节点的链路本地地址一样，只要接口启用了 IPv6，就会有链路本地地址。若链路本地地址没有通过 DAD，则需手动配置。
- ● **所有路由器组播地址**：FF01::2、FF02::2 和 FF05::2 都表示所有路由器组播地址，但表示的范围不同。
- ● **单播地址**：一般是在 2000::/3 范围内的全球范围单播地址，但在实验环境中可以使用任何合法的 IPv6 地址。
- ● **任播地址**：与单播地址一样，加上 anycast 以说明是任播地址。
- ● **被请求节点组播地址**：类似于主机节点的被请求节点组播地址，不再赘述。
- ● **组播应用相关地址**：当路由器运行 PIM 组播路由时，代表所有 PIM 路由器的 FF02::D，以及接口运行组播监听发现（Multicast Listen Discovery，MLD）使用的地址 FF02::16，均是组播应用相关地址。
- ● **DHCPv6 相关地址**：DHCPv6 服务器或中继器的 FF02::1:2 地址，以及本地站点范围内的所有 DHCPv6 服务器地址 FF05::1:3，均是 DHCPv6 相关地址。

4.2　DAD

IPv6 与 IPv4 一样，无论主机节点是通过手动配置地址还是自动获取地址，在地址正式生效之前，都需要判断此地址在网络中是否已被使用。在 IPv4 中，该功能是通过发送 ARP 报文来实现的；在 IPv6 中，该功能是通过 DAD 来实现的。只有通过了 DAD，地址才会正式生效。如果没通过 DAD，那么该地址不能被接口使用，此时必须重新手动配置或重新获取一个未被使用的地址。

与邻居可达性检测一样，DAD 使用类型为 135 的 ICMPv6 报文（即 NS 报文）和类型为 136 的 ICMPv6 报文（即 NA 报文）来完成 DAD。

DAD 过程大致如下。

（1）主机节点通过静态配置或自动配置，获得包括链路本地地址和全球可聚合单播地址等在内的地址。这两种地址的 DAD 过程类似，下面以全球可聚合单播地址为例来介绍。主机节点虽获得了全球可聚合单播地址，但此地址处于未生效状态。假定未生效地址是 2001::1234:5678。

（2）主机节点构造并发送 NS 报文，报文的源地址为未指定地址::，目的地址为未生效地址对应的被请求节点组播地址，即 FF02::1:FF34:5678（前 104 位固定为 FF02::1:FF，后 24 位为被请求节点 IPv6 地址的末 24 位），源 MAC 地址是自身接口的 MAC 地址，目的 MAC 地址是 33:33:FF:34:56:78（前 16 位固定为 33:33，后 32 位是目的 IPv6 地址的末 32 位，即被请求节点组播地址的最后 32 位 FF:34:56:78），NS 报文中的目标地址字段中的值就是 2001::1234:5678。

（3）如果在一段时间内，链路中不存在回复 NS 报文的 NA 报文，或者收到相同目标地址的 NS 报文（说明在之后还有主机节点想使用相同的未生效地址），则认为在本地链路范围内，拟使用的未生效地址还没有别的主机节点占用，未生效地址转变为有效地址，地址配置生效。对于 Windows 系统来说，就是将未生效地址改为首选项地址。等待的时间是由 DAD 的时间和次数决定的，对于锐捷路由器，可以在接口下通过命令 ipv6 nd dad attempts 和 ipv6 nd dad time 来更改；对于 Windows 主机，可以在命令提示符下输入 "netsh interface ipv6 set privacy maxdadattempts=尝试的次数" 命令来设置。

（4）如果主机节点收到了 NA 报文，则 DAD 失败，该未生效地址转为非法地址，不能被主机节点使用。此时需要重新配置别的静态地址或者重新获取地址并再次执行 DAD。

从上面的过程可以看出，DAD 就如同 IPv4 网络中的免费 ARP 一样，同样存在欺骗攻击的可能。即攻击者通过伪造 NA 报文对所有用于 DAD 的 NS 报文进行回复，或者主动发送 NA 报文，通告地址已被占用，这样就会导致 DAD 总是失败，地址也就无法生效。当然，由于 IPv6 地址位数较长，即便真的发送 NA 报文进行欺骗攻击，其代价也要比 IPv4 大很多。

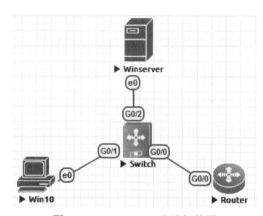

图 4-1　IPv6_address 实验拓扑图

实验 4-1　解决 IPv6 地址冲突问题

本实验主要演示 DAD 过程，并通过捕获报文讲解 NS 和 NA 报文格式，观察 IPv6 地址冲突现象，解决 IPv6 地址冲突问题。在 EVE-NG 中打开 "Chapter 04" 文件夹中的 "4-1 IPv6_address" 拓扑，如图 4-1 所示。

STEP 1　基本配置。开启 Router、Switch 和 Win10 这 3 台设备。先在 Win10 的 e0 接口捕获报文，再配置 Router，如下所示：

```
Router>enable
Router#configure terminal
Router Router(config)# ipv6 unicast-routing
Router(config)# interface gigabitethernet 0/0
Router(config-if-GigabitEthernet 0/0)# ipv6 enable
Router(config-if-GigabitEthernet 0/0)# ipv6 address 2001::1234:5678/64
Router(config-if-GigabitEthernet 0/0)# no ipv6 nd suppress-ra
Router(config-if-GigabitEthernet 0/0)# no shutdown
```

STEP 2　分析 NS 报文。在从 Win10 上捕获的数据包中找到编号为 224 的数据包，如图 4-2 所示，读者做实验时，捕获的数据包编号有极大的可能不是 224，可以通过查找源地址 "::"，或查找 Info 是 "Neighbor Solicitation" 的报文，迅速找到该数据包，满足这两种格式的报文不会很多。

为便于讲解，图 4-2 的左侧加入了数字行号。行号为 1 的行是捕获的目的地址为被请求节点组播地址的报文；行号为 2 的行是数据帧的目的 MAC 地址，即 33:33:ff:34:56:78；行号为 3 的行是数据帧的源 MAC 地址 50:00:00:01:00:01，可以在 Router 上使用 show interface GigabitEthernet 0/0 命令来验证源 MAC 是否为 Router 的 G0/0 接口的 MAC 地址；行号为 4

的行是网络层的源 IPv6 地址 "::"；行号为 5 的行是网络层的目的 IPv6 地址 ff02::1:ff34:5678，是被请求节点的组播 IPv6 地址；行号为 6 的行是目标 IPv6 地址 2001::1234:5678，该 NS 报文的目的就是查找目标 IPv6 地址是否在网络中存在。

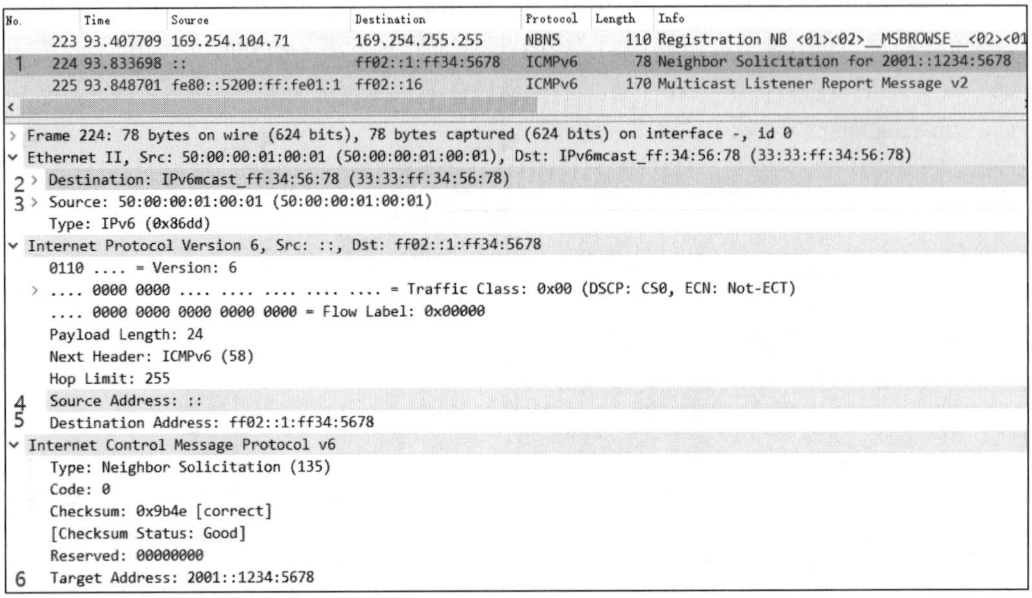

```
No.      Time        Source            Destination       Protocol  Length  Info
         223 93.407709 169.254.104.71   169.254.255.255   NBNS      110 Registration NB <01><02>__MSBROWSE__<02><01
1        224 93.833698 ::               ff02::1:ff34:5678 ICMPv6    78 Neighbor Solicitation for 2001::1234:5678
         225 93.848701 fe80::5200:ff:fe01:1 ff02::16      ICMPv6    170 Multicast Listener Report Message v2
```

```
> Frame 224: 78 bytes on wire (624 bits), 78 bytes captured (624 bits) on interface -, id 0
v Ethernet II, Src: 50:00:00:01:00:01 (50:00:00:01:00:01), Dst: IPv6mcast_ff:34:56:78 (33:33:ff:34:56:78)
2 > Destination: IPv6mcast_ff:34:56:78 (33:33:ff:34:56:78)
3 > Source: 50:00:00:01:00:01 (50:00:00:01:00:01)
    Type: IPv6 (0x86dd)
v Internet Protocol Version 6, Src: ::, Dst: ff02::1:ff34:5678
    0110 .... = Version: 6
  > .... 0000 0000 .... .... .... = Traffic Class: 0x00 (DSCP: CS0, ECN: Not-ECT)
    .... 0000 0000 0000 0000 0000 = Flow Label: 0x00000
    Payload Length: 24
    Next Header: ICMPv6 (58)
    Hop Limit: 255
4   Source Address: ::
5   Destination Address: ff02::1:ff34:5678
v Internet Control Message Protocol v6
    Type: Neighbor Solicitation (135)
    Code: 0
    Checksum: 0x9b4e [correct]
    [Checksum Status: Good]
    Reserved: 00000000
6   Target Address: 2001::1234:5678
```

图 4-2　查找 NS 报文

STEP 3　配置冲突的 IPv6 地址。配置完 Router 的 IPv6 地址后，Router 发送 DAD 的 NS 报文，但没有收到相应的 NA 报文，这说明网络中不存在冲突的 IPv6 地址，地址配置生效。继续在 Win10 的 e0 接口捕获报文，使用 ipconfig 命令查看当前的 IPv6 地址，再手动给 Win10 配置与路由器一样的静态 IPv6 地址 2001::1234:5678/64。

STEP 4　查看收到的 NA 报文。在 Win10 上手动配置静态 IPv6 地址时，也会进行 DAD 操作。由于路由器接口已经配置了 IPv6 地址 2001::1234:5678，所以 Win10 发出的 NS 报文会收到相应的 NA 报文。查看 Win10 上捕获的数据包，找到对应的 NA 报文，即图 4-3 中编号为 31 的报文。在图 4-3 中也可以看到编号为 29 的 NS 报文，这是由 Win10 发出的。

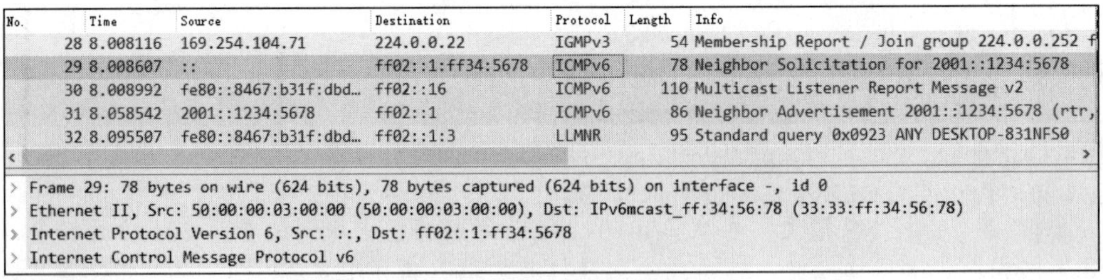

```
No.      Time       Source            Destination       Protocol  Length  Info
         28 8.008116 169.254.104.71   224.0.0.22        IGMPv3    54 Membership Report / Join group 224.0.0.252 f
         29 8.008607 ::               ff02::1:ff34:5678 ICMPv6    78 Neighbor Solicitation for 2001::1234:5678
         30 8.008992 fe80::8467:b31f:dbd… ff02::16      ICMPv6    110 Multicast Listener Report Message v2
         31 8.058542 2001::1234:5678  ff02::1           ICMPv6    86 Neighbor Advertisement 2001::1234:5678 (rtr,
         32 8.095507 fe80::8467:b31f:dbd… ff02::1:3     LLMNR     95 Standard query 0x0923 ANY DESKTOP-831NFS0
```

```
> Frame 29: 78 bytes on wire (624 bits), 78 bytes captured (624 bits) on interface -, id 0
> Ethernet II, Src: 50:00:00:03:00:00 (50:00:00:03:00:00), Dst: IPv6mcast_ff:34:56:78 (33:33:ff:34:56:78)
> Internet Protocol Version 6, Src: ::, Dst: ff02::1:ff34:5678
> Internet Control Message Protocol v6
```

图 4-3　DAD 收到的 NA 报文

注意，该 NA 报文的目的 IPv6 地址是 ff02::1（即所有节点组播地址），本地链路上的所有 IPv6 节点都能收到该报文。若 Win10 收到该报文，则表示 DAD 失败，IPv6 地址配置失败。Win10 的 IPv6 地址配置不像 IPv4 一样会提示地址冲突，此时可以在 Win10 上使用 ipconfig 命令查看 IPv6 地址配置，若没有看到静态配置的 IPv6 地址，则说明 DAD 失败，地址 2001::1234:5678 没有生效。

STEP 5 再次配置冲突的 IPv6 地址。手动修改 Win10 的 IPv6 地址为 2001::1234:5679，随后把 Router 的 G0/0 接口的 IPv6 地址也配置成 2001::1234:5679。

```
Router(config)# interface gigabitethernet 0/0
Router(config-if-GigabitEthernet 0/0)# no ipv6 address
Router(config-if-GigabitEthernet 0/0)# ipv6 address 2001::1234:5679/64
*Sep 15 02:12:45: %TCPIP_ND-3-DAD_FAILED: Duplicate 2001::1234:5679 was detected on interface
GigabitEthernet 0/0.
```

注意，路由器配置界面中会提示 "Duplicate 2001::1234:5679 was detected on interface GigabitEthernet 0/0"，表示 IPv6 地址冲突。在路由器上使用 show ipv6 interface GigabitEthernet 0/0 命令查看，显示结果如下。其中的 DUPLICATED 表示 IPv6 地址是重复的。

```
Router# show ipv6 interface gigabitethernet 0/0
interface GigabitEthernet 0/0 is Up, ifindex: 1, vrf_id 0
    address(es):
        Mac Address: 50:00:00:01:00:01
        INET6: FE80::5200:FF:FE01:1 , subnet is FE80::/64
        INET6: 2001::1234:5679 [ DUPLICATED ], subnet is 2001::/64
```

STEP 6 找出重复 IPv6 地址所在的设备。假设 IPv6 地址 2001::1234:5679 应该配置在路由器上，结果却被 Win10 主机盗用。该如何解决这个 IPv6 地址盗用的问题呢？开启 Winserver 设备，执行 ping 2001::1234:5679 操作，发现可以 Ping 通。使用 netsh interface ipv6 show neighbor 命令查看 2001::1234:5679 对应的 MAC 地址，随后在交换机上使用 show mac address-table 命令找到该 MAC 地址所对应的交换机端口并将其关闭，相当于断开了 Win10 主机的网络。关闭 Router 的 G0/0 接口再打开，IPv6 地址即可生效。Winserver 可以 Ping 通路由器的 2001::1234:5679，至此盗用网关 IPv6 地址的问题就解决了。

4.3 手动配置 IPv6 地址

由于路由器、交换机和服务器等设备经常用来提供服务，其 IPv6 地址不宜频繁变动，建议采用手动方式为其配置固定 IPv6 地址。路由器和三层交换机有时也被用作网关，向终端设备通告地址前缀，并提供数据转发服务，IPv6 地址需要被固定下来。同样，考虑到稳定性和易管理性，服务器也不宜频繁变动地址或使用不可知也不好记忆的 IPv6 地址，因此，有必要为其手动配置固定 IPv6 地址。前面已经初步介绍了在路由器和主机上手动配置 IPv6 地址的步骤，但对于一些细节和注意事项并没有详细说明，本节进一步补充介绍。

根据 IPv4 的使用经验，在手动配置 IP 地址后，Windows 主机总是将固定的地址作为服务监听地址以及对外访问时的源地址，但在 IPv6 中，情况却并非如此。即便手动给 Windows 主机配置了固定的 IPv6 地址，对应的网络接口往往还会通过其他方式（例如无状态自动配置、DHCPv6 等方式，本章后面会陆续介绍）获取其他的 IPv6 地址。Windows 主机主动访问外部网络时，系统选择的往往也不是手动配置的固定 IPv6 地址，这是因为 Windows 主机默认开启了自动配置功能，会获取其他的 IPv6 地址。由于 Windows 主机默认启用了强制私密性，自动分配的 IPv6 地址比手动配置的固定 IPv6 地址有更高的私密性，会被优先使用。如果需要避免这种情况，可以关闭系统地址的自动配置功能。

实验 4-2　禁止系统地址自动配置功能

本实验将演示在 Windows 主机上手动配置地址后，由于没有关闭地址自动配置功能，且网关路由器的路由通告功能也处于开启状态，Windows 主机同时会获取路由器通告的前缀，并生成相应的 IPv6 地址。进一步演示在 Windows 主机上关闭地址自动配置功能后，主机只保留手动配置的固定 IPv6 地址。在 EVE-NG 中打开 "Chapter04" 文件夹中的 "4-1 IPv6_address" 拓扑。

由于和前面的实验使用相同的拓扑，在实验开始之前先恢复 Win10 的初始配置，避免配置残留对后面的实验产生影响，可右击 Win10，从快捷菜单中选择 Wipe，清除 Win10 的所有配置。后续实验中都可以采取这种方法恢复设备的默认配置。读者可能认为把设备删除再重新添加一台设备，这也算将设备恢复到默认配置，但在实验中发现并不是这样的，某个实验拓扑之前可能添加或删除过一些设备，但新添加的设备 ID 会继续使用以前删除的设备的 ID，原设备 ID 关联的临时文件可能仍然存在，这可能导致添加的是一台路由器，但开机后却发现是一台 Windows 服务器的情况。因此，建议使用 Wipe 清除临时文件以彻底清除配置。

STEP 1　基本配置。开启所有节点，路由器的配置如下：

```
Router>enable
Router#configure terminal
Router(config)# ipv6 unicast-routing
Router(config)# interface gigabitethernet 0/0
Router(config-if-GigabitEthernet 0/0)# ipv6 enable
Router(config-if-GigabitEthernet 0/0)# ipv6 address 2022::1/64
Router(config-if-GigabitEthernet 0/0)# no ipv6 nd suppress-ra
Router(config-if-GigabitEthernet 0/0)# no shutdown
```

STEP 2　主机配置。验证即便手动为 Win10 主机配置了地址，但它在未禁用地址自动配置功能时仍能自动分配地址。STEP1 中配置了路由器通告 2022::/64 前缀，此处手动给 Win10 主机也配置同样前缀的 IPv6 地址 2022::abcd/64。设置成功后，在命令提示符下使用 ipconfig 命令查看，结果如图 4-4 所示。

从图 4-4 中可以看出，除了手动配置的 2022::abcd 地址，还有 1 个公用 IPv6 地址和 2 个临时 IPv6 地址。读者做实验时，可能只能看到 1 个临时 IPv6 地址。这是因为图 4-4 是在 Win10 运行 1 天以后的截图。

进一步使用 netsh interface ipv6 show address 命令查看 IPv6 地址的详细信息，如图 4-5 所示。

图 4-4　查看 IPv6 地址配置

图 4-5　查看 IPv6 地址的详细信息

从图 4-5 中可以看到, 以太网接口下有 5 个 IPv6 地址, 第一个 2022::abcd 是手动配置的 IPv6 地址, 有效寿命和首选寿命都是 infinite (无限); 第二个 2022::44e3:be5a:cddf:89c8 是临时 IPv6 地址, DAD 状态为 "反对", 有效寿命还有 5 天 20 小时以上, 首选寿命还有 0 秒 (即已经过期), 这个临时 IPv6 地址仍然有效 (外部主机仍然可以访问这个临时 IPv6 地址, 有效寿命结束前一直有效, 但当主机主动与外部通信时, 会选择最新生成的临时 IPv6 地址, 不会使用首选寿命是 0 的临时 IPv6 地址)。也就是说, 外部可以访问 Windows 中的多个临时 IPv6 地址, 但 Windows 主动访问外部网络时, 只会使用最新生成的临时 IPv6 地址; 第三个 2022::5812:cba9:a60:553 是临时 IPv6 地址, 有效寿命还有 6 天 20 小时以上, 首选寿命还有 20 小时以上, Windows 中临时 IPv6 地址默认的最大有效寿命是 7 天, 默认的最大首选寿命是 1 天, 从图 4-6 中可以看到这些默认值, 每个临时 IPv6 地址的首选寿命是 24 小时, Windows 每隔 24 小时会自动生成一个新的临时 IPv6 地址, 最多可以同时存在 7 个临时 IPv6 地址。可以在管理员命令提示符窗口中通过下面的命令改变临时 IPv6 地址的有效寿命和首选寿命:

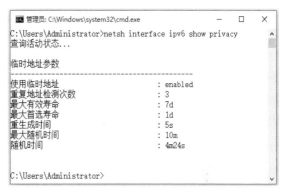

图 4-6 查看 Win10 是否使用临时地址

C:\Windows\system32> netsh interface ipv6 set privacy maxvalidlifetime=60m maxpreferredlifetime=30m store=active   *maxvalidlifetime 是临时 IPv6 地址的有效寿命, maxpreferredlifetime 是临时 IPv6 地址的首选寿命, 有效寿命的值要大于首选寿命; 60m 中的 "m" 表示分钟, "d" 表示天, "h" 表示小时; store=active, 表示计算机重启后失效, 换成 store=persistent 表示永久有效*

第四个 2022::8467:b31f:dbd3:6847 是公用 IPv6 地址, 有效寿命还有 29 天 23 小时以上, 首选寿命还有 6 天 23 小时以上, 公用 IPv6 地址的有效寿命和首选寿命是由路由设备发出的 RA 报文指定 (实验 4-3 演示了如何修改公用 IPv6 地址的有效寿命和首选寿命, 公用 IPv6 地址的时间是由路由器的 RA 报文通告的。RA 通告的时间也会影响临时 IPv6 地址的时间, 若临时 IPv6 地址的剩余时间大于 RA 报文通告的时间, 则临时 IPv6 地址显示的时间也将被 RA 报文刷新; 若临时 IPv6 地址的剩余时间小于 RA 报文通告的时间, 则临时 IPv6 地址显示的时间将不变)。这两个时间值是递减的, 当收到 RA 报文时, 系统重新刷新这两个时间值, 正常情况下它们都不会减小到零, 因为路由设备发送 RA 报文的时间周期都比较短, 例如有些型号的锐捷路由器默认是 200 秒。正常情况下, 公用 IPv6 地址会一直有效。公用 IPv6 地址的接口 ID 与链路本地地址的接口 ID 相同; 第五个 fe80:: 8467:b31f:dbd3:6847 是链路本地地址, %4 是以太网接口的编号, 该地址的有效寿命和首选寿命都是 infinite (无限)。

在手动 IPv6 地址、公用 IPv6 地址和临时 IPv6 地址同时存在的情况下, Windows 会优先使用最新生成的临时 IPv6 地址, 可以通过在 Win10 上 ping 2022::1, 并在 Win10 的 e0 接口捕获报文来验证这一说法。若主机需要使用固定的 IPv6 地址, 不希望使用临时 IPv6 地址, 可以使用如下命令关闭路由设备的 RA 报文通告:

Router(config-if-GigabitEthernet 0/0)# ipv6 nd suppress-ra

关闭 RA 报文通告后, 本网段的所有终端设备都收不到 RA 通告的 IPv6 前缀, 只能手动配置 IPv6 地址和网关, 工作量太大。如果只是某台终端需要使用手动配置的 IPv6 地址, 那么可以在 RA 报文通告的情况下，配置某台终端，以禁用 IPv6 地址的自动配置功能。

STEP 3　禁用临时地址。在路由器通告 RA 报文的情况下，要想让 Windows 主机使用手动配置的 IPv6 地址，那么需要禁用临时 IPv6 地址。在 Win10 的命令提示符窗口执行 netsh interface ipv6 show privacy 命令，可以看到"使用临时地址"处于 enabled 状态，如图 4-6 所示。

要禁止 Win10 使用临时 IPv6 地址，有两种方法。一种是在命令行窗口中执行命令 netsh interface ipv6 set privacy state=disable store=persistent，其中，"store=persistent"表示修改永久有效（这是默认参数，可以不用输入，如图 4-7 所示），若仅是希望在下次重启前生效，那么可以使用参数 "store=active"。另一种方法是使用 PowerShell，即在 PowerShell 下执行 Set-NetIPv6Protocol -UseTemporary Addresses Disabled 命令，如图 4-8 所示。

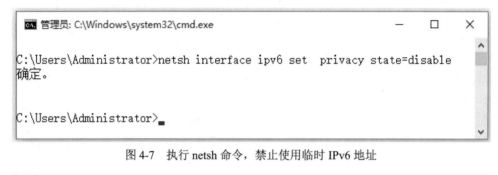

图 4-7　执行 netsh 命令，禁止使用临时 IPv6 地址

图 4-8　通过 PowerShell 禁止使用临时 IPv6 地址

禁用临时地址后，重启计算机，或禁用网卡再启用（相当于网卡的重启），再执行 netsh interface ipv6 show address 命令，发现没有临时地址了。

STEP 4　禁止公用地址。禁用临时地址后，除了手动配置的地址，还有一个地址类型是公用的 IPv6 地址。在手动 IPv6 地址和公用 IPv6 地址同时存在的情况下，Windows 会优先使用手动配置的 IPv6 地址。可以通过在 Win10 上 ping 2022::1，并在 Win10 的 e0 接口捕获报文，来验证这一说法。这个公用 IPv6 既然没有用到，也可以删除，这就需要关闭主机的 IPv6 地址自动配置功能。

从图 4-5 中可以看出，非手动配置的地址类型是公用，对应的接口编号是 4。下面在接口 4 上关闭路由自动发现功能，即禁止接收 RA 报文（也可通过配置系统防火墙，禁止主机发送 RS 报文和接收 RA 报文，第 7 章会介绍），这样自然也就无法获得默认网关和 RA 报文中用于自动配置地址的前缀了，也就达到了只能手动配置地址和默认网关，不能自动获得地址和默认网关的目的。关闭路由发现功能的命令是 netsh interface ipv6 set interface " ID 号 " routerdiscovery=disabled。再次查看配置的地址和对应的接口，如图 4-9 所示。可以发现，图 4-5 中的公用 IPv6 地址不见了。若要恢复自动配置地址功能，把参数 disabled 换成 enable 即可。

图 4-9　禁止自动获取 IPv6 地址

由上可知，对于 Windows 主机，即便手动设置了想要的 IPv6 地址和默认网关，但如果本网段中仍有路由器网关发送 RA 报文，主机就仍有可能通过自动配置的方式生成一个公用地址和多个临时地址，这是我们不希望看到的。解决办法可以是禁止系统使用临时地址，同时关闭网卡对应接口的路由自动发现功能。关闭路由自动发现功能后，主机的 IPv6 地址和默认网关，甚至 DNS 地址等都必须手动配置。

STEP 5　Windows 服务器的配置。Windows 服务器的默认配置与客户端的默认配置不同，服务器默认禁用了临时 IPv6 地址功能。拓扑中的 Winserver 服务器是 Windows Server 2016 服务器，读者可以在其上使用 ipconfig 或 netsh interface ipv6 show privacy 命令进行验证，也可使用 netsh interface ipv6 set interface "ID 号" routerdiscovery=disabled 命令禁用自动配置地址功能。

4.4　地址自动配置机制及过程

4.3 节介绍了手动配置 IPv6 地址的方法，考虑到 IPv6 地址的复杂性，多数情况下，我们会选择"即插即用"的配置方式来获取 IPv6 地址和其他配置参数。主机自动配置 IPv6 地址的工作机制和过程与 IPv4 的不同，主机自动配置 IPv6 地址分为无状态自动配置、有状态 DHCPv6 和无状态 DHCPv6。对于 IPv6 主机，它的地址自动配置机制及过程大致如下。

（1）接口在启用 IPv6 后直接使用 fe80::/64 前缀和接口 ID 来构建一个临时状态的链路本地地址。如果禁止使用随机化接口 ID，则使用基于 EUI-64 格式的 ID，否则随机化生成一个接口 ID。

（2）通过发送 NS 报文对临时的链路本地地址执行 DAD，NS 报文中的目标地址设置为该临时链路本地地址。当接口 ID 是随机生成的时候，通过 DAD 的可能性更大。

（3）如果主机收到响应 NS 报文的 NA 报文，则该临时的链路本地地址是重复地址。主机需重新生成另一个链路本地地址，再次执行 DAD。

（4）如果没有收到上述 NA 报文，则说明该临时链路本地地址是唯一的，可以在接口上把该地址的状态更改为首选合法状态,以正式生效。

(5)发送 RS 报文,以获得网络配置信息。

(6)收到路由器回应的 RA 报文后,使用 RA 报文中的前缀自动生成地址。如果一直没收到 RA 报文,则使用 DHCPv6 来配置地址,即向代表 DHCPv6 服务器或中继的组播地址 FF02::1:2 和 FF05::1:3 发送 DHCPv6 请求报文,以完成地址配置。

(7)如果收到 RA 报文,则检查 RA 报文中的"路由器生存期"字段,如果值不为 0,则将 RA 发送方设为自己的默认网关。

(8)继续检查 RA 报文中的 M 位,如果是 1,且未收到携带允许自动配置的前缀信息的 RA 报文,则只采用有状态 DHCPv6 获取地址。当收到允许自动配置的前缀信息的 RA 报文时,有状态 DHCPv6 和无状态自动配置将并存,且一般情况下无状态自动配置的地址的首选优先级高于有状态 DHCPv6 配置的地址。

(9)继续检查 RA 报文中的 O 位,如果是 1,则采用 DHCPv6 获取地址外的其他参数信息。

(10)无论 RA 报文中的 M 位和 O 位是什么,只要收到携带有允许自动配置的前缀信息的 RA 报文,主机都将提取 RA 报文中所有的前缀。如果前缀状态为 Off-link,则放弃将该前缀加入前缀列表(即路由表)中,只将状态是 On-link 的前缀加入自己的前缀列表中。

(11)继续检查前缀列表中每一个前缀的"自动配置"字段,如果允许自动配置,则自动生成基于 EUI-64 格式的 ID 或以随机方式生成接口 ID,再加上前缀列表中的前缀以构成公用 IPv6 地址。默认也生成临时 IPv6 地址。

(12)对公用 IPv6 地址和临时 IPv6 地址做 DAD,如果通过检测,则将地址状态转成首选状态。

主机的 IPv6 地址有 4 种状态——临时状态、首选状态、超时状态、无效状态。临时状态通过 DAD 后变为首选状态,临时状态和首选状态都存在首选寿命,首选寿命到期前若重新获得 RA 报文或 DHCPv6 报文,则能够刷新首选寿命。超过首选寿命后,则变为超时状态。超时状态下,该地址不会作为主机地址主动与外界通信。当超时一段时间后,地址将转为无效状态,最终从主机系统中删除。

4.5　SLAAC

对于需要固定地址的服务器采用手动配置的方式比较合适,该工作一般由网络或系统的管理员来完成。对于普通用户来说,自动配置 IPv6 地址的方式更为常见。IPv6 地址的自动配置主要分为无状态和有状态。所谓无状态,就是指负责地址分配的网关或服务器并不需要关心和记录客户获得的 IPv6 地址,大多数情况下只是在 RA 报文中携带前缀信息选项并通告给客户端,由客户端提取报文中的前缀信息。如果前缀信息的自动配置标志位为 1,则使用该前缀结合本机接口 ID(EUI-64 格式或随机接口 ID)来生成公用地址和临时地址,若通过 DAD 则正式成为有效地址。这就是 RFC 2462 中定义的无状态地址自动配置(Stateless Address Auto-Configuration,SLAAC)的工作原理,其工作步骤大致如下。

(1)客户端主机发送 RS 报文,源地址是通过 DAD 的以 FE80 开头的链路本地地址,目的地址是 FF02::2。报文格式如图 4-10 中编号为 481 的行所示。

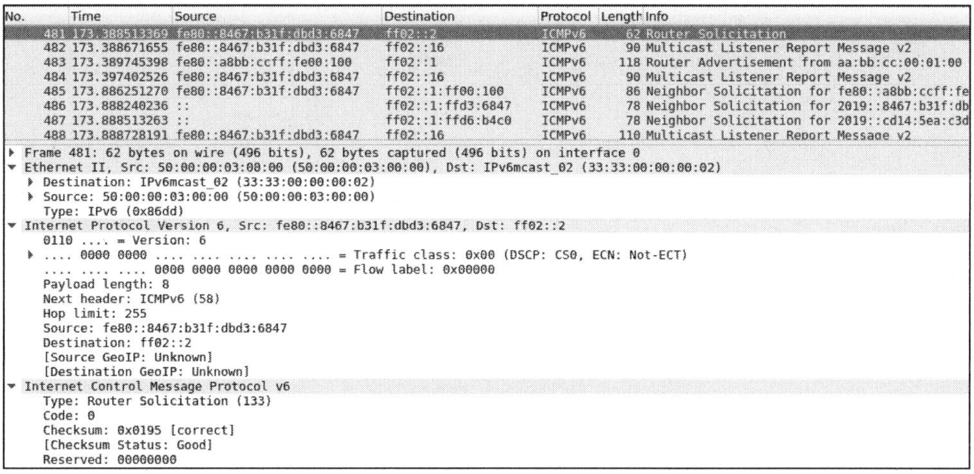

No. Time Source Destination Protocol Length Info
481 173.388513369 fe80::8467:b31f:dbd3:6847 ff02::2 ICMPv6 62 Router Solicitation
482 173.388671655 fe80::8467:b31f:dbd3:6847 ff02::16 ICMPv6 90 Multicast Listener Report Message v2
483 173.389745398 fe80::a8bb:ccff:fe00:100 ff02::1 ICMPv6 118 Router Advertisement from aa:bb:cc:00:01:00
484 173.397402526 fe80::8467:b31f:dbd3:6847 ff02::16 ICMPv6 90 Multicast Listener Report Message v2
485 173.886251270 fe80::8467:b31f:dbd3:6847 ff02::1:ff00:100 ICMPv6 86 Neighbor Solicitation for fe80::a8bb:ccff:fe
486 173.888240236 :: ff02::1:ffd3:6847 ICMPv6 78 Neighbor Solicitation for 2019::8467:b31f:db
487 173.888513263 :: ff02::1:ffd6:b4c0 ICMPv6 78 Neighbor Solicitation for 2019::cd14:5ea:c3d
488 173.888728191 fe80::8467:b31f:dbd3:6847 ff02::16 ICMPv6 110 Multicast Listener Report Message v2
Frame 481: 62 bytes on wire (496 bits), 62 bytes captured (496 bits) on interface 0
Ethernet II, Src: 50:00:00:03:00:00 (50:00:00:03:00:00), Dst: IPv6mcast_02 (33:33:00:00:00:02)
Destination: IPv6mcast_02 (33:33:00:00:00:02)
Source: 50:00:00:03:00:00 (50:00:00:03:00:00)
Type: IPv6 (0x86dd)
Internet Protocol Version 6, Src: fe80::8467:b31f:dbd3:6847, Dst: ff02::2
0110 .... = Version: 6
.... 0000 0000 .... = Traffic class: 0x00 (DSCP: CS0, ECN: Not-ECT)
.... 0000 0000 0000 0000 0000 = Flow label: 0x00000
Payload length: 8
Next header: ICMPv6 (58)
Hop limit: 255
Source: fe80::8467:b31f:dbd3:6847
Destination: ff02::2
[Source GeoIP: Unknown]
[Destination GeoIP: Unknown]
Internet Control Message Protocol v6
Type: Router Solicitation (133)
Code: 0
Checksum: 0x0195 [correct]
[Checksum Status: Good]
Reserved: 00000000

图 4-10　RS 报文

（2）客户端主机收到 RA 报文。报文如图 4-11 中编号为 483 的行所示。值得注意的是，RA 报文的目标 IPv6 地址并不是发送 RS 时的源地址，而是 ff02::1（所有 IPv6 节点的组播地址）。在图 4-11 中，行号为 2 的目的 MAC 地址是组播 MAC 地址，行号为 3 的目的 IPv6 地址是 ff02::1。这个过程相当于有一台主机发送 RS 报文来询问网关和前缀信息。路由器在收到 RS 报文后，并不是只针对发问的主机进行回答，而是向所有的 IPv6 节点发送 RA 报文。当然，发送 RS 请求的主机也能收到这个 RA 报文。

（3）根据 RA 报文设置跳数限制、MTU 等参数信息。如果路由器生存期字段不为 0，则将 RA 发送方作为默认网关。在图 4-11 中可以看到 hop limit 是 64（行号 4），MTU 是 1500（行号 8），路由器生存期是 1800（行号 7）。

（4）提取 RA 报文中的所有前缀信息，将 On-link 标志位为 1 的前缀加入前缀列表（即路由表）中。在图 4-11 中可以看到 On-link 标志位是 1（行号 11）。

（5）在前缀列表中，如果自动地址配置标志位为 1，则用其前缀结合接口 ID 生成公用地址。接口 ID 既可以基于 EUI-64 格式，也可以是随机化接口 ID。在图 4-11 中可以看到 Autonomous address-configuration flag（自动地址配置标志位）是 1（行号 12）。

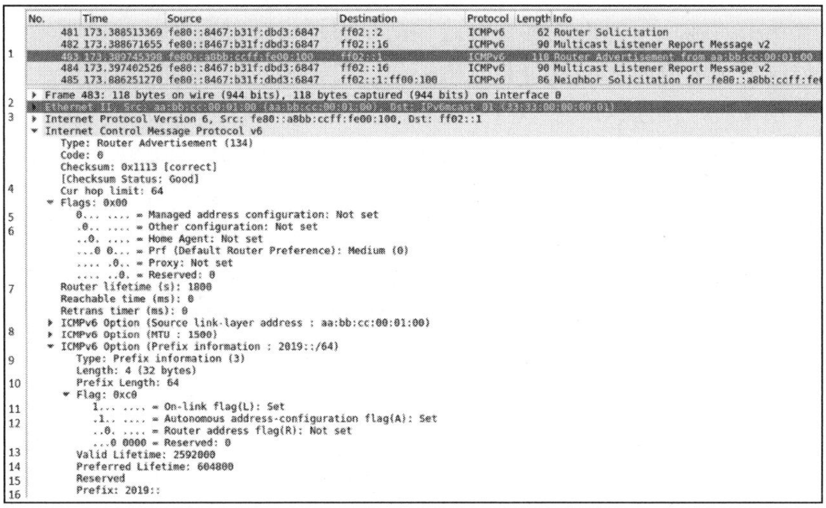

No. Time Source Destination Protocol Length Info
481 173.388513369 fe80::8467:b31f:dbd3:6847 ff02::2 ICMPv6 62 Router Solicitation
482 173.388671655 fe80::8467:b31f:dbd3:6847 ff02::16 ICMPv6 90 Multicast Listener Report Message v2
1 483 173.389745398 fe80::a8bb:ccff:fe00:100 ff02::1 ICMPv6 118 Router Advertisement from aa:bb:cc:00:01:00
484 173.397402526 fe80::8467:b31f:dbd3:6847 ff02::16 ICMPv6 90 Multicast Listener Report Message v2
485 173.886251270 fe80::8467:b31f:dbd3:6847 ff02::1:ff00:100 ICMPv6 86 Neighbor Solicitation for fe80::a8bb:ccff:fe
Frame 483: 118 bytes on wire (944 bits), 118 bytes captured (944 bits) on interface 0
2 Ethernet II, Src: aa:bb:cc:00:01:00 (aa:bb:cc:00:01:00), Dst: IPv6mcast_01 (33:33:00:00:00:01)
3 Internet Protocol Version 6, Src: fe80::a8bb:ccff:fe00:100, Dst: ff02::1
Internet Control Message Protocol v6
Type: Router Advertisement (134)
Code: 0
Checksum: 0x1113 [correct]
[Checksum Status: Good]
4 Cur hop limit: 64
Flags: 0x00
5 0... .... = Managed address configuration: Not set
6 .0.. .... = Other configuration: Not set
..0. .... = Home Agent: Not set
...0 0... = Prf (Default Router Preference): Medium (0)
.... .0.. = Proxy: Not set
.... ..0. = Reserved: 0
7 Router lifetime (s): 1800
Reachable time (ms): 0
Retrans timer (ms): 0
ICMPv6 Option (Source link-layer address : aa:bb:cc:00:01:00)
8 ICMPv6 Option (MTU : 1500)
ICMPv6 Option (Prefix information : 2019::/64)
9 Type: Prefix information (3)
Length: 4 (32 bytes)
10 Prefix Length: 64
Flag: 0xc0
11 1... .... = On-link flag(L): Set
12 .1.. .... = Autonomous address-configuration flag(A): Set
..0. .... = Router address flag(R): Not set
...0 0000 = Reserved: 0
13 Valid Lifetime: 2592000
14 Preferred Lifetime: 604800
15 Reserved
16 Prefix: 2019::

图 4-11　RA 报文

（6）进行 DAD，直到公用地址成为有效地址。

（7）当系统允许使用临时地址时（有关如何禁用临时地址，请见实验 4-2），还会多生成一个通过 DAD 的临时地址，并且在通信时将该地址作为首选地址。

在 IPv6 自动地址配置中，采用 SLAAC 配置的地址是最优先的。只要允许网关发送 RA 报文，且 RA 报文携带了允许用于自动配置地址的前缀，则无论是否启用了 DHCPv6，启用自动配置地址的客户主机都会用收到的前缀自动生成 IPv6 地址，且这个地址首选的优先级高于 DHCPv6 获得的地址。RA 报文携带的前缀选项的格式如表 4-1 所示（图 4-11 从第 9 行起佐证了选项格式）。

表 4-1　　　　　　　　　　　　　　　　RA 报文的前缀选项格式

8 位	8 位	8 位	1 位	1 位	6 位
类型（3）	选项长度	前缀长度	L 位	A 位	保留
有效寿命					
首选寿命					
保留字段					
前缀					

类型值为 3 表示选项为前缀选项（图 4-11 中的行号 9），前缀长度一般是 64（图 4-11 中的行号 10）。需要注意的是，如果主机获取的前缀长度+接口 ID 的长度大于 128，那么将不能进行地址自动配置。L 位表示该前缀是否可以用于判断一个地址是否在本链路上，即前缀是不是 On-link（图 4-11 中的行号 11）。如果是默认的 On-link，则此前缀可以用于判断某个地址是否在本地链路中，即在路由表中有相应的表项，否则路由表中不会有此前缀。A 位表示该前缀是否可以用于地址自动配置。在 SLAAC 中，RA 可以通告多个前缀，但至少得有一个前缀的 A 位是 1（图 4-11 中行号 12），才能保证主机能获得至少一个前缀用于地址的自动配置。前缀有两个生存期：一个是有效寿命（图 4-11 中的行号 13，2 592 000 秒对应的时间是 30 天）；另一个是首选寿命（图 4-11 中的行号 14，604 800 秒对应的时间是 7 天），且有效寿命不小于首选寿命。对于一个在首选寿命内使用前缀构造的地址，主机的任何应用都可以不受限制地使用该地址。如果超过了首选寿命，但还没超过有效寿命，则老的应用还可以继续使用这个前缀构造的地址，但新的应用不允许再使用该前缀构造的地址。若前缀构造的地址超过了有效寿命，则任何应用都不再使用该地址。

SLAAC 是最简单也是最常用的 IPv6 地址配置方式，它的优点是配置简单，支持几乎所有的网络终端。尽管 SLAAC 很便利，但它至少有 3 个缺点：路由器网关或服务器并不记录客户主机分配的 IPv6 地址信息，不利于溯源管理等；不能为指定主机或终端分配固定的 IPv6 地址；客户主机只能获得可通信的全局 IPv6 地址，并不能获得其他诸如 IPv6 DNS 等信息，需要通过静态配置或 DHCP 等方式来获得 IPv6 DNS，进而实现与互联网的正常通信。

实验 4-3　SLAAC 实验配置

本实验将演示如何在路由器等三层设备上配置发送 RA 报文，以使得主机进行 SLAAC（无状态地址自动配置）。通过表 4-1 可以看出，根据 RA 报文前缀选项中的 L 位和 A 位，即可确定某些前缀是否可以用于自动配置，以及是否可以将前缀加入主机的前缀列表（即路由表）中。对于主机来说，只要开机即可。在本实验中，路由器接口配置了多个地址，对每个地址对应的前缀进行不同的配置，并观察在客户主机上获取 IPv6 地址的情况，以加深对 SLAAC 的理解。在 EVE-NG 中打开 "Chapter 04" 文件夹中的 "4-1 IPv6_address" 拓扑。

STEP 1 基本配置。开启 Win10、Switch 和 Router。Router 的配置如下：

```
Router>enable
Router#configure terminal
Router(config)# ipv6 unicast-routing
Router(config)# interface gigabitethernet 0/0
Router(config-if -GigabitEthernet 0/0)# ipv6 enable
Router(config-if -GigabitEthernet 0/0)# ipv6 address 2020::1/64
Router(config-if -GigabitEthernet 0/0)# ipv6 address 2021::1/64
Router(config-if -GigabitEthernet 0/0)# ipv6 address 2022::1/64
Router(config-if -GigabitEthernet 0/0)# ipv6 address 2023::1/64
Router(config-if -GigabitEthernet 0/0)# ipv6 nd prefix 2020::/64 no-advertise        不通告前缀
Router(config-if -GigabitEthernet 0/0)# ipv6 nd prefix 2021::/64 3600 1800 Off-link   前缀处于 Off-link 状态
Router(config-if -GigabitEthernet 0/0)# ipv6 nd prefix 2022::/64 3600 1800 no-autoconfig 前缀不用于自动配置
Router(config-if -GigabitEthernet 0/0)# no ipv6 nd suppress-ra
Router(config-if -GigabitEthernet 0/0)# no shutdown
```

为了说明不同的前缀选项所产生的不同效果，给同一个接口配置了 4 个 IPv6 地址，同时对 4 个地址对应的前缀进行不同的配置处理，以观察客户主机的情况。配置中的 3600 表示 3600 秒，是前缀的有效寿命；1800 表示 1800 秒，是前缀的首选寿命。在默认情况下，系统会通告每一个前缀，且 link 和 autoconfig 都是 1，以表示此前缀用于地址的本地链路检测和地址自动配置，这也是 SLAAC 中默认的配置。本实验默认允许发送 RA 报文，但 RA 携带不同的前缀选项，具体如下。

- 不通告 2020::/64 前缀。客户主机不能得到这个前缀的相关信息。
- 通告 2021::/64 前缀，但该前缀处于 Off-link 状态，autoconfig 为默认值，即允许自动配置，但该前缀不会加入主机前缀列表（即路由表）中。
- 2022::/64 前缀不允许自动配置，但默认处于 On-link 状态，即该前缀会加入主机的前缀列表（即路由表）中。
- 配置中没有对前缀 2023::/64 进行额外的配置，也就是保持其默认值，该前缀会通告，也会被加入主机的前缀列表（即路由表）中。

STEP 2 验证。打开 Win10 主机，将网卡设置成自动获取 IPv6 地址，使用 ipconfig 命令查看自动产生的 IPv6 地址，如图 4-12 所示。

从图 4-12 中可以看到：2020::/64 前缀因为没有通告，所以没有用于 IPv6 地址的前缀；2022::/64 前缀因为指明了 no-autoconfig（不用于自动配置），所以也没有用于 IPv6 地址的前缀；2021::/64 和 2023::/64 的 autoconfig

图 4-12 主机通过 SLAAC 自动产生多个 IPv6 地址

都是 1，即允许自动配置，所以这两个前缀都用于地址的自动配置。至于 Off-link，就要查看主机的路由表了。可使用命令 route print -6 查看，如图 4-13 所示。

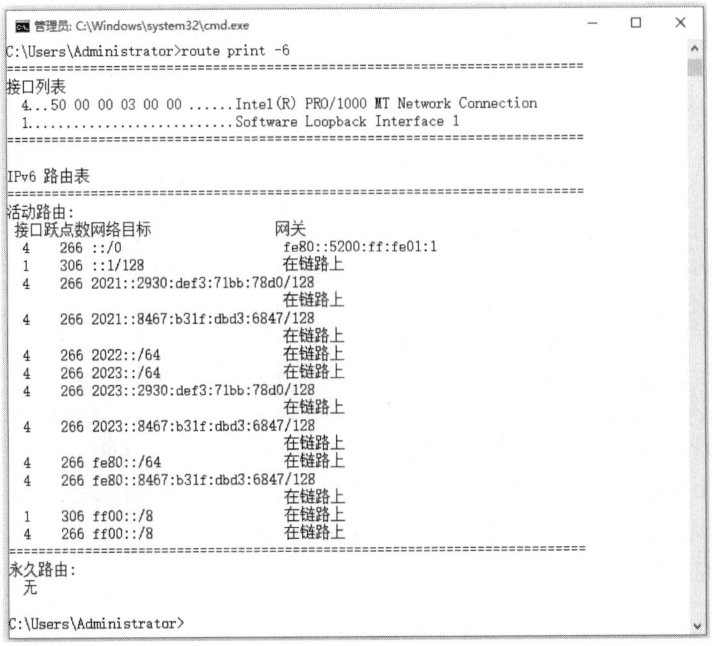

```
管理员: C:\Windows\system32\cmd.exe                          —    □    ×

C:\Users\Administrator>route print -6

接口列表
  4...50 00 00 03 00 00 ......Intel(R) PRO/1000 MT Network Connection
  1...........................Software Loopback Interface 1
===========================================================================

IPv6 路由表
===========================================================================
活动路由:
 接口跃点数网络目标               网关
  4    266 ::/0                    fe80::5200:ff:fe01:1
  1    306 ::1/128                 在链路上
  4    266 2021::2930:def3:71bb:78d0/128
                                   在链路上
  4    266 2021::8467:b31f:dbd3:6847/128
                                   在链路上
  4    266 2022::/64               在链路上
  4    266 2023::/64               在链路上
  4    266 2023::2930:def3:71bb:78d0/128
                                   在链路上
  4    266 2023::8467:b31f:dbd3:6847/128
                                   在链路上
  4    266 fe80::/64               在链路上
  4    266 fe80::8467:b31f:dbd3:6847/128
                                   在链路上
  1    306 ff00::/8                在链路上
  4    266 ff00::/8                在链路上
===========================================================================
永久路由:
  无

C:\Users\Administrator>
```

图 4-13   前缀选项 Off-link 对路由表的影响

由于 2021::/64 是 Off-link 状态，从图 4-13 中可以看出，在主机的 IPv6 路由表中，并没有 2021::/64 这个前缀，只有 128 位的主机路由。有意思的是，2022::/64 前缀虽然不允许自动配置，即主机的 IPv6 地址中没有这个前缀构成的地址，但这个前缀却加入了主机的路由表中，可以不用理会。2023::/64 是正常的默认值，64 位前缀和 128 位主机路由都存在。

这个实验只是为了说明如何配置前缀选项，以及前缀选项对主机获取地址及前缀列表（路由表）的影响。实际应用中一般只需要配置一个 IPv6 地址，且允许发送 RA 报文即可。配置的 IPv6 地址所对应的前缀默认就会作为 RA 报文的前缀选项发送给同网段内的主机，以用于地址自动配置并加入主机的前缀列表中。

4.6   有状态 DHCPv6

考虑到 SLAAC 的缺点，RFC 3315 提出了 DHCPv6 的地址配置方式。在以下 3 种情况下，采用自动配置的客户主机将使用 DHCPv6 来获取地址。

- 如果客户主机在发送 RS 报文后未收到任何 RA 报文，则客户主机默认使用 DHCPv6 来获取地址和相关参数。
- 即便收到 RA 报文，但 RA 报文并没有携带用于地址自动配置的前缀信息，那么客户主机仍然也会采用 DHCPv6 来获取地址。
- 如果收到的 RA 报文中携带有用于地址自动配置的前缀信息，主机也可以采用 DHCPv6 来获取地址。

从上面 3 种情况可以得出结论：采用自动配置的客户主机同时也可以支持 DHCPv6，也就是说，SLAAC 和 DHCPv6 可以共存。

相对于 SLAAC，DHCPv6 是一种有状态地址配置协议，即 DHCPv6 服务器会像 DHCPv4 那样分配除了默认网关的其他 IPv6 信息，并记录 IPv6 地址与主机的对应关系。需要注意的是，DHCPv6 服务器默认情况下记录的是 IPv6 地址与客户主机的身份关联标识符（Identity Association Identifier，IAID）和 DHCP 唯一标识符（DHCP Unique Identifier，DUID）的对应关系（后面详细介绍），而不是像 IPv4 网络那样记录 IP 与 MAC 地址的对应关系。大多数情况下，客户主机 DUID 的末 48 位为接口的物理地址，因此可以像 DHCPv4 那样做到溯源追踪。

要想使用有状态 DHCPv6，可以在路由器网关的 RA 中设置 M 位为 1，以通知客户主机使用 DHCPv6 来获取 IPv6 地址。另外，O 标志位设置为 1 时表示将通过 DHCPv6 获取 IPv6 地址外的其他参数信息，比如 IPv6 DNS 地址等。当网络中既有 DHCPv6 服务器（或中继），又有 RA 报文携带可用于地址自动配置的前缀时，主机既可通过 SLAAC 获取地址，也可通过 DHCPv6 获取地址。因为 SLAAC 获取的地址的首选优先级比 DHCPv6 获取的地址的首选优先级要高，所以会导致主机无法使用通过 DHCPv6 获取的地址。为了避免这种情况的发生，在确定使用有状态 DHCPv6 时，可以禁用 SLAAC。

DHCPv6 的通信过程与 DHCPv4 的一样，都是服务器和客户主机在不同的 UDP（User Datagram Protocol，用户数据报协议）端口上进行监听。DHCPv6 服务器监听的 UDP 端口是 547，DHCPv6 客户机监听的 UDP 端口是 546。图 4-14 所示为捕获的 DHCP 通告报文。图中行号为 1 的行是 DHCP 客户端发送的地址查询（Solicit）报文，这是一个组播报文，源 IPv6 地址是链路本地地址，目的 IPv6 地址是 ff02::1:2。行号为 2 的行是 DHCP 服务器对 DHCP 客户端请求的通告（Advertise）报文，这是一个单播报文，源 IPv6 地址是 DHCP 服务器的 IPv6 地址，目的 IPv6 地址是 DHCP 客户端的链路本地地址。行号为 3 的行是 DHCP 客户端的请求（Request）报文，这是一个组播报文，源 IPv6 地址是链路本地地址，目的 IPv6 地址是 ff02::1:2。行号为 4 的行是 DHCP 服务器的应答（Reply）报文，这是一个单播报文，源地址是 DHCP 服务器的 IPv6 地址，目的 IPv6 地址是 DHCP 客户端的链路本地地址。

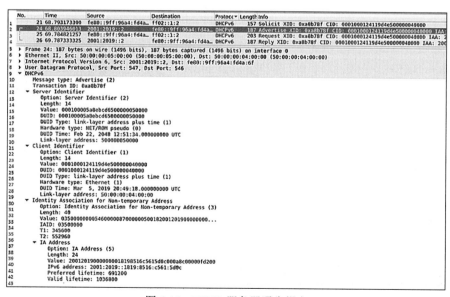

图 4-14　DHCP 服务器通告报文

通过图中行号为 8 的行可以看出，DHCP 报文是 UDP 报文，服务器的端口是 547，客户端的端口是 546。DHCPv6 服务器及中继都会加入本地链路多播地址组 ff02::1:2 中。初次通信时，客户主机会向本地链路多播地址发送 DHCPv6 查询报文，服务器会直接回应 DHCP 查询报文，中继则转发该报文到指定的 DHCPv6 服务器上。

4.6.1　DUID 和 IAID

在 DHCPv6 中，服务器、中继或客户主机有且只有一个 DUID。图 4-14 中行号为 16 的行是 DHCP 服务器的 DUID，行号为 25 的行是 DHCP 客户端的 DUID。DUID 用于在交换 DHCPv6 报文时彼此验证身份，即服务器使用 DUID 来识别不同的客户端，客户端则使用 DUID 来识别服务器。客户端 DUID 和服务器 DUID 的内容分别通过 DHCPv6 报文中的 Client Identifier（图 4-14 中行号为 21 的行）和 Server Identifier（图 4-14 中行号为 12 的行）选项来携带。这两个选项的格式是一样的，通过 Option 字段的取值来区分是 Client Identifier（字段值 1）还是 Server Identifier（字段值 2）选项。RFC 3315 中规定 DUID 不允许用于其他用途，它的长度是可变的，但不能超过 128 字节，且一旦 DUID 固定，中途不允许更改。DUID 的类型主要有 3 种：基于链路层地址的 DUID（DUID based on Link-Layer address，DUID-LL），最常用；基于链路层地址和时间的 DUID（DUID based on Link-Layer address plus Time，DUID-LLT）；硬件厂商自定义的 DUID。通常情况下，DUID 组成部分的末 48 位就是接口的 MAC 地址。

身份关联（Identity Association，IA）是服务器和客户主机都能识别、分组及管理的一个 IPv6 地址结构，这个地址结构包括一个 IA 的标识（即 IAID）和相关联的配置信息。在 DHCPv4 中，客户主机只需要携带自身的 MAC 地址即可向服务器申请地址，而在 DHCPv6 环境下，客户主机在 DHCPv6 申请报文中携带的是一个地址结构，即 IA。通常情况下，请求报文的 IA 结构至少包括(DUID, IA-TYPE, IAID)三元组。其中 DUID 是客户主机的标识符，IA-TYPE 是需要申请到的地址类型，主要包括存储非临时地址的 IA（IA for Non-temporary Address，IA-NA）、存储临时地址的 IA（IA for Temporary Address，IA-TA）和前缀分配的 IA（IA for Prefix Delegation，IA-PD）。其中 IA-NA 最常见，IA-PD 用来标识客户主机申请的不是地址而是前缀（后面章节会有介绍）。

一个 DHCPv6 客户主机必须为每个接口至少分配一个 IA 以向服务器申请地址或前缀，IAID 可唯一地标识一个 IA。同一个客户主机的 IAID 不能重复出现，IAID 也不能因主机重启等原因丢失或改变。IA 中的配置信息（分配给客户主机的 IA-NA 地址等）由服务器来分配，一个 IA 也可以包含多个地址信息。

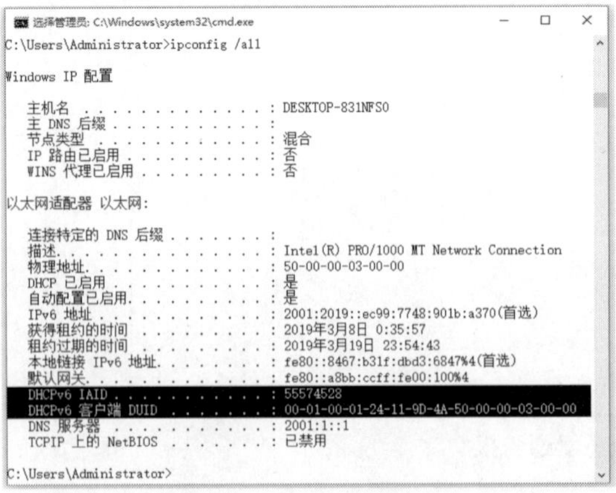

简单地理解就是，DHCPv6 客户主机的接口使用携带 IAID 的 IA 去向服务器申请地址或前缀（类型由 IA-TYPE 决定，以 IA-NA 最为常见），服务器以 IA 为分配单元，将分配的地址或前缀等信息回复给客户主机，同时在本地记录分配情况表。

一个客户主机只能有一个 DUID，但每个接口至少有一个 IA。对于 Windows 主机来说，可以使用命令 ipconfig /all 来查看 IAID 和 DUID，如图 4-15 所示。

图 4-15　在 Windows 中查看 IAID 和 DUID

对于支持 IPv6 的路由器/交换机等网络

设备来说，可以使用命令 show ipv6 dhcp 来查看 DUID，结果如下：

```
Router# show ipv6 dhcp
This device's DHCPv6 unique identifier(DUID): 00:03:00:01:50:00:00:01:00:01
```

可以使用命令 show ipv6 dhcp interface 来查看 DUID 和接口的 IAID，结果如下：

```
Router# show ipv6 dhcp interface gigabitethernet 0/0
GigabitEthernet 0/0 is in client mode
    State is SOLICIT
    next packet will be send in : -1 seconds
    Rapid-Commit: disable
Router# show ipv6 dhcp interface gigabitethernet 0/0
GigabitEthernet 0/0 is in client mode
    State is IDLE
    next packet will be send in : 43200 seconds
    List of known servers:
      DUID: 00:03:00:01:50:00:00:02:00:01
      Reachable via address: ::
      Preference: 0
      Configuration parameters:
        IA NA: IA ID 0x186a1, T1 43200, T2 69120
        Address: 2023::2
            preferred lifetime 86400, valid lifetime 86400
            expires at Sep 22 2022 3:19 (86400 seconds)
    DNS server: 240c::6666
    Rapid-Commit: disable
```

4.6.2 DHCPv6 常见报文类型

DHCPv6 报文封装在 UDP 中，不同类型的报文有不同的用途。常见的报文如下。

- Solicit 报文：类型值为 1，客户主机以组播形式发送该报文，用于寻找 DHCPv6 服务器。图 4-14 中行号为 1 的行就是 Solicit 报文，可在 Info 栏下看到 Solicit 字样。
- Advertise 报文：类型值为 2，服务器用此报文回复客户主机的 Solicit 报文，此报文是单播报文。图 4-14 中行号为 2 的行就是 Advertise 报文，在行号为 10 的行中可以看到 "Message type：Advertise（2）"。此报文中包括 DHCPv6 服务器要分配的 IPv6 地址等信息。
- Request 报文：类型值为 3，客户主机以组播方式发送此报文，选择分配 IPv6 地址等信息的服务器。图 4-14 中行号为 3 的行就是 Request 报文。有些读者可能会问，既然是选择分配 IPv6 地址的服务器，为何不是单播报文呢？试想，如果网络中有两台 DHCPv6 服务器，它们都会收到客户主机的 Solicit 报文，都会分配 IPv6 地址，客户主机可能选择的是某一台 DHCPv6 服务器分配的 IPv6 地址，客户主机使用组播报文通告它选择了某台 DHCPv6 服务器分配的 IPv6 地址，另一台没被选择的 DHCPv6 服务器也会收到此组播报文，得知自己没有被选择，收回分配出去却没有被选择的 IPv6 地址。简言之，就是客户主机使用 Request 组播报文通告它选择了谁，没有选择谁。

- Reply 报文：类型值为 7，用于回复 Solicit、Request 等报文，此报文是单播报文。图 4-14 中行号为 4 的行就是 Reply 报文。
- Release 报文：类型值为 8，客户主机用此报文通知服务器释放地址。
- Decline 报文：类型值为 9，客户主机用此报文通知服务器分配的地址已被占用。
- Information-request 报文：类型值为 11，客户主机使用此报文向服务器申请地址之外的其他参数，如 DNS 等信息。需要注意的是，在 DHCPv4 中，可以分配默认网关地址和 IP 掩码给客户主机，但在 DHCPv6 中，并不能分配默认网关地址，默认网关地址仍然需要 RA 报文来完成。
- Relay-forward 报文：类型值为 12，当服务器与客户主机不在同一网段时，通信由中继代理完成。中继代理使用该报文封装客户主机的 Request 报文并转发到服务器。
- Relay-reply 报文：类型值为 13，服务器使用此报文封装回复消息并转发到中继代理。中继代理对服务器与客户端之间的通信进行封装和拆封。

DHCPv6 中还有其他报文类型和选项，读者可以参考相关 RFC 文档，在此不做过多介绍。在 DHCPv6 中，地址请求报文是由类型值为 3 的 Request 报文来完成的，而 DNS 等参数信息则是由类型值为 11 的 Information-request 报文来完成的。Relay-forward 报文和 Relay-reply 报文用于在服务器和中继代理之间通信，与客户主机无关。DHCPv6 不能为客户主机分配默认网关地址，而且在客户主机上也无法看到 DHCPv6 服务器的 IP 地址，这一点与 DHCPv4 不同。

4.6.3　DHCPv6 地址分配过程

DHCPv6 的地址分配过程与 DHCPv4 类似，大致过程如下。

（1）DHCPv6 客户主机向组播地址 FF02::1:2 发送 Solicit 报文，寻找 DHCPv6 服务器。客户主机也可以携带 rapid-commit 选项以快速申请地址。

（2）DHCPv6 服务器收到 Solicit 报文后，如果 Solicit 报文中携带有 rapid-commit 选项，且服务器自身支持 rapid-commit，则直接回应 Reply 报文为客户主机分配完整的 IPv6 地址；否则，服务器向客户主机发送单播的 Advertise 报文，其中携带可以为客户主机提供的地址和其他网络参数。

（3）客户主机向服务器发送组播的 Request 报文，通告它选择了哪台 DHCPv6 服务器为其分配的 IPv6 地址。

（4）被选中的 DHCPv6 服务器发送 Reply 报文，确认把该 IPv6 地址分配给客户主机。

（5）客户主机在获得 IPv6 地址后，仍然要进行 DAD，通过检测后地址才能使用。

需要注意的是，客户主机必须支持 DHCPv6 客户端才行，Windows 7 以上的系统默认都支持 DHCPv6 客户端服务，因此可以通过 DHCPv6 获取地址。需要注意的是，目前原生的安卓系统尚不支持 DHCPv6。

实验 4-4　路由器作为 DHCPv6 服务器分配地址

在 IPv4 环境下，我们经常使用路由器和交换机作为 DHCP 服务器来为客户主机分配地址。在 IPv6 环境下，很多主流厂商的网络设备也可以作为 DHCPv6 服务器来分配地址或其他信息。本实验介绍如何把锐捷路由器配置成 DHCPv6 服务器，并为 Windows 计算机分配 IPv6 地址，进而查看 IPv6 地址的分配情况等。另外，在同时配置 DHCPv6 和 SLAAC 的情况下，观察 Win10 主机获得地址的情况。在 EVE-NG 中打开"Chapter04"文件夹中的"4-1 IPv6_address"拓扑。

STEP ①　使用 Wipe 恢复 Win10 的初始配置。

STEP ②　基本配置。开启 Win10、Switch 和 Router。本实验的配置可见配置包"04\实验 4-4 DHCPv6 配置.txt"，Router 的配置如下：

```
Router>enable
Router#configure terminal
Router(config)# ipv6 unicast-routing
Router(config)# ipv6 dhcp pool dhcpv6        定义一个 IPv6 DHCP 分配池，名称是 dhcpv6
Router(dhcp-config)# iana-address prefix 2023::/96      定义地址分配范围
Router(dhcp-config)# dns-server 240c::6666           定义下发给客户主机的 DNS 地址
Router(dhcp-config)# exit
Router(config)# service dhcp      启用 DHCP 服务。锐捷设备上，DHCP 服务默认是关闭的，需要使用
此命令开启 DHCP 服务
Router(config)# interface gigabitethernet 0/0
Router(config-if-GigabitEthernet 0/0)# ipv6 enable
Router(config-if-GigabitEthernet 0/0)# ipv6 address 2023::1/64
Router(config-if-GigabitEthernet 0/0)# ipv6 nd managed-config-flag      设置 M 位，告诉客户主机使用
DHCPv6 分配地址
Router(config-if-GigabitEthernet 0/0)# ipv6 nd other-config-flag      设置 O 位，告诉客户主机使用
DHCPv6 分配其他信息
Router(config-if-GigabitEthernet 0/0)# ipv6 nd prefix 2023::/64 3800 1900 no-autoconfig      通告前缀，但禁
止分配地址
Router(config-if-GigabitEthernet 0/0)# ipv6 dhcp server dhcpv6 rapid-commit   使用 DHCPv6 地址池为主
机进行分配
Router(config-if-GigabitEthernet 0/0)# no ipv6 nd suppress-ra      关闭 RA 报文抑制
Router(config-if-GigabitEthernet 0/0)# no shutdown
```

针对该配置，补充以下 6 点说明。

- 本实验所使用的锐捷路由器暂不支持定义起始地址到终止地址范围的地址池，但是可以通过设置地址池中的前缀位数来确定范围。这个前缀位数的值一定要大于接口地址本身的前缀位数值。如 2023::/96，对于 128 位的 IPv6 地址来说，只有 128−96=32 位可用来分配地址，所以可分配的地址范围就是 2023::0000:0000～2023::FFFF:FFFF。当然，在具体分配地址时，默认按照从小到大的顺序分配。

- DHCPv6 不能像 DHCPv4 那样下发网关地址，因此还是要依靠 RA 报文来通告网关地址信息。使用 no ipv6 nd suppress-ra 命令禁用抑制 RA 报文发送功能。

- 设置 M 位的目的是告知客户主机使用 DHCPv6 获取地址，设置 O 位的目的是告知客户主机使用 DHCPv6 获取地址之外的其他参数，如 DNS 等。虽然设置 M 位和 O 位并不能阻止客户主机通过使用 SLAAC 获取地址，但是设置 M 位和 O 位是更严谨的做法，也是为了更快地告知客户主机使用 DHCPv6。读者可以去掉设置 M 位和 O 位的这两条命令，验证是否影响结果。答案是并不会影响结果。

- 为了只使用 DHCPv6 来分配地址，需要禁止路由器接口分配 IPv6 地址。此处不使用 ipv6 nd prefix 2023::/64 no-advertise 命令的原因是，该命令不通告前缀，当然客户端也就无法获取 IPv6 地址。而且由于没有通告前缀，客户主机上就没有 2023::/64

的路由（可以使用 route print -6 命令验证）。这样客户主机访问 2023::/64 同网段的终端时，数据包也会被发往默认路由（即路由器），虽然也能通信，但降低了效率。

● 在接口下引用 DHCPv6 地址池时，使用命令 ipv6 dhcp server 自定义 DHCPv6 地址池，推荐再带上 rapid-commit 选项，这样客户主机若希望通过 rapid-commit 寻找 DHCPv6 服务器来获取地址，那么可以减少两次通信，从而快速、直接地为客户主机分配地址。

● 路由器在作为 DHCPv6 服务器使用时，其用法与作为 DHCPv4 服务器使用时不同。在 IPv4 环境下，在定义好地址池后，地址池中的地址段与哪个接口相匹配，就自动为哪个接口的客户端分配接口所在网段的地址，不需要单独在接口下指定使用哪个地址池。而在 IPv6 环境下，必须在接口下指定使用哪个地址池，这也意味着地址池中定义的前缀与接口本身的前缀可以不一致，即客户主机获取的地址的前缀与网关接口地址的前缀不一样。路由器有多个接口、多个地址池时，配置时一定要多加注意，避免把地址池配错接口，导致虽获取了地址却无法正常通信的情况。

STEP 3　DHCP 终端验证。打开 Win10，将网卡设置成自动获取 IPv6 地址和 DNS 地址，建议禁止 IPv4。在命令提示符下使用命令 ipconfig /all 查看主机获取地址的情况，如图 4-16 所示。

图 4-16　通过 DHCPv6 获取的地址及其他参数

从图 4-16 中可以看出，主机获取了地址 2023::2，此地址在 2023::/96 范围之内，并有获得租约的时间和租约过期的时间。Win10 主机还自动获取了 DNS 服务器地址。与 IPv4 不同的是，此处不显示 DHCPv6 服务器的 IPv6 地址。

STEP 4　在路由器上验证。在路由器上使用命令 show ipv6 dhcp binding 查看 IPv6 地址的分配情况，结果如下所示。

```
Router# show ipv6 dhcp binding
Client   DUID: 00:01:00:01:2a:bb:ac:af:50:00:00:03:00:00
   IANA: iaid 55574528, T1 43200, T2 69120
     Address: 2023::2
               preferred lifetime 86400, valid lifetime 86400
            expires at Sep 22 2022 9:23 (85474 seconds)
```

从上面的输出可以看到，客户端的 DUID、申请类型 IANA（即非临时地址）和 IAID 等都与图 4-16 计算机上显示的一致。T1 和 T2 分别是地址更新时间和地址重新绑定时间，一般不用关心。分配的地址就是在客户主机上看到的地址 2023::2，此地址也有首选生存时间和有效生存时间。

STEP 5　Win10 主机支持 SLAAC 和 DHCPv6 两种获取 IPv6 地址的方式并存。对于锐捷路由器或交换机来说，接口仅支持 SLAAC，不支持 DHCPv6。通过下面的命令，在交换机上进行验证：

```
Switch>enable
Switch#configure terminal
Switch(config)# interface vlan 1
Switch(config-if-VLAN 1)# ipv6 enable
Switch(config-if-VLAN 1)# ipv6 address ?
   WORD                   General prefix name
   X:X:X:X::X/<0-128>     IPv6 prefix
   autoconfig             IPv6 address autoconfiguration    仅支持自动配置，没有 DHCP 选项
Switch (config-if-VLAN 1)#  ipv6 address autoconfig ?
   default    Generate default route     default 选项是添加默认路由
   <cr>
Switch (config-if-VLAN 1)# ipv6 address autoconfig default
Switch (config-if-VLAN 1)# no shutdown
```

通过命令 show ipv6 interface brief vlan 1 查看获取的地址，如下所示：

```
Switch# show ipv6 interface brief vlan 1
VLAN 1                         [up/up]
      FE80::5200:FF:FE02:2
```

从上面的输出中可以看到，交换机并没有获得 DHCPv6 分配的 IPv6 地址，也没有通过 SLAAC 生成 IPv6 地址（这是因为路由器对 2023::/64 前缀设置了禁止分配）。查看 Switch 上的 IPv6 路由，显示如下：

```
Switch# show ipv6 route
S      ::/0 [1/0] via FE80::5200:FF:FE01:1, VLAN 1
C      FE80::/10 via ::1, Null0
C      FE80::/64 via VLAN 1, directly connected
L      FE80::5200:FF:FE02:2/128 via VLAN 1, local host
```

从上面的输出中可以看到，Switch 上生成了一条指向路由器的默认路由。

STEP 6　配置 DHCP 中继。当 DHCPv6 客户端与服务器不在同一网段时，需要利用 DHCPv6 中继进行转发。此处仍把路由器作为 DHCPv6 服务器，并利用交换机的三层功能将网络划分成 VLAN 1 和 VLAN 2，路由器在 VLAN 1 中，Win10 在 VLAN 2 中，拓扑如图 4-17 所示。

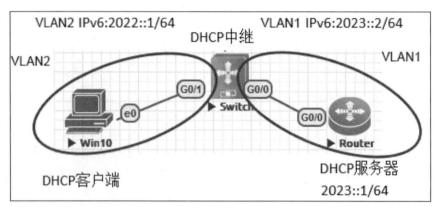

VLAN2 IPv6:2022::1/64　　　　　DHCP中继　　　　VLAN1 IPv6:2023::2/64

图 4-17　DHCP 中继

使用 Wipe 清空路由器并重启，路由器配置如下：

```
Router> enable
Router# configure terminal
Router(config)# ipv6 unicast-routing
Router(config)# service dhcp
Router(config)# ipv6 dhcp pool dhcpv6
Router(dhcp-config)# iana-address prefix 2022::/80
Router(dhcp-config)# dns-server 2001::8888
Router(dhcp-config)# domain-name abc.com        增加 DNS 域名后缀
Router(dhcp-config)# exit
Router(config)# interface gigabitethernet 0/0
Router(config-if-GigabitEthernet 0/0)# ipv6 enable
Router(config-if-GigabitEthernet 0/0)# ipv6 address 2023::1/64
Router(config-if-GigabitEthernet 0/0)# ipv6 nd suppress-ra     三层交换机的地址手动配置,路由器不需要
再通告 RA 报文,抑制 RA 发送
Router(config-if-GigabitEthernet 0/0)# ipv6 dhcp server dhcpv6     在接口下调用地址池,也就是说,如果
从这个接口收到 DHCP 请求,就从 DHCP 地址池中分配地址。从此处可以看出地址池定义的前缀(2022::/80)
可以与接口地址前缀(2023::/64)不一致
Router(config-if-GigabitEthernet 0/0)# no shutdown
Router(config-if-GigabitEthernet 0/0)# exit
Router(config)# ipv6 route ::/0 2023::2      配置默认路由发往三层交换机的 VLAN 接口,相当于是给
DHCP 服务器配置网关
```

在这一步中，我们直接禁止路由器的接口发送 RA 报文，原因是路由器的接口不需要为直连的三层交换机分配地址或下发网关，当然，不抑制 RA 发送对实验也无影响。客户主机 Win10 与路由器不在同一网段，所以引用的地址池定义的前缀与自身接口的地址前缀可以不一致。

对交换机进行配置，划分 VLAN，把端口加入相应的 VLAN，给三层的 VLAN 接口配置 IPv6 地址，并配置 DHCP 中继功能等。交换机的配置如下：

```
Switch# config terminal
Switch(config)# vlan 2                       创建 VLAN 2
Switch(config-vlan)# exit
Switch(config)# interface gigabitethernet 0/1
Switch(config-if-GigabitEthernet 0/1)# switch access vlan 2     将直连 Win10 的接口划分到 VLAN 2 中
```

```
Switch(config-if-GigabitEthernet 0/1)# exit
Switch(config)# ipv6 unicast-routing          开启 IPv6 路由协议
Switch(config)# service dhcp                   默认配置，可省略
Switch(config)# interface vlan 1               配置三层 VLAN 接口
Switch(config-if-VLAN 1)# ipv6 enable
Switch(config-if-VLAN 1)# ipv6 address 2023::2/64
Switch(config-if-VLAN 1)# ipv6 nd suppress-ra       该 VLAN 中不存在其他客户端，可以不用发送 RA
报文，本实验中是否抑制 RA 报文的发送并不影响结果
Switch(config-if-VLAN 1)# no shutdown
Switch(config-if-VLAN 1)# exit
Switch(config)# interface vlan 2
Switch(config-if-VLAN 2)# ipv6 enable
Switch(config-if-VLAN 2)# ipv6 address 2022::1/64       配置 VLAN 接口的 IPv6 地址，地址的前缀长度
同样要短于 DHCP 地址池中的前缀长度
Switch(config-if-VLAN 2)# ipv6 nd prefix 2022::/64 no-advertise       不通告前缀，避免 SLAAC 自动配置
Switch(config-if-VLAN 2)# ipv6 dhcp relay destination 2023::1       配置 DHCPv6 中继，在此接口收到的
DHCP 请求将以单播方式转发到 2023::1 的 DHCP 服务器
Switch(config-if-VLAN 2)# no ipv6 nd suppress-ra
Switch(config-if-VLAN 2)# no shutdown
```

打开 Win10，使用命令 ipconfig /all 查看通过 DHCPv6 获取的地址的其他信息，如图 4-18 所示。

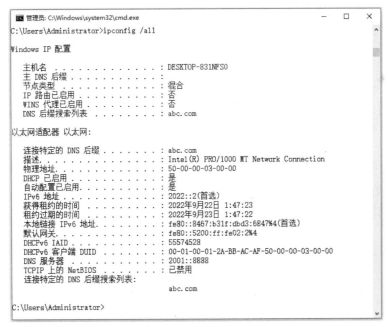

图 4-18　在 Win10 上查看通过 DHCPv6 中继获取地址的情况

从图 4-18 可以看出，Win10 成功获取了路由器上定义的地址池中的地址、DNS 服务器地址，以及 DNS 后缀。如果读者看到的信息不正确，可能是前面实验的影响，可以禁用后再启用 Win10 的网卡。

在路由器上通过命令 show ipv6 dhcp binding 查看地址分配情况，显示如下：

```
Router# show ipv6 dhcp binding
Client   DUID: 00:01:00:01:2a:bb:ac:af:50:00:00:03:00:00
  IANA: iaid 55574528, T1 43200, T2 69120
    Address: 2022::2
            preferred lifetime 86400, valid lifetime 86400
          expires at Sep 23 2022 1:47 (86097 seconds)
```

从输出中可以看出，客户端的 IAID、DUID 等都是 Win10 主机的。这说明即使客户端与服务器所在的网段不同，但通过中继转发后，在服务器看来就像是与客户端直连一样，可正常地分配地址及其他参数。

在 Win10 上 Ping 路由器 Router 的 IPv6 地址 2023::1，可正常 Ping 通。

实验 4-5　Windows 作为 DHCPv6 服务器分配地址

从实验 4-4 可以看出，在 DHCPv6 中继转发的情况下，将路由器作为服务器至少存在两个缺陷。

- 必须在接口下指定使用一个且只能使用一个地址池来分配地址，只要该接口下有 DHCPv6 请求，那么不管是本网段的直接 DHCP 请求，还是来自多个不同网段的 DHCP 中继转发，都会从同一个地址池中分配地址。而不同网段的地址前缀不同，因此不可能处在同一个地址池中，这就使得路由器不适合在 DHCPv6 中继环境下为多个网段分配地址。
- 路由器并不能为固定的客户端分配指定的地址。

鉴于路由器在用作 DHCPv6 服务器时的不足，通常情况下，需要用单独的服务器来为整个网络中的所有网段集中分配和管理地址。

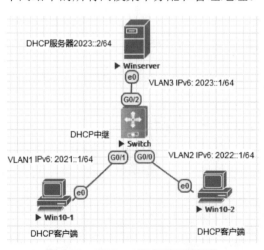

图 4-19　DHCPv6 服务器配置拓扑

打开 "Chapter04" 文件夹中的 "4-2 DHCPv6-Windows server" 拓扑，实验拓扑如图 4-19 所示。本实验将使用 Windows Server 2016 作为 DHCPv6 服务器，Win10-1 和 Win10-2 作为 DHCPv6 客户端且与服务器处于不同的 VLAN，交换机用作 DHCPv6 中继进行转发。在 Windows 服务器上为处于不同网段的 Win10-1 和 Win10-2 分配地址，并且在知道客户主机 DUID 等信息的情况下，为其分配指定的 IPv6 地址。

STEP 1 基本配置。对所有的设备执行 Wipe 操作以开启它们。将 Win10-1 和 Win10-2 设置成自动获取 IPv6 地址和自动获取 DNS 地址，并禁用 IPv4。

STEP 2 三层交换机配置。交换机在本实验中继续充当三层交换机，需新建 VLAN，把端口加入 VLAN，配置三层 VLAN 接口和 DHCPv6 中继转发等。其配置如下（该部分配置可见配置包 "04\DHCPv6_Switch.txt"）：

```
Switch> enable
Switch# configure terminal
```

```
Switch(config)# ipv6 unicast-routing
Switch(config)# service dhcp
Switch(config)# vlan 2                        创建 VLAN 2
Switch(config-vlan)# vlan 3                    继续创建 VLAN 3
Switch(config-vlan)# exit
Switch(config)# interface gigabitethernet 0/0              配置 G0/0 接口
Switch(config-if -GigabitEthernet 0/0)# description conn_Win10-2   给端口添加描述（不影响结果，可省略）
Switch(config-if -GigabitEthernet 0/0)# switch access vlan 2       把 G0/0 接口划入 VLAN 2
Switch(config-if -GigabitEthernet 0/0)# exit
Switch(config)# interface gigabitethernet 0/1              配置 G0/1 接口
Switch(config-if -GigabitEthernet 0/1)# description conn_Win10-1
Switch(config-if- GigabitEthernet 0/1)# switch access vlan 1       把 G0/1 接口划入 VLAN 1，交换机所有端
口默认都属于 VLAN 1（此条命令可省略）
Switch(config-if- GigabitEthernet 0/1)# exit
Switch(config)# interface gigabitethernet 0/2              配置 G0/2 接口
Switch(config-if- GigabitEthernet 0/2)# description conn_WinServer
Switch(config-if- GigabitEthernet 0/2)# switch access vlan 3
Switch(config-if- GigabitEthernet 0/2)# exit
Switch(config)# interface vlan 1                   配置三层 VLAN 1 接口
Switch(config-if-VLAN 1)# ipv6 enable
Switch(config-if-VLAN 1)# ipv6 address 2021::1/64
Switch(config-if-VLAN 1)# ipv6 nd prefix 2021::/64 3800 1900 no-autoconfig   通告前缀，但禁止分配地址
Switch(config-if-VLAN 1)# ipv6 dhcp relay destination 2023::2       设置 DHCPv6 中继转发的地址
Switch(config-if-VLAN 1)# no ipv6 nd suppress-ra
Switch(config-if-VLAN 1)# no shutdown
Switch(config-if-VLAN 1)# exit
Switch(config)# interface vlan 2                   配置三层 VLAN 3 接口
Switch(config-if-VLAN 2)# ipv6 enable
Switch(config-if-VLAN 2)# ipv6 address 2022::1/64
Switch(config-if-VLAN 2)# ipv6 nd prefix 2022::/64 3800 1900 no-autoconfig
Switch(config-if-VLAN 2)# ipv6 dhcp relay destination 2023::2
Switch(config-if-VLAN 2)# no ipv6 nd suppress-ra
Switch(config-if-VLAN 2)# no shutdown
Switch(config-if-VLAN 2)# exit
Switch(config)# interface vlan 3                   配置三层 VLAN 2 接口
Switch(config-if-VLAN 3)# ipv6 enable
Switch(config-if-VLAN 3)# ipv6 address 2023::1/64
Switch(config-if-VLAN 3)# ipv6 nd suppress-ra     该 VLAN 中只有一台配置了静态 IPv6 的 DHCPv6 服务
器，可以关闭 RA 通告。如果该 VLAN 中还有其他终端，可以不关闭
Switch(config-if)# no shutdown
```

STEP 3 安装 DHCP 服务。静态配置 Winserver 的 IPv6 地址 2023::2，前缀长度保持默认的 64 位，网关地址为 2023::1，禁用 IPv4。

网络配置完成后，开始安装 DHCP 服务。单击任务栏上的"开始"图标，在弹出的菜单中单击"服务器管理器"（或单击任务栏上左起第 4 个图标），打开"服务器管理器▸仪表板"

窗口，如图 4-20 所示。

图 4-20　服务器管理器中的仪表板

　　单击"服务器管理器▶仪表板"中的"添加角色和功能"链接，弹出"添加角色和功能向导"对话框，保持默认选择，连续单击 3 次"下一步"按钮。在"服务器角色"界面，选中"DHCP 服务器"复选框，如图 4-21 所示。如果 DHCP 服务器后面出现"（已安装）"字样，说明已经安装过，可直接忽略后面的安装步骤。

　　在选中"DHCP 服务器"复选框时，会弹出提示框，在提示框中直接单击"添加功能"继续。继续单击"下一步"按钮，直到出现安装界面，如图 4-22 所示。

　　单击"安装"按钮，开始安装，直至安装完成。

图 4-21　选中"DHCP 服务器"复选框　　　　图 4-22　安装 DHCP 服务器

STEP 4　配置 DHCP。单击"服务器管理器▶仪表板"中的菜单"工具"→"DHCP"，打开 DHCP 窗口，如图 4-23 所示。

　　配置分配给客户端的 DNS 地址。右击图 4-23 中 IPv6 下的"服务器选项"，在弹出的快捷菜单中选择"配置选项"，弹出"服务器选项"对话框。选中"00023 DNS 递归名称服务器 IPv6 地址列…"复选框，并在"新建 IPv6 地址"文本框中输入 DNS 服务器的 IPv6 地址，随后单击"添加"按钮，结果如图 4-24 所示。可以添加多个 DNS 地址，在添加的过程中，服务器会试图验证 DNS 的可用性，由于只是实验环境，验证不会成功，但不用理会，继续添加即可。

图 4-23 DHCP 服务配置界面

图 4-24 设置 DHCPv6 的 DNS

回到图 4-23 所示的界面，右击 IPv6，在弹出的快捷菜单中选择"新建作用域"，进入"新建作用域向导"界面，先创建 VLAN 1 网段的 DHCPv6 作用域，作用域名称可以随意指定，输入 VLAN 1。单击"下一步"按钮，输入 VLAN 1 网段对应的前缀 2021::，前缀的长度是/64，不能改变，如图 4-25 所示。

单击"下一步"按钮，输入排除的（即不用于地址分配的）起始 IPv6 地址和结束 IPv6 地址。Windows 与路由器不一样，默认是整个/64 前缀都用于地址分配，即默认的地址分配范围是 2021::0:0:0:0 ～ 2021::FFFF:FFFF:FFFF:FFFF，可以用"添加排除"将不用于地址分配的地址范围去掉。如果不添加排除，则整个/64 的地址都用于分配。如果要添加排除地址，一定要计算好，否则可能出现意想不到的结果。举一个例子，假如用于地址分配的范围是 2021::0 ～ 2021::FFFF，那么排除地址的范围就应该是 2021::0:0:1:0 ～ 2021::FFFF:FFFF:FFFF:FFFF，如图 4-26 所示。

图 4-25 DHCPv6 作用域前缀

图 4-26 设置排除地址范围

　　单击"下一步"按钮，设置首选生存时间和有效生存时间。读者可以自行设置，但要保证有效生存时间不能小于首选生存时间。单击"下一步"按钮继续。最后询问是否立即激活作用域，如图 4-27 所示。单击"完成"按钮，完成作用域的添加。

图 4-27　立即激活作用域

　　按照同样的配置方法，再创建用于 VLAN 2 网段的作用域，最终结果如图 4-28 所示。

图 4-28　创建 DHCPv6 多作用域

STEP 5　Windows 客户端验证。从图 4-28 中还可以看出，"作用域[2021::]"的地址租用中已经有了一个条目，该条目是 Win10-1 主机被分配的 IPv6 地址，还能看到地址、名称、租用截止日期、IAID、类型、唯一 ID（也就是 DUID）等信息。读者配置完成后，若是看不到地址租用情况，可以单击 DHCP 管理窗口工具栏中的"刷新"按钮。再到 Win10-1 主机中用命令 ipconfig /all 验证，如图 4-29 所示。

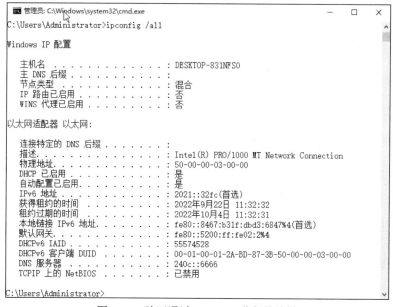

图 4-29 验证通过 DHCPv6 获得的地址

比较图 4-28 与图 4-29 可以发现，在服务器上看到的 IAID 和 DUID 与在客户端上看到的是一致的。其实这两个值由客户主机生成，包含在地址请求报文中，用来向服务器申请地址。服务器也是根据这两个值来为客户主机分配地址，而不像 DHCPv4 那样根据客户端 MAC 地址来分配地址。在 DHCPv4 中，一般会根据 MAC 地址快速地追踪客户主机，而在 DHCPv6 中只能提供 IAID 和 DUID，好在大部分客户主机 DUID 的末 48 位就是 MAC 地址。

知道了客户主机的 IAID 和 DUID 后，还可以为其分配固定的 IPv6 地址。记下图 4-29 中 Win10 主机的 IAID 和 DUID，随后在图 4-28 中右击"作用域 [2021::] VLAN1"下的"保留"，在弹出的快捷菜单中选择"新建保留"，打开"新建保留"对话框，输入客户主机的 IAID、DUID，以及想要分配的 IPv6 地址，如图 4-30 所示。

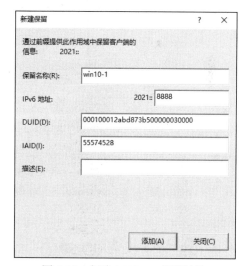

图 4-30 创建 DHCPv6 保留地址

除了新建保留地址，也可以将已分配给客户主机的地址加入保留地址。只需在图 4-28 中右击已经租用出去的地址，在弹出的快捷菜单中选择"添加到保留"即可。

将 Win10 主机配置成固定分配地址 2021::8888 后，将 Win10 网卡的 IPv6 禁用后再启用，重新获取 IPv6 地址，可以验证获取的就是保留地址 2021::8888。

STEP 6 Windows 客户端验证。从图 4-28 名称是 VLAN 2 的作用域中，也可以看到 Win10-2 已经分配了 IPv6 地址。

STEP 7 连通性测试。在 Win10-1 和 Win10-2 上 Ping DHCPv6 服务器的 IPv6 地址 2023::2，都可以 Ping 通。

至此，完成了把 Windows Server 配置成 DHCPv6 服务器的实验。

4.7　无状态 DHCPv6

所谓无状态 DHCPv6，是指除了地址信息的其他参数信息由 DHCPv6 服务来分配，且地址的分配还是采用无状态自动配置。换句话说，无状态 DHCPv6 相当于 SLAAC（地址分配）+DHCPv6（其他参数信息分配，如 DNS、域名等）。当网络中没有 DHCPv6 服务器，但又想向用户下发 IPv6 DNS 地址信息时，可以采用无状态 DHCPv6。

无状态 DHCPv6 配置主要是网关路由器的配置。配置要点如下所示。

- 允许发送 RA 报文。在 RA 报文中设置 O 位，但不设置 M 位，告诉客户主机将使用 DHCPv6 获取地址之外的参数，地址仍然是通过 SLAAC 无状态自动配置获取的。
- RA 报文中需携带允许自动配置的前缀信息，便于客户主机提取前缀，再加上自身生成的接口 ID，最终形成完整的 IPv6 地址。RA 报文也向客户主机通告了默认网关。
- DHCPv6 服务不配置前缀或地址池，只配置 DNS 等其他参数。
- 网关路由器接口下需指定 DHCPv6 地址池或 DHCPv6 中继地址。

因为无状态 DHCPv6 涉及的配置命令已经在前面章节中进行了讲解，所以此处只列出一个典型的网关路由器的配置，不再单独用实验演示。读者可参考此配置实例自行实验。网关路由器的通用配置如下：

```
Router# config terminal
Router(config)# ipv6 unicast-routing
Router(config)# service dhcp
Router(config)# ipv6 dhcp pool dhcpv6-pool          定义不包含地址信息的地址池
Router(dhcp-config)# dns-server 240c::6666
Router(dhcp-config)# domain-name abc.com
Router(dhcp-config)# exit
Router(config)# interface gigabitethernet0/0
Router(config-if-GigabitEthernet 0/0)# ipv6 enable
Router(config-if-GigabitEthernet 0/0)# ipv6 address 2023::1/64
Router(config-if-GigabitEthernet 0/0)# ipv6 nd other-config-flag    设置 O 位
Router(config-if-GigabitEthernet 0/0)# ipv6 dhcp server dhcpv6-pool
Router(config-if-GigabitEthernet 0/0)# no ipv6 nd suppress-ra
Router(config-if-GigabitEthernet 0/0)# no shutdown
```

4.8　IPv6 地址的多样性和优选配置

除了格式不同，IPv6 地址的多样性和源地址选择的复杂性也远远超过 IPv4。IPv4 地址要么是手动静态配置，要么是通过 DHCP 分配，二者只能选其一。IPv6 地址可以是手动静态配置，可以是 SLAAC（可能还存在公用地址和临时地址），还可以是有状态 DHCP 配置，同时还存在链路本地地址，这些类型的 IPv6 地址可以在一台 IPv6 设备上同时存在。因此，一台 IPv6 设备最多会同时存在 5 种类型的 IPv6 地址。假如某台设备上同时存在多种类型的 IPv6 地址，那么在设备访问外部网络时，源 IPv6 地址默认选择的是哪一类型的 IPv6 地址呢？在某些特殊的应用场合下，如何控制使用某种类型的 IPv6 地址呢？例如，有下列一些特殊的应用场合。

- 有安卓的客户端，如安卓手机。
- 设备经常被外部网络访问，IPv6 地址需要长期固定。
- 设备需要访问远程服务器，远端的安全设备要求只能是指定的 IPv6 地址才能访问。
- 需要记录 IPv6 地址的分配状态。

下面通过实验来演示 5 类 IPv6 地址默认的优先级情况，根据默认的优先级情况，制定相关的策略，以控制并使用某类 IPv6 地址，从而满足应用场合的需求。

实验 4-6 不同类型 IPv6 地址的优先级和选择

如图 4-31 所示，有两台 Win10 计算机，一台是实验环境中默认的 Win10 系统（详细版本为 10240，登录账号为 administrator，对应的密码为 admin@123），另一台是实验环境中没有提供的 Win10 系统（详细版本为 18363.720，登录账号为 admin，对应的密码为 admin@123）。鉴于 EVE-NG 实验包已经很大了，所以 Win10 1909 的镜像并没有包含在软件包中，该版本也不是必须下载的，感兴趣的读者可以参考本书前言下载 win10-1909-rg.rar。此处之所以提供两个版本的 Win10 系统，是为了说明在 Win10 的不同版本中 IPv6 也存在差异，毕竟 IPv6 的规范还在不断修正完善中，实际环境中可能会因不同操作系统或不同版本而存在差异。

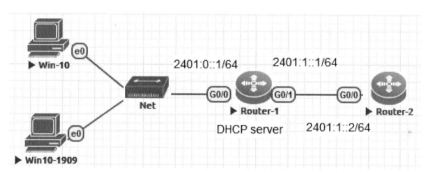

图 4-31 IPv6 多样性实验拓扑

STEP 1 初始配置。手动配置 Win-10 的 IPv6 地址为 2401::200/64，网关为空；手动配置 Win10-1909 的 IPv6 地址为 2401::300/64，网关为空；Router-1 和 Router-2 的配置可见配置包 "04\DHCPv6_IPv6 多样性.txt"。路由器 Router-1 的配置如下：

```
Router> enable
Router# configure terminal
Router(config)# hostname Router-1
Router-1(config)# ipv6 unicast-routing
Router-1(config)# ipv6 dhcp pool v6-pool
Router-1(dhcp-config)# iana-address prefix 2401::/96
Router-1(dhcp-config)# dns-server 2401::8888
Router-1(dhcp-config)# domain-name test.com
Router-1(dhcp-config)# exit
Router-1(config)# interface gigabitethernet 0/0
Router-1(config-if-GigabitEthernet 0/0)# ipv6 enable
Router-1(config-if-GigabitEthernet 0/0)# ipv6 address 2401::1/64
```

```
Router-1(config-if-GigabitEthernet 0/0)# ipv6 dhcp server v6-pool
Router-1(config-if-GigabitEthernet 0/0)# no ipv6 nd suppress-ra
Router-1(config-if-GigabitEthernet 0/0)# no shutdown
Router-1(config-if-GigabitEthernet 0/0)# exit
Router-1(config)# interface gigabitethernet 0/1
Router-1(config-if-GigabitEthernet 0/1)# ipv6 enable
Router-1(config-if-GigabitEthernet 0/1)# ipv6 address 2401:1::1/64
Router-1(config-if-GigabitEthernet 0/1)# no shutdown
```

路由器 Router-2 的配置如下：

```
Router> enable
Router# configure terminal
Router(config)# hostname Router-2
Router-2(config)# ipv6 unicast-routing
Router-2(config)# interface gigabitethernet 0/0
Router-2(config-if-GigabitEthernet 0/0)# ipv6 enable
Router-2(config-if-GigabitEthernet 0/0)# ipv6 address 2401:1::2/64
Router-2(config-if-GigabitEthernet 0/0)# no shutdown
Router-2(config-if-GigabitEthernet 0/0)# exit
Router-2(config)# ipv6 route 2401::/64 2401:1::1
Router-2(config)# exit
```

STEP 2　验证无静态网关时 IPv6 地址的优先级。配置完成后，在 Win-10 计算机上使用命令 netsh interface ipv6 show address interface="以太网" level=normal 查看以太网接口的 IPv6 地址，显示如图 4-32 所示，该实验中的所有命令见配置包 "04\netsh 命令.txt"。从图 4-32 中可以看到 Win-10 计算机同时具有了 5 类 IPv6 地址，在此基础上验证它们的优先级。在 Win-10 计算机上 Ping 路由器 Router-2 的 IPv6 地址 2401:1::2，这 5 类 IPv6 地址的优先级情况如何呢？FE80 开头的是链路本地地址，只有 Ping 链路本地地址时才能用到，此处不展开讨论。

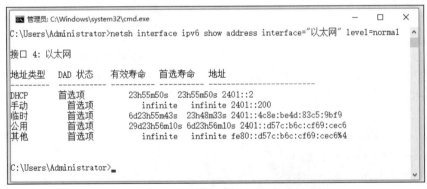

图 4-32　IPv6 多地址并存

可以在路由器 Router-2 的 G0/0 接口捕获报文，从捕获的报文可知 Win-10 主机最优先使用的是临时 IPv6 地址：2401::4c8e:be4d:83c5:9bf9。在 Win-10 主机的管理员命令提示符窗口中执行 netsh interface ipv6 set privacy maxvalidlifetime=20m maxpreferredlifetime=11m 命令改变临时 IPv6 地址的有效寿命和首选寿命，禁用网卡后再启用网卡，使配置立即生效。大约 10 分钟后再次查看以太网接口的 IPv6 地址，显示如图 4-33 所示。从图中可以看到现在有两个临时 IPv6 地址，其中一个已经失效，另一个有效。此时 Ping 路由器 Router-2 的接口地址，根据刚才得出的结论，临时 IPv6 地址优先，那么应该使用的是当前有效的 IPv6 临时地址。可结果使用的却是公用的 IPv6 地址 2401::d57c:b6c:cf69:cec6，并没有优先使用临时 IPv6 地址。这是 Win10 的不同版本所致，经测试，Win10 1703 版本也存在这样的 Bug（称 Bug 可能不准确），在较新的 Win10 1903、Win10 1909 版本中不存在这样的 Bug，仍然是临时 IPv6 地址优先。由此得出优先级结论一：临时 IPv6 地址最优先。

图 4-33　多个临时 IPv6 地址

使用命令 netsh interface ipv6 set privacy maxvalidlifetime=7d maxpreferredlifetime=1d 恢复临时 IPv6 地址的时间，使用命令 netsh interface ipv6 set privacy state=disable 禁用临时 IPv6 地址。禁用网卡后，再启用网卡，查看以太网接口的 IPv6 地址，显示如图 4-34 所示，可以看到临时 IPv6 地址已经被禁用了。

图 4-34　禁用临时 IPv6 地址

此时，在 Win-10 计算机上 Ping 路由器 Router-2，可以看到源 IPv6 地址是公用 IPv6 地址，并没有使用手动配置的 IPv6 地址，这与实验 4-2 得出的结论不一致，原因是实验 4-2 测试的是同一网段的 IPv6 目标，这里测试的是不同网段的 IPv6 目标，这展示了源 IPv6 地址选择的复杂性。由此得出优先级结论二：临时 IPv6 地址>公用 IPv6 地址。之后配置路由器，不再通告前缀，即禁用 SLAAC，这样 Win-10 就不再有临时 IPv6 地址和公用 IPv6 地址。路由器

Router-1 配置如下：

Router-1(config)# interface gigabitethernet 0/0
Router-1(config-if-GigabitEthernet 0/0)# ipv6 nd prefix 2401::/64 no-advertise　　　*不通告前缀。或使用 no-autoconfig，通告前缀但不分配 IPv6，这两种参数都可以*

在 Win-10 计算机上禁用网卡后，再启用网卡，查看以太网接口的 IPv6 地址，发现只有手动静态配置、DHCPv6 获取和 FE80 开头的链路本地地址了。在 Win-10 计算机上 Ping 路由器 Router-2，可以看到源 IPv6 地址是手动静态配置的 IPv6 地址。由此得出优先级结论三：临时 IPv6 地址>公用 IPv6 地址>手动静态配置 IPv6 地址。修改手动静态配置的 IPv6 地址，例如把 Win-10 的 IPv6 地址改成 2401::2000/64，在 Win-10 计算机上 Ping 路由器 Router-2，可以看到源 IPv6 地址是 DHCPv6 分配的 IPv6 地址，再次禁用网卡再启用网卡，发现使用的源 IPv6 地址又变成了手动静态配置的 IPv6 地址。这样看来，结论三还有附加条件，DHCPv6 获取的 IPv6 地址不能早于手动静态配置的 IPv6 地址，这进一步展示了源 IPv6 地址选择的复杂性。删除手动静态配置的 IPv6 地址，此时 DHCPv6 获取的是唯一的全局 IPv6 地址，DHCPv6 地址被使用。至此得出最终的优先级结论，在 Win-10 计算机没有手动配置网关的情况下：临时 IPv6 地址>公用 IPv6 地址>手动静态配置 IPv6 地址（DHCPv6 地址不能早于静态配置的 IPv6 地址，否则 DHCPv6 地址优先）>DHCPv6 地址。

STEP 3　特殊应用场合的解决方案。前面只是演示了 Win10 系统中默认 IPv6 地址的优先级。针对其他操作系统或终端，可能还会存在不同的差异。对 IPv6 地址的多样性和默认优先级的复杂性有了全面的认知后，结合以下具体应用场合，给出相应的解决思路。

● 有安卓的客户端，例如安卓手机。

存在问题：目前安卓系统尚不支持 DHCPv6，静态手动配置也几乎不可能。

解决思路：在 DHCPv6 和静态手动配置都不可取的情况下，只能选择 SLAAC。由于标准的 SLAAC 不能支持 DNS 分配，现阶段安卓手机只能工作在双栈模式下，DNS 通过 DHCPv4 来分配。

● 设备经常被外部网络访问，IPv6 地址需要长期固定。

存在问题：在 SLAAC 的情况下，设备一般会生成临时 IPv6 地址和公用 IPv6 地址，临时 IPv6 地址会周期性改变，但公用 IPv6 地址不会改变。

解决思路：公用 IPv6 地址相对稳定，建议对外发布公用 IPv6 地址而不是临时 IPv6 地址。考虑到公用 IPv6 地址默认采用随机接口 ID，很难控制，也可以采用手动静态配置的方式。另外，考虑到不同终端、不同操作系统、不同版本的差异，比较稳妥的方式是禁用路由器的前缀通告或禁用路由器的地址分配，只配置静态 IPv6 地址。

● 设备需要访问远程服务器，远端的安全设备要求只能是指定的 IPv6 地址才能访问。

存在问题：设备主动访问外部网络，在默认情况下临时 IPv6 地址最优先，但是临时 IPv6 地址经常变化，即便禁用临时 IPv6 地址使用公用 IPv6 地址，但公用 IPv6 地址采用随机接口 ID，也无法提前确定。

解决思路：禁用路由器的前缀通告或禁用路由器的地址分配，给终端配置指定的静态 IPv6 地址。

● 需要记录 IPv6 地址的分配状态。

存在问题：在 SLAAC 的情况下，路由器只是通告前缀信息，并不记录 IPv6 地址的分配情况；静态配置虽可以登记 IPv6 地址的分配状态，但配置的工作量较大且容易出错，对一些无线终端设备，手动配置几乎是不可能的。

解决思路：禁用 SLAAC，禁用手动静态配置，采用 DHCPv6 配置，针对一些对 IPv6 地址有特殊要求的终端，可以采用 DHCPv6 地址保留的方式进行指定。

至此，我们讲解了 IPv6 地址的多样性、IPv6 源地址选择的复杂性和一些特殊应用场合的解决思路。有的读者可能会面临更复杂的应用场合，例如网络中既有安卓终端（需要采用 SLAAC），又有需要指定源 IPv6 地址的终端（禁用 SLAAC），对于这种矛盾的需求，我们可以划分 VLAN，对不同的 VLAN 采用不同的配置方案。若是必须在同一个 VLAN 中，那只能改变终端，例如定制安卓，使之支持 DHCPv6；或者修改其他终端，并禁用 SLAAC，例如，在 Windows 系统中可以使用命令 netsh interface ipv6 set interface "ID 号" routerdiscovery=disabled 来关闭路由发现功能等。

4.9　RFC 6724 解读

如果某台终端同时被分配了多个 IPv6 前缀（例如某高校同时通过 IPv6 接入了多个运营商），存在多种类型的多个 IPv6 地址或同种类型的多个 IPv6 地址，那么在与外部通信时，最终应该选择哪个源 IPv6 地址呢？

地址选择有两种情况比较好理解：一是通信应用程序直接指明了使用哪个源地址和哪个目的地址，比如 Windows 系统的 ping –S 可以指定使用哪个源地址；二是被动访问的主机（如各种服务器）会根据请求包的源地址和目的地址做一个交换，即在回包中将请求包源地址作为目的地址，将请求包目的地址作为源地址。在这两种情况外，当有多个地址的主机需要与外界主动通信时，就需要对源地址或目的地址做选择了。下面来看看 RFC 6724 是如何选择源地址和目的地址的。

源地址选择有 8 条规则，这些规则也是按顺序排列的，当前面的规则选不出源地址时，就按照下一个规则去选。

规则 1：首选与目的地址相同的源地址。这个比较好理解，但这种应用基本只限于主机与主机本身的通信，如平时在主机上 ping 自己，源地址和目的地址都相同。

规则 2：选择合适的范围。在 RFC 4291 中定义的 IPv6 地址的范围从小到大分别是：接口本地<链路本地<管理本地<站点本地<组织本地<全局。实际应用中更多地只会关心链路本地地址、站点本地地址和全局地址。此条规则强调的就是更接近目的地址范围的源地址将会被优先选择。比如目的地址是全局可路由单播地址，主机有 FE80 开头的链路本地地址和全局单播地址，显然全局地址更适合。

规则 3：避免使用过期的废弃的地址。所谓废弃的地址，就是首选寿命是 0，甚至有效寿命也是 0 的地址。在 Windows 下可以通过命令 netsh interface ipv6 show address 查看到各个地址的有效寿命和首选寿命。此条规则在实际应用中还是比较有用的，当不想使用某个地址时，直接将其首选寿命设置为 0 即可。

规则 4：选择家乡地址。家乡地址和转交地址是属于移动 IPv6 讨论的范畴，这里不做讨论。

规则 5：选择出接口地址。这里用例子来说明这条规则：比如主机有双网卡，双网卡都禁止自动配置地址，每块网卡连接一家运营商，手动配置相应的运营商地址。网卡 1 地址是 2001:1::ffff/64，网卡 2 地址是 2401:1::ffff/64，当在网卡 1 上设置默认网关 2001:1::1 时，主机所有的跨网段通信都会从网卡 1 这个接口发出，那么其源地址只能是网卡 1 的地址，不会选择网卡 2 的地址，这就是此条规则所说的"选择出接口的地址"。但现实环境中，不是所有主机都配置双网卡，更多的是单网卡上配置多个全局运营商地址，此时出接口就只有一个，也就不适合这条规则了。还是刚才的例子，如果是单网卡配置这两个地址，默认网关地址设置成 2001:1::1，但与外界通信时，并不能保证源地址是 2001:1::ffff，也可能是 2401:1::ffff。回想一下 IPv4 的场景，假定单网卡配置 192.168.1.254/24 和 192.168.2.254/24，默认网关如果设置成 192.168.1.1，在默认情况下，主机与外界通信时会使用 192.168.1.254 这个地址，不会选择 192.168.2.254（注意一下，这里是默认情况，但也有特殊情况，比如 Linux 等系统设置默认网关或路由时，可以指明使用与默认网关不在同一网段的地址）。

规则 6：使用与目的地址有相同标签的源地址。所谓标签值，是需要查询前缀策略表（prefix policy table），按照类似路由表的最长匹配原则，找到对应的标签值。Windows 系统下可以使用 netsh interface ipv6 show prefix 命令来查看这个表，也可以按需增加和修改此前缀策略表。先简单介绍一下此规则的意思：当目的地址确定后，主机会用目的地址与这个前缀策略表做最长匹配，找出对应的标签值，然后拿自己多个候选源地址也分别与此前缀策略表做最长匹配，分别得出一个标签值，如果有一个源地址最长匹配出来的标签值与目的地址匹配出来的标签值相同，其他源地址匹配出来的标签值与目的地址匹配出来的标签值不同，则选择出唯一与目的值相同标签值的源地址。

规则 7：使用临时地址。这主要是从私密性来考虑的，如果主机有临时地址，且前面规则都没能选出源地址，则优先选择临时地址（详见 4.8 节）。

规则 8：使用最长前缀匹配的源地址。到底怎样匹配呢？具体地说就是将源地址和目的地址都转换成二进制数（这里是前缀的比较，转换前 64 位就可以了），从首位开始，依次比较两个地址对应位置二进制数是否相同，如果相同，则匹配的长度值加 1，再比较下一位，直至二进制数不同为止，此时就能得出匹配的长度值。哪个源地址与目的地址匹配的长度值越大，就选择哪个源地址。比如目的地址是 2401::1，候选源地址有 2402::2 和 2001:1::1，其 2402::2 与 2401::1 匹配的长度值是 14，而 2001:1::1 与 2401::1 匹配的长度值是 5，显然前者有更长匹配，源地址 2402::2 将被优先选择。为什么要使用最长匹配呢？其实包括规则 2，都与 IPv6 层次化地址分配原则有关。举个简单的例子，某高校可能有 2001:da8:xxxx::/48 教育网地址和 2401:1:1::/48 电信网地址，如果访问的目的地址是 2001:da8: 开头的地址，很显然，使用此条规则会选择 2001:da8:xxxx:: 开头的地址，不会选择 2401:1:1:: 开头的地址，它是假定当目的地址与自己能达到最长匹配时，是属于同一家运营商网，当然也是最优选择。

遗憾的是，当这 8 条规则都无法选择出源地址时，RFC 6724 只提了一下需要由具体情况来决定，这就存在很大的不确定性。比如 4.8 节讨论的 SLAAC 地址（包括公用地址和临时地址）、手动配置地址、DHCPv6 获得的地址，由于前缀相同，默认情况下，除了使用规则 7 能选出临时地址优先，其他规则也没什么用，此时 RFC 6724 就无能为力了（作者感觉该文档有进一步修订的必要）。

RFC 6724 也规定了目的地址选择规则。目前使用最多的是双栈主机，它主要考虑的是优先选择 IPv4 还是 IPv6。随着 IPv6 的普及，将会面临多个 IPv6 目的地址选择的问题，这里也介绍一下目的地址的选择规则。

规则 1：避免没用的目的地址。即如果目的地址已经不可达（如对应出接口已经 Down 了），或者目的地址对应的源地址并没有定义，此目的地址就不应该被选择。

规则 2：选择匹配的范围。这与源地址选择的规则 2 有点类似，但这里是相同范围的地址。即如果一个目的地址与对应的源地址范围相同，其他目的地址与对应的源地址范围都不同，则选择有唯一相同范围的目的地址做通信地址。

规则 3：避免使用废弃地址。这里的废弃地址并不是指目的地址是不是废弃地址，因为这也很难判断，而是指目的地址对应的源地址是不是废弃地址。

规则 4：使用家乡地址。这是移动 IPv6 的概念，本书不讨论。

规则 5：选择有相同标签的目的地址。这跟源地址选择的规则 6 类似，也是要查询前缀策略表。这条规则也很有用，比如访问某个网站，域名解析的结果有两个：一个是教育网地址，另一个是电信网地址。如果不做控制，则可能会随机选择一个地址，如果请求超时，再选择另一个地址。但是如果知道教育网质量不好，就可以在主机上做策略，使得访问该网站时总是使用电信网地址，走电信网出口去访问，后面将通过实验来演示怎么实现。

规则 6：选择高优先级。这一规则经常被用于实现 IPv4 优先还是 IPv6 优先，它实际上属于目的地址选择的问题，也需要查询前缀策略表。需要说明的是，前缀策略表是 IPv6，即前缀项都是 IPv6 地址前缀，它没有办法直接表示 IPv4，于是系统用前缀::ffff:0:0/96 来表示整个 IPv4。当然如果要具体指明哪个 IPv4，比如只想让目的地址是 192.192.192.192 比所有 IPv6 地址都优先，就可以在此策略表中添加一项::ffff:192.192.192.192/128，其优先级高于::/0 即可。总结一下，主机的前缀策略表既可以用于源地址选择，也可以用于目的地址选择。

规则 7：优先选择本地传输。这个主要针对的是有协议封装的隧道机制，优先选择通过本地而不是隧道到达的目的地址。简单地说，就是能直达就绝不走隧道的原则。比如有两个候选目的地址的路径，路由表中一个走隧道，一个不走隧道，则选择不走隧道的。

规则 8：选择更小范围的地址。举例来说，能用 FE80 开头的范围更小的链路本地地址通信的，就不选择范围更大的全局地址通信。

规则 9：最长匹配原则。与源地址选择的规则 8 类似，如果候选目的地址与对应的源地址有更长的匹配，则会被优先选择。

规则 10：保持原样，即哪个排前面就选择哪个，顺其自然。RFC 6724 也说，规则 9 和规则 10 是可以改的，比如如果明确了哪个目的地址的通信效果更好，可以直接选择该目的地址。

第 5 章
DNS

　　域名系统（Domain Name System，DNS）是互联网的核心应用层协议之一，它使用层次结构的命名系统，将域名和 IP 地址相互映射，形成一个分布式数据库系统，从而使用户能够更加方便地访问互联网。IPv6 是下一代互联网协议，IPv6 的新特性也离不开 DNS 的支持。本章的内容主要包括 DNS 基础、IPv6 域名服务、BIND 软件、IPv6 网络的 DNS 配置等。

　　通过本章的学习，读者可以基于 Windows 系统和 Linux 系统搭建自己的 DNS 服务器。

5.1　DNS 基础

　　在互联网早期，因为主机较少，可直接使用 IP 地址通信，因此并没有域名系统。但是随着网络的发展，计算机数量不断增加，这种使用数字标识的 IP 地址非常不便于记忆，UNIX 上出现了一个名为 hosts 的文件（目前 Linux 和 Windows 也继承和保留了这个文件）。这个文件记录着主机名称和 IP 地址的对应关系。这样一来，只要输入主机名称，系统就会加载 hosts 文件并查找对应的 IP 地址，进而访问这个 IP 的主机。

　　随着主机数量的急剧增加，所有人拿到统一的、最新的 hosts 文件的可能性几乎为零，因此不得不使用文件服务器集中存放 hosts 文件，以供下载使用。随着互联网规模的进一步扩大，这种方式也不堪重负，而且把所有地址解析记录形成的文件同步到所有的客户机也不是一个好办法，这时 DNS 就出现了。随着解析规模的继续扩大，DNS 也在不断演化，直至生成如今的多层次架构体系。

　　DNS 最早于 1983 年由保罗·莫卡派乔斯（Paul Mockapetris）负责设计，1984 年，他在 RFC 882 中发布了原始的技术规范，用于描述 DNS。该文档后来被 RFC 1034 和 RFC 1035 所替代，后两份文档也是现在的 DNS 规范。目前，RFC 1034 和 RFC 1035 已经被其他 RFC 所扩充，扩充部分包括 DNS 潜在的安全问题、实现问题、管理缺陷、名称服务器的动态更新机制，以及保证区域数据的安全性等。

5.1.1 域名的层次结构

因为因特网的用户数量较多，所以因特网在命名时采用的是层次树状结构的命名方法。任何一个连接到因特网上的主机或路由器都有唯一的层次结构的名字，即域名（domain name）。每个域名由标号序列组成，各标号之间用点（小数点）隔开。DNS 规定，每个标号不超过 63 个字符，不区分大小写。图 5-1 所示的就是一个域名的构成。

域名只是逻辑概念，并不代表计算机所在的物理地点。域名分为三大类，具体如下。

- 国家/地区顶级域名 nTLD：采用 ISO 3166 的规定。如 cn 代表中国，us 代表美国，uk 代表英国等。国家域名又常记为 ccTLD，其中 cc 表示国家代码（country-code）。
- 通用顶级域名 gTLD：常见的通用顶级域名有 7 个，即 com（公司企业）、net（网络服务机构）、org（非营利组织）、int（国际组织）、gov（政府部门）、mil（军事部门）、edu（教育部门）。
- 基础结构域名（infrastructure domain）：这种顶级域名只有一个，即 arpa，用于反向域名解析，因此称为反向域名。

因特网域名的结构是一个倒置的树，最上面的是根，没有对应的名字，根下面一级节点为最高一级的顶级域名，顶级域名可往下划分为二级域名，再往下是三级域名等，如图 5-2 所示。

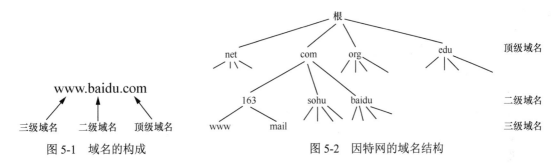

图 5-1 域名的构成　　　　　　图 5-2 因特网的域名结构

5.1.2 域名空间

DNS 作为域名和 IP 地址相互映射的一个分布式数据库，能够让用户更方便地访问互联网。它的正向映射是把一个主机名映射到 IP 地址，反向映射则是把 IP 地址映射到主机名。DNS 基于客户端/服务器（Client/Server，C/S）架构，同时使用 TCP 和 UDP 的 53 号端口。当前，DNS 对于每一级域名长度的限制是 63 个字符，域名总长度不能超过 253 个字符。

对于 DNS 域名空间来说，为了防止域名出现重复，需要制定一套命名规则。可以将 DNS 的域名规则与生活中的快递系统联系起来，快递系统使用的也是层次地址结构。当要邮寄物品给某人时，快递单上要写上收件人的地址，比如中国江苏省南京市江北新区浦珠南京 30 号。对于因特网来说，域名层次结构的顶级域名（相当于国际快递地址中的国家部分）由互联网名称与数字地址分配机构（Internet Corporation for Assigned Names and Numbers，ICANN）负责管理。目前，已经有超过 800 多个顶级域名，每个顶级域名可以进一步划分为一些子域（二级域名），这些子域可被再次划分（三级域名），以此类推。所有这些域名可以组织成一棵树，如图 5-3 所示。

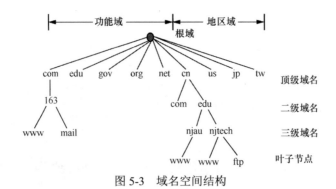

图 5-3　域名空间结构

5.1.3　域名服务器

在 DNS 中，域名服务器是按照层次安排的。根据域名服务器所起的作用，可以把域名服务器划分为 4 种不同的类型。

1. 根域名服务器

根域名服务器（Root Name Server）是最高层次的域名服务器，主要用于管理互联网的主目录。全球原有 13 台 IPv4 的根域名服务器，其中 1 台为主根服务器，位于美国；其余 12 台均为辅根服务器，9 台位于美国，剩下 3 台分别位于英国、瑞典、日本。全球现有 25 台 IPv6 的根域名服务器，其中 3 台为主根服务器，22 台为辅根服务器。特别值得一提的是，中国有 1 台主根服务器和 3 台辅根服务器。所有的根域名服务器都知道所有的顶级域名服务器的域名和 IP 地址。根域名服务器采用任播（anycast）技术，也就是 IP 数据包的终点是一组位于不同地点的根服务器，它们有相同的 IP 地址，但是 IP 数据报文只交付给离源点最近的根服务器，这样 DNS 客户向某个根域名服务器进行查询时，就能就近找到一个根域名服务器。

2. 顶级域名服务器

顶级域名服务器（Top-Level Domain Sever，TLD Sever）负责管理在该顶级域名服务器注册的所有二级域名。当收到 DNS 查询请求时，它们负责给出相应的回答，回答可能是最终的结果，也可能是下一台域名服务器的 IP 地址。

3. 权威域名服务器

权威域名服务器（Authoritative Name Server）负责管理一个区的域名服务器。区是 DNS 服务器管辖的范围，域是从域名树的一个节点开始往下负责的域名范围。一个区的大小可能等于一个域，也可能小于一个域。后面在讲解 DNS 委派时会讲到，一个域名服务器可以管理多个子域，当子域和域名较多时，为降低域名服务器负载和便于管理，也可以把某个子域委派出去，委派出去的一个子域也是一个区，这样一个域就可以包括多个区。没有委派子域时，区和域的大小是一样的。

4. 本地域名服务器

当一个主机发出 DNS 查询请求时，这个查询请求报文被发给本地域名服务器（Local Name Server）。每一个互联网供应商或者每一个大学都可以拥有本地域名服务器。本地域名服务器的主要分类如表 5-1 所示。

表 5-1   本地域名服务器的主要分类

服务器的类型	说明
主服务器	管理和维护所负责域内的域名解析库
从服务器	从主 DNS 服务器或其他从 DNS 服务器"复制"（区域传送）一个解析库
缓存服务器	DNS 缓存服务器并不在本地数据库保存任何资源记录，它仅仅缓存客户端的查询结果；当其他客户端再查询同样的域名时，就不需要再请求域名服务器获取 IP，而是直接使用缓存中的 IP，由此提高了响应的速度，起到了加速查询请求和节省网络带宽的作用
转发服务器	将本地 DNS 服务器无法解析的查询转发给网络上的其他 DNS 服务器

为了提高域名服务器的可靠性，DNS 域名服务器会把数据复制并保存到多个域名服务器，其中一个是主域名服务器（master name server），其他的是辅助域名服务器（secondary name server）。当主域名服务器发生故障时，辅助域名服务器可以保证 DNS 的查询工作不会中断。主域名服务器定期把数据复制到辅助域名服务器中，而数据更改只能在主域名服务器中进行，这样就保证了数据的一致性。

5.1.4　域名解析过程

客户端在查询一个域名时，首先检查客户端的本地缓存中是否有域名对应的 IP 地址。这个缓存有时效性，一般是几分钟到几小时不等。若本地缓存中没有相应的 IP 地址，则继续查找操作系统的 hosts 文件，比如在 Windows 中 hosts 文件的路径为 C:\Windows\System32\drivers\etc\hosts，在 Linux 中则是/etc/hosts。若在 hosts 文件中查找失败，则进行 DNS 查找。

网络中有多台 DNS 服务器，它们负责维护域名和 IP 地址映射数据库。客户端从指定的服务器获取域名对应的 IP 地址信息，一旦客户端指定的 DNS 服务器中没有包含相应数据，则 DNS 服务器会在网络中进行迭代查询，从其他服务器上获取地址信息。

DNS 服务器的工作原理如图 5-4 所示，其中实线箭头代表请求信息流，虚线箭头代表应答信息流，具体流程如下。

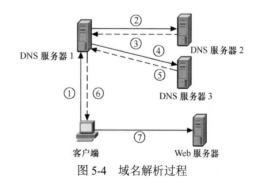

图 5-4　域名解析过程

STEP 1　客户端将域名查询请求发送到本地 DNS 服务器（DNS 服务器 1），然后由 DNS 服务器 1 在本地数据库中查找客户端要求的映射。

STEP 2　如果 DNS 服务器 1 无法在本地 DNS 服务器中找到客户端查询的信息，则将客户端请求发送到上一级域名 DNS 服务器（DNS 服务器 2）。

STEP 3　DNS 服务器 2 是 DNS 根域服务器，它将包含下一级域名信息的 DNS 服务器地址（DNS 服务器 3）返回给客户端的 DNS 服务器（DNS 服务器 1）。

STEP 4　客户端的本地 DNS 服务器（DNS 服务器 1）利用根域名服务器解析的地址访问下一级 DNS 服务器（DNS 服务器 3）。

STEP 5　DNS 服务器 3 将解析出的 IP 地址返回给 DNS 服务器 1。如果 DNS 服务器 3 没有解析出与域名对应的 IP 地址，它将返回再下一级域名 DNS 服务器的地址。按照上述迭代方法可逐级接近查找目标，最后在维护有目标域名的 DNS 服务器上找到相应的 IP 地址信息。

STEP ⑥ 客户端的本地 DNS 服务器将迭代查询结果返回客户端。

STEP ⑦ 客户端利用从本地 DNS 服务器查询得到的 IP 地址访问目标 Web 服务器。

> **小技巧**
>
> hosts 文件会先于 DNS 被查询。假如家中有孩子经常访问某个游戏网站，这里假设是 www.sina.com.cn，可在 hosts 文件的最后添加两行（见图 5-5）。以后孩子再访问新浪网站时，将打开 IPv4 地址 1.1.1.1 或 IPv6 地址 2001::1，这都不是新浪的真实 IP 地址，因此访问会失败，但访问其他域名时都没有问题。

图 5-5　修改 hosts 文件

5.1.5　常见资源记录

当 DNS 客户端向服务端发送请求报文时，服务端会回送一个应答报文。DNS 服务端把各种资源记录存放在数据库中，当要答复客户端的询问时，会从数据库中取出与询问有关的资源记录，并将这些资源记录存放到应答报文中，然后返回给客户端。

DNS 的资源记录是一个五元组，其格式如表 5-2 所示。

表 5-2　　　　　　　　　　　　　　　　DNS 资源记录五元组

Domain_name（域名）	Time_to_live（生存期）	Class（类别）	Type（类型）	Value（值）

- Domain_name：指出这条记录对应的域名。
- Time_to_live：TTL 表示 DNS 资源记录在 DNS 服务器上的缓存时间。若 DNS 资源记录较为稳定，TTL 可以设置较大值，减少 DNS 服务器递归查询的次数。若 DNS 资源记录较不稳定，TTL 可以设置较小值，在 DNS 记录变化时，DNS 服务器能够更快修正。
- Class：Internet 信息中总为 IN。
- Type：指出这是什么类型的记录。表 5-3 列出了一些重要的类型。
- Value：它的值可以是数字、域名或 ASCII 字符串，其语义取决于记录的类型。

表 5-3　　　　　　　　　　　　　　　　重要的 DNS 资源记录类型

类型	该类型的数字表示	含义	描述
A	1	IP 地址	32 位 IPv4 主机地址
NS	2	名字服务器	本区域的服务器的名称
CNAME	5	规范名	域名。该值用来给域名增加别名。如果有人使用域名的别名进行访问，那么这条资源记录可以把别名和真正的域名对应起来

类型	该类型的数字表示	含义	描述
SOA	6	授权的开始	有关该名字服务器区域的一些信息
PTR	12	指针	一个 IP 地址的别名。PTR 用来将一个名字与一个 IP 地址关联起来，以便能够通过查找 IP 地址来返回对应机器的名字（即反向查找）
MX	15	邮件交换	邮件交换记录，希望接受该域电子邮件的计算机
HINFO	13	主机的描述	用 ASCII 表示的 CPU 和操作系统
TXT	16	文本	一段没有确定语义的 ASCII 文本，每个域可利用该记录可以任意的方式来标识自己
AAAA	28	IPv6 地址记录	128 位的 IPv6 地址
SPF	99	SPF 记录	TXT 类型的记录，用于登记某个域名拥有的用来外发邮件的所有 IP 地址

DNS 资源记录的具体格式见表 5-4。

表 5-4　　　　　　　　　　　　　　DNS 资源记录的具体格式

字段名	大小（字节）	描述
Name	可变大小	拥有者的名字，比如该资源记录隶属的节点的名字
Type	2	表示某一种资源记录的类型（具体类型见表 5-3）
Class	2	该字段的值通常为 1，代表 Internet 信息
TTL	4	Time to Live 的缩写，代表获取该资源记录的设备中，该记录将在该设备中缓存的时间（单位为秒）
Data length	2	用来标识 RData 字段的长度（单位为字节）
RData	可变长度	资源记录的数据部分，资源记录的类型可以是"AAAA Address"等

图 5-6 所示为一个捕获的 DNS 应答报文，其中包含了表 5-4 中的各个部分。

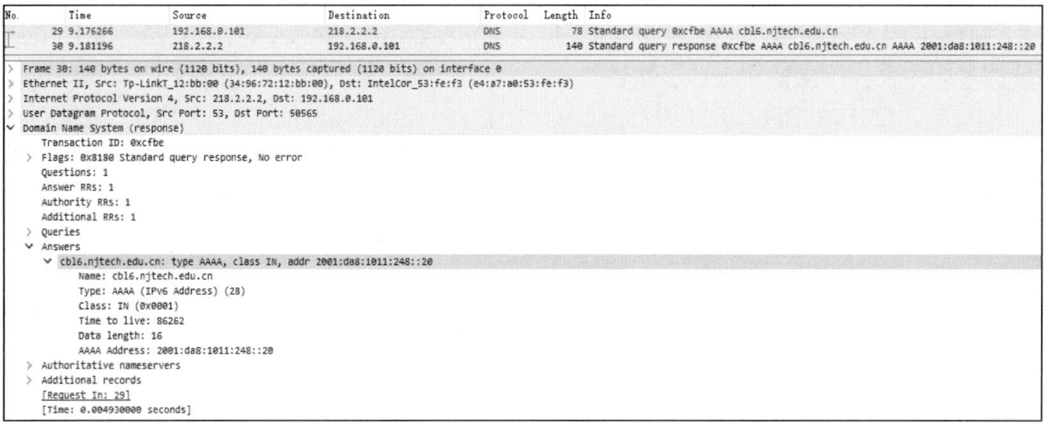

图 5-6　捕获的 DNS 应答报文

5.2　IPv6 域名服务

5.2.1　DNS 系统过渡

互联网的根域名服务器经过改进后可同时支持 IPv6 和 IPv4，因此不需要为 IPv6 域名解析单独建立一套域名系统，而是可以和传统的 IPv4 域名系统结合在一起。现在 Internet 上广泛使用的域名服务软件 BIND 已经可以支持 IPv6 地址，因此能够很好地解决 IPv6 地址和主机名之间的映射问题。

1．IPv6 域名系统的体系结构

IPv6 网络中的 DNS 与 IPv4 网络中的 DNS 在体系结构上是一致的，采用的都是树形结构的域名空间。IPv4 与 IPv6 不同，并不意味着 IPv4 DNS 体系和 IPv6 DNS 体系各自独立，相反，两者的 DNS 体系和域名空间必须是一致的，即 IPv4 和 IPv6 共同拥有统一的域名空间。在 IPv4 到 IPv6 的过渡阶段，域名可以同时对应于 IPv4 和 IPv6 的地址。以后随着 IPv6 网络的普及，IPv6 地址将逐渐取代 IPv4 地址。

2．DNS 对 IPv6 地址层次性的支持

IPv6 可聚合全局单播地址是在全局范围内使用的地址，必须进行层次划分及地址聚合。IPv6 全局单播地址的分配方式如下：顶级地址聚合机构（Top-Level Aggregation，TLA，即大规模 ISP 或地址管理机构）获得大块地址，负责给次级地址聚合机构（Next-Level Aggregation，NLA，即中小规模 ISP）分配地址，NLA 给站点级地址聚合机构（Site-Level Aggregation，SLA，即子网）和网络用户分配地址。IPv6 地址的层次性在 DNS 中通过地址链技术可以得到很好的支持。该功能是"A6"记录的特性，稍后将对"A6"记录进行解释。

5.2.2　正向 IPv6 域名解析

DNS 正向解析的作用是根据域名查询 IP 地址。IPv4 DNS 地址正向解析的资源记录是"A"记录，而 IPv6 DNS 地址正向解析的资源记录有两种，即"AAAA"和"A6"记录。其中"AAAA"在 RFC 1886 中提出，它是对 IPv4 的"A"记录的扩展。由于 IP 地址由 32 位扩展到 128 位，扩大到原来的 4 倍，所以资源记录由"A"扩大成"AAAA"。"AAAA"用来表示域名和 IPv6 地址的对应关系，不支持地址的层次性。

2000 年，IETF 在 RFC 2874 中提出"A6"，它将一个 IPv6 地址与多个"A6"记录联系起来，每个"A6"记录都只包含 IPv6 地址的一部分，结合后可拼装成一个完整的 IPv6 地址。RFC 2874 提议采用新的资源记录类型"A6"来代替 RFC 1886 中提出的"AAAA"。"A6"记录支持"AAAA"所不具备的一些新特性，如 IPv6 地址的层次性、地址聚合、地址更改等。2002 年，RFC 3363 规定，RFC 2874 中的标准暂时只供实验使用，而 RFC 1886 中的"AAAA"记录被认为是 DNS IPv6 的事实标准，因为 IETF 认为 RFC 2874 的实现中存在着一些潜在的问题。

5.2.3　反向 IPv6 域名解析

反向解析的作用与正向解析的作用相反，它根据 IP 地址来查询域名。IPv6 域名解析的

反向解析记录和 IPv4 的一样，是"PTR"，但地址表示形式有两种：一种是用"."分隔的半字节十六进制数字格式（Nibble Format），低位地址在前，高位地址在后，域后缀是"IP6.INT."；另一种是二进制串格式（Bit-String），以"\["开头，十六进制地址（无分隔符，高位在前，低位在后）居中，地址后加"]"，域后缀是"IP6.ARPA."。半字节十六进制数字格式与"AAAA"对应，是对 IPv4 的简单扩展。二进制串格式与"A6"记录对应，地址也像"A6"一样，可以分成多级地址链表示，也支持地址层次特性。

5.2.4 IPv6 域名软件

DNS 域名服务软件种类繁多，且每种软件有不同的特性，例如接口、平台支持、打包和其他功能等。目前大部分域名服务软件支持 IPv6。

1. BIND

BIND（Berkeley Internet Name Domain）是一款实现 DNS 服务的开源软件。BIND 于 1980 年年初在加州大学伯克利分校设计，最早由 4 个学生编写，目前仍在不断升级，现在由互联网系统协会（Internet Systems Consortium）负责开发与维护。BIND 已经成为世界上使用广泛的 DNS 服务器软件，它可以作为权威名称服务器和递归服务器，可以支持许多高级 DNS 功能，如 DNSSEC、TSIG 传输、IPv6 网络等。BIND 可以通过命令行或 Web 界面进行管理。尽管 BIND 主要用于类 UNIX 操作系统，但它完全是一个跨平台的软件。

2. PowerDNS

PowerDNS 创建于 20 世纪 90 年代末的荷兰，是一个跨平台的开源 DNS 服务软件。PowerDNS 与 BIND 一样功能齐全，而且同时有 Windows 和 Linux/UNIX 的版本。PowerDNS 在 Windows 下使用 Access 的 mdb 文件记录 DNS 信息，而在 Linux/UNIX 下主要使用 MySQL 来记录 DNS 信息。除了支持普通的 BIND 配置文件，PowerDNS 还可以从 MySQL、Oracle、PostgreSQL 等数据库读取数据。可以通过安装并使用 Poweradmin 工具来管理 PowerDNS。许多人选择部署 PowerDNS，是因为它不仅是一个稳定和健壮的 DNS 服务软件，还得到了强大的社区和商业支持。

3. Unbound

Unbound 是 FreeBSD（类 UNIX）操作系统下默认的 DNS 服务软件，最初在 2006 年用 Java 编写，在 2007 年被 NLnet 实验室用 C 语言重写。Unbound 是一个功能强大、安全性高、跨平台（类 UNIX、Linux、Windows）、易于配置，以及支持验证、递归（转发）、缓存等功能的 DNS 服务软件。它是一个递归的 DNS 解析程序，因此不能充当权威名称服务器，但可以用于域名快速转发和劫持等。

4. DNSmasq

DNSmasq 于 2001 年根据 GPL 首次发布，它是一个轻量级的 DNS 服务软件，具有开源、搭建简单、维护成本低的优点，可以方便地用于配置 DNS 和 DHCP，适用于小型网络。作为自由软件，DNSmasq 是当今许多 Linux 发行版的一部分，主要通过命令行来管理。

5．其他软件工具

目前互联网上使用较为广泛的 DNS 服务器软件为 BIND，但因为很多企业使用 Windows AD 域，所以 Windows DNS 在企业内部应用较多。

5.2.5　IPv6 公共 DNS

下一代互联网国家工程中心正式宣布推出 IPv6 公共 DNS（240c::6666），同时还有一个备用 DNS（240c::6644）。下一代互联网国家工程中心还联合全球 IPv6 论坛（IPv6 Forum）启动 IPv6 公共 DNS 的全球推广计划，旨在为全球用户提供更优质的上网解析服务，并通过免费提供性能优异的公共 DNS 服务，为广大 IPv6 互联网用户打造安全、稳定、高速、智能的上网体验，助力我国《推进互联网协议第六版（IPv6）规模部署行动计划》全面落实。下一代互联网国家工程中心在北京、广州、兰州、武汉、芝加哥、弗里蒙特、伦敦、法兰克福等全球众多地区部署了递归节点，并基于 IPv6 BGP 任播方式部署，以使用户可以实现就近访问，从而使得域名在解析到根服务器时延迟明显缩小。

此外，IPv6 公共 DNS 将通过主动同步 com/net 域名、缓存热点域名等举措，最大限度地实现快速应答。在安全性方面，IPv6 公共 DNS 支持单 IP 解析限速、DNSSEC 安全解析验证，并通过安全限速有效拦截恶意攻击等。

表 5-5 列出了 IPv6 公共 DNS 服务器的名称和地址（主地址和备用地址）。

表 5-5　　　　　　　　　　　　　　IPv6 公共 DNS 服务器

公共 DNS 名称	IPv6 DNS 服务器主地址	IPv6 DNS 服务器备用地址
Google Public IPv6 DNS	2001:4860:4860::8888	2001:4860:4860::8844
Cloudflare IPv6 DNS	2606:4700:4700::1111	2606:4700:4700::1001
OpenDNS	2620:0:ccc::2	2620:0:ccd::2
Neustar UltraDNS IPv6	2610:a1:1018::1 2610:a1:1018::5	2610:a1:1019::1
HiNet	2001:b000:168::1	2001:b000:168::2
Quad9	2620:fe::fe	2620:fe::9
Hurricane Electric	2001:470:20::2	2001:470:0:45::2
	2001:470:0:78::2	2001:470:0:7d::2
	2001:470:0:8c::2	2001:470:0:c0::2
	2001:638:902:1::10	
北京邮电大学	2001:da8:202:10::36	2001:da8:202:10::37
百度 IPv6 DNS	2400:da00::6666	

5.3　BIND 软件

BIND 是一款开源的 DNS 服务器软件，提供了双向域名解析、转发子域委派等域名查询和响应所需的所有功能。它是现今互联网上广泛使用的 DNS 服务器软件（市场占有率大约九成）。对于类 UNIX 系统来说，BIND 已经成为事实上的标准。

BIND 在发展过程中经历了 3 个主要的版本：BIND 4、BIND 8 和 BIND 9，每个版本在架构上都有着显著的变化。

BIND 软件包括以下 3 个部分。

- **DNS 服务器**：这是一个名为 named（name daemon）的程序。它根据 DNS 协议标准的规定来响应收到的 DNS 查询。
- **DNS 解析库**：解析程序发送请求到合适的服务器并且对服务器的响应做出合适的回应，通过此过程来解析查询的域名。解析库是程序组件的集合，可以在开发其他程序时使用，为这些程序提供域名解析功能。
- **测试服务器的软件工具**：包括 DNS 查询工具 dig、host 和 nslookup，还包括动态 DNS 更新工具 nsupdate 等。

5.3.1 BIND 与 IPv6

BIND 支持 IPv6，BIND 10 软件完全支持当前 IPv6 中双向域名解析的所有定义。在兼容 IPv6 的系统中，BIND 10 使用 IPv6 地址进行请求。对于转发的查询，BIND 10 同时支持 A6 记录和 AAAA 记录。大多数操作系统所带的解析器只支持 AAAA 的解析查询，因为在实现上 A6 的解析要比 A 和 AAAA 的解析更为困难。

默认情况下，BIND 10 域名服务只监听本机的环回网络接口，通过修改配置文件 /etc/named.conf 开启对其他或所有 IPv6 网络接口的监听，从而实现 IPv6 的解析服务。

```
options {
        listen-on-v6 port 53 { any; };
    }
```

如果要指定服务某些 IPv6 地址，则可以修改配置文件，如下所示，使用 IPv6 地址 2001:da8:100:1000::200 或 2001:da8:100:1000::2001 进行 DNS 解析：

```
options {
        listen-on-v6 { 2001:da8:100:1000::200; 2001:da8:100:1000::2001;};
    }
```

实验 5-1　在 CentOS 7 下配置 BIND 双栈解析服务

在 EVE-NG 中打开 "Chapter 05" 文件夹中的 "5-1 Basic" 网络拓扑，如图 5-7 所示。注意中间的 Net 云连接的是 EVE-NG 虚拟机第一块网卡所在的网络，相当于图中的 Win10 和 Linux-CentOS7 直接连接到该网络（172.18.1.0/24），进而通过真实计算机连接互联网。读者也可以在自己的 Linux CentOS 7 服务器或者其他虚拟机上完成该实验。通过本实验，读者不仅能知道如何在 Linux 上安装、配置 BIND DNS 服务，还能了解 CentOS 7 针对服务的防火墙配置和一些常用的 DNS 测试命令。本实验主要完成以下功能：

- 在 Linux CentOS 7 系统中安装 BIND 软件；
- Linux CentOS 7 系统配置静态 IPv4 和 IPv6 地址，用于 DNS 域名服务；
- 配置 BIND 系统防火墙，配置 BIND 服务软件的启动方式并检查其运行状态；
- BIND 的 IPv4/IPv6 的双栈解析；

● 配置并测试 DNS。

图 5-7　DNS 基本实验拓扑图

该实验的配置步骤如下。

STEP 1　安装 BIND 软件。右击拓扑图中的 Linux-CentOS7 计算机，从快捷菜单中选择 Start，开启计算机。双击 Linux-CentOS7 计算机图标，通过 VNC 打开计算机配置窗口。在命令提示符窗口中输入用户名 root，再输入系统默认密码 eve@123，然后按 Enter 键登录系统。在命令提示符窗口中执行 ifconfig 命令，查看系统当前自动获取的 IP 地址（本章所有实验中涉及的命令和配置文件的内容，可详见配置包 "05\操作命令和配置.txt"）。

```
[root@localhost ~]# ifconfig
eth0: flags=4163<UP,BROADCAST,RUNNING,MULTICAST>    mtu 1500
        inet 172.18.1.132   netmask 255.255.255.0   broadcast 172.18.1.255
        inet6 fe80::f6a5:eb:54d7:ee58   prefixlen 64   scopeid 0x20<link>
        ether 00:50:00:00:02:00   txqueuelen 1000    （Ethernet）
        RX packets 468   bytes 63259   （61.7 KiB）
        RX errors 0   dropped 0   overruns 0   frame 0
        TX packets 130   bytes 13654   （13.3 KiB）
        TX errors 0   dropped 0 overruns 0   carrier 0   collisions 0

lo: flags=73<UP,LOOPBACK,RUNNING>    mtu 65536
        inet 127.0.0.1   netmask 255.0.0.0
        inet6 ::1   prefixlen 128   scopeid 0x10<host>
        loop   txqueuelen 1   （Local Loopback）
        RX packets 4   bytes 340   （340.0 B）
        RX errors 0   dropped 0   overruns 0   frame 0
        TX packets 4   bytes 340   （340.0 B）
        TX errors 0   dropped 0 overruns 0   carrier 0   collisions 0
```

从输出中可以看到，网卡 eth0 自动获取的 IPv4 地址是 172.18.1.132（是宿主机上 VMware DHCP Service 服务分配的地址，每次启动时系统获取的 IP 地址可能不一样）。为了保证后续软件的正常安装，须确保 Linux-CentOS7 虚拟机可以访问 Internet（比如 ping www.sina.com.cn，看域名是否正常解析和 Ping 通）。

通过命令在线安装 BIND 软件。注意，Linux 严格区分大小写，在命令行输入 yum -y install bind*命令，此命令的作用是让系统通过 yum 方式连接到外网的应用服务器来安装 BIND 所有相关软件，命令中的-y 选项表示在当安装过程中出现选择提示时全部选择 "yes"。运行上述命令后，屏幕将显示大量的安装信息，软件安装成功后会出现 "Complete!" 字样：

```
[root@localhost ~]# yum -y install bind*
Loaded plugins: fastestmirror
Repodata is over 2 weeks old. Install yum-cron? Or run: yum makecache fast
```

base		3.6 kB	00:00:00
extras		3.4 kB	00:00:00
updates		3.4 kB	00:00:00
（1/4）: base/7/x86_64/group_gz		166 kB	00:00:00
（2/4）: updates/7/x86_64/primary_db		6.4 MB	00:00:00
（3/4）: extras/7/x86_64/primary_db		204 kB	00:00:00
（4/4）: base/7/x86_64/primary_db		6.0 MB	00:00:00

```
Determining fastest mirrors
 * base: mirrors.njupt.edu.cn
 * extras: mirrors.njupt.edu.cn
 * updates: mirrors.njupt.edu.cn
Resolving Dependencies
…….
```

Complete!

系统会自动联网更新和下载 BIND 所需要的软件包并自动安装，同时在系统中自动建立 named 用户，该用户用于启动 DNS 服务进程。安装成功后，/etc 和/var/named 目录下面会多出 named 配置文件，通过命令 ls /etc | grep named 可以查看 named 相关的文件列表。ls 用于查看目录下的文件列表，grep 用于在前置命令的输出中匹配搜索文本。具体命令如下：

```
[root@localhost ~]# ls /etc | grep named
named
named.conf
named.conf.bak
named.iscdlv.key
named.rfc1912.zones
named.root.key
```

查看/var/named/目录下的文件，显示如下：

```
[root@localhost ~]# ls /var/named/
chroot  chroot_sdb  data  dynamic  dyndb-ldap  named.ca  named.empty  named.localhost  named.
loopback  slaves
```

通过命令 rpm -qa | grep bind 查看所有已安装的 BIND 相关的软件包，显示如下：

```
[root@localhost ~]# rpm -qa | grep bind
bind-libs-9.9.4-74.el7_6.1.x86_64
bind-libs-lite-9.9.4-74.el7_6.1.x86_64
bind-9.9.4-74.el7_6.1.x86_64
bind-sdb-chroot-9.9.4-74.el7_6.1.x86_64
bind-pkcs11-9.9.4-74.el7_6.1.x86_64
bind-lite-devel-9.9.4-74.el7_6.1.x86_64
bind-pkcs11-utils-9.9.4-74.el7_6.1.x86_64
bind-utils-9.9.4-74.el7_6.1.x86_64
bind-pkcs11-libs-9.9.4-74.el7_6.1.x86_64
bind-sdb-9.9.4-74.el7_6.1.x86_64
bind-dyndb-ldap-11.1-4.el7.x86_64
bind-devel-9.9.4-74.el7_6.1.x86_64
```

STEP 2 配置静态 IP 地址。由于动态获取的 IP 地址不稳定，因此建议为服务器配置静态 IP 地址。为便于测试和实现系统的双栈解析，接下来配置静态的 IPv4 地址和 IPv6 地址。执行命令 cd /etc/sysconfig/network-scripts/ 进入网卡配置文件目录，然后通过 vim 文件编辑器修改网卡的配置文件 ifcfg-ens33（ens33 是虚拟网卡，默认会自动关联到服务器的可用网卡上，本实验中服务器只有一块网卡，会自动关联），依次按 Esc 键、小写字母 d 和大写字母 G 删除所有配置，然后按 i 键添加配置。考虑到配置内容较多，可以给宿主机 VMnet8 网卡配置一个 172.18.1.0/24 网段的 IP 地址，然后在宿主机上通过 SSH 工具登录 CentOS，并粘贴配置。若是其他物理机或虚拟机，注意原来的 UUID 一项保持不变。配置见 "05\IP 地址配置.txt" 文件，手动输入内容如下（也可依次按 Esc 键、小写字母 d 和大写字母 G 删除文件全部内容，然后直接粘贴 "05\IP 地址配置.txt" 的文件内容）：

```
[root@localhost ~]# cd /etc/sysconfig/network-scripts/
[root@localhost network-scripts]# vim ifcfg-ens33
TYPE=Ethernet
BOOTPROTO=static
IPV4INIT=yes
IPV4_FAILURE_FATAL=no
IPV6INIT=yes
IPV6_AUTOCONF=no
IPV6_DEFROUTE=yes
IPV6_FAILURE_FATAL=no
NAME=ens33
UUID=fa15ff9e-b81c-47ec-a6a9-49741487791c
ONBOOT=yes
IPADDR=172.18.1.140
NETMASK=255.255.255.0
GATEWAY=172.18.1.1
IPV6ADDR=2001:da8:1005:1000::200/64
DNS1=172.18.1.1
```

按 Esc 键后输入 ":wq" 保存配置，然后通过 systemctl restart network 命令重新启动网络服务（CentOS 7 之前的系统使用 service 命令来启动网络服务）。通过 ifconfig 命令查看配置的 IP 信息：

```
[root@localhost ~]# systemctl restart network
[root@localhost network-scripts]# ifconfig
eth0: flags=4163<UP,BROADCAST,RUNNING,MULTICAST>    mtu 1500
    inet 172.18.1.140   netmask 255.255.255.0   broadcast 172.18.1.255
    inet6 2001:da8:1005:1000::200   prefixlen 64   scopeid 0x0<global>
        inet6 fe80::250:ff:fe00:200   prefixlen 64   scopeid 0x20<link>
        ether 00:50:00:00:02:00   txqueuelen 1000   （Ethernet）
        RX packets 34693   bytes 28214474   （26.9 MiB）
        RX errors 0   dropped 0   overruns 0   frame 0
        TX packets 5969   bytes 633646   （618.7 KiB）
        TX errors 0   dropped 0 overruns 0   carrier 0   collisions 0
    ......
```

STEP 3) 启动 DNS 服务。输入 systemctl start named.service 命令启动 DNS 服务，输入 systemctl status named.service -l 命令查看 named 进程是否正常启动。DNS 服务启动状态显示如下：

```
[root@localhost ~]# systemctl start named.service
[root@localhost ~]# systemctl status named.service -l
named.service - Berkeley Internet Name Domain (DNS)
Loaded: loaded (/usr/lib/systemd/system/named.service; disabled; vendor preset: disabled)
   Active: active (running) since Mon 2022-10-17 09:23:27 CST; 40s ago
  Process: 10940 ExecStart=/usr/sbin/named -u named -c ${NAMEDCONF} $OPTIONS (code=exited,
status=0/SUCCESS)
  Process: 10937 ExecStartPre=/bin/bash -c if [ ! "$DISABLE_ZONE_CHECKING" == "yes" ]; then
/usr/sbin/named-checkconf -z "$NAMEDCONF"; else echo "Checking of zone files is disabled"; fi (code=exited,
status=0/SUCCESS)
 Main PID: 10943 (named)
   CGroup: /system.slice/named.service
           10943 /usr/sbin/named -u named -c /etc/named.conf
Oct 17 09:23:27 localhost named[10943]: network unreachable resolving './DNSKEY/IN':
2001:500:12::d0d#53
   Oct 17 09:23:27 localhost named[10943]: network unreachable resolving './NS/IN': 2001:500:12::d0d#53
   Oct 17 09:23:27 localhost named[10943]: network unreachable resolving './DNSKEY/IN': 2001:500:1::53#53
   Oct 17 09:23:27 localhost named[10943]: network unreachable resolving './NS/IN': 2001:500:1::53#53
   Oct 17 09:23:27 localhost named[10943]: network unreachable resolving './DNSKEY/IN': 2001:7fe::53#53
   Oct 17 09:23:27 localhost named[10943]: network unreachable resolving './NS/IN': 2001:7fe::53#53
   Oct 17 09:23:27 localhost named[10943]: network unreachable resolving './DNSKEY/IN':
2001:503:ba3e::2:30#53
   Oct 17 09:23:27 localhost named[10943]: network unreachable resolving './NS/IN': 2001:503:ba3e::2:30#53
   Oct 17 09:23:27 localhost named[10943]: managed-keys-zone: Key 20326 for zone . acceptance timer
complete: key now trusted
   Oct 17 09:23:27 localhost named[10943]: resolver priming query complete
```

输入 netstat 命令查询 DNS 53 号端口的监听状态。LISTEN 表示 BIND 域名服务启动正常。默认自动支持 IPv4 和 IPv6：

```
[root@localhost ~]# netstat -lntup|grep 53
tcp     0    0    127.0.0.1:53      0.0.0.0:*        LISTEN      16548/named
tcp     0    0    127.0.0.1:953     0.0.0.0:*        LISTEN      16548/named
tcp6    0    0    ::1:53            :::*             LISTEN      16548/named
tcp6    0    0    ::1:953           :::*             LISTEN      16548/named
udp     0    0    127.0.0.1:53      0.0.0.0:*                    16548/named
udp6    0    0    ::1:53            :::*                         16548/named
```

STEP 4) 修改 BIND 配置文件。修改 named.conf，使 BIND 能够支持本机以外的主机域名解析；同时修改系统默认防火墙配置，允许外部访问 DNS 服务的 53 号端口，实现 IPv4 和 IPv6 双栈域名解析服务：

```
[root@localhost ~]# vim /etc/named.conf
options
   listen-on port 53 { 127.0.0.1; };
   listen-on-v6 port 53 { ::1; };
```

```
          directory              "/var/named";
          dump-file              "/var/named/data/cache_dump.db";
          statistics-file        "/var/named/data/named_stats.txt";
          memstatistics-file "/var/named/data/named_mem_stats.txt";
          recursing-file         "/var/named/data/named.recursing";
          secroots-file          "/var/named/data/named.secroots";
          allow-query            { localhost; };
```

将 options 中 listen-on 和 listen-on-v6 所在行的 "127.0.0.1" 和 "::1" 分别修改为 "any"，将 allow-query 所在行的 "localhost" 也改为 "any"，表示接受其他主机的访问和查询，如下所示：

```
options {
          listen-on port 53 { any; };
          listen-on-v6 port 53 { any; };
          directory              "/var/named";
          dump-file              "/var/named/data/cache_dump.db";
          statistics-file        "/var/named/data/named_stats.txt";
          memstatistics-file "/var/named/data/named_mem_stats.txt";
          recursing-file         "/var/named/data/named.recursing";
          secroots-file          "/var/named/data/named.secroots";
          allow-query            { any; };
}
```

修改后保存配置，并通过 systemctl restart named.service 命令重新启动 BIND 服务。然后通过 firewall-cmd 命令在系统防火墙开放 DNS 服务，并重新启动防火墙服务：

```
[root@localhost ~]# systemctl restart named.service
[root@localhost ~]# firewall-cmd --zone=public --permanent --add-service=dns
success
[root@localhost ~]# firewall-cmd --reload
success
```

通过 firewall-cmd 命令查看系统防火墙已经开放的服务，确认防火墙已经开放 DNS 服务：

```
[root@localhost ~]#firewall-cmd --zone=public --permanent --list-services
dhcpv6-client  dns  ssh
```

通过 iptables 命令查看并确认 DNS 53 号端口对外开放：

```
[root@localhost named]# iptables -L -n | grep 53
ACCEPT      tcp  --  0.0.0.0/0              0.0.0.0/0          tcp dpt:53 ctstate NEW
ACCEPT      udp  --  0.0.0.0/0              0.0.0.0/0          udp dpt:53 ctstate NEW
```

STEP 5　测试 BIND 域名解析服务。

在 Linux-CentOS7 服务器上通过 nslookup 命令测试 BIND 服务器是否可以正常提供解析域名服务。在命令提示符下输入 nslookup 后按 Enter 键，在 ">" 提示符后输入 server 172.18.1.140 来指定 IP 地址为 172.18.1.140 的服务器作为 DNS 服务器，然后输入一个外网域名，比如 blcui.njtech.edu.cn，系统将正常解析该网站的 IP 地址，执行和显示如下：

```
[root@localhost ~]# nslookup
> server 172.18.1.140
Default server: 172.18.1.140
```

```
Address: 172.18.1.140#53
> blcui.njtech.edu.cn
Server:          172.18.1.140
Address:         172.18.1.140#53

Non-authoritative answer:
Name:      blcui.njtech.edu.cn
Address: 202.119.248.41
Name:      blcui.njtech.edu.cn
Address: 2001:da8:1011:3248::41
> exit
```

通过测试结果可以看出，本地的 BIND 服务器可以实现对域名 blcui.njtech.edu.cn 的解析，这里不仅解析出了 IPv4 地址，也解析出了 IPv6 地址。因为该测试环境并不存在于可用的 IPv6 网络中，所以 BIND 服务器只是查询到 IPv4 和 IPv6 地址，对外访问时使用的只能是 IPv4 地址。

在 Windows 10 下可通过 nslookup 命令来测试该服务器是否可以提供外网域名解析服务。开启拓扑中的 Win10 计算机。计算机默认会获得 172.18.1.0/24 网段的 IPv4 地址，并可以访问 Internet。在"命令行提示符"窗口输入 nslookup 并按 Enter 键，然后在">"提示符后输入 server 172.18.1.140 命令并按 Enter 键以指定 IP 地址为 172.18.1.140 的这台服务器作为 DNS 服务器，输入一个外网域名（如 www.njtech.edu.cn）并按 Enter 键，测试结果如图 5-8 所示。

感兴趣的读者可以手动配置 Win10 的 IPv4 地址，并且不配置网关，测试域名解析是否正常。经测试发现在此情况下域名也能成功解析，这是因为 Win10 计算机向 DNS 服务器请求 DNS 解析时，是由 DNS 服务器访问互联网，并将递归查询到的 IP 地址答复给 Win10 计算机。但是因为未配置网关，即使获得了解析的 IP 地址，网络依旧是不通的。

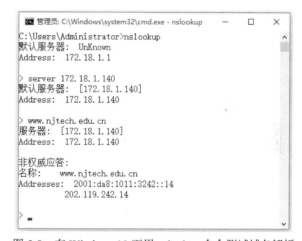

图 5-8　在 Windows 10 下用 nslookup 命令测试域名解析

5.3.2　BIND 中的 IPv6 资源记录

AAAA 记录

IPv6 中的 AAAA 记录和 IPv4 中的 A 记录相似，需要在 BIND 的各个区中进行配置。它在一个单独的记录中设定了全部地址，例如：

```
$ORIGIN test.com.
IPv6   3600   IN   AAAA   2001:da8:1011:1000::100
```

5.3.3　BIND 的 IPv6 反向资源记录 PTR

鉴于 A6 记录被废除，本书仅介绍半字节十六进制数字格式的 IPv6 反向资源记录。

实验 5-2　配置 BIND IPv6 本地域解析服务

在 EVE-NG 中打开"Chapter 05"文件夹中的"5-1 Basic"网络拓扑，本实验以完成后的实验 5-1 为基础。通过本实验，读者可以了解如何在 Linux 上配置 BIND DNS 服务，以及搭建自己的 IPv4/IPv6 本地域名服务器。本实验主要完成了以下功能：

- 配置 IPv6 域名正向解析；
- 配置 IPv6 主机反向地址解析。

配置步骤如下。

1. 配置 IPv6 域名正向解析

STEP 1　添加域名。通过 vim 编辑器编辑 BIND 默认配置文件 named.conf，添加一个区并建立测试域名 test.com，部分文件内容显示如下（其中粗体是新添加的部分）：

```
[root@localhost ~]# vim /etc/named.conf
zone "." IN {
        type hint;
        file "named.ca";
};
zone "test.com." IN {
        type master;
        file "test.com.zone";
};
```

STEP 2　建立区域文件。在 BIND 目录下建立 test.com 区域文件，并授予 named 用户相应的权限，最后编辑 test.com.zone 正向解析文件，具体执行如下：

```
[root@localhost ~]# cd /var/named/          改变当前文件目录到/var/named
[root@localhost named]# cp  named.localhost  test.com.zone      复制文件，新文件名是 test.com.zone，
named.localhost 是默认文件，在此基础上编辑更方便
[root@localhost named]# chgrp  named  test.com.zone    变更文件所属的群组为 named 用户
[root@localhost named]# chmod  640  test.com.zone      修改文件权限
[root@localhost named]# vim  /var/named/test.com.zone
```

把里面默认的配置按下面的内容进行修改，其中 AAAA 记录是 IPv6 域名解析记录：

```
$TTL 1D
@       IN SOA  ns.test.com.   dns.test.com.  (
                                    0        ; serial
                                    1D       ; refresh
                                    1H       ; retry
                                    1W       ; expire
                                    3H )     ; minimum
        NS      ns.test.com.
ns      A       172.18.1.140
ns      AAAA    2001:da8:1005:1000::200
dns     CNAME   ns
```

```
www      A        172.18.1.80
www      AAAA     2001:da8:1005:1000::80
```

STEP 3 检查配置。通过 named-checkconf 命令检查区域配置的语法是否正确：

```
[root@localhost named]#named-checkconf /etc/named.conf
```

使用 named-checkzone 命令进行区域文件有效性检查和转换，需要指定区域名称和区域文件名称，显示如下：

```
[root@localhost named]#named-checkzone "test.com." /var/named/test.com.zone
zone test.com/IN: loaded serial 0
OK
```

STEP 4 测试域名。通过命令重启 BIND 服务。

```
[root@localhost named]#systemctl restart named
```

通过 dig 命令测试本地域名解析是否正常。dig 命令最典型的用法就是查询单个主机的信息，其默认的输出信息比较丰富，大概可以分为 5 部分：

● 第一部分显示 dig 命令的版本和输入的参数；
● 第二部分显示服务返回的一些技术详情，比较重要的是 status，如果 status 的值为 NOERROR，则说明本次查询成功结束；
● 第三部分的 QUESTION SECTION 显示我们要查询的域名；
● 第四部分的 ANSWER SECTION 是查询到的结果；
● 第五部分则是本次查询的一些统计信息，比如用了多长时间、查询了哪个 DNS 服务器、在什么时间进行的查询等。

使用 dig 命令在 2001:da8:1005:1000::200 服务器上查询 www.test.com 域名，显示如下：

```
[root@localhost named]#dig www.test.com @2001:da8:1005:1000::200

; <<>> DiG 9.9.4-RedHat-9.9.4-73.el7_6 <<>> www.test.com @2001:da8:1005:1000::200
;; global options: +cmd
;; Got answer:
;; ->>HEADER<<- opcode: QUERY, status: NOERROR, id: 61786
;; flags: qr aa rd ra; QUERY: 1, ANSWER: 1, AUTHORITY: 1, ADDITIONAL: 3

;; OPT PSEUDOSECTION:
; EDNS: version: 0, flags:; udp: 4096
;; QUESTION SECTION:
;www.test.com.                  IN      A

;; ANSWER SECTION:
www.test.com.         86400    IN      A        172.18.1.80

;; AUTHORITY SECTION:
test.com.             86400    IN      NS       ns.test.com.

;; ADDITIONAL SECTION:
ns.test.com.          86400    IN      A        172.18.1.140
ns.test.com.          86400    IN      AAAA     2001:da8:1005:1000::200
```

```
;; Query time: 1 msec
;; SERVER: 2001:da8:1005:1000::200#53（2001:da8:1005:1000::200）
;; WHEN: Sat May 18 20:58:22 CST 2019
;; MSG SIZE   rcvd: 118
```

从上面的输出可以看出，在 BIND DNS 服务器 2001:da8:1005:1000::200 上查到 www.test.com 的 IPv4 解析指向 172.18.1.80。如果要查询 IPv6 解析记录，则可以用命令 dig　AAAA www.test.com　@2001:da8:1005:1000::200，显示如下：

```
[root@localhost named]# dig AAAA www.test.com @2001:da8:1005:1000::200

; <<>> DiG 9.9.4-RedHat-9.9.4-74.el7_6.1 <<>> AAAA www.test.com @2001:da8:1005:1000::200
;; global options: +cmd
;; Got answer:
;; ->>HEADER<<- opcode: QUERY, status: NOERROR, id: 39944
;; flags: qr aa rd ra; QUERY: 1, ANSWER: 1, AUTHORITY: 1, ADDITIONAL: 3

;; OPT PSEUDOSECTION:
; EDNS: version: 0, flags:; udp: 4096
;; QUESTION SECTION:
;www.test.com.                   IN        AAAA

;; ANSWER SECTION:
www.test.com.          86400    IN        AAAA      2001:da8:1005:1000::80

;; AUTHORITY SECTION:
test.com.              86400    IN        NS        ns.test.com.

;; ADDITIONAL SECTION:
ns.test.com.           86400    IN        A         172.18.1.140
ns.test.com.           86400    IN        AAAA      2001:da8:1005:1000::200

;; Query time: 0 msec
;; SERVER: 2001:da8:1005:1000::200#53（2001:da8:1005:1000::200）
;; WHEN: Wed Jun 19 19:40:26 CST 2019
;; MSG SIZE   rcvd: 130
```

从上面的输出中可以看到 A 和 AAAA 记录都解析正常。

2．配置 IPv6 主机反向地址解析

STEP 1　添加反向解析域。通过 vim 编辑器编辑配置 named.conf，在里面添加一个 zone，建立域名 test.com 的反向解析。named.conf 部分内容显示如下：

```
zone "." IN {
        type hint;
        file "named.ca";
};
zone "test.com." IN {
        type master;
        file "test.com.zone";
};
```

```
zone "0.0.0.1.5.0.0.1.8.a.d.0.1.0.0.2.ip6.arpa." {
        type master;
        file "2001.da8.1005.1000.ptr";
};
```

STEP 2 新建反向解析文件。通过 vim 编辑器建立反向地址解析文件，文件内容如下：

```
[root@localhost named]# vim 2001.da8.1005.1000.ptr

$TTL 1d ; Default TTL
@        IN       SOA      ns.test.com.      dns.test.com.   (
         2019051801       ; serial
         1h               ; slave refresh interval
         15m              ; slave retry interval
         1w               ; slave copy expire time
         1h               ; NXDOMAIN cache time
         )


@        IN       NS       ns.test.com.

; IPV6 PTR entries
0.8.0.0.0.0.0.0.0.0.0.0.0.0.0.0.0.0.0.0.1.5.0.0.1.8.a.d.0.1.0.0.2.ip6.arpa.      IN      PTR      www.test.com.
```

STEP 3 测试域名。通过命令 systemctl restart named 重启 BIND 服务。在 Windows 中使用 nslookup 命令来远程测试该服务器是否可以提供反向解析服务。开启拓扑图中的 Win10 计算机，配置 IPv6 地址 2001:da8:1005:1000::100/64，可以 Ping DNS 服务器的 IPv6 地址 2001:da8:1005:1000::200，以确认网络连接是否正常。在 DOS 命令行提示符窗口中通过 nslookup 命令测试配置好的域名解析服务，首先指定 DNS 服务器的地址为配置好的 CentOS 7 的 IPv6 服务地址 2001:da8:1005:1000::200；然后测试 www.test.com 的正向解析；最后测试 2001:da8:1005:1000::80 的反向解析，如图 5-9 所示。

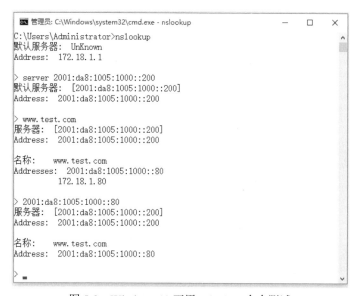

图 5-9　Windows 10 下用 nslookup 命令测试

143

从图 5-9 中可以看出，在输入 www.test.com 后，DNS 服务器分别解析了 IPv4 和 IPv6 地址，然后在输入 2001:da8:1005:1000::80 后可以反向解析到 www.test.com。

5.3.4　ACL 与 IPv6 动态域名

1. BIND 中的 ACL

BIND 中的 ACL 与交换机中的 ACL 不一样，它是 BIND 安全管理的方法，把一个或多个地址归并为一个集合，以后要用的时候，调用集合名称即可。

BIND 中 ACL 的语法格式如下：

```
acl acl_name {
ip;
net/prelen;
...
};
```

假设有这样一个示例：

```
acl mynet {
        172.16.0.0/16;
        10.10.10.10;
        2001:da8:1005::/48;
};
```

这个 ACL 相当于 mynet 中定义了 172.16.0.0/16 网段中的所有主机、10.10.10.10 主机和 2001:da8:1005::/48 中的所有 IPv6 主机。

BIND 有 4 个内置的 ACL，具体如下。

- none：没有一个主机。
- any：任意主机。
- localhost：本机。
- localnet：本机的 IP 与掩码运算后得到的网络地址。

注　意

　　BIND 中的 ACL 只能先定义后使用，因此在 named.conf 配置文件中，它一般处于 options 的前面。

2. BIND 智能 DNS

BIND 智能 DNS 的实现基础就是视图（view）。视图是 BIND 中强大的新功能，允许名称服务器根据询问者的不同有区别地回答 DNS 查询，当需要多种 DNS 设置而不想运行多个服务器时特别有用。

每个视图定义了一个将会在用户的子集中见到的 DNS 名称空间。

在 BIND 中定义并使用视图时，存在如下限制：

- 一个 BIND 服务器可定义多个视图，每个视图可定义一个或多个区域；
- 每个视图用来匹配一组客户端；
- 多个视图可能需要对同一个区域进行解析，但使用的是不同的区域解析库文件。

注 意

- 一旦启用了视图，所有的区域都只能定义在视图中；
- 仅在允许递归请求的客户端所在的视图中定义根区域；
- 客户端请求到达时，自上而下地检查每个视图所服务的客户端列表。

配置实例：

```
view "campus_IPv6" {
     match-clients { 2001:da8:1005::/48; };
     // 应该与内部网络匹配
     // 只对内部用户 IPv6 主机提供递归服务
     // 提供 test.edu.cn zone 的完全视图
     // 包括内部主机地址
     recursion yes;                    使用递归查询
     zone "test.edu.cn" {
          type master;
          file "test.ipv6.db";
     };
};
view "external" {
     match-clients { any; };
     // 拒绝对外部用户提供递归服务
     // 提供一个 test.edu.cn zone 的受限视图
     // 只包括公共可接入主机
     recursion no;                     不使用递归查询
     zone "test.edu.cn " {
          type master;
          file "test-external.db";
     };
};
```

实验 5-3　配置 BIND IPv6 动态域名和智能解析

在 EVE-NG 中打开"Chapter 05"文件夹中的"5-1 Basic"网络拓扑，本实验以完成后的实验 5-1 和实验 5-2 为基础。通过本实验，读者可以了解如何配置 BIND 中的 IPv6 动态域名和智能解析服务。本实验主要完成了以下功能：

- BIND 中的 ACL 地址集合配置；
- 为不同区域的用户建立不同的解析策略；
- 不同区域的测试效果。

步骤如下。

STEP 1　配置 ACL。在 Linux-CentOS7 虚拟机的配置文件里配置 ACL 地址集合。为此，编辑/etc/named.conf 文件，在文件最前面分别增加 IPv4 ACL 和 IPv6 ACL，添加的内容如下：

```
acl "IPV4_USER " {
        172.18.1.0/24;
        };
```

```
acl "IPV6_USER" {
        2001:da8:1005:1000::/64;
        };
```

STEP 2 建立域名解析文件。为两个区域的用户建立不同的域名解析文件,在 IPv4 区域建立 test.com.1.zone,在 IPv6 区域建立 test.com.2.zone,其他区域则使用 test.com.zone。

域名解析文件/var/named/test.com.1.zone 的内容如下:

```
$TTL 1D
@          IN SOA    ns.test.com. dns.test.com. (
                                        0          ; serial
                                        1D         ; refresh
                                        1H         ; retry
                                        1W         ; expire
                                        3H )       ; minimum
           NS         ns.test.com.
ns         A          172.18.1.140
ns         AAAA       2001:da8:1005:1000::200
dns        CNAME      ns
www        A          172.18.1.81
www        AAAA       2001:da8:1005:1000::81
```

域名解析文件/var/named/test.com.2.zone 的内容如下:

```
$TTL 1D
@          IN SOA    ns.test.com. dns.test.com. (
                                        0          ; serial
                                        1D         ; refresh
                                        1H         ; retry
                                        1W         ; expire
                                        3H )       ; minimum
           NS         ns.test.com.
ns         A          172.18.1.140
ns         AAAA       2001:da8:1005:1000::200
dns        CNAME      ns
www        A          172.18.1.82
www        AAAA       2001:da8:1005:1000::82
```

STEP 3 分区域解析。修改/etc/named.conf 文件,建立 ACL 策略并为不同区域解析不同的地址。将原文件中所有的 zone 部分替换成下面的内容(完整的 named.conf 文件配置见 "05\named.conf.txt" 文件):

```
view "jiaoxue" {
        match-clients { IPV4_USER;};
        recursion yes;

        zone "." in {
                type hint;
                file "named.ca";
        };
```

```
        zone "test.com." in{
                type master;
                file "test.com.1.zone";
        };
};

view "sushe" {
        match-clients { IPV6_USER; };
        recursion yes;
        zone "." in {
                type hint;
                file "named.ca";
        };
        zone "test.com." in {
                type master;
                file "test.com.2.zone";
        };
};

view "others" {
        match-clients { any; };
        recursion no;
        zone "." in {
                type hint;
                file "named.ca";
        };
        zone "test.com." in {
                type master;
                file "test.com.zone";
        };
        zone "0.0.0.1.5.0.0.1.8.a.d.0.1.0.0.2.ip6.arpa" {
                type master;
                file "2001.da8.1005.1000.ptr";
        };
};
```

删除 /etc/named.conf 文件中的下面这一行（named.rfc1912.zones 文件中包含了单独的 zone 部分，会影响 BIND 服务。由于该文件是示例文件，因此不会被引用，可直接删除该行）：

```
include "/etc/named.rfc1912.zones";
```

STEP 4 测试。使用 systemctl restart named 命令重启 BIND 服务。

在 IPv4 区域中测试。禁用 Win10 虚拟机的 IPv6，取消选中"Internet 协议版本 6（TCP/IPv6）"复选框，如图 5-10 所示。

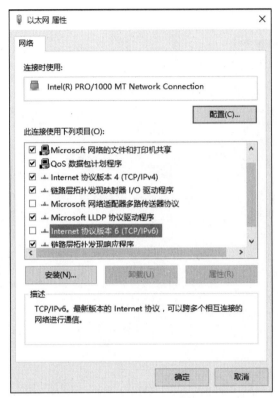

图 5-10　在 Windows 10 中禁用 IPv6

　　然后在命令行提示符的下面执行 nslookup 命令来测试。因为 Win10 只有 IPv4 地址，所以只能使用 server 172.18.1.140。测试 www.test.com 的域名，结果如图 5-11 所示。注意，域名对应的 IP 地址最后都是 81。

　　在 IPv6 区域中测试。禁用 Win10 虚拟机的 IPv4，配置静态的 IPv6 地址 2001:da8:1005:1000::100/64。在命令行提示符下执行 nslookup 命令来测试。因为 Win10 只有 IPv6 地址，所以只能使用 server 2001:da8:1005:1000::200。测试 www.test.com 的域名，结果如图 5-12 所示。注意，域名对应的 IP 地址最后都是 82。

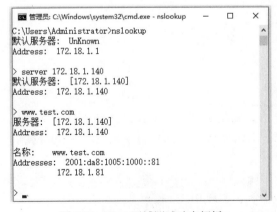

图 5-11　IPv4 区域测试动态解析

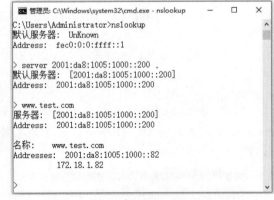

图 5-12　IPv6 区域测试动态解析

　　由上可知，不同的用户 IP 虽有同样的域名，却可以解析成不同的 IP 地址。

5.3.5 IPv6 域名转发与子域委派

1. IPv6 域名转发

IPv6 域名转发功能和 IPv4 的一样，可以在服务器上产生一个大的缓存，从而减少到外部服务器的链路上的流量。只有当服务器是非授权域名服务器，并且缓存中没有相关记录时，才会进行域名转发。

（1）转发机制

设置了转发器后，所有非本域的域名查询和在缓存中无法找到的域名查询将转发到设置的 DNS 转发器上，然后由这台 DNS 转发器来完成解析工作并进行缓存。DNS 转发器的缓存中记录了丰富的域名信息。对非本域的域名查询，转发器很可能会在缓存中找到答案，避免了因再次向外部发送查询而生成不必要的流量。

（2）配置参数

- forward。此选项只有当 forwarders 列表中有内容时才有意义。如果其值是 first，则先查询设置的 forwarders 列表，如果没有得到回答，服务器再自己去寻找答案。如果其值是 only，则服务器只会把请求转发到其他服务器上，即使查询失败，服务器自己也不会去查询。
- forwarders。设定转发使用的 IP 地址，其列表默认为空（不转发）。也可以在每个域上设置各自的转发列表，这样全局选项中的转发设置将不生效。用户可以将不同的域的 DNS 请求转发到不同的服务器上，或者对不同的域采用不同的转发方式（only、first 或者不转发）。

> **注　意**
>
> 转发服务器的查询模式必须允许递归查询（即配置项为 recursion yes），递归查询默认开启。

转发器的配置格式如下：

```
options {
        forward first;
        forwarders {
                2001:da8:1005:1000::200;
                2001:da8:1005:149a::100;
        };
};
```

> **注　意**
>
> 转发器本身不用做任何设置，而是对需要配置转发器的 DNS 服务器进行以上配置，也就是在该 DNS 服务器上启用转发。如果该 DNS 服务器无法联系到转发器，那么 BIND 会自己尝试解析。

如果要让 BIND 在无法联系到转发器时不做任何操作，可以使用 forward only 命令。这样 BIND 在无法联系到转发器的情况下，只能使用区域中的权威数据和缓存来响应 DNS 查询。

```
options {
        forward only;
        forwarders {
```

```
                              2001:da8:1005:1000::200;
                              2001:da8:1005:149a::100;
                    };
          };
```

BIND 8.2 以后的版本引入了一个新的特性：转发区（forward zone），它允许把 DNS 配置成只在查找特定域名时才使用转发器。BIND 9 则从 9.1.0 版本才开始有转发区功能。比如，可以使服务器将所有针对 test.com 结尾的域名查询都转发给其他两台服务器：

```
zone "test.com" {
          type forward;
          forwarders {
                              2001:da8:1005:1000::200;
                              2001:da8:1005:149a::100;
                    };
};
```

还有一种转发区，其设置和刚才的设置刚好相反，它允许设置什么样的查询将不被转发，这只适用于在 options 语句中指定了转发器的 DNS 服务器。该转发区的配置如下：

```
options {
          forwarders {
                              2001:da8:1005:1000::200;
                              2001:da8:1005:149a::100;
                    };
};
zone "test.com" {
          type master;
          file "zone.test.com";
          forwarders {};
};
```

在 test.com 这个区域中，授权了几个子域，比如 zx.test.com、lab.test.com 等。在 test.com 的权威服务器上设置转发后，由于 test.com 的权威服务器对 zx.test.com、lab.test.com 等子域来说不是权威的，假如收到对 www.zx.test.com 这样的子域的域名查询，服务器将不转发，因为服务器上就有 zx.test.com 子域的 NS 记录，所以不需要转发。

2. IPv6 子域委派

所谓 DNS 委派，就是把解析某个区域的权力转交给另外一台 DNS 服务器。比如，A 主机可以解析 com 域，而 A 主机还需要解析 com 的一个子域 test.com。如果这些解析功能全部由 A 主机承担，很可能会负载过重。要解决这样的问题，通常会另外架设一台主机 B 来专门解析 test.com 域，以降低 A 主机的负载。

假设需要解析 www.test.com。DNS 先找对应的域，然后找 www 主机。A 主机只解析 com 域，并不解析 test.com 这个子域，因此需要在 A 主机的/etc/named.conf 文件中声明 test.com 域，格式如下。

```
zone "com" IN {
          type master;
          file "com";
```

```
};
zone "test.com" IN {
                type master;
                file "test.com";
};
```

上面代码的意思是在 A 主机中声明 test.com 这个域，相当于在 com 域中创建了一个子域 test.com，子域对应的文件是 test.com。然后在 test.com 配置文件中添加一个 NS 记录和一个 AAAA 记录：

```
vi /var/named/chroot/var/named/test.com
$TTL       86400
@              SOA     test.test.com.   admin.test.com.   (
                              1997022700 ; Serial
                              28800       ; Refresh
                              14400       ; Retry
                              3600000     ; Expire
                              86400  )    ; Minimu

               test.com.    IN    NS      B.test.com.
B             IN      AAAA  2001:da8:1005:1000::201
```

NS 记录表示若需要解析 test.com 域，则需访问 B.test.com 主机，下一行的 AAAA 记录的意思是 B.test.com 主机所对应的 IP 地址为 2001:da8:1005:1000::201，如此一来，A 主机就把解析 test.com 域的权力全部转交给了 B 主机。这个过程就是靠一条 NS 记录和一条 A 记录实现的，这条 NS 记录也称为委派记录。

区域委派适用于许多环境，常见的场景有：

- 将某个子区域委派给某个对应部门中的 DNS 服务器进行管理；
- DNS 服务器的负载均衡，将一个大区域划分为若干小区域，委派给不同的 DNS 服务器进行管理；
- 将子区域委派给某个分部或远程站点。

上述场景比较常见，比如中国教育网（www.edu.cn）的域名为"edu.cn"，它把子域"njau.edu.cn"委派给了南京农业大学，把子域"njtech.edu.cn"委派给了南京工业大学，每个子域由各个大学自己管理。

5.4　Windows Server DNS 域名服务

从 Windows Server 2008 开始，DNS 服务支持 IPv6 配置，并可以配置 IPv6 正向解析域和反向解析域，从而实现 IPv6 的解析服务。

实验 5-4　Windows Server 2016 IPv6 DNS 配置

在 EVE-NG 中打开"Chapter 05"文件夹中的"5-2 Win2016_dns"网络拓扑，如图 5-13 所示。通过本实验，读者能够知道如何在 Windows Server 2016 上安装、配置 DNS 服务。本实验主要完成了以下功能：

- 在 Windows Server 2016 系统中添加 DNS 服务；
- 建立正向和反向解析区域；
- 通过 Win10 系统远程测试 DNS。

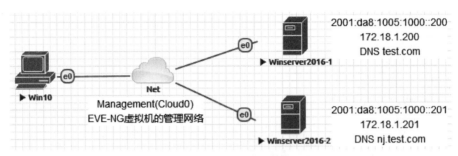

图 5-13   Win2016_dns 网络拓扑

安装、配置步骤如下。

STEP 1   安装 DNS。开启拓扑中的所有计算机，根据图 5-13，给 Winserver2016-1 和 Winserver2016-2 配置静态的 IPv4 和 IPv6 地址，IPv4 的网关和 DNS 都是 172.18.1.1。在虚拟机 Winserver2016-1 上，单击"开始"→"服务器管理器"，或单击任务栏上的"服务器管理器"图标，启动服务器管理器。在"服务器管理器"中单击"添加角色和功能"链接，打开"添加角色和功能向导"窗口，单击 3 次"下一步"按钮。

在"选择服务器角色"对话框中选中"DNS 服务器"复选框，如图 5-14 所示。在弹出的"添加 DNS 服务器所需的功能"对话框中保持默认设置，单击"添加功能"按钮，然后在"选择功能"窗口中保持默认设置，单击"下一步"按钮。

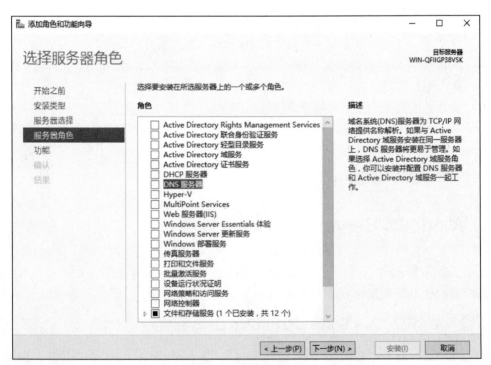

图 5-14   添加 DNS 功能

接下来的选项都保持默认设置，直至单击"安装"按钮，等待安装完成，如图 5-15 所示。

图 5-15 等待 DNS 安装

STEP② 新建正向查找区域。在"服务器管理器"窗口中单击菜单"工具"→"DNS"，打开"DNS 管理器"窗口，如图 5-16 所示。

在"DNS 管理器"窗口中单击"正向查找区域"，将其展开，然后右击"正向查找区域"→"新建区域"，打开"新建区域向导"对话框，单击"下一步"按钮继续。

在"区域类型"对话框中，选中"主要区域"单选按钮，如图 5-17 所示。单击"下一步"按钮继续。

图 5-16 DNS 管理器

图 5-17 选择区域类型

在"区域名称"文本框中输入 DNS 的域名，本实验中输入 test.com，如图 5-18 所示。单击"下一步"按钮继续。

在"区域文件"对话框中输入 DNS 区域文件名，这里保持默认的 test.com.dns，如图 5-19 所示。在图 5-19 的下方显示该文件的存储位置为"%SystemRoot%\system32\dns"文件夹，以后可以通过备份该文件来备份 DNS 的配置。单击"下一步"按钮继续。

图 5-18　输入区域名称

图 5-19　输入区域文件名

在"动态更新"中保持默认的"不允许动态更新"选项，单击"下一步"按钮继续。单击"完成"按钮，完成 DNS 正向查找区域 test.com 的创建。

STEP 3　添加主机。展开图 5-16 中的"正向查找区域"，可以看到新建的 test.com 区域。右击"test.com"，从快捷菜单中选择"新建主机（A 或 AAAA）"，如图 5-20 所示。

图 5-20　区域快捷菜单

在"新建主机"对话框中输入主机名称和对应的 IP 地址，这里主机名称为 www，IP 地址为 2001:da8:1005:1000::80，如图 5-21 所示。单击"添加主机"按钮，完成主机的新建。

STEP 4　新建反向查找区域。在"DNS 管理器"窗口中，展开"反向查找区域"，然后右击"反向查找区域"→"新建区域"，打开"新建区域向导"对话框，单击"下一步"按钮继续。

在"区域类型"对话框中，选中"主要区域"单选按钮，单击"下一步"按钮继续。在"反向查找区域名称"对话框中，选中"IPv6 反向查找区域"单选按钮，如图 5-22 所示。单击"下一步"按钮继续。

图 5-21　新建主机　　　　　　　　　　　　图 5-22　选择反向查找区域

在"IPv6 地址前缀"文本框中输入域名对应的前缀，这里为 2001:da8:1005:1000::/64，如图 5-23 所示。"反向查找区域"列表框中自动填入了反转后的域名前缀，再加上 ip6.arpa 的后缀，IPv6 地址前缀中的 0 不能省略。单击"下一步"按钮继续。

在"创建新文件，文件名为"单选按钮后的文本框中输入反向查找区域的文件名，示例为 test.com.ptr，如图 5-24 所示。注意该文件的保存路径与正向查找区域文件名的保存路径相同。单击"下一步"按钮继续。

图 5-23　反向查找区域前缀　　　　　　　　　图 5-24　反向查找区域文件名

同样选择"不允许动态更新"按钮。单击"下一步"按钮继续，完成反向查找区域的创建。

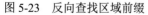 添加反向查找资源记录。在新建的反向查找区域上右击，选择"新建指针（PTR）"，如图 5-25 所示。

155

图 5-25　新建指针（PTR）

在弹出的"新建资源记录"对话框中输入主机的 IP 地址，主机的 IPv6 地址不能采用缩写的方式，比如 2001:da8:1005:1000::80 是错误的，不能使用"::"缩写格式，需要输入完整格式的地址，即 2001:0da8:1005:1000:0:0:0:0080，注意每个部分的首字符"0"和尾字符"0"都不能省略，如"0da8"和"0080"都要写完整格式。如果每个部分都是"0"，那么可以用

一个字符"0"表示，如中间的"0:0:0"。一种好记的方法是全部输入完整格式，即 2001:0da8:1005:1000:0000:0000:0000:0080。在主机名中输入完整的域名 www.test.com，如图 5-26 所示。单击"确定"按钮完成添加。

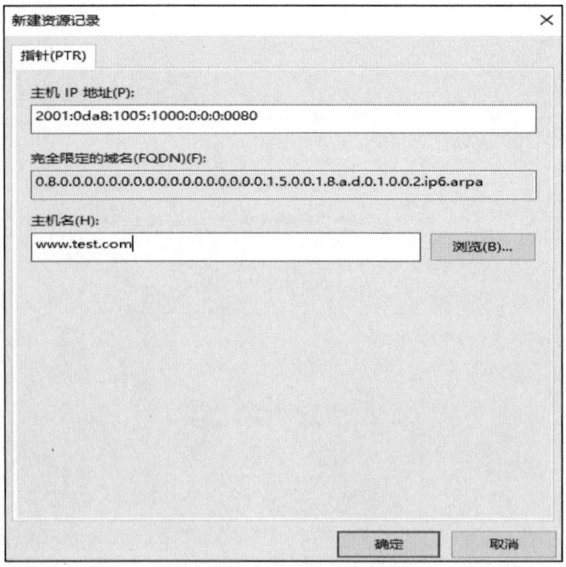

在创建了反向查找区域后，以后新建主机时，可以直接选中图 5-21 中的"创建相关的指针（PTR）记录"复选框。这样在新建主机时，也将创建对应的反向资源记录。

STEP 6　测试。配置 Win10 计算机的 IPv4 地址为 172.18.1.220/24，网关为 172.18.1.1，DNS 为 172.18.1.200；IPv6 地址为 2001:da8:1005:1000::100/64，DNS 为 2001:da8:1005:1000::200，没有网关。

图 5-26　新建资源记录

通过 nslookup 命令进行测试，如图 5-27 所示。

从图 5-27 中可以看出，Win10 在配置了 IPv4 和 IPv6 双 DNS 的情况下，默认使用的是 IPv6 DNS；正确地解析了 www.test.com 对应的 IPv6 和 IPv4 地址；正确地反向解析了

2001:da8:1005:100::80 对应的域名；正确地解析了互联网域名 www.edu.cn 对应的 IPv6 和 IPv4
地址。

　　这里解释一下 www.edu.cn 域名的解析。Win10 把域名 www.edu.cn 请求发往 DNS 服务器
2001:da8:1005:100::200。该域名不是本地的域名，因此 DNS 服务器把请求发往全球顶级的
13 台 DNS 服务器，最后把结果返回给 Win10。

　　右击"DNS 管理器"界面中的计算机名，从快捷菜单中选择"属性"，打开该计算机的
属性对话框。选择"根提示"选项卡，如图 5-28 所示。可以看到全球顶级的 13 台 DNS 服务
器，其中很多 DNS 服务器已经支持双栈。

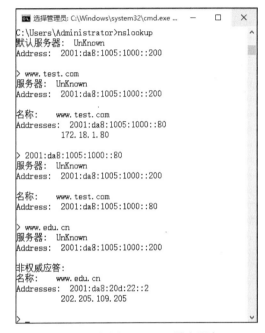

图 5-27　测试 Windows 域名服务

图 5-28　"根提示"选项卡

暂不要关闭该实验，后面的实验将沿用本实验的实验结果。

实验 5-5　配置 DNS 转发

　　在实验 5-4 中，Win10 主机向 DNS 服务器询问 www.edu.cn 域名对应的 IP 地址，然后由
DNS 服务器向根提示服务器转发请求。这虽然实现了域名解析，但效率并不高，毕竟是国内的
域名，没必要去询问国外的 DNS 服务器。在有些默认不允许访问国外网络的环境中，因为不
能访问根提示服务器，所以非本域的域名解析将失败。

　　可以配置 DNS 转发来优化效率，配置步骤如下。

　　选择图 5-28 中的"转发器"选项卡，如图 5-29 所示。单击"编辑"按钮，编辑转发器。
输入要转发的 DNS 服务器的 IP 地址，系统会自动进行反向解析，尝试查出 IP 地址对应
的域名，如图 5-30 所示。有的 DNS 服务器可能没有配置反向解析，那么 FQDN 查询会失
败，但不影响使用。

　　转发的 IP 地址既可以 IPv4 地址，也可以是 IPv6 地址。由于本实验环境不支持 IPv6，
所以 IPv6 DNS 2001:470:20::2 的转发失败。可调整转发 DNS 服务器的顺序，把效率高
的 DNS 服务器上移。

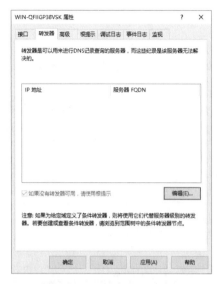

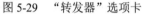

图 5-29　"转发器"选项卡　　　　　　　　图 5-30　编辑转发器

实验 5-6　巧用 DNS 实现域名封杀

企业通常会出于工作原因而屏蔽某些网站,这些网站的域名对应了非常多的 IP,因此很难把所有 IP 都列出来。此时可借助企业内部的 DNS 服务器轻松实现域名封杀。例如,假设企业阻止员工访问*.163.com。在实验 5-4 的基础上,可在 DNS 服务器 Winserver2016-1 上新增一个正向查找区域 163.com,不添加任何主机记录。在 Win10 上执行命令 ping www.163.com,发现解析失败。因为 DNS 服务器本身有正向查找区域 163.com,所以即使解析不出 www.163.com,也不会转发 DNS 查询到其他 DNS 服务器上(这也是公司内部没有注册的 DNS 不能随意新建正向查找区域的原因。比如,如果新建了正向查找区域 edu.cn,将导致不能解析中国的所有教育网网址)。

把 Win10 的 DNS 改成外网中的其他合法 DNS,发现 www.163.com 解析成功。也就是说,通过在 DNS 管理器中新建一个正向查找区域仅仅能阻止内部使用该 DNS 服务器的用户对外进行域名解析,对不使用该 DNS 服务器的用户则不起作用。为了阻止用户配置外网的 DNS,可以在企业出口设备上进行限制,不允许内网中除 DNS 服务器的 IP 访问外网 UDP 的 53 号端口(DNS 服务端口),这样内网用户就只能配置内部的 DNS 服务器。

依次添加多个正向查找区域,可以限制企业内部用户对这些外部网站的访问。但此方法无法限制用户通过 IP 地址对外网进行访问,如果域名对应的 IP 可知,则可以在网关型设备上封锁 IP 的访问。

实验 5-7　DNS 委派

如果部门很大,例如管理众多中国高校的中国教育网,虽然可以通过新建子域的方法在 edu.cn 这台 DNS 服务器上为每一所高校新建一个子域,如为南京工业大学创建 njtech 子域,再在 njtech 子域中为南京工业大学的每台服务器创建主机名,如 www,也就是 www.njtech.edu.cn 指向 IP 地址 2001:DA8:1011:3242::13,cbl6.njtech.edu.cn 指向 IP 地址 2001:da8:1011:248::20 等。但是在同一台服务器上维护全国所有大学的域名和主机名,将给服务器的管理工作带来麻烦,而且也给各个高校主机名的管理带来很大困难，因为每所高校主机名的开通、更新、删除都需要上报到中国教育网管理中心。上述问题的解决办法就是使用委派技术，把各个子域的管理委派给各所高校。

上面描述的问题可以抽象成图 5-13 所示的拓扑。Winserver2016-1 是 DNS 服务器，管理着 test.com 域。Winserver2016-2 也是 DNS 服务器，管理着 nj.test.com 域。Winserver2016-1 服务器把子域 nj.test.com 的管理委派给 Winserver2016-2 服务器。Win10 充当客户端，用来完成测试。

Winserver2016-2 的配置步骤如下。

STEP 1　把 IPv4 和 IPv6 的 DNS 都指向本机的 IP 地址。

STEP 2　安装 DNS 服务，新建正向查找区域 nj.test.com。在 nj.test.com 中新建主机 www，使其指向 IP 地址 2001:da8:1005:1000::201。

STEP 3　配置转发器。按照图 5-30 中的方法，添加查询转发到 2001:da8:1005:1000::200（即 Winserver2016-1 的 DNS 服务器地址）。这一步很关键，如果不添加该转发器，则客户端在使用 Winserver2016-2 的 DNS 服务时无法正确解析出 www.test.com，原因是如果 Winserver2016-2 解析失败，Winserver2016-2 将把查询转发到根提示，而在根提示中找到的 test.com 域并不是指向本实验中 Winserver2016-1 这台 DNS 服务器。这里强调一点，在实际的工作环境中，假如 test.com 是公司申请的合法域名，主 DNS 服务器把 nj.test.com 子域委派给下一层 DNS 服务器管理，则下一层 DNS 服务器上没必要配置转发器为 Winserver2016-1（即使配置了也不影响正常 DNS 解析）。

Winserver2016-1 的配置步骤如下。

STEP 1　把 IPv4 和 IPv6 的 DNS 都指向本机的 IP 地址。

STEP 2　新建正向查找区域 test.com。在 test.com 中新建主机 www，使其指向 IP 地址 2001:da8:1005:1000::80。如果前面已经完成该步骤，则忽略。

STEP 3　在 test.com 中新建主机 nanjing，使其指向 IP 地址 2001:da8:1005:1000::201。

STEP 4　在 test.com 中新建委派，将 nj.test.com 委派给 Winserver2016-2 管理。单击图 5-20 所示的快捷菜单中的"新建委派"。打开"新建委派向导"对话框，单击"下一步"按钮，输入受委派的域名，这里输入 nj，如图 5-31 所示。

单击"下一步"按钮，在弹出的"名称服务器"对话框中添加名称服务器，如图 5-32 所示。单击"添加"按钮，打开"新建名称服务器记录"对话框。在"服务器完全限定的域名"文本框中输入 nanjing.test.com，然后单击"解析"按钮，结果如图 5-33 所示。单击"确定"按钮返回。

单击"下一步"按钮继续，完成子域的委派。

图 5-31　受委派域名

图 5-32　添加委派服务器

图 5-33　添加名称服务器

在 Win10 上进行如下测试。

STEP 1　更改 Win10 的 IPv6 地址为 2001:da8:1005:1000::100/64,DNS 为 2001:da8:1005:1000::200，没有网关。

STEP 2　在 Win10 上分别执行命令 ping www.nj.test.com 和 ping nanjing.test.com，都可以成功地解析出 IPv6 地址，如图 5-34 所示。

图 5-34　DNS 委派测试

STEP 3　故障排除。如果先前的配置是错误的，尽管后来修改正确了，但解析仍然可能失败。此时需要在客户端使用命令 ipconfig /flushdns 清除客户机上的 DNS 缓存记录，同时也要清除 DNS 服务器上的缓存记录，方法为在图 5-35 所示的界面中选择"清除缓存"。

图 5-35　清除 DNS 服务器缓存

STEP 4　更改 Win10 的 DNS 为 2001:da8:1005:1000::201，使用命令 ipconfig /flushdns 清除虚拟机上的 DNS 缓存记录，执行 STEP2 中的所有测试，可成功解析出所有域名。

至此，DNS 委派配置成功。

暂不要关闭该实验，后面的实验将沿用本实验的实验结果。

5.5　配置 IPv4/IPv6 网络访问优先级

在双栈的环境下，目前能够支持 IPv6 的操作系统一般优先使用 IPv6 网络来访问相应的资源。当有多个地址可用于 DNS 时，Windows Vista、Windows Server 2008 以及更高版本的 Windows 使用前缀表来确定要使用的地址。默认情况下，相较于 IPv4 地址，Windows 更倾向于使用 IPv6 全球单播地址。

随着国家 IPv6 战略的推进，目前越来越多的网站都实现了 IPv4 和 IPv6 双栈部署，但由于运营商之间互通的原因，有时候通过 IPv6 访问一些网站资源时要比通过 IPv4 访问慢。为了提高访问速度，用户也可以通过一些策略在双栈网络中优先使用 IPv4 网络。

1．Windows 在双栈环境下配置 IPv4 优先

IPv6 是 Windows Vista 和 Windows Server 2008 及更高版本的 Windows 的必要组成部分。建议不要禁用 IPv6 或其组件。如果禁用，某些 Windows 组件可能无法正常工作。目前微软推荐在前缀策略中"优先使用 IPv4 over IPv6"，而不是禁用 IPv6。此外，如果不正确地禁用 IPv6，系统在启动时将会有 5 s 的延迟，同时会将注册表 DisabledComponents 中的值设置为 0xffffffff，而正确的值应为 0xff。

可以通过多种方式来调整 IPv4 和 IPv6 的状况。

在微软的技术支持网站搜索"在前缀策略中优先使用 IPv4 over IPv6"，可搜索到图 5-36 所示的界面。

图 5-36　Windows IPv4 over IPv6 的组件包下载

单击相应组件包下的 Download 按钮。在"文件下载"对话框中，单击"运行"或"打开"。按照 Easy Fix 向导中的步骤执行操作。

（1）使用注册表配置

单击"开始"→"运行"，在"运行"框中输入 regedit，打开注册表编辑器，找到并单击下面的注册表子项：HKEY_LOCAL_MACHINE\SYSTEM\CurrentControlSet\Services\Tcpip6\Parameters\。

双击 DisabledComponents 以将其更改。

如果 DisabledComponents 项不存在，则必须创建此项。为此，请按照下列步骤操作：单击菜单"编辑"→"新建"→"DWORD（32 位）值"，输入 DisabledComponents，双击 DisabledComponents，在"数值数据"字段中输入下列任意值，以将 IPv6 配置为预期状态，然后单击"确定"。

- 输入 0 以重新启用所有 IPv6 组件（Windows 默认设置）。
- 输入 0xff 以禁用所有 IPv6 组件（IPv6 环回接口除外）。通过更改前缀策略表中的项，此值还会将 Windows 配置为优先使用 IPv4 over IPv6。更多信息请参阅源地址和目标地址选择。
- 输入 0x20 以通过更改前缀策略表中的项优先使用 IPv4 over IPv6。
- 输入 0x10 以在所有非隧道接口（LAN 和点对点协议[PPP]接口）上禁用 IPv6。
- 输入 0x01 以在所有隧道接口上禁用 IPv6。这包括站内自动隧道寻址协议（ISATAP）、6to4 和 Teredo。
- 输入 0x11 以禁用所有 IPv6 接口（IPv6 环回接口除外）。

（2）修改 IPv6 前缀策略表（推荐使用此方法）

在 Win10 系统中右击"开始"→"命令提示符（管理员）"，使用 netsh interface IPv6 show prefixpolicies 命令查询策略表状态，显示如下：

```
C:\>netsh interface IPv6 show prefixpolicies
查询活动状态...


优先顺序      标签     前缀
----------    -----    -----------------------------
       50        0     ::1/128
       40        1     ::/0
       35        4     ::ffff:0:0/96
       30        2     2002::/16
        5        5     2001::/32
        3       13     fc00::/7
        1       11     fec0::/10
        1       12     3ffe::/16
        1        3     ::/96
```

::/0 表示的是 IPv6 单播地址, ::ffff:0:0/96 表示的是 IPv4 地址, 可以看到在默认情况下 IPv6 优于 IPv4。可使用命令 netsh interface IPv6 set prefixpolicy 来调整前缀列表的优先顺序, 以选择是 IPv6 优先还是 IPv4 优先。本书将在第 10 章结合 RFC 6724 文档对前缀策略表进行更深入的讲解。

实验 5-8 调整双栈计算机 IPv4 和 IPv6 的优先级

在实验 5-7 的基础上, 继续本实验。

STEP 1) 在 Winserver2016-1 中继续添加 A 记录。在 test.com 域中添加一条 nanjing.test.com 的 A 记录 (名称为 "nanjing", 类型为 "主机(A)"), 指向 IPv4 地址 172.18.1.201。添加完成后, 如图 5-37 所示。

图 5-37 A 和 AAAA 记录并存

STEP 2) Win10 测试。配置 Win10 主机的 IPv4 地址为 172.18.1.220/24, 网关为 172.18.1.1, DNS 为 172.18.1.200; IPv6 地址为 2001:da8:1005:1000::100/64, DNS 为 2001:da8:1005:1000::200, 没有网关。在 Win10 上进行测试, 结果如图 5-38 所示。

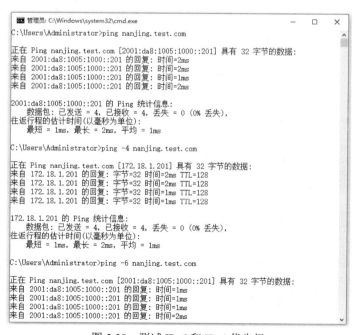

图 5-38 测试 IPv6 和 IPv4 优先级

从图 5-38 中可以看到，域名 nanjing.test.com 既有 IPv6 地址，又有 IPv4 地址，在不指定是解析 IPv4 地址还是 IPv6 地址的情况下，默认解析的是 IPv6 地址，也就是所谓的 IPv6 优先。

STEP 3　调整前缀策略表优先顺序。在管理员命令提示符窗口中使用命令 netsh interface ipv6 set prefixpolicy ::ffff:0:0/96 100 4 调整前缀列表，把前缀 "::ffff:0:0/96"（表示 IPv4）的优先顺序调成 100（优先顺序最高），标签值保持默认的 4（标签值也有意义，更多细节请参阅 10.1.3 小节），如图 5-39 所示。

图 5-39　调整前缀策略表的优先顺序

从图 5-39 中可以看出，调整 IPv4 的优先级后，再访问 nanjing.test.com，则优先使用 IPv4 了。再次查看前缀策略表的优先顺序，可以看到 IPv4 的优先顺序已经是 100。

STEP 4　重启 Win10 后，再次 ping nanjing.test.com，发现解析的又是 IPv6 地址了。难道修改的前缀策略表没有保存？使用 netsh interface ipv6 show prefix 命令查看，结果如图 5-40 所示。

图 5-40　修改前缀策略表重启后

从图 5-40 中可以看到，前缀策略列表中只有修改后的一项存在，其他默认的前缀列表项都不见了。在管理员命令提示符窗口中使用命令 netsh interface ipv6 add prefixpolicy ::/0 40 1，添加 IPv6 的前缀策略列表。

STEP 5　重启 Win10，再次 ping nanjing.test.com，发现解析的又是 IPv4 地址了。使用 netsh interface ipv6 show prefixpolicies 命令查看，显示如下：

```
C:\Windows\system32>netsh interface ipv6 show prefixpolicies
查询活动状态...


优先顺序  标签  前缀
----------  -----  --------------------------------
     100      4    ::ffff:0:0/96
      40      1    ::/0
```

从上面的输出中可以看出 IPv4 优于 IPv6。如果后期又需要配置为 IPv6 优先，那么把::/0 前缀的优先顺序调整为比::ffff:0:0/96 的优先顺序大即可。

2．Linux 在双栈环境下配置 IPv4 优先

在 Linux 系统中，可以对/etc/gai.conf 进行修改，调整前缀策略。然后重新启动系统即可生效。

CentOS 中默认没有/etc/gai.conf 文件，可以执行命令：

```
[root@localhost named]# cp -p /usr/share/doc/glibc-common-2.17/gai.conf /etc/
```

复制该文件，然后修改/etc/gai.conf 文件。

```
[root@localhost named]# vi /etc/gai.conf
```

在文件中添加一行：precedence ::ffff:0:0/96 100。

保存后重新启动系统，修改即可生效。

第 6 章
IPv6 路由技术

路由技术主要是指路由选择算法。路由技术是网络的核心内容，是网络工程师必须掌握的内容。本章主要介绍了路由原理和路由协议，演示了常见的直连、静态、默认和动态路由的配置，剖析了路由的选路原则。

通过对本章的学习，读者不仅能明白路由的工作原理，而且可以掌握常用路由协议的配置，有助于网络故障的排除。

6.1 路由基础

6.1.1 路由原理

路由选择发生在网络层，主要由支持路由功能的网络设备来完成，这些网络设备可以是三层交换机、路由器、防火墙等，本章统一使用"路由器"指代此类设备。路由器有多个接口，用于连接不同的 IPv6 网段，不同接口的 IPv6 前缀不能重叠。路由器的工作就是接收数据分组，然后根据当前的网络状况选择最有效的路径将其转发出去。因此，路由器中的路由表必须实时更新，以准确地反映当前网络的状态。

地址前缀相同的主机之间可以直接通信，地址前缀不同的主机之间若要通信，则必须经过同一网段上的某个路由器或网关（gateway）实现。路由器在转发 IPv6 分组时，根据目的 IPv6 地址的地址前缀选择合适的接口，把 IPv6 分组发送出去。路由技术就是为了将 IP 数据分组发送到最终设备，而在通信子网中寻找最佳传输路径，从而指导路由器的数据转发。

为了判定最佳路径，首先要选择一种路由协议，不同的路由协议使用不同的度量值。所谓度量值，即判断传输路径好坏的评价标准。度量值包括跳数（hop count，即经过路由器的数量）、带宽（bandwidth）、延时（delay）、可靠性（reliability）、负载（load）、滴答数（tick）和开销（cost）等。

不同的路由协议采取了不同的路由选择算法，因此得到的路由信息可能有所不同。通过算法得到的最优路径将被加入路由表中，其中包含目的地址、下一跳（next-hop）地址、出接口、度量值等信息，包含目的网络与下一跳关系的路由表即可用于指导路由器进行路由转发。

路由转发即沿着寻址成功的最佳路径传送数据分组。路由器首先在路由表中根据目的地址查找路由信息，以查询将分组发送到下一跳（路由器或主机）的最佳路由。如果路由器不知道如何发送分组，通常会将该分组丢弃；否则就根据路由表的相应表项将分组发送到下一跳；如果目的网络直接与路由器相连，路由器将把分组直接发送到相应的接口上。

6.1.2 路由协议

在讲解路由协议之前，我们先要理解路由协议（Routing Protocol）和被路由协议（Routed Protocol）的区别。路由协议用于构建路由表，例如，通过动态路由协议可在互联网上动态发现所有网络，从而构建一张动态的路由表。被路由协议有时也称为可路由协议，其按照路由协议构建的路由表来通过互联网转发用户数据。

根据路由器学习路由信息、生成并维护路由表的方式，可将路由分为直连路由、静态路由和动态路由。直连路由通过接口的地址配置自动生成，静态路由通过管理员手动配置生成，动态路由则是通过动态路由协议计算生成。

如图 6-1 所示，动态路由协议根据所处的自治系统（Autonomic System，AS）不同，又分为内部网关协议（Interior Gateway Protocol，IGP）和外部网关协议（Exterior Gateway Protocol，EGP）。这里的自治系统是指一个具有统一管理机构、统一路由策略的网络。

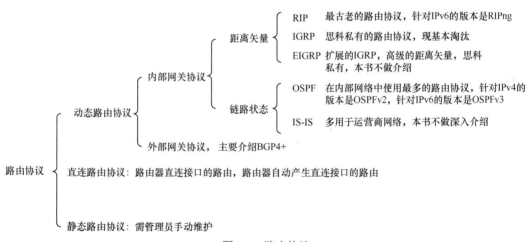

图 6-1　路由协议

IGP 是指在同一个 AS 内运行的路由协议，分为距离矢量路由协议和链路状态路由协议。距离矢量路由协议的典型代表是 RIP，其适用于 IPv6 的则是 RIPng（Routing Information Protocol next generation，RIP 下一代版本）。距离矢量路由协议的典型代表则是 OSPF，用于 IPv6 的版本称为 OSPFv3（Open Shortest-Path First v3，开放式最短路径优先协议版本 3）。

EGP 是指运行在不同 AS 之间的路由协议，目前使用最多的是 BGP（Border Gateway Protocol，边界网关协议）。就 BGP 而言，前期版本使用的是 BGP-4，也就是边界网关协议版本 4，它仅支持 IPv4 路由信息。为了使 BGP 用于 IPv6 网络，IETF 对 BGP-4 进行了扩展，提出了 BGP4+，即 BGP-4 多协议扩展。

6.2　直连路由

直连路由是指到达路由器接口地址所在网段的路径。IPv6 直连路由的生成方式与 IPv4 相同，是通过链路层协议发现的路由，因此也称为接口路由。只需要在处于激活（up）状态的接口上配置 IPv6 地址，其对应网段的路由信息便可自动生成，并将表项加入路由表中。此类路由仅与接口的状态及地址配置相关，因此无须网络管理员进行维护。

在 EVE-NG 中打开 "Chapter 06" 文件夹中的 "6-1 IPv6 connect routing" 网络拓扑，如图 6-2 所示。

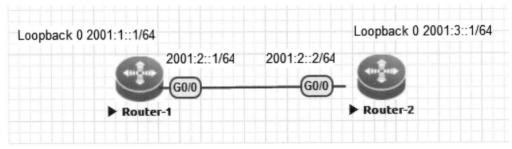

图 6-2　IPv6 connect routing 网络拓扑

Router-1 的配置如下：

Router> enable
Router# configure terminal
Router(config)# hostname Router-1
Router-1(config)# ipv6 unicast-routing　　*启用设备的 IPv6 路由功能，默认情况下，本功能处于启用状态，无须配置*
Router-1(config)# interface Loopback0　　*配置环回接口 0，这是路由器上的虚拟接口，可用来模拟路由条目*
Router-1(config-if-Loopback 0)# ipv6 enable　　*启用接口的 IPv6 功能，默认情况下，接口的 IPv6 功能处于未启用状态。未启用状态的接口不会处理某些 IPv6 报文，比如 ND 中的 RA 报文。没有 RA 报文，接口将无法通过 RA 获取地址前缀和网关，也就无法形成 IPv6 地址。此命令不是必需的，在接口配置 IPv6 地址后，同样的功能也会启用*
Router-1(config-if-Loopback 0)# ipv6 address 2001:1::1/64
Router-1(config-if-Loopback 0)# exit
Router-1(config)# interface gigabitethernet 0/0
Router-1(config-if-GigabitEthernet 0/0)# ipv6 enable
Router-1(config-if-GigabitEthernet 0/0)# ipv6 address 2001:2::1/64

Router-2 的配置如下：

Router> enable
Router# configure terminal
Router(config)# hostname Router-2
Router-2(config)# ipv6 unicast-routing

```
Router-2(config)# interface loopback 0
Router-2(config-if-Loopback 0)# ipv6 address 2001:3::1/64
Router-2(config-if-Loopback 0)# exit
Router-2(config)# interface gigabitethernet 0/0
Router-2(config-if-GigabitEthernet 0/0)# ipv6 address 2001:2::2/64
```

在 Router-2 上执行 show ipv6 route 命令，显示如下：

```
Router-2# show ipv6 route
IPv6 routing table name - Default - 9 entries
Codes:    C - Connected, L - Local, S - Static
          R - RIP, O - OSPF, B - BGP, I - IS-IS, V - Overflow route
          N1 - OSPF NSSA external type 1, N2 - OSPF NSSA external type 2
          E1 - OSPF external type 1, E2 - OSPF external type 2
          SU - IS-IS summary, L1 - IS-IS level-1, L2 - IS-IS level-2
          IA - Inter area, EV - BGP EVPN, N - Nd to host
C         2001:2::/64 via GigabitEthernet 0/0, directly connected       C 表示直连路由，与 IPv4 相同，是接
口所在网段的路由。通过 G0/0 接口可到达这个网段，是直连路由
L         2001:2::2/128 via GigabitEthernet 0/0, local host             L 表示本地路由，这是接口 IP 所在的
128 位的主机路由
C         2001:3::/64 via Loopback 0, directly connected
L         2001:3::1/128 via Loopback 0, local host
C         FE80::/10 via ::1, Null0                                      表示多播地址空间的路由
C         FE80::/64 via GigabitEthernet 0/0, directly connected         表示 G0/0 接口链路本地地址所在网段
的直连路由
L         FE80::5200:FF:FE02:1/128 via GigabitEthernet 0/0, local host
C         FE80::/64 via Loopback 0, directly connected
L         FE80::5200:FF:FE02:2/128 via Loopback 0, local host
```

6.3　静态路由

　　静态路由是指由网络管理员手动配置的路由，在 IPv4 和 IPv6 网络中均支持静态路由。静态路由信息是私有的、无法对外传递，一旦网络拓扑或链路状态发生变化，其无法自动适应，必须由网络管理员重新进行手动配置。但是，静态路由配置简单，对系统要求低，因此常用于拓扑结构简单且稳定的小型网络中。

6.3.1　常规静态路由

　　采用在 6.2 节中的网络拓扑，在 Router-1 上执行 ping 2001:3::1 命令，发现无法 Ping 通 2001:3::1。在 Router-1 上执行 show ipv6 route 命令，可以发现路由表中没有 2001:3::/64 的路由。有什么办法可以让 Router-1 能 Ping 通 2001:3::1 呢？解决的办法之一就是配置静态路由，这需要管理员手动配置。

　　在图 6-2 中，如果路由器 Router-1 知道去往 2001:3::1 的数据包需要发送给 Router-2，那么 Router-1 默认会使用距离目标最近的接口 IP 作为源 IP，也就是 Router-1 使用 2001:2::1 作

为源 IP 地址，去 Ping Router-2。Router-2 收到数据包后，首先查询 Ping 包的目的 IP 地址，发现 2001:3::1 是本地接口的 IPv6 地址；然后查询 Ping 包的源 IP 地址，发现是来自 2001:2::1 的数据包；最后，Router-2 查询本地的路由表，发现 2001:2::/64 是直连路由，于是把 Ping 的应答包从 G0/0 接口发出。Router-1 收到应答包，表示 Ping 成功。因此，问题的关键在于管理员如何通知路由器 Router-1 去往 2001:3::1 的数据包要发往 Router-2 呢？这就需要添加静态路由。添加静态路由的命令格式如下：

```
Router-1(config)# ipv6 route 2001:3::/64 ?
     AggregatePort      Aggregate port interface
     GigabitEthernet    Gigabit Ethernet interface
     Loopback           Loopback interface
     Null               Null interface
     OverlayRouter      OverlayRouter interface
     Tunnel             Tunnel interface
     VLAN               Vlan interface
     Virtual-ppp        Virtual PPP interface
     X:X:X:X::X         IPv6 gateway address
```

IPv6 静态路由的配置与 IPv4 的类似，它使用的命令是 ipv6 route，后面则是要去往的目的网络。在 IPv4 中，目的网络采用"网络号+网络掩码"的形式表示，在 IPv6 中则是采用"地址前缀/地址前缀长度"的形式表示。这里配置的 2001:3::/64，表示的是去往以 2001:0003:0000:0000 开头的所有 IPv6 地址。

接下来则是输入下一跳路由器直连接口的 IP 地址，或是输入本路由器的外出接口，两者之间的区别将通过下面的示例来演示。

路由器 Router-1 使用下一跳路由器直连接口的 IP 地址，命令如下：

```
Router-1(config)# ipv6 route 2001:3::/64 2001:2::2
```

这里需要特别注意的是，即使目标网络与本路由器相隔数台路由器，这里填入的仍然是下一跳地址，而不是目标网络的前一跳。也就是说，在静态路由中，只需指出下一跳的地址即可，至于以后如何指向，则是下一跳路由器考虑的事情。此时，在 Router-1 上 ping 2001:3::1，可以 Ping 通。取消上面的静态路由命令，改用外出接口，命令如下：

```
Router-1(config)# no ipv6 route 2001:3::/64 2001:2::2
Router-1(config)# ipv6 route 2001:3::/64 gigabitethernet 0/0
% It is suggested to specify a next hop IPv6 address when configuring a none-point-to-point interface as the
static routing egress.    提示信息为：当配置一个非点到点接口作为静态路由的外出接口时，建议使用下一
跳的IPv6地址。也就是说对非点到点接口，建议使用下一跳路由器接口的IP地址，不建议使用外出接口
```

这里使用的是路由器 Router-1 的出接口。在 Router-1 上 ping 2001:3::1，发现无法 Ping 通。这两条命令都是在 Router-1 上添加一条去往 2001:3::/64 网段的静态路由。由上可知，至于添加的是下一跳的地址还是本路由器的外出接口，还是有差别的。

以本路由器出口配置静态路由的方式仅能用于点对点的链路上，例如在数据链路层封装了高级数据链路控制（High Level Data Link Control，HDLC）协议或点对点协议（Point-to-Point Protocol，PPP）的串行线路。这两个协议在点对点链路上使用时，链路一端的设备发送数据后，对端设备就能收到。

如果串行线路封装的是帧中继协议，由于帧中继链路默认是非广播多路访问（Non-Broadcast Multiple Access，NBMA）链路，这时需要指向下一跳路由器的接口 IP 地址，而不能是外出接口。

如果是以太网这类多路访问链路，若使用外出接口，则路由器将不知道把数据包发往哪一台路由器，也不知道要发往哪一个 IPv6 地址，自然也就无法完成数据链路层的解析过程。在不知道下一跳设备 MAC 地址的情况下，也就无法完成数据包的封装。同理，在多路访问的帧中继链路上，因不知道具体使用哪一条永久虚电路（Permanent Virtual Circuit，PVC），也不能使用外出接口。

使用下面的命令在 Router-1 上恢复正确的静态路由配置：

```
Router-1(config)# no ipv6 route 2001:3::/64 gigabitethernet 0/0
Router-1(config)# ipv6 route 2001:3::/64 2001:2::2
```

使用下面的命令在 Router-2 上配置静态路由：

```
Router-2(config)# ipv6 route 2001:1::/64 2001:2::1
```

配置完成后，Router-2 就可以 Ping 通 Router-1 环回接口地址 2001:1::1 了。路由器默认会使用距离目的最近的接口 IP 执行 Ping 操作，也可以通过 ping 2001:1::1 source 2001:3::11 命令强制 Router-2 使用环回接口的 IP 地址 2001:3::1 去 Ping 路由器 Router-1 的环回接口的 IP 地址 2001:1::1。

下面总结一下配置静态路由的一般步骤。

STEP 1 为路由器每个接口配置 IP 地址。

STEP 2 确定本路由器有哪些直连网段。

STEP 3 确定网络中有哪些本路由器的非直连网段。

STEP 4 在路由表中添加所有非直连网段的路由信息。

实验 6-1　配置静态路由

在 EVE-NG 中打开"Chapter 06"文件夹中的"6-2 IPv6 static routing"实验拓扑，如图 6-3 所示。配置静态路由，使图 6-3 中的任何两个 IP 地址之间都可以连通。

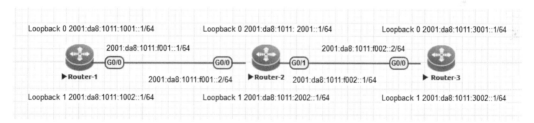

图 6-3　IPv6 static routing 网络拓扑

分析：根据前面配置静态路由的总结，首先为各路由器接口配置 IP 地址；然后分析每台路由器有哪些直连网段，有哪些非直连网段；最后为所有非直连网段添加静态路由。整个网络中有 6 个通过环回接口模拟的网段，2 个互连网络，共 8 个网段。以 Router-1 为例，共有 3 个直连网段（2001:da8:1011:1001::/64、2001:da8:1011:1002::/64、2001:da8:1011:f001::/64），需要添加 5（8−3=5）段路由（2001:da8:1011:2001::/64、2001:da8:1011:2002::/64、2001:da8:1011:3001::/64、2001:da8:1011:3002::/64、2001:da8:1011:f001::/64）。Router-2 直连了 4 个网段，因此只需要添加 4 条静态路由。Router-3 同 Router-1 一样，直连了 3 个网段，需要添加 5 条静态路由。3 台路由器的配置参见配置包"06\IPv6 静态路由配置.txt"，其中 Router-1 的配置如下：

```
Router> enable
Router# configure terminal
```

```
Router(config)# hostname Router-1
Router-1(config)# interface loopback 0
Router-1(config-if-Loopback 0)# ipv6 address 2001:da8:1011:1001::1/64
Router-1(config-if-Loopback 0)# exit
Router-1(config)# interface loopback 1
Router-1(config-if-Loopback 1)# ipv6 address 2001:da8:1011:1002::1/64
Router-1(config-if-Loopback 1)# exit
Router-1(config)# interface gigabitethernet 0/0
Router-1(config-if-GigabitEthernet 0/0)# ipv6 address 2001:da8:1011:f001::1/64
Router-1(config-if-GigabitEthernet 0/0)# exit
Router-1(config)# ipv6 route 2001:da8:1011:2001::/64   2001:da8:1011:f001::2   去往 Router-2 环回接口 0
Router-1(config)# ipv6 route 2001:da8:1011:2002::/64   2001:da8:1011:f001::2   去往 Router-2 环回接口 1
Router-1(config)# ipv6 route 2001:da8:1011:3001::/64   2001:da8:1011:f001::2   去往 Router-3 环回接口 0,
```
不管之间隔了多少台路由器，只需要把数据包发给下一台路由器直连接口的 IP 地址即可
```
Router-1(config)# ipv6 route 2001:da8:1011:3002::/64   2001:da8:1011:f001::2   去往 Router-3 环回接口 1
Router-1(config)# ipv6 route 2001:da8:1011:f002::/64   2001:da8:1011:f001::2   去往 Router-2 和 Router-3
```
之间的互联网段

Router-2 的配置如下：

```
Router> enable
Router# configure terminal
Router(config)# hostname Router-2
Router-2(config)# interface loopback 0
Router-2(config-if-Loopback 0)# ipv6 address 2001:da8:1011:2001::1/64
Router-2(config-if-Loopback 0)# exit
Router-2(config)# interface loopback 1
Router-2(config-if-Loopback 1)# ipv6 address 2001:da8:1011:2002::1/64
Router-2(config-if-Loopback 1)# exit
Router-2(config)# interface gigabitethernet 0/0
Router-2(config-if-GigabitEthernet 0/0)# ipv6 address 2001:da8:1011:f001::2/64
Router-2(config-if-GigabitEthernet 0/0)# exit
Router-2(config)# interface gigabitethernet 0/1
Router-2(config-if-GigabitEthernet 0/1)# ipv6 address 2001:da8:1011:f002::1/64
Router-2(config-if-GigabitEthernet 0/1)# exit
Router-2(config)# ipv6 route 2001:da8:1011:1001::/64   2001:da8:1011:f001::1   去往 Router-1 环回接口 0
Router-2(config)# ipv6 route 2001:da8:1011:1002::/64   2001:da8:1011:f001::1   去往 Router-1 环回接口 1
Router-2(config)# ipv6 route 2001:da8:1011:3001::/64   2001:da8:1011:f002::2   去往 Router-3 环回接口 0
Router-2(config)# ipv6 route 2001:da8:1011:3002::/64   2001:da8:1011:f002::2   去往 Router-3 环回接口 1
```

Router-3 的配置如下：

```
Router> enable
Router# configure terminal
Router(config)# hostname Router-3
Router-3(config)# interface loopback 0
Router-3(config-if-Loopback 0)# ipv6 address 2001:da8:1011:3001::1/64
Router-3(config-if-Loopback 0)# exit
Router-3(config)# interface loopback 1
Router-3(config-if-Loopback 1)# ipv6 address 2001:da8:1011:3002::1/64
```

6.3 静态路由

```
Router-3(config-if-Loopback 1)# exit
Router-3(config)# interface gigabitethernet 0/0
Router-3(config-if-GigabitEthernet 0/0)# ipv6 address 2001:da8:1011:f002::2/64
Router-3(config-if-GigabitEthernet 0/0)# exit
Router-3(config)# ipv6 route 2001:da8:1011:1001::/64    2001:da8:1011:f002::1
Router-3(config)# ipv6 route 2001:da8:1011:1002::/64    2001:da8:1011:f002::1
Router-3(config)# ipv6 route 2001:da8:1011:2001::/64    2001:da8:1011:f002::1
Router-3(config)# ipv6 route 2001:da8:1011:2002::/64    2001:da8:1011:f002::1
Router-3(config)# ipv6 route 2001:da8:1011:f001::/64    2001:da8:1011:f002::1
```

经过上述配置后，图 6-3 中的所有 IP 地址之间都可以连通。

不知读者是否发现，Router-1 中的 5 条路由的下一跳地址均为 Router-2 的 2001:da8:1011:f001::2。为了简化配置，可以采用路由汇总。列出需要汇总的所有路由，并写出所有路由的共有部分，最后统计共有位数，如图 6-4 所示。所有路由共有的部分为 2001:da8:1011，共用的位数是 48 位，汇总后的路由是 2001:da8:1011::/48（注意，这里的汇总属于不精确汇总），这样在 Router-1 上只需要配置一条路由，便可达到相同目的。

在 Router-1 中删除明细路由，再添加一条汇总的路由，操作如下：

```
Router-1(config)# no ipv6 route 2001:da8:1011:2001::/64    2001:da8:1011:f001::2
Router-1(config)# no ipv6 route 2001:da8:1011:2002::/64    2001:da8:1011:f001::2
Router-1(config)# no ipv6 route 2001:da8:1011:3001::/64    2001:da8:1011:f001::2
Router-1(config)# no ipv6 route 2001:da8:1011:3002::/64    2001:da8:1011:f001::2
Router-1(config)# no ipv6 route 2001:da8:1011:f002::/64 2001:da8:1011:f001::2
Router-1(config)# ipv6 route 2001:da8:1011::/48 2001:da8:1011:f001::2
```

与之类似，Router-3 上可以通过命令 ipv6 route 2001:da8:1011::/48   2001:da8:1011:f002::1 将 5 条静态路由简化为一条汇总路由。

如图 6-5 所示，Router-2 上去往 Router-1 的两条路由的目的地址可以简单地汇总成 2001:da8:1011:1000::/60（16+16+16+12=60），也可以进一步把 IP 地址中的 1 和 2 划分成 4 位二进制，进一步汇总成 2001:da8:1011:1000::/62（16+16+16+12+2=62）。后者汇总的精确度高于前者，但仍不是完全精确的汇总，这是由于该汇总结果中包括了 2001:da8:1011:1000::/64 和 2001:da8:1011:1003::/64 两条并不存在的路由条目。

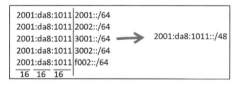
图 6-4　路由汇总 1

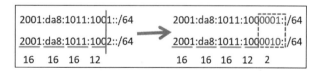
图 6-5　路由汇总 2

以 62 位前缀的方式进行路由汇总，将 Router-2 上的路由条目进行如下修改：

```
Router-2(config)# no ipv6 route 2001:da8:1011:1001::/64    2001:da8:1011:f001::1
Router-2(config)# no ipv6 route 2001:da8:1011:1002::/64    2001:da8:1011:f001::1
Router-2(config)# no ipv6 route 2001:da8:1011:3001::/64    2001:da8:1011:f002::2
Router-2(config)# no ipv6 route 2001:da8:1011:3002::/64    2001:da8:1011:f002::2
Router-2(config)# ipv6 route 2001:da8:1011:1000::/62    2001:da8:1011:f001::1    去往 Router-1 环回接口
Router-2(config)# ipv6 route 2001:da8:1011:3000::/62    2001:da8:1011:f002::2    去往 Router-3 环回接口
```

经过上述配置后，图 6-3 中的所有 IP 地址之间仍然保持连通。

6.3.2　浮动静态路由

浮动静态路由指的是到达同一目的地址，下一跳不同，管理距离不同的多条静态路由。在简单的网络中，可以通过指定静态路由的管理距离，形成浮动静态路由，从而达到链路冗余备份的目的。下面通过一个实验来演示浮动静态路由的使用。

实验 6-2　配置浮动静态路由

在 EVE-NG 中打开"Chapter 06"文件夹的"6-3 IPv6 float static routing"实验拓扑，如图 6-6 所示。Switch-1 和 Win10-1 属于分部网络，Switch-2 和 Win10-2 属于总部网络，总部和分部之间通过双链路互连。使用 Switch-1 模拟分部的核心交换机，其中 VLAN 1 接口的 IPv6 地址是 2001:da8:1011:1001::1/64，Win10-1 属于 VLAN 1，自动获取 IPv6 地址。使用 Switch-2 模拟总部的核心交换机，其中 VLAN 1 接口的 IPv6 地址是 2001:da8:1011:2001::1/64，Win10-2 属于 VLAN 1，自动获取 IPv6 地址。配置浮动静态路由，使得两台交换机优先选择 G0/1 接口之间的链路互连，当 G0/1 接口相连的链路发生故障时，能够自动切换至 G0/2 接口相连的链路。

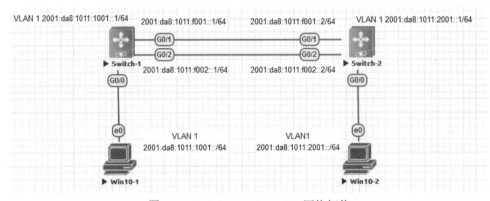

图 6-6　IPv6 float static routing 网络拓扑

STEP 1　配置核心交换机。配置参见软件包"06\IPv6 浮动静态路由配置.txt"，其中 Switch-1 的配置如下：

```
Switch> enable
Switch# configure terminal
Switch(config)# hostname Switch-1
Switch-1(config)# interface gigabitethernet 0/1
Switch-1(config-if-GigabitEthernet 0/1)# no switchport
Switch-1(config-if-GigabitEthernet 0/1)# ipv6 address 2001:da8:1011:f001::1/64
Switch-1(config-if-GigabitEthernet 0/1)# exit
Switch-1(config)# interface gigabitethernet 0/2
Switch-1(config-if-GigabitEthernet 0/2)# no switchport
Switch-1(config-if-GigabitEthernet 0/2)# ipv6 address 2001:da8:1011:f002::1/64
Switch-1(config-if-GigabitEthernet 0/2)# exit
Switch-1(config)# interface vlan 1
Switch-1(config-if-VLAN 1)# ipv6 address 2001:da8:1011:1001::1/64
Switch-1(config-if-VLAN 1)# no ipv6 nd suppress-ra
Switch-1(config-if-VLAN 1)# exit
```

Switch-1(config)# ipv6 route 2001:da8:1011:2001::/64 2001:da8:1011:f001::2   *这条路由没有指定静态路由的管理距离，使用默认的管理距离 1*

Switch-1(config)# ipv6 route 2001:da8:1011:2001::/64 2001:da8:1011:f002::2 2   *这条路由指定静态路由的管理距离为 2*

Switch-2 的配置如下：

```
Switch> enable
Switch# configure terminal
Switch(config)# hostname Switch-2
Switch-2(config)# interface gigabitethernet 0/1
Switch-2(config-if-GigabitEthernet 0/1)# no switchport
Switch-2(config-if-GigabitEthernet 0/1)# ipv6 address 2001:da8:1011:f001::2/64
Switch-2(config-if-GigabitEthernet 0/1)# exit
Switch-2(config)# interface gigabitethernet 0/2
Switch-2(config-if-GigabitEthernet 0/2)# no switchport
Switch-2(config-if-GigabitEthernet 0/2)# ipv6 address 2001:da8:1011:f002::2/64
Switch-2(config-if-GigabitEthernet 0/2)# exit
Switch-2(config)# interface vlan 1
Switch-2(config-if-VLAN 1)# ipv6 address 2001:da8:1011:2001::1/64
Switch-2(config-if-VLAN 1)# no ipv6 nd suppress-ra
Switch-2(config-if-VLAN 1)# exit
Switch-2(config)# ipv6 route 2001:da8:1011:1001::/64 2001:da8:1011:f001::1
Switch-2(config)# ipv6 route 2001:da8:1011:1001::/64 2001:da8:1011:f002::1 2
```

STEP 2 配置终端的 IPv6 地址并测试连通性。Win10-1 和 Win10-2 默认启用了 IPv6，且自动获取地址。使用 ipconfig 命令验证两台计算机是否都获取了正确的 IPv6 地址，其中 Win10-2 的显示如图 6-7 所示。可以看到 Win10-2 获取了前缀为 2001:da8:1011:2001::/64 的 IPv6 地址，并成功 Ping 通以 2001:da8:1011:1001::/64 为前缀的 Win10-1 的 IPv6 地址（这里 Win10-1 的 IPv6 地址是 2001:da8:1011:1001:d57c:b6c:cf69:cec6，读者实验环境中的 IPv6 地址可能会与此不同）。这里也可以看到，启用了 IPv4 和自动获取 IPv4 地址功能，但网络上没有 DHCP 服务器时，IPv4 地址被随机配置成以 169.254 开头的地址。

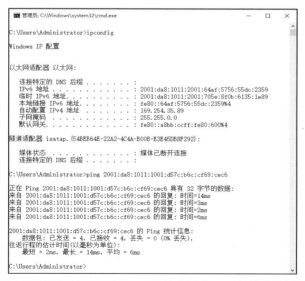

图 6-7 查看 Win10-2 的 IPv6 地址并测试 IPv6 地址的连通性

STEP 3　验证路由。查看 Switch-1 的路由表，显示如下：

```
Switch-1# show ipv6 route
IPv6 routing table name - Default - 14 entries
Codes:   C - Connected, L - Local, S - Static
         R - RIP, O - OSPF, B - BGP, I - IS-IS, V - Overflow route
         N1 - OSPF NSSA external type 1, N2 - OSPF NSSA external type 2
         E1 - OSPF external type 1, E2 - OSPF external type 2
         SU - IS-IS summary, L1 - IS-IS level-1, L2 - IS-IS level-2
         IA - Inter area, EV - BGP EVPN, N - Nd to host
C        2001:DA8:1011:1001::/64 via VLAN 1, directly connected
L        2001:DA8:1011:1001::1/128 via VLAN 1, local host
S        2001:DA8:1011:2001::/64 [1/0] via 2001:DA8:1011:F001::2
             (recursive via 2001:DA8:1011:F001::2, GigabitEthernet 0/1)
C        2001:DA8:1011:F001::/64 via GigabitEthernet 0/1, directly connected
L        2001:DA8:1011:F001::1/128 via GigabitEthernet 0/1, local host
C        2001:DA8:1011:F002::/64 via GigabitEthernet 0/2, directly connected
L        2001:DA8:1011:F002::1/128 via GigabitEthernet 0/2, local host
C        FE80::/10 via ::1, Null0
C        FE80::/64 via VLAN 1, directly connected
L        FE80::5200:FF:FE02:2/128 via VLAN 1, local host
C        FE80::/64 via GigabitEthernet 0/1, directly connected
L        FE80::5200:FF:FE02:3/128 via GigabitEthernet 0/1, local host
C        FE80::/64 via GigabitEthernet 0/2, directly connected
L        FE80::5200:FF:FE02:4/128 via GigabitEthernet 0/2, local host
```

可以看到 Switch-1 去往 2001:da8:1011:2001::/64 的下一跳是 2001:da8:1011:f001::2，走的是 G0/1 链路。

读者可以通过抓包来验证当前仅有 G0/1 接口的互联链路在传输数据。为了让效果更明显，在 Win10-2 上持续用大包 Ping Win10-1，命令如下：

```
C:\Users\Administrator>ping 2001:da8:1011:1001:d57c:b6c:cf69:cec6-t-l 10240    Ping 测试默认是发送 4
个包，携带参数-t 的意思是持续不断地发送 Ping 包；Ping 包的默认大小是 32 字节，这里-l 10240 指定 Ping
包的大小是 10 240 字节
```

在 Switch-1 上右击，从快捷菜单中选择"Capture"→"G0/1"，打开 Switch-1 的 G0/1 接口的捕获窗口，如图 6-8 所示。以类似的方法再打开 Switch-1 的 G0/2 接口的捕获窗口。

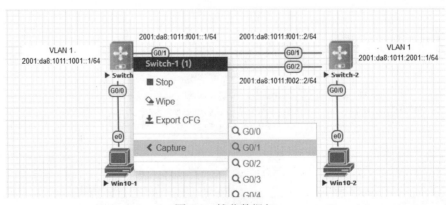

图 6-8　捕获数据包

在图 6-9 中可以观察到 G0/1 接口捕获了大量的 ICMPv6 报文。由于数据包的默认大小是 1510 字节，所以导致每个 10 240 字节的 Ping 包被拆成了多个报文。而 G0/2 接口没有捕获这样的数据包。

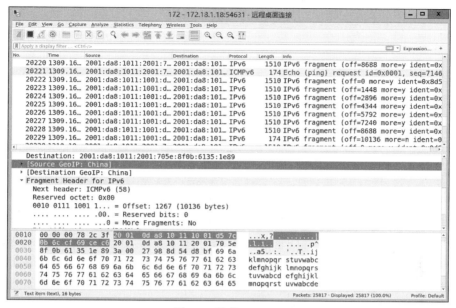

图 6-9　捕获 ICMPv6

STEP 4　模拟故障。在 Switch-1 和 Switch-2 的 G0/1 接口上执行 shutdown 命令断开接口，发现 Win10-1 和 Win10-2 之间仍然可以 Ping 通。在数据包捕获窗口中可以看到，G0/1 已经没有流量，G0/2 有大量的流量，这证明了流量已经切换到 G0/2 链路。在 Switch-1 上查看路由表，显示如下。可以看出去往 2001:da8:1011:2001::/64 的下一跳是 2001:da8:1011:f002::2，已经切换到 G0/2 链路。注意这条静态路由后的显示是 **[2/0]**，管理距离是 2。

```
Switch-1# show ipv6 route

IPv6 routing table name - Default - 10 entries
Codes:   C - Connected, L - Local, S - Static
         R - RIP, O - OSPF, B - BGP, I - IS-IS, V - Overflow route
         N1 - OSPF NSSA external type 1, N2 - OSPF NSSA external type 2
         E1 - OSPF external type 1, E2 - OSPF external type 2
         SU - IS-IS summary, L1 - IS-IS level-1, L2 - IS-IS level-2
         IA - Inter area, EV - BGP EVPN, N - Nd to host

C        2001:DA8:1011:1001::/64 via VLAN 1, directly connected
L        2001:DA8:1011:1001::1/128 via VLAN 1, local host
S        2001:DA8:1011:2001::/64 [2/0] via 2001:DA8:1011:F002::2
                  (recursive via 2001:DA8:1011:F002::2, GigabitEthernet 0/2)
C        2001:DA8:1011:F002::/64 via GigabitEthernet 0/2, directly connected
L        2001:DA8:1011:F002::1/128 via GigabitEthernet 0/2, local host
C        FE80::/10 via ::1, Null0
C        FE80::/64 via VLAN 1, directly connected
```

L	FE80::5200:FF:FE02:2/128 via VLAN 1, local host
C	FE80::/64 via GigabitEthernet 0/2, directly connected
L	FE80::5200:FF:FE02:4/128 via GigabitEthernet 0/2, local host

STEP 5　模拟故障恢复。在 Switch-1 和 Switch-2 的 G0/1 接口上执行 no shutdown 命令打开接口，此时可以看到流量又切换回 G0/1 链路。

6.3.3　静态路由优缺点

与其他路由一样，静态路由也有自己的优缺点。了解每种路由的优缺点，有利于读者根据网络状况，正确地选择适合的路由。

静态路由具有以下优点。

- 对 CPU、内存等硬件的需求低。与动态路由不同，静态路由无须缓存用于路由器间交换的路由信息，也无须执行算法，因此对 CPU 和内存的要求不高。
- 节约带宽。与动态路由不同，静态路由是私有的，因此设备之间无须交换网络信息或路由表，这意味着静态路由可以节省带宽。
- 安全性更高。静态路由由网络管理员手动添加，即使不同的网络之间存在物理路径，只要管理员没有添加它们之间的静态路由，网络也是不可达的。相较于动态路由，静态路由更容易实现网络间的控制。

静态路由具有以下缺点。

- 配置工作量大且配置错误率高。所有静态路由都需要由管理员手动添加，在大型网络中配置时工作量大，且容易出现配置错误。此外，一旦有新的网络加入，管理员必须在所有路由器上添加这条静态路由，网络的管理效率低。
- 适应拓扑变化的能力较差。静态路由无法根据网络拓扑的变化动态调整路由表。虽然在实验 6-2 中通过配置浮动静态路由，起到了冗余备份的作用，但是当网络规模变得复杂、庞大时，通过这种冗余备份的配置方式将变得异常复杂且不可行。

6.4　默认路由

默认路由（default routing）也称作缺省路由。当数据包的目标网络在路由表中无对应表项时，可以使用默认路由进行转发。在存根网络（只有一条连接到其邻居网络的路由，进出这个网络都只有一条路可以走）中可以使用默认路由，因为存根网络与外界之间只有一个连接出口。

图 6-10 所示为某公司的网络拓扑，该公司通过路由器接入 ISP，并通过 ISP 路由器 2001:da8:a3:a007::1 访问整个 Internet。如果配置具体的静态路由条目来访问 Internet，配置数量庞大，低端的路由器根本无法承受如此多的路由条目。因此，针对图 6-10 中的网络拓扑，可以在公司网络的出口路由器上配置默认

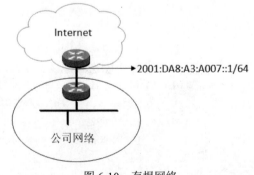

图 6-10　存根网络

路由。默认路由的配置方法与静态路由的类似，只是将网络地址和前缀长度改成了"::/0"，只需要匹配 0 位地址，也就是匹配了所有 IPv6 地址。图 6-10 中公司出口路由器的默认路由配置如下：

```
Router(config)# ipv6 route ::/0 2001:da8:a3:a007::1
```

实际上，不只有存根网络使用了默认路由。据统计，Internet 上 99.9%的路由器都使用了默认路由。在正常使用 IPv6 的计算机上执行命令 route print，可以在 IPv6 路由表中看到::/0 的路由条目，该条目对应的网关即是路由器接口的链路本地地址。

实验 6-3　配置默认路由

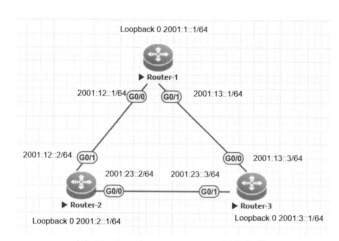

图 6-11　IPv6 default routing 网络拓扑

在 EVE-NG 中打开"Chapter 06"文件夹中的"6-4 IPv6 default routing"实验拓扑，3 台路由器的连接如图 6-11 所示。每台路由器都通过 Loopback 0 接口模拟一个网段。要求配置最少数量的静态路由条目，以实现全网互通。

分析：根据前面介绍的静态路由的配置步骤，先确定网络中有 6 个网段，每台路由器都直连了 3 个网段，然后为所有非直连的网段添加静态路由。以 Router-1 为例，添加一条去往 2001:2::/64 的路由，下一跳是 2001:12::2；添加一条去往 2001:3::/64 的路由，下一跳是 2001:13::3；添加一条去往 2001:23::/64 的路由，下一跳是 2001:12::2 或 2001:13::3。Router-1 上需要配置 3 条静态路由，与之类似，Router-2 和 Router-3 上也需要各自配置 3 条静态路由，这样 3 台路由器总共配置了 9 条静态路由，由此实现了全网互通。

默认路由是一种特殊的静态路由，可以理解为最不精确的汇总，如果使用默认路由，在图 6-11 中只需要配置下面 3 条默认路由就可以实现全网互通。完整的配置请参见配置包"06\IPv6 默认路由配置.txt"。

```
Router-1(config)# ipv6 route ::/0 2001:12::2    Router-1 上所有未知的数据包都发给路由器 Router-2
Router-2(config)# ipv6 route ::/0 2001:23::3    Router-2 上所有未知的数据包都发给路由器 Router-3
Router-3(config)# ipv6 route ::/0 2001:13::1    Router-3 上所有未知的数据包都发给路由器 Router-1
```

配置完成后，可以在任意路由器上测试任意 IP 地址，都可 Ping 通。但数据包的往返路径不一定相同。比如在 Router-1 上 Ping 路由器 Router-3 上的 2001:3::1，去的路径是 Router-1→Router-2→Router-3，返回的路径是 Router-3→Router-1。

前面简单配置了 3 条默认路由，实现了全网互通，但由于默认路由不是精确的路由，会产生一些副作用，比如路由环路。在 Router-1 上随便 Ping 一个不存在的 IPv6 路由条目，比如 2001::1，显示如下：

```
Router-1# ping 2001::1
Sending 5, 100-byte ICMP Echoes to 2001::1, timeout is 2 seconds:
    < press Ctrl+C to break >
```

```
...
Success rate is 0 percent (0/5).
```

返回值为 "..." 表示跳数超过最大允许值后返回的报错。跳数对应 IPv4 报头中的 TTL (Time-To-Live)，每经过一台路由器，TTL 减 1，当 TTL 为零时，路由器丢弃数据包，并向源发送方返回错误提示。

在路由器上执行 traceroute 2001::1 命令，显示如下：

```
Router-1# traceroute 2001::1
  < press Ctrl+C to break >
Tracing the route to 2001::1

1                          2001:12::2    <1 msec    <1 msec    <1 msec
2                          2001:13::3    <1 msec    <1 msec    <1 msec
3                          2001:12::1    2 msec     <1 msec    <1 msec
这里省略了第 4~253 行
254                        2001:13::3    92 msec    97 msec    88 msec
255                        2001:12::1    86 msec    90 msec    80 msec
Router-1#
```

TTL 占用 8 位，最大值是 255，当该值减为零时，数据包才会被丢弃。

在本实验中，虽可以通过配置默认路由来实现全网互通，可一旦拓扑发生变化，例如 Router-1 和 Router-2 之间发生链路故障，就将导致 Router-1 与 Router-2 之间无法通信。尽管在事实上可以通过 Router-3 中转，但静态路由不会根据拓扑的变化自动调整路由表。因此，接下来将介绍能够自动调整路由表的动态路由。

6.5　动态路由

前面介绍了静态路由的配置方法，通过静态路由虽然可以实现网络的互连，但如果网络规模很大，通过手动配置静态路由将变得困难。假设有 100 台路由器，101 个网络，每台路由器上有两个直连网络，那么需配置静态路由的条目是 $100 \times (101-2) = 9900$ 条，通过手动配置几乎无法实现。另外，当网络出现变化时，静态路由也难以反映拓扑变化，这时就需要使用动态路由。

6.5.1　静态路由与动态路由的比较

前面介绍过，静态路由是由管理员在路由器中手动添加的路由条目，具有配置简单、节约带宽、安全可靠的优点。静态路由条目仅与手动配置相关，而不会随着网络拓扑结构的变化而改变，因此通常用于拓扑结构简单并且稳定的小型网络。

动态路由是通过动态路由协议所发现的路由。动态路由协议以邻居间交换路由或链路状态信息的方式学习邻居的路由，当路由器收到来自邻居的更新信息时，将根据各协议相应的路由算法，计算更新路由信息，并将新的路由信息对外传送，以此保证全网路由信息的动态更新。如果网络中的某个邻居失效，则下一跳为此邻居的路由将随之失效，而不同于静态路由需要人工修正路由表。动态路由可以用于拓扑结构复杂的中大型网络中。但各动态路由协议的路由信息交换和路由计算会在不同程度上占用网络带宽、CPU 和内存资源，因此相比于静态路由，动态路由对路由器的硬件资源以及网络带宽的要求更高。

静态路由与动态路由的比较如表 6-1 所示。

表 6-1	静态路由与动态路由的比较	
比较方面	动态路由	静态路由
配置的复杂性	网络规模的增加对配置的影响不大	随着网络规模的增加,配置越来越复杂
对管理员的技术要求	相对较高	相对较低
拓扑改变	自动适应拓扑的改变	需要管理员手动干预
适用环境	简单和复杂的网络均可	简单的网络
安全性	较低	较高
资源使用	使用 CPU、内存、链路带宽	不使用额外的资源

6.5.2 距离矢量和链路状态路由协议

IGP 分为距离矢量（distance vector）和链路状态（link state）两类路由协议。

距离矢量路由协议和链路状态路由协议采用了不同的路由算法。路由算法在路由协议中起着至关重要的作用，采用何种算法往往决定了最终的寻径结果，因此在选择路由算法时通常需要综合考虑以下目标。

- **最优性**：路由算法选择最佳路径的能力。
- **简洁性**：算法设计简洁，能够利用最少的开销提供最有效的功能。
- **坚固性**：路由算法处于非正常或不可预料的环境中时，如硬件故障、负载过高或操作失误时，都能正确运行。路由器分布在网络连接点上，若它们出故障会产生严重后果。优秀的路由器算法通常能经受住时间的考验，并能在各种网络环境中正常且可靠运行。
- **快速收敛（convergence）**：收敛指路由域中所有路由器对当前的网络结构和路由转发达成一致的状态。收敛时间是指从网络的拓扑结构发生变化到网络上所有的相关路由器都得知这一变化，并且相应地做出改变所需要的时间。当某个网络事件引起路由可用或不可用时，路由器就发出更新信息。路由更新信息遍及整个网络，引发最佳路径的重新计算，最终达到所有路由器一致公认的最佳路径。收敛慢的路由算法会造成路径环路或网络中断。
- **灵活性**：路由算法可以快速、准确地适应各种网络环境。例如，若某个网段发生故障，路由算法要能很快发现故障，并为使用该网段的所有路由选择另一条最佳路径。

1. 距离矢量路由协议

距离矢量路由协议采用基于距离矢量的路由选择算法，其中包括贝尔曼-福特（Bellman-Ford）算法等。距离矢量路由协议定期地将路由表的副本从一个路由器发往相邻路由器，从而实现网络中路由信息的变化、交流与更新。RIP、BGP 和 IGRP 都是距离矢量路由协议，它们都定期地发送整个路由表到直接相邻的路由器。EIGRP 也属于距离矢量路由协议，但它是一个高级的距离矢量路由协议，具备很多链路状态路由协议的特征。

（1）距离矢量路由协议中路由环路的形成

距离矢量路由协议也称为传闻协议，也就是指获取信息的方式是通过不加以审核的道听途说。这是由于使用距离矢量路由协议的路由器获取网络的途径是依照邻居路由器的路由表副本，但其没有关于远端网络的确切信息，也没有对远端路由器的认识。这样的机制极易形成环路。

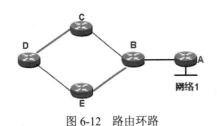

图 6-12　路由环路

下面以 RIP 为例，说明在距离矢量路由协议中，路由环路是如何形成的。在图 6-12 中，路由器 A 把网络 1 的路由发给路由器 B，路由器 B 学到了网络 1，并把度量值标记为 1 跳，即经过一台路由器可以到达，下一跳路由器是 A；路由器 B 把网络 1 的路由发给路由器 C 和路由器 E，路由器 C 和路由器 E 都学到了网络 1，并把度量值标记为 2 跳，即经过两台路由器可以到达，下一跳路由器是 B；路由器 C 和路由器 E 都把网络 1 的路由发给路由器 D，路由器 D 也学到了网络 1，并把度量值标记为 3 跳，即经过 3 台路由器可以到达，下一跳路由器是 C 或 E，即从两台路由器都可以到达。此时所有的路由器都拥有一致的认识和正确的路由表，这时的网络称为已收敛。

事实上，路由器 B 也会把学到的网络 1 发给路由器 A，但路由器 A 发现网络 1 是直连路由，有更小的管理距离（直连路由的管理距离是 0，RIP 的管理距离是 120），因此路由器 A 不会接收路由器 B 传过来的路由；类似地，路由器 C 也会把学到的网络 1 发给路由器 B，路由器 B 发现从路由器 A 学到的网络 1 有 1 跳，从路由器 C 学到的网络 1 有 3 跳，因此路由器 B 不会接收路由器 C 传过来的网络 1 的路由。通过上述方式，所有路由器都会学到正确的路由。

在网络 1 没有出现故障前，路由器 D 有两条到达网络 1 的路径，即通过路由器 C 或者路由器 E 到达路由器 B，最后到达路由器 A 所相连的网络 1。

- 当网络 1 断开时，路由器 A 将网络 1 不可达的信息扩散到路由器 B，路由器 B 将网络 1 不可达的信息扩散到路由器 C 和 E。此时路由器 D 还不知道网络 1 出现故障不可以到达，就在这个时候路由器 D 发出了更新信息给路由器 E，认为通过路由器 C 可以到达网络 1（当然这里也可能是路由器 D 发出了更新信息给路由器 C，认为通过路由器 E 可以到达网络 1，这里以前面一种假设讨论）。
- 路由器 E 收到网络 1 又可以到达的信息（通过路由器 D 可以到达）。
- 路由器 E 更新自己的路由表，并将网络 1 可到达的更新信息发送给路由器 B。
- 路由器 B 更新自己的路由表，并发送给路由器 C 和 A。
- 路由器 C 更新自己的路由表，并发送给路由器 D，此时路由环路产生。

（2）距离矢量路由协议中路由环路的解决办法

距离矢量路由协议环路的解决办法有 5 种。

- 最大跳数。

在上面的描述中，尽管网络 1 出现了故障，但更新信息仍然在网络中循环。网络 1 的无效更新会不断地循环下去，直到其他进程停止该循环。解决这个问题的一个方法是定义最大跳数（maximum hop）。RIP 允许的最大跳数为 15，任何需要经过 16 跳到达的网络都被认为是不可达的；而当跳数小于 16 时，即使存在路由环路，协议也无法感知，相应的路由条目仍然保留。定义最大跳数的方式并未从根本上限制环路的产生，仅是通过限制跳数来减小环路带来的影响，将环路限制在一定范围之内。也正因如此，RIP 适用的网络规模受到了上限为 15 跳的限制。实际上，在 RIP 中，即使没有定义最大跳数，当出现路由环路后，IP 分组也不会无限循环下去。因为 IP 分组中有一个 TTL 字段，主机在传输分组前，会把 TTL 字段设置成 1~255 的一个整数值。路由器接收到分组后，会将 TTL 减 1，如果 TTL 变成 0，路由器将丢弃该 IP 分组。

- 水平分割。

水平分割（split horizon）通过限制路由器，使其不能从接收信息的方向再次发送信息，从而达到避免路由环路的目的。在图 6-12 中，路由器 C 和路由器 E 有关网络 1 的路由信息是从与路由器 B 相连的接口学到的，开启水平分割功能后，路由器 C 和路由器 E 将不会把网络 1 的信息从与路由器 B 相连的接口再传回去。这样路由器 D 最终会学到网络 1 故障的消息，所有路由器都会正确收敛，从而消除了路由环路。水平分割可以在简单的网络拓扑中消除路由环路，如果网络拓扑很复杂，规模很大，则水平分割将无法胜任。

- 路由中毒和毒性反转。

路由中毒（route poisoning）指的是将故障网络的跳数设置成最大跳数加 1 来暗示网络的不可达。毒性反转（poison reverse）则是避免路由环路的另一种方法，它的原理是，一旦从某一接口学到了一个路由，那么这个路由将作为不可达路由从该接口回送。路由中毒或毒性反转用来解决大型网络的路由环路问题。

以图 6-12 为例，未启用路由中毒特性时，发生拓扑变化的路由器 A 在检测到直连路由网络 1 丢失时，在发向路由器 B 的更新包中将不包含网络 1。对于路由器 B 而言，若偶尔收到的一个更新包中不包含网络 1，并不会就此认为网络 1 已经失效，因此会继续向路由器 C 和路由器 E 发送更新信息。只有当连续多个更新包中都没有包含网络 1 的信息时，路由器 B 才认为网络 1 失效。在 RIP 中，当连续有 6 个更新包中都没有包含网络 1 的信息时（总计 180 秒），路由器 B 才认为网络 1 失效。类似地，路由器 C 和路由器 E 再过大概 180 秒才意识到网络 1 不可达，因此路由收敛的时间将会更长。

而开启路由中毒后，当路由器 A 上的网络 1 断开时，路由中毒使路由器 A 向路由器 B 通告网络 1 的度量值为最大跳数加 1，针对 RIP 就是 16 跳。路由器 B 收到路由器 A 的消息后，知道到达网络 1 的距离为 16 跳，意味着网络 1 不可达，需要删除这条路径。如果开启毒性反转功能，则会使路由器 B 向学到网络 1 路由的方向，即路由器 A，回送一个网络 1 不可达的消息。简单来说，如果采用路由中毒，那么路由器 A 向路由器 B 发送的更新包中包含的网络 1 的跳数是 16，暗示网络 1 不可达；如果采用毒性反转，那么路由器 B 反过来告诉路由器 A 网络 1 不可达。特别值得一提的是，毒性反转不受水平分割的影响。

- 触发式更新。

使用距离矢量路由协议的路由器一般是周期性地发生路由更新，比如 RIP 的更新周期是 30 秒。更新周期未到，即使路由发生变化也不发送更新。而一般链路状态路由协议都是触发式更新（triggered update），即拓扑有变化时，马上发送路由更新。在距离矢量路由协议中使用触发更新后，路由器无须等待更新计时器期满就可以发送更新，这样更新信息很快就可传遍全网，从而减小了出现路由环路的可能性。

- 抑制计时器。

抑制计时器（holddown timer）用于避免计数到无穷大的问题，可以预防路由震荡引起的路由环路。如果一个路由器从邻居处接收到一条更新，指示以前可达的网络目前不可达，则该路由器将该路由标记为不可达，同时启动一个抑制计时器，例如在 RIP 中抑制时间默认为 180 秒。抑制计时器的使用分为下面 4 种情况。

- 如果在抑制计时器期满以前，路由器从同一个邻居处收到指示该网络又可达的更新，那么该路由器标识这个网络可达，并且删除抑制计时器。
- 如果在抑制计时器期满以前，收到一个来自其他邻居的路由更新，而且该路由相比抑制前的路由具有更好的度量值。例如以前通过 RIP 学到的某条路由的跳数是 3，现在收到的更新消息显示该路由的跳数是 2，那么该路由器将这个网络标识为可达，并删除抑制计时器。
- 如果在抑制计时器期满以前，收到一个来自其他邻居路由器的更新，而且该路由相比抑制前的路由具有相等或更差的度量值。例如以前通过 RIP 学到某条路由的跳数是 3，现在收到的更新消息显示该路由的跳数是 3 或 4，则忽略这个更新。
- 在抑制计时器期满以后，删除抑制计时器，接收任何拥有合法度量值的更新。

2. 链路状态路由协议

链路状态路由协议也称为最短路径优先协议，它使用的算法是最短路径优先（Shortest Path First，SPF）算法，也称 Dijkstra 算法。链路状态路由协议一般要维护 3 个表：邻居表，用来跟踪直接连接的邻居路由器；拓扑表，保存整个网络的拓扑信息数据库；路由表，用来维护路由信息。启用链路状态路由协议的路由器维护着远端路由器及其互连情况的全部信息，路由选择算法根据拓扑数据库执行 SPF 算法。链路状态路由协议不易出现路由环路问题。

表 6-2 对距离矢量路由协议和链路状态路由协议做了对比。

表 6-2　　　　　距离矢量路由协议与链路状态路由协议的对比

比较方面	距离矢量路由协议	链路状态路由协议
更新周期	时间驱动，定时更新，比如 RIP 是 30 秒发送一次更新	事件驱动，有变化马上发送更新，即触发更新
配置和维护的技术要求	对管理员的要求不高	要求管理员的知识更全面
CPU、带宽和内存等资源	需要少量的内存来存储信息，需要耗费少量的 CPU 来进行计算。如果路由表很大，周期性的更新会占用一定的带宽	需要大量的内存来存储邻居和拓扑信息，需要耗费更多的 CPU 来执行 SPF 算法。路由表采用增量式更新，对带宽占用不多
收敛时间	采用周期性的更新，收敛时间较慢，有时甚至需要几分钟	触发式更新，收敛时间很快，一般几秒钟内就可完成
路由环路	慢速的收敛极易造成各路由器的路由表不一致，很容易产生环路	基于全网的拓扑数据库，执行 SPF 算法，不易产生路由环路
扩展性	慢速的收敛和平面型的设计决定了网络规模不可能很大	快速的收敛和层次型的设计使得网络规模可以很大

6.5.3　常见的动态路由协议

本节介绍 6 种常见的动态路由协议。

1. RIP

路由信息协议（Routing Information Protocol，RIP）是 Internet 中最古老的路由协议。RIP 是一种距离矢量路由协议，路由器以跳数（hop）作为度量值进行路由优选。每个启用 RIP 的路由器通过邻居间的信息交换收集到达目的网络的路径信息，并在路由表中保存到达目的网络跳数最少的最优路径信息。网络拓扑变化时，RIP 的更新机制能够使得路由更新信息在设备间传递。

RIP 具有简单、便于配置的特点，但因为其允许的最大跳数为 15，所以仅适用于规模较小的网络。此外，RIP 每 30 秒一次的路由信息广播也造成带宽的严重浪费，而且频繁的更新也会影响路由器的性能。RIP 的收敛速度较慢，有时还会造成网络环路。

2. OSPF 协议

20 世纪 80 年代中期，由于 RIP 已不能适应大规模异构网络的互连，IETF 的内部网关协议工作组为 IP 网络开发的一种新的路由协议，即开放式最短路径优先（Open Shortest Path First，OSPF）。

OSPF 协议作为一种基于链路状态的路由协议，在各路由器之间并不直接传递路由表，而是交换链路状态的描述信息。处于统一区域的路由器通过链路状态通告（Link State Advertisement，LSA）来传递链路状态信息。OSPF 协议的 LSA 中包含邻居信息、接口信息、度量值等。启用 OSPF 协议的每个路由器都有独立维护的链路状态数据库（Link State Database，LSDB），各路由器基于该数据库中的信息，以本路由器为根，使用 SPF 算法独立计算路由。

3. IS-IS 协议

中间系统到中间系统（Intermediate System-to-Intermediate System，IS-IS）协议是 ISO 的标准协议，适用于 IP 和 ISO 无连接网络服务（Connectionless Network Service，CLNS）的双环境网络。IS-IS 也是链路状态协议，采用 SPF 算法来计算到达每个网络的最佳路径。该协议多见于运营商的网络，本书后面仅用于实验演示，不做深入介绍。

4. IGRP

内部网关路由协议（Interior Gateway Routing Protocol，IGRP）也是一种距离矢量路由协议，它是 Cisco 公司私有的路由协议，使用复合的度量值（包括延迟、带宽、负载和可靠性）。该路由协议较老，基本退出了历史舞台，本书对此不做介绍。

5. EIGRP

增强的 IGRP（Enhanced IGRP，EIGRP）是 IGRP 的升级版，也是 Cisco 公司私有的路由协议，本书对此不做介绍。EIGRP 结合了距离矢量路由协议和链路状态路由协议的优点，使用扩散更新算法（Diffusing Update Algorithm，DUAL）计算路由，收敛速度更快。

6. BGP

前面介绍的 5 种协议都是内部网关协议，BGP 是为 TCP/IP 互联网设计的外部网关协议，用于在多个自治系统之间传递路由信息。它既不是纯粹的链路状态算法，也不是纯粹的距离矢量算法，各个自治系统可以运行不同的内部网关协议，不同的自治系统通过 BGP 交换网络可达信息。BGP 的配置较复杂，是运营商级的路由协议。

6.6　RIPng

RIP 下一代版本（Routing Information Protocol next generation，RIPng）是 RIP 的 IPv6 版本，也是一个距离矢量路由协议，最大跳数是 15，使用水平分割和毒性反转等来阻止路由环路。RIPng 使用多播地址 FF02::9 作为目的更新地址，使用 UDP 的 521 号端口发送更新。

实验 6-4　配置 IPv6 RIPng

在 EVE-NG 中打开"Chapter 06"文件夹中的"6-5 IPv6 RIPng routing"实验拓扑，该拓扑与图 6-11 相同，该实验是在实验 6-3 完成的基础上继续下面的配置。完整的配置请参见配置包"06\IPv6 RIPng 路由配置.txt"。

STEP 1　配置。Router-1 的配置如下：

```
Router-1(config)# ipv6 router rip          启用 RIPng 进程，这里只是启用 RIPng，还需要配置接口
Router-1(config-router)# exit
Router-1(config)# interface gigabitethernet 0/0
Router-1(config-if-GigabitEthernet 0/0)# ipv6 rip enable     在接口下启用 RIPng
Router-1(config-if-GigabitEthernet 0/0)# exit
Router-1(config)# interface gigabitethernet 0/1
Router-1(config-if-GigabitEthernet 0/1)# ipv6 rip enable
Router-1(config-if-GigabitEthernet 0/1)# exit
Router-1(config)# interface loopback 0
Router-1(config-if-Loopback 0)# ipv6 rip enable
```

Router-2 的配置如下：

```
Router-2(config)# ipv6 router rip
Router-2(config-router)# exit
Router-2(config)# interface gigabitethernet 0/0
Router-2(config-if-GigabitEthernet 0/0)# ipv6 rip enable
Router-2(config-if-GigabitEthernet 0/0)# exit
Router-2(config)# interface gigabitethernet 0/1
Router-2(config-if-GigabitEthernet 0/1)# ipv6 rip enable
Router-2(config-if-GigabitEthernet 0/1)# exit
Router-2(config)# interface loopback 0
Router-2(config-if-Loopback 0)# ipv6 rip enable
```

Router-3 的配置如下：

```
Router-3(config)# ipv6 router rip
Router-3(config-router)# exit
Router-3(config)# interface gigabitethernet 0/0
Router-3(config-if-GigabitEthernet 0/0)# ipv6 rip enable
Router-3(config-if-GigabitEthernet 0/0)# exit
Router-3(config)# interface gigabitethernet 0/1
Router-3(config-if-GigabitEthernet 0/1)# ipv6 rip enable
Router-3(config-if-GigabitEthernet 0/1)# exit
Router-3(config)# interface loopback 0
Router-3(config-if-Loopback 0)# ipv6 rip enable
```

STEP 2) 测试。配置完成后，在 Router-1、Router-2、Router-3 上 Ping 任意一个在图 6-11 中标出的 IPv6 地址，都可以 Ping 通。在 Router-3 上执行 show ipv6 route 命令，显示如下：

```
Router-3# show ipv6 route
IPv6 routing table name - Default - 17 entries
Codes:   C - Connected, L - Local, S - Static
         R - RIP, O - OSPF, B - BGP, I - IS-IS, V - Overflow route
         N1 - OSPF NSSA external type 1, N2 - OSPF NSSA external type 2
         E1 - OSPF external type 1, E2 - OSPF external type 2
         SU - IS-IS summary, L1 - IS-IS level-1, L2 - IS-IS level-2
         IA - Inter area, EV - BGP EVPN, N - Nd to host
1    S      ::/0 [1/0] via 2001:13::1
2             (recursive via 2001:13::1, GigabitEthernet 0/0)
3    R      2001:1::/64 [120/2] via FE80::5200:FF:FE01:2, GigabitEthernet 0/0
4    R      2001:2::/64 [120/2] via FE80::5200:FF:FE02:1, GigabitEthernet 0/1
5    C      2001:3::/64 via Loopback 0, directly connected
6    L      2001:3::1/128 via Loopback 0, local host
7    R      2001:12::/64 [120/2] via FE80::5200:FF:FE02:1, GigabitEthernet 0/1
8    C      2001:13::/64 via GigabitEthernet 0/0, directly connected
9    L      2001:13::3/128 via GigabitEthernet 0/0, local host
10   C      2001:23::/64 via GigabitEthernet 0/1, directly connected
11   L      2001:23::3/128 via GigabitEthernet 0/1, local host
12   C      FE80::/10 via ::1, Null0
13   C      FE80::/64 via GigabitEthernet 0/0, directly connected
14   L      FE80::5200:FF:FE03:1/128 via GigabitEthernet 0/0, local host
15   C      FE80::/64 via Loopback 0, directly connected
16   L      FE80::5200:FF:FE03:1/128 via Loopback 0, local host
17   C      FE80::/64 via GigabitEthernet 0/1, directly connected
18   L      FE80::5200:FF:FE03:2/128 via GigabitEthernet 0/1, local host
```

为了方便讲解，作者在输出路由表的左侧加入了行号。

第 1 行是在实验 6-3 中配置的默认路由，按理说这里配置了动态路由协议，就可以取消默认路由的配置，考虑到后面章节的讲解，这里暂不删除。

第 2 行显示了第 1 行默认路由的下一跳地址和外出接口。

第 3 行的 R 表示这条路由是通过 RIP 学到的；"2001:1::/64" 是学到的地址前缀，也就是 Router-1 环回接口 0 所在的 IPv6 地址段；"[120/2]" 中的 120 是 RIP 的管理距离（有关管理距离，本章后面会专门介绍）；"[120/2]" 中的 2 表示要达到这条路由需要经过路由器的数量，RIPng 的跳数比想象中的要多 1 跳，这是因为在锐捷设备的软件实现中 RIPng 将直连网段的跳数视为 1，而 RIP 则视为 0，所以二者间存在跳数差异；"via FE80::5200:FF:FE01:2, GigabitEthernet 0/0" 是 RIPng 路由的下一跳地址，可以看到 RIPng 的下一跳不是邻居接口的 IPv6 地址，而是一个前缀为 FE80 的地址，这个地址就是邻居路由器的相连接口的链路本地地址，RIPng 使用链路本地地址作为更新消息的源地址。最后的 GigabitEthernet 0/0 表示本路由器的外出接口。

第 4 行是另一条 RIPng 路由的信息。

第 7 行是前缀为 2001:12::/64 的 RIPng 路由，如果路由协议的软件实现支持等价路由功能，则该路由应该有两个下一跳，通过 G0/1 接口去往 Router-2 和通过 G0/0 接口去往 Router-1。锐捷设备的 RIPng 软件并未支持这个功能，因此模拟器上的输出只显示一个下一跳，多次实验，发现显示的外出接口有时是 G0/1，有时是 G0/2。

STEP 3 　模拟故障。注意到在上述路由表中 Router-3 是通过 Router-3 和 Router-1 之间的链路去往 Router-1 的环回接口的。现在模拟网络故障，断开 Router-3 和 Router-1 之间的链路，验证动态路由会根据拓扑的变化自动调整路由表。关闭 Router-3 的 G0/0 接口：

```
Router-3(config)# interface gigabitethernet 0/0
Router-3(config-if-GigabitEthernet 0/0)# shutdown
```

查看 Router-3 的路由表，路由条目显示如下：

```
Router-3# show ipv6 route
IPv6 routing table name - Default - 14 entries
Codes:   C - Connected, L - Local, S - Static
         R - RIP, O - OSPF, B - BGP, I - IS-IS, V - Overflow route
         N1 - OSPF NSSA external type 1, N2 - OSPF NSSA external type 2
         E1 - OSPF external type 1, E2 - OSPF external type 2
         SU - IS-IS summary, L1 - IS-IS level-1, L2 - IS-IS level-2
         IA - Inter area, EV - BGP EVPN, N - Nd to host
S        ::/0 [1/0] via 2001:13::1
                    (recursive via FE80::5200:FF:FE02:1, GigabitEthernet 0/1)
R        2001:1::/64 [120/3] via FE80::5200:FF:FE02:1, GigabitEthernet 0/1
R        2001:2::/64 [120/2] via FE80::5200:FF:FE02:1, GigabitEthernet 0/1
C        2001:3::/64 via Loopback 0, directly connected
L        2001:3::1/128 via Loopback 0, local host
R        2001:12::/64 [120/2] via FE80::5200:FF:FE02:1, GigabitEthernet 0/1
R        2001:13::/64 [120/3] via FE80::5200:FF:FE02:1, GigabitEthernet 0/1
C        2001:23::/64 via GigabitEthernet 0/1, directly connected
L        2001:23::3/128 via GigabitEthernet 0/1, local host
C        FE80::/10 via ::1, Null0
C        FE80::/64 via Loopback 0, directly connected
L        FE80::5200:FF:FE03:1/128 via Loopback 0, local host
C        FE80::/64 via GigabitEthernet 0/1, directly connected
L        FE80::5200:FF:FE03:2/128 via GigabitEthernet 0/1, local host
```

在上面的路由表中，可以看到 Router-3 是通过 Router-2 转发，最终到达 Router-1 的环回接口，跳数也从 2 变成了 3。

STEP 4 　故障恢复。打开 Router-3 的 G0/0 接口：

```
Router-3(config)# interface gigabitethernet 0/0
Router-3(config-if-GigabitEthernet 0/0)# no shutdown
```

马上查看路由表，路由表很可能没有恢复到断开前的状态。这是因为 RIPng 是距离矢量路由协议，每 30s 发送一次路由更新。稍后路由恢复到断开前的状态。

至此，证明了动态路由协议能自动学习邻居路由，并能根据拓扑变化自动调整路由表。

6.7　OSPFv3

OSPF 协议是典型的链路状态路由协议。OSPFv3 用于在 IPv6 网络中提供路由功能，是 IPv6 网络中主流的路由协议。OSPFv3 虽在工作机制上与 OSPFv2 基本相同，但并不向下兼容 OSPFv2，不支持 IPv4。

1．OSPFv3 与 OSPFv2 的相同点

OSPFv3 在协议设计思路和工作机制上与 OSPFv2 基本一致，两者具有的相同点如下所示。

- 报文类型相同，都有 5 种类型的报文——Hello、DBD、LSR、LSU、LSAck。
- 区域划分相同。
- LSA 泛洪和同步机制相同。
- 为了保证 LSDB 内容的正确性，需要保证 LSA 的可靠泛洪和同步。
- 路由计算方法相同：采用最短路径优先算法计算路由。
- 邻居发现和邻接关系形成机制相同。
- DR 选举机制相同：在 NBMA 和广播网络中需要选举 DR 和 BDR。

2．OSPFv3 与 OSPFv2 的不同点

为了能在 IPv6 环境中运行，OSPFv3 对 OSPFv2 做出了一些必要的改进，使得 OSPFv3 可以独立于网络层协议，而且后续只要稍加扩展就可以适应各种协议。这为未来可能的扩展预留了充分的空间。OSPFv3 与 OSPFv2 的不同主要表现在以下方面。

- **基于链路的运行**。OSPFv2 是基于网络运行的，两个路由器要形成邻居关系，则必须在同一个网段。OSPFv3 是基于链路运行的，一个链路可以划分为多个子网，节点即使不在同一个子网内，也可以形成邻居关系。
- **使用链路本地地址**。OSPFv3 的路由器使用链路本地地址作为发送报文的源地址。一个路由器可以学习到这个链路上相连的所有其他路由器的链路本地地址，并使用这些链路本地地址作为下一跳来转发报文。
- **通过 Router ID 唯一标识邻居**。在 OSPFv2 中，当网络类型为点到点或者通过虚链路与邻居相连时，路由器通过 Router ID 来标识邻居路由器。当网络类型为广播或 NBMA 时，则通过邻居接口的 IP 地址来标识邻居路由器。OSPFv3 取消了这种复杂性，即无论对于何种网络类型，都通过 Router ID 来唯一标识邻居。Router ID 和 Area ID 仍然采用 32 位长度。
- **认证的变化**。OSPFv3 本身不再提供认证功能，而是通过使用 IPv6 提供的安全机制来保证自身报文的合法性。
- **报头的不同**。与 OSPFv2 报头相比，OSPFv3 报头长度从 24 字节变成 16 字节，去掉了认证字段，但加了 Instance ID 字段。Instance ID 字段用来支持在同一条链路上运行多个实例，且只在链路本地范围内有效，如果路由器接收到的 Hello 报文的 Instance ID 与当前接口配置的 Instance ID 不同，将无法建立邻居关系。
- **组播地址的不同**。OSPFv3 的组播地址为 FF02::5 和 FF02::6。

鉴于 OSPF 配置的复杂性，本书仅简单介绍单区域 OSPF 的配置。

实验 6-5　配置 OSPFv3

在 EVE-NG 中打开 "Chapter 06" 文件夹中的 "6-6 IPv6 OSPFv3 routing" 实验拓扑，该实验是在实验 6-4 完成的基础上继续下面的配置。正确的做法应该是取消之前的默认路由配置和 RIPng 路由配置，然后配置 OSPF。这里为了配合 6.8 节的讲解，本实验暂不取消默认路由配置和 RIPng 路由配置，而是在前一实验的基础上继续下面的配置。完整的配置请参见配置包 "06\IPv6 OSPFv3 路由配置.txt"。

STEP 1 配置。Router-1 的配置如下：

Router-1(config)# ipv6 router ospf 1　　　*启用 OSPFv3 协议，这里的 1 代表进程号，只具有本地意义*

Jan 15 06:31:48: %OSPFV3-4-NORTRID: OSPFv3 process 1 failed to allocate unique router-id and cannot start.　　　　　　*这里提示的意思是：由于没有分配到一个唯一的 Router-ID，OSPFv3 进程 1 失败。OSPFv3 中每台路由器的 Router ID 不会自动根据 IPv6 地址产生，需要手动指定。路由器上若有 IPv4 的 IP 地址，可以不用指定 Router ID，Router ID 可以由 IPv4 地址生成，生成的规则与 OSPFv2 相同*

Router-1(config-router)# router-id 1.1.1.1　　　*随便分配一个 Router ID，Router ID 要求唯一，不同路由器的 Router ID 不能相同*

Change router-id and update OSPFv3 process! [yes/no]:yes　　*询问是否改变 Router ID 和更新 OSPFv3 进程*

Router-1(config-router)# exit

Router-1(config)# interface gigabitethernet 0/0

Router-1(config-if-GigabitEthernet 0/0)# ipv6 ospf 1 area 0　　　*OSPFv3 不同于 OSPFv2，不是在路由进程下通告所有的直连网络，而是在接口下通告这个接口。这里的 1 代表 OSPF 进程号，其值需要与前面 ipv6 router ospf 命令配置的进程号一致。area 0 代表该接口所在的 OSPF 区域。鉴于 OSPF 配置的复杂性，本书仅介绍单区域 OSPF 的配置。这条命令后面还可以跟 Instance ID，若不设置，则默认是 0*

Router-1(config-if-GigabitEthernet 0/0)# exit

Router-1(config)# interface gigabitethernet 0/1

Router-1(config-if-GigabitEthernet 0/1)# ipv6 ospf 1 area 0

Router-1(config-if-GigabitEthernet 0/1)# exit

Router-1(config)# interface loopback 0

Router-1(config-if-Loopback 0)# ipv6 ospf 1 area 0

Router-2 的配置如下：

Router-2(config)# ipv6 router ospf 1　　　*这里的 1 同样只具有本地意义，不同路由设备上可以使用不同的进程号*

Router-2(config-router)# router-id 2.2.2.2

Change router-id and update OSPFv3 process! [yes/no]:yes

Router-2(config-router)# exit

Router-2(config)# interface gigabitethernet 0/0

Router-2(config-if-GigabitEthernet 0/0)# ipv6 ospf 1 area 0

Router-2(config-if-GigabitEthernet 0/0)# exit

Router-2(config)# interface gigabitethernet 0/1

Router-2(config-if-GigabitEthernet 0/1)# ipv6 ospf 1 area 0

Router-2(config-if-GigabitEthernet 0/1)# exit

Router-2(config)# interface loopback 0

Router-2(config-if-Loopback 0)# ipv6 ospf 1 area 0

Router-3 的配置如下：

Router-3(config)# ipv6 router ospf 1

```
Router-3(config-router)# router-id 3.3.3.3
Change router-id and update OSPFv3 process! [yes/no]:yes
Router-3(config-router)# exit
Router-3(config)# interface gigabitethernet 0/0
Router-3(config-if-GigabitEthernet 0/0)# ipv6 ospf 1 area 0
Router-3(config-if-GigabitEthernet 0/0)# exit
Router-3(config)# interface gigabitethernet 0/1
Router-3(config-if-GigabitEthernet 0/1)# ipv6 ospf 1 area 0
Router-3(config-if-GigabitEthernet 0/1)# exit
Router-3(config)# interface loopback 0
Router-3(config-if-Loopback 0)# ipv6 ospf 1 area 0
```

STEP 2 测试。配置完成后，在 Router-1、Router-2、Router-3 上 Ping 任意一个在图 6-11 中标出的 IPv6 地址，都可以 Ping 通。在 Router-3 上执行 show ipv6 route 命令，路由条目显示如下：

```
Router-3# show ipv6 route
IPv6 routing table name - Default - 19 entries
Codes:   C - Connected, L - Local, S - Static
         R - RIP, O - OSPF, B - BGP, I - IS-IS, V - Overflow route
         N1 - OSPF NSSA external type 1, N2 - OSPF NSSA external type 2
         E1 - OSPF external type 1, E2 - OSPF external type 2
         SU - IS-IS summary, L1 - IS-IS level-1, L2 - IS-IS level-2
         IA - Inter area, EV - BGP EVPN, N - Nd to host
1    S      ::/0 [1/0] via 2001:13::1
2           (recursive via 2001:13::1, GigabitEthernet 0/0)
3    R      2001:1::/64 [120/2] via FE80::5200:FF:FE01:2, GigabitEthernet 0/0
4    O      2001:1::1/128 [110/1] via FE80::5200:FF:FE01:2, GigabitEthernet 0/0
5    R      2001:2::/64 [120/2] via FE80::5200:FF:FE02:1, GigabitEthernet 0/1
6    O      2001:2::1/128 [110/1] via FE80::5200:FF:FE02:1, GigabitEthernet 0/1
7    C      2001:3::/64 via Loopback 0, directly connected
8    L      2001:3::1/128 via Loopback 0, local host
9    O      2001:12::/64 [110/2] via FE80::5200:FF:FE02:1, GigabitEthernet 0/1
10          [110/2] via FE80::5200:FF:FE01:2, GigabitEthernet 0/0
11   C      2001:13::/64 via GigabitEthernet 0/0, directly connected
12   L      2001:13::3/128 via GigabitEthernet 0/0, local host
13   C      2001:23::/64 via GigabitEthernet 0/1, directly connected
14   L      2001:23::3/128 via GigabitEthernet 0/1, local host
15   C      FE80::/10 via ::1, Null0
16   C      FE80::/64 via GigabitEthernet 0/0, directly connected
17   L      FE80::5200:FF:FE03:1/128 via GigabitEthernet 0/0, local host
18   C      FE80::/64 via Loopback 0, directly connected
19   L      FE80::5200:FF:FE03:1/128 via Loopback 0, local host
20   C      FE80::/64 via GigabitEthernet 0/1, directly connected
21   L      FE80::5200:FF:FE03:2/128 via GigabitEthernet 0/1, local host
```

为了方便讲解，在输出路由表的左侧加入了行号。

第 4 行的 "O" 代表是 OSPF 路由；"2001:1::1/128" 表示地址前缀，这是 Router-1 环回接口的路由，OSPF 会自动识别环回接口，并直接显示 128 位的主机路由；"[110/1]" 中的 110 表示 OSPF 的管理距离是 110，1 表示 OSPF 的开销（cost），该值是沿途上链路开销的总和，由带宽计算而来，用 1000 Mbps 带宽除以实际带宽；"via FE80::5200:FF:FE01:2,GigabitEthernet0/0" 表示该 OSPF 路由的下一跳地址和本路由器的外出接口，这里与 RIPng 相同，使用的仍然是邻居的链路本地地址。

第 5 行是 Router-2 环回接口的 OSPF 路由。

第 9 和 10 行是 Router-1 和 Router-2 互连网段的路由，这两条路由是等价路由，所以有两个下一跳，可以进行负载均衡。

感兴趣的读者可以像测试 RIPng 路由一样，断开某条链路，测试 OSPF 根据拓扑变化调整路由表的能力。大家会发现 OSPF 也可以根据拓扑变化动态调整路由表，并且收敛的速度比 RIPng 更快。

6.8　BGP4+

与 OSPF 和 RIP 等内部网关协议不同，BGP 是一种外部网关协议，用于在 AS 之间交换路由信息。BGP4 是 BGP 的第 4 个版本，仅支持交换 IPv4 路由信息。BGP4+ 利用了 BGP4 的多协议扩展属性，在不改变 BGP 原有路由交换机制的基础上增加了对 IPv6 路由的支持。BGP4+ 使用网络层可达信息（Network Layer Reachable Information，NLRI）属性及 Next_Hop 属性来携带 IPv6 信息。

1. BGP4+ 与 BGP4 的相同点

BGP4+ 仅仅是 BGP4 的扩展，消息和路由机制并没有变化，两者的相同点如下所示。

- 报文类型相同，都有 5 种类型的报文——OPEN、UPDATE、NOTIFICATION、KEEPALIVE 和 ROUTE-REFRESH。
- 协议的状态机相同。
- 邻居和路由类型相同。
- 常用的 BGP 路由属性基本相同，如 ORIGIN 属性、AS_PATH 属性、LOCAL_PREF 属性和 COMMUNITY 属性。
- 路由交互与路由选择策略没有变化。
- 路由反射规则相同。

2. BGP4+ 与 BGP4 的不同点

BGP4+ 与 BGP4 的不同主要表现在以下方面。

- **UPDATE 报文新增两个可选属性**。BGP4+ 新增了两个 NLRI 属性，分别为多协议可达 NLRI（Multiprotocol Reachable NLRI，MP_REACH_NLRI）和多协议不可达 NLRI（Multiprotocol Unreachable NLRI，MP_UNREACH_NLRI）。其中，MP_REACH_NLRI 用于携带多种网络层协议的可达路由前缀及下一跳地址信息，以便向邻居发布该路由；MP_UNREACH_NLRI 用于携带多种网络层协议的不可达路由前缀信息，以便撤销该路由。如果 BGP Speaker（即运行 BGP 并发送 BGP 报文的设备）不支持

BGP4+，在收到携带以上两种属性的 UPDATE 消息后将会忽略这两种属性。MP_REACH_NLRI 和 MP_UNREACH_NLRI 都包含了地址族信息域。地址族信息域是一个长度为 3 字节的字段，由地址族标识（Address Family Identifier，AFI）和子地址族标识（Subsequent Address Family Identifier，SAFI）组成。其中 AFI 的长度为 2 字节，SAFI 的长度为 1 字节。当设备之间交互 IPv6 路由信息时，BGP4+会设置 AFI 值为 2，并根据具体路由的地址族设置 SAFI 的值。

● **下一跳网络地址表示方式不同。**BGP4+使用 IPv6 地址来表示下一跳网络地址。此地址可以是全球单播地址，也可以是下一跳的链路本地地址。

实验 6-6 配置 BGP4+基本功能

在 EVE-NG 中打开"Chapter 06"文件夹中的"6-7 BGP4plus basic"实验拓扑，如图 6-13 所示。在这个 IPv6 网络拓扑中，Router-1 是 Router-3 的网关，Router-2 是 Router-4 的网关。如果仅仅配置各个接口的 IPv6 地址，并在 Router-3 和 Router-4 上配置指向各自网关的默认路由，Router-3 发往 Router-4 的流量是无法到达 Router-4 的，这是因为 Router-1 上不存在 Router-4 的可达信息，流量在到达 Router-1 时会被丢弃。同理，Router-4 发往 Router-3 的流量在到达 Router-2 后也会被丢弃。接下来的实验将要展示的是通过配置 BGP4+跨 AS 域交互 IPv6 路由配置，使得 Router-1 和 Router-2 各自从对方处获取路由，最终实现 Router-3 和 Router-4 之间的流量互通。完整的配置请参见配置包"06\实验 6-6 配置 BGP4+基本功能.txt"。

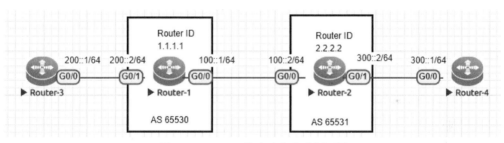

图 6-13　BGP4+基本功能实验组网图

STEP 1 配置 BGP 并激活 IPv6 地址族。

Router-1 配置如下：

```
Router> enable
Router# configure terminal
Router(config)# hostname Router-1
Router-1(config)# interface gigabitethernet 0/0
Router-1(config-if-GigabitEthernet 0/0)# ipv6 address 100::1/64        配置接口的 IPv6 地址，用于建立 BGP 邻居
Router-1(config-if-GigabitEthernet 0/0)# exit
Router-1(config)# interface gigabitethernet 0/1
Router-1(config-if-GigabitEthernet 0/1)# ipv6 address 200::2/64
Router-1(config-if-GigabitEthernet 0/1)# exit
Router-1(config)# router bgp 65530                                      启用 BGP，其中 65530 为 AS 号
Router-1(config-router)# bgp router-id 1.1.1.1                          配置 Router ID
Router-1(config-router)# neighbor 100::2 remote-as 65531               配置 BGP 邻居，指定此邻居的 AS 号为 65531
Router-1(config-router)# address-family ipv6 unicast                    进入 IPv6 单播地址族
```

```
Router-1(config-router-af)# neighbor 100::2 activate        在 IPv6 单播地址族下激活邻居 100::2
```
Router-2 配置如下：

```
Router> enable
Router# configure terminal
Router(config)# hostname Router-2
Router-2(config)# interface gigabitethernet 0/0
Router-2(config-if-GigabitEthernet 0/0)# ipv6 address 100::2/64    配置接口的 IPv6 地址，用于建立 BGP 邻居
Router-2(config-if-GigabitEthernet 0/0)# exit
Router-2(config)# interface gigabitethernet 0/1
Router-2(config-if-GigabitEthernet 0/1)# ipv6 address 300::2/64
Router-2(config-if-GigabitEthernet 0/1)# exit
Router-2(config)# router bgp 65531                           启用 BGP，其中 65531 为 AS 号
Router-2(config-router)# bgp router-id 2.2.2.2               配置 Router ID
Router-2(config-router)# neighbor 100::1 remote-as 65530     配置 BGP 邻居，指定此邻居的 AS 号为 65530
Router-2(config-router)# address-family ipv6 unicast         进入 IPv6 单播地址族
Router-2(config-router-af)# neighbor 100::1 activate         在 IPv6 单播地址族下激活邻居 100::1
```
在 Router-3 上配置接口 IPv6 地址和默认路由：

```
Router> enable
Router# configure terminal
Router(config)# hostname Router-3
Router-3(config)# ipv6 route ::/0 200::2                     配置默认路由，所有 IPv6 报文均向 200::2 转发
Router-3(config)# interface gigabitethernet 0/0
Router-3(config-if-GigabitEthernet 0/1)# ipv6 address 200::1/64
```
在 Router-4 上配置接口 IPv6 地址和默认路由：

```
Router> enable
Router# configure terminal
Router(config)# hostname Router-4
Router-4(config)# ipv6 route ::/0 300::2                     配置默认路由，所有 IPv6 报文均向 300::2 转发
Router-4(config)# interface gigabitethernet 0/0
Router-4(config-if-GigabitEthernet 0/1)# ipv6 address 300::1/64
```
STEP 2 测试。在配置完成后，Router-1 和 Router-2 之间使用 IPv6 地址建立了 BGP 邻居关系。在 Router-1 查看 BGP 邻居状态：

```
Router-1> enable
Router-1# show bgp ipv6 unicast summary
For address family: IPv6 Unicast
BGP router identifier 1.1.1.1, local AS number 65530
BGP table version is 1
0 BGP AS-PATH entries
0 BGP Community entries
0 BGP Prefix entries (Maximum-prefix:4294967295)
```

Neighbor	V	AS	MsgRcvd	MsgSent	TblVer	InQ	OutQ	Up/Down	State/PfxRcd
100::2	4	65531	34	33	1	0	0	00:30:37	0

Total number of neighbors 1, established neighbors 1

在 Router-2 查看 BGP 邻居状态：

```
Router-2> enable
Router-2# show bgp ipv6 unicast summary
For address family: IPv6 Unicast
BGP router identifier 2.2.2.2, local AS number 65531
BGP table version is 2
0 BGP AS-PATH entries
0 BGP Community entries
0 BGP Prefix entries (Maximum-prefix:4294967295)


Neighbor      V    AS       MsgRcvd    MsgSent    TblVer   InQ   OutQ   Up/Down    State/PfxRcd
100::1        4    65530    35         33         2        0     0      00:31:35   1


Total number of neighbors 1, established neighbors 1
```

可以发现，Router-1 和 Router-2 通过 IPv6 地址建立了 BGP 连接，二者互为对方的 IPv6 单播地址族邻居。但是，在 Router-3 上尝试 Ping 300::1（即 Router-4 的 GigabitEthernet 0/0 接口 IPv6 地址），结果是无法 Ping 通：

```
Router-3> enable
Router-3# ping ipv6 300::1
Sending 5, 100-byte ICMP Echoes to 300::1, timeout is 2 seconds:
  < press Ctrl+C to break >
...
Success rate is 0 percent (0/5).
```

这是什么原因呢？

在 Router-1 查看 IPv6 表项，发现并不存在匹配 Router-4 的路由，也没有 BGP4+ 生成的表项：

```
Router-1> enable
Router-1# show ipv6 route

IPv6 routing table name - Default - 9 entries
Codes:   C - Connected, L - Local, S - Static
         R - RIP, O - OSPF, B - BGP, I - IS-IS, V - Overflow route
         N1 - OSPF NSSA external type 1, N2 - OSPF NSSA external type 2
         E1 - OSPF external type 1, E2 - OSPF external type 2
         SU - IS-IS summary, L1 - IS-IS level-1, L2 - IS-IS level-2
         IA - Inter area, EV - BGP EVPN, N - Nd to host


C        100::/64 via GigabitEthernet 0/0, directly connected
L        100::1/128 via GigabitEthernet 0/0, local host
C        200::/64 via GigabitEthernet 0/1, directly connected
L        200::2/128 via GigabitEthernet 0/1, local host
C        FE80::/10 via ::1, Null0
C        FE80::/64 via GigabitEthernet 0/0, directly connected
```

L	FE80::5200:FF:FE01:1/128 via GigabitEthernet 0/0, local host
C	FE80::/64 via GigabitEthernet 0/1, directly connected
L	FE80::5200:FF:FE01:2/128 via GigabitEthernet 0/1, local host

　　Router-1 在接收到 Router-3 发往 300::1 的 IPv6 报文后，因为设备上不存在可以匹配目标地址 300::1 的路由表项，所以将报文丢弃，Router-3 自然也就无法 Ping 通 Router-4。出现此现象是正常的，原因是 BGP 不会自动发现或者学习可达网络信息。若需要将这些信息发布给邻居，则必须手动配置命令，将本地 AS 的可达网络信息注入 BGP。

STEP 3 　将本地 AS 的可达网络信息注入 BGP。

在 Router-1 上配置 IPv6 路由表项通告：

```
Router-1> enable
Router-1# configure terminal
Router-1(config)# router bgp 65530
Router-1(config-router)# address-family ipv6 unicast
Router-1(config-router-af)# network 200::/64          在 IPv6 单播地址族通告 200::/64 可达
```

在 Router-2 上配置 IPv6 路由表项通告：

```
Router-2> enable
Router-2# configure terminal
Router-2(config)# router bgp 65531
Router-2(config-router)# address-family ipv6 unicast
Router-2(config-router-af)# network 300::/64          在 IPv6 单播地址族通告 300::/64 可达
```

STEP 4 　再次测试。查看运行 BGP4+设备的 IPv6 路由表项情况，此处以 Router-1 为例。

在 Router-1 查看 BGP4+通告的 IPv6 路由表项：

```
Router-1> enable
Router-1#show bgp ipv6 unicast
BGP table version is 4, local router ID is 1.1.1.1
Status codes: s suppressed, d damped, h history, * valid, > best, i - internal,
              S Stale, b - backup entry, m - multipath, f Filter, a additional-path
Origin codes: i - IGP, e - EGP, ? - incomplete


     Network          Next Hop          Metric     LocPrf      Weight        Path
*>   200::/64         ::                0                      32768         i
*>   300::/64         100::2            0                      0          65531 i


Total number of prefixes 2
```

在 Router-1 查看 IPv6 路由表项：

```
Router-1> enable
Router-1# show ipv6 route


IPv6 routing table name - Default - 10 entries
Codes:   C - Connected, L - Local, S - Static
         R - RIP, O - OSPF, B - BGP, I - IS-IS, V - Overflow route
         N1 - OSPF NSSA external type 1, N2 - OSPF NSSA external type 2
         E1 - OSPF external type 1, E2 - OSPF external type 2
         SU - IS-IS summary, L1 - IS-IS level-1, L2 - IS-IS level-2
```

```
                 IA - Inter area, EV - BGP EVPN, N - Nd to host

C      100::/64 via GigabitEthernet 0/0, directly connected
L      100::1/128 via GigabitEthernet 0/0, local host
C      200::/64 via GigabitEthernet 0/1, directly connected
L      200::2/128 via GigabitEthernet 0/1, local host
B      300::/64 [20/0] via FE80::5200:FF:FE02:1, GigabitEthernet 0/0
C      FE80::/10 via ::1, Null0
C      FE80::/64 via GigabitEthernet 0/0, directly connected
L      FE80::5200:FF:FE01:1/128 via GigabitEthernet 0/0, local host
C      FE80::/64 via GigabitEthernet 0/1, directly connected
L      FE80::5200:FF:FE01:2/128 via GigabitEthernet 0/1, local host
```

此时可以发现，Router-1 的 IPv6 路由表项中存在一条 BGP4+ 生成的路由"B　　　　300::/64 [20/0] via FE80::5200:FF:FE02:1, GigabitEthernet 0/0"。本条路由表项的目的 IPv6 网络和前缀长度为 300::/64，正是此前在 Router-2 的 BGP IPv6 单播地址族上配置的对外通告的表项；FE80::5200:FF:FE02:1 为下一跳的 IPv6 地址（此地址即为 Router-2 的 GigabitEthernet 0/0 接口的链路本地地址）；GigabitEthernet 0/0（此接口指 Router-1 的 GigabitEthernet 0/0 接口）为发往下一跳的接口。一旦 Router-1 接收到由 Router-3 发送的目的地址为 300::1 的 IPv6 报文，在查询 IPv6 路由表后匹配到了前缀为 300::/64 的表项。根据此表项，Router-1 从 GigabitEthernet 0/0 接口转发报文至 Router-2，之后 Router-2 再查表将报文转发给直连的 Router-4。Router-4 向 Router-3 发送的应答报文转发过程和以上过程大致相同，因此不再赘述。

为验证以上推断，再次尝试在 Router-3 上 Ping 300::1，结果返回成功。

```
Router-3> enable
Router-3#ping ipv6 300::1
Sending 5, 100-byte ICMP Echoes to 300::1, timeout is 2 seconds:
  < press Ctrl+C to break >
!!!!!
Success rate is 100 percent (5/5), round-trip min/avg/max = 3/4/8 ms.
```

实验 6-7　配置 BGP4+ 路由反射功能

BGP 路由通告原则要求一个 AS 内所有 BGP Speaker 建立全连接关系，即两两间建立邻居关系。一旦单个 AS 的 BGP Speaker 数目过多，会导致 AS 中存在大量的对等体连接，这既增加了 BGP Speaker 的设备资源开销，又增加了网络管理员配置任务的工作量和复杂度，还降低了网络的扩展性。路由反射器功能可以减少自治系统内 IBGP 对等体的连接数量。

对路由反射器而言，其所在自治系统内的对等体分为客户端和非客户端两类。当路由反射器接收到一条可达信息时，其处理规则如下。

- 如果可达信息来自 EBGP 邻居，反射器会将此信息发送给所有的客户端和非客户端。
- 如果可达信息来自客户端，反射器会将此信息发送给其他客户端和所有非客户端。
- 如果可达信息来自非客户端，反射器会将此信息发送给所有客户端。

在 EVE-NG 中打开"Chapter 06"文件夹中的"6-8 BGP4plus route reflector"实验拓扑，如图 6-14 所示。其中，Router-1、Router-2 和 Router-RR 位于 AS65530，Router-3 位于 AS65531。接下来的实验将会展示通过在 Router-RR 上配置路由反射功能，使得 Router-1 和 Router-2 之

间即使没有建立 BGP 邻居关系，也可以互相学习到对方通告的路由可达信息。完整的配置请参见配置包"06\实验 6-7 配置 BGP4+路由反射功能.txt"。

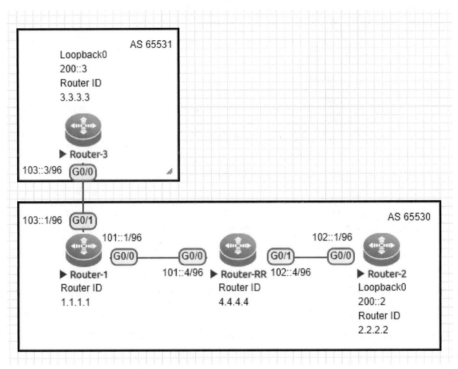

图 6-14　BGP4+路由反射功能实验组网图

STEP ① 配置接口 IP，设备间建立 BGP 邻居。

Router-1 配置如下：

```
Router> enable
Router# configure terminal
Router(config)# hostname Router-1
Router-1(config)# interface gigabitethernet 0/0
Router-1(config-if-GigabitEthernet 0/0)# ipv6 address 101::1/96          配置接口的 IPv6 地址，用于建立 BGP 邻居
Router-1(config-if-GigabitEthernet 0/0)# exit
Router-1(config)# interface gigabitethernet 0/1
Router-1(config-if-GigabitEthernet 0/1)# ipv6 address 103::1/96
Router-1(config-if-GigabitEthernet 0/1)# exit
Router-1(config)# router bgp 65530                                       启用 BGP，其中 65530 为 AS 号
Router-1(config-router)# bgp router-id 1.1.1.1                           配置 Router ID
Router-1(config-router)# neighbor 101::4 remote-as 65530                 配置 IBGP 邻居，指定此邻居的 AS 号为 65530
Router-1(config-router)# neighbor 103::3 remote-as 65531                 配置 EBGP 邻居，指定此邻居的 AS 号为 65531
Router-1(config-router)# address-family ipv6 unicast                     进入 IPv6 单播地址族
Router-1(config-router-af)# neighbor 101::4 activate                     在 IPv6 单播地址族下激活邻居 101::4
Router-1(config-router-af)# neighbor 101::4 next-hop-self                在向指定邻居发送 EBGP 路由表项时，将携
带的下一跳信息调整为自身
Router-1(config-router-af)# neighbor 103::3 activate                     在 IPv6 单播地址族下激活邻居 103::3
```

Router-2 配置如下：

```
Router> enable
Router# configure terminal
Router(config)# hostname Router-2
Router-2(config)# interface loopback 0
Router-2(config-if-Loopback 0)# ipv6 address 200::2/128        配置 Loopback 接口的 IPv6 地址，此 IPv6
地址后序将作为 ICMPv6 测试连通性的地址
Router-2(config-if-Loopback 0)# exit
Router-2(config)# interface gigabitethernet 0/0
Router-2(config-if-GigabitEthernet 0/0)# ipv6 address 102::1/96    配置接口的 IPv6 地址，用于建立 BGP 邻居
Router-2(config-if-GigabitEthernet 0/0)# exit
Router-2(config)# router bgp 65530                             启用 BGP，其中 65530 为 AS 号
Router-2(config-router)# bgp router-id 2.2.2.2                  配置 Router ID
Router-2(config-router)# neighbor 102::4 remote-as 65530       配置 IBGP 邻居，指定此邻居的 AS 号为 65530
Router-2(config-router)# address-family ipv6 unicast           进入 IPv6 单播地址族
Router-2(config-router-af)# neighbor 102::4 activate           在 IPv6 单播地址族下激活邻居 102::4
```

Router-3 配置如下：

```
Router> enable
Router# configure terminal
Router(config)# hostname Router-3
Router-3(config)# interface loopback 0
Router-3(config-if-Loopback 0)# ipv6 address 200::3/128        配置 Loopback 接口的 IPv6 地址，此 IPv6
地址后序将作为 ICMPv6 测试连通性的地址
Router-3(config-if-Loopback 0)# exit
Router-3(config)# interface gigabitethernet 0/0
Router-3(config-if-GigabitEthernet 0/0)# ipv6 address 103::3/96    配置接口的 IPv6 地址，用于建立 BGP 邻居
Router-3(config-if-GigabitEthernet 0/0)# exit
Router-3(config)# router bgp 65531                             启用 BGP，其中 65530 为 AS 号
Router-3(config-router)# bgp router-id 3.3.3.3                  配置 Router ID
Router-3(config-router)# neighbor 103::1 remote-as 65530       配置 EBGP 邻居，指定此邻居的 AS 号为 65530
Router-3(config-router)# address-family ipv6 unicast           进入 IPv6 单播地址族
Router-3(config-router-af)# neighbor 103::1 activate           在 IPv6 单播地址族下激活邻居 103::1
```

路由反射器 Router-RR 配置如下：

```
Router> enable
Router# configure terminal
Router(config)# hostname Router-RR
Router-RR(config)# interface gigabitethernet 0/0
Router-RR(config-if-GigabitEthernet 0/0)# ipv6 address 101::4/96   配置接口的 IPv6 地址，用于建立 BGP 邻居
Router-RR(config-if-GigabitEthernet 0/0)# exit
Router-RR(config)# interface gigabitethernet 0/1
Router-RR(config-if-GigabitEthernet 0/1)# ipv6 address 102::4/96
Router-RR(config-if-GigabitEthernet 0/1)# exit
Router-RR(config)# router bgp 65530                            启用 BGP，其中 65530 为 AS 号
Router-RR(config-router)# bgp router-id 4.4.4.4               配置 Router ID
```

Router-RR(config-router)# neighbor 101::1 remote-as 65530	配置 IBGP 邻居, 指定此邻居的 AS 号为 65530
Router-RR(config-router)# neighbor 102::1 remote-as 65530	配置 IBGP 邻居, 指定此邻居的 AS 号为 65530
Router-RR(config-router)# address-family ipv6 unicast	进入 IPv6 单播地址族
Router-RR(config-router-af)# neighbor 101::1 activate	在 IPv6 单播地址族下激活邻居 101::1
Router-RR(config-router-af)# neighbor 102::1 activate	在 IPv6 单播地址族下激活邻居 102::1

STEP 2 将本地 AS 的可达网络信息注入 BGP。

在 Router-2 上配置 IPv6 路由表项通告：

Router-2> enable	
Router-2# configure terminal	
Router-2(config)# router bgp 65530	
Router-2(config-router)# address-family ipv6 unicast	
Router-2(config-router-af)# network 200::2/128	在 IPv6 单播地址族通告 200::2/128 可达

在 Router-3 上配置 IPv6 路由表项通告：

Router-3> enable	
Router-3# configure terminal	
Router-3(config)# router bgp 65531	
Router-3(config-router)# address-family ipv6 unicast	
Router-3(config-router-af)# network 200::3/128	在 IPv6 单播地址族通告 200::3/128 可达

在 Router-RR 上配置重分发直连路由：

Router-RR> enable	
Router-RR# configure terminal	
Router-RR(config)# router bgp 65531	
Router-RR(config-router)# address-family ipv6 unicast	
Router-RR(config-router-af)# redistribute connected	在 IPv6 单播地址族重分发直连路由

在导入了路由信息之后，查看设备的 BGP4+路由信息和 IPv6 路由表项。此处以 Router-3 为例：

```
Router-3> enable
Router-3# show bgp ipv6 unicast
BGP table version is 2, local router ID is 3.3.3.3
Status codes: s suppressed, d damped, h history, * valid, > best, i - internal,
              S Stale, b - backup entry, m - multipath, f Filter, a additional-path
Origin codes: i - IGP, e - EGP, ? - incomplete

     Network          Next Hop          Metric     LocPrf     Weight      Path
*>   101::/96         103::1            0                      0          65530 ?
*>   102::/96         103::1            0                      0          65530 ?
*>   200::3/128       ::               0                      32768      i


Total number of prefixes 3
Router-3# show ipv6 route

IPv6 routing table name - Default - 11 entries
Codes:   C - Connected, L - Local, S - Static
```

R - RIP, O - OSPF, B - BGP, I - IS-IS, V - Overflow route

N1 - OSPF NSSA external type 1, N2 - OSPF NSSA external type 2

E1 - OSPF external type 1, E2 - OSPF external type 2

SU - IS-IS summary, L1 - IS-IS level-1, L2 - IS-IS level-2

IA - Inter area, EV - BGP EVPN, N - Nd to host

B   101::/96 [20/0] via FE80::5200:FF:FE01:2, GigabitEthernet 0/0

B   102::/96 [20/0] via FE80::5200:FF:FE01:2, GigabitEthernet 0/0

C   103::/96 via GigabitEthernet 0/0, directly connected

L   103::3/128 via GigabitEthernet 0/0, local host

LC   200::3/128 via Loopback 0, local host

C   FE80::/10 via ::1, Null0

C   FE80::/64 via GigabitEthernet 0/0, directly connected

L   FE80::5200:FF:FE04:1/128 via GigabitEthernet 0/0, local host

C   FE80::/64 via Loopback 0, directly connected

L   FE80::5200:FF:FE04:1/128 via Loopback 0, local host

可以看到，此时 Router-3 的路由表项中仍然不包含 Router-2 注入的 200::2/128，在 BGP4+ 获取的可达信息中也没有包含相关的表项。出现该现象的原因如下：

（1）EBGP 邻居间会交互各自从所在 AS 学习到的可达信息，所以 Router-3 从 Router-1 学到了 101::/96 和 102::/96 路由条目；

（2）由于 Router-2 并没有和 Router-1 建立 IBGP 连接，因此 Router-1 没有学习到 Router-2 注入的可达信息；

（3）Router-3 和 Router-1 建立了 EBGP 连接，此时 Router-1 上不存在 Router-2 注入的 IBGP 可达信息，那么 Router-3 自然也获取不到 Router-2 注入的信息。

因此，根据以上的推断，只要 Router-1 能够获取 Router-2 注入的信息，Router-3 就能从 Router-1 处获取 Router-2 的可达信息。但 Router-1 和 Router-2 之间并没有建立 BGP 邻居关系，Router-2 的可达信息无法直接传递给 Router-1。对于本实验，只要在 Router-RR 上配置路由反射功能，就可以将从 Router-2 学习到的可达信息反射给 Router-1。

STEP 3 配置路由反射功能。在 Router-RR 上配置：

```
Router-RR> enable
Router-RR# configure terminal
Router-RR(config)# router bgp 65530
Router-RR(config-router)# address-family ipv6 unicast
Router-RR(config-router-af)# neighbor 101::1 route-reflector-client          配置指定邻居为反射器客户端
Router-RR(config-router-af)# neighbor 102::1 route-reflector-client          配置指定邻居为反射器客户端
```

STEP 4 测试。查看 Router-3 的 BGP4+路由信息和 IPv6 路由表项：

```
Router-3> enable
Router-3# show bgp ipv6 unicast
BGP table version is 4, local router ID is 3.3.3.3
Status codes: s suppressed, d damped, h history, * valid, > best, i - internal,
              S Stale, b - backup entry, m - multipath, f Filter, a additional-path
Origin codes: i - IGP, e - EGP, ? - incomplete
```

Network	Next Hop	Metric	LocPrf	Weight	Path
*>　101::/96	103::1	0		0	65530 ?
*>　102::/96	103::1	0		0	65530 ?
*>　200::2/128	103::1	0		0	65530 i
*>　200::3/128	::	0		32768	i

Total number of prefixes 4
Router-3#show ipv6 route

IPv6 routing table name - Default - 12 entries
Codes:　C - Connected, L - Local, S - Static
　　　　R - RIP, O - OSPF, B - BGP, I - IS-IS, V - Overflow route
　　　　N1 - OSPF NSSA external type 1, N2 - OSPF NSSA external type 2
　　　　E1 - OSPF external type 1, E2 - OSPF external type 2
　　　　SU - IS-IS summary, L1 - IS-IS level-1, L2 - IS-IS level-2
　　　　IA - Inter area, EV - BGP EVPN, N - Nd to host

B　　101::/96 [20/0] via FE80::5200:FF:FE01:2, GigabitEthernet 0/0
B　　102::/96 [20/0] via FE80::5200:FF:FE01:2, GigabitEthernet 0/0
C　　103::/96 via GigabitEthernet 0/0, directly connected
L　　103::3/128 via GigabitEthernet 0/0, local host
B　　200::2/128 [20/0] via FE80::5200:FF:FE01:2, GigabitEthernet 0/0
LC　　200::3/128 via Loopback 0, local host
C　　FE80::/10 via ::1, Null0
C　　FE80::/64 via GigabitEthernet 0/0, directly connected
L　　FE80::5200:FF:FE04:1/128 via GigabitEthernet 0/0, local host
C　　FE80::/64 via Loopback 0, directly connected
L　　FE80::5200:FF:FE04:1/128 via Loopback 0, local host

在 Router-3 上尝试用 Loopback 0 接口的 IPv6 地址 200::3 去 Ping Router-2 的 Loopback 0 接口的 IPv6 地址 200::2，结果返回成功。注意在 Ping 时需要指定源接口为 Loopback 0，原因是 Router-2 上仅存在 Router-3 Loopback 0 接口的 IPv6 地址的路由。或者在 Router-1 上通告 103::/96 路由，这样 Router-3 去 Ping 200::2 时，可以不指定源地址。

Router-3> enable
Router-3# ping ipv6 200::2 source loopback 0
Sending 5, 100-byte ICMP Echoes to 200::2, timeout is 2 seconds:
　< press Ctrl+C to break >
!!!!!
Success rate is 100 percent (5/5), round-trip min/avg/max = 5/5/6 ms.
对于 Router-2，结果类似，因此不再赘述。

6.9　路由选路

路由器默认根据数据分组中的目标 IP 地址进行选路。本节将介绍在下面 3 种情况下，路由器如何进行选路：一个目标地址被多个目标网络包含时；一个目标网络的多种路由协议的多条路径共存时；一个目标网络的同一种路由协议的多条路径共存时。

6.9.1 管理距离

管理距离（Administrative Distance，AD）是用来衡量路由可信度的一个参数。管理距离越小，路由越可靠，这意味着具有较小管理距离的路由将优于较大管理距离的路由，管理距离的取值为 0~255 的整数值，0 是最可信的，255 是最不可信的。如果一台路由器收到同一个网络的两个路由更新信息，那么路由器将把管理距离小的路由放入路由表中。表 6-3 列出了锐捷设备默认的管理距离值。

表 6-3	锐捷设备默认的管理距离值
路由源	（锐捷系列）默认管理距离值
直连接口	0
静态路由（使用下一跳 IP）	1
外部 BGP	20
OSPFv3	110
IS-IS	115
RIPng	120
内部 BGP	200
未知	255

6.9.2 路由选路原则

1. 最长匹配优先

如果一个目标地址被多个目标网络包含，那么它将优先选择最长匹配的路由。比如如果实验 6-5 中 Router-3 去访问 Router-1 的环回接口 2001:1::1，那么路由表中第 1、3、4 行的路由都满足，如下所示：

```
1   S      ::/0 [1/0] via 2001:13::1
2          (recursive via 2001:13::1, GigabitEthernet 0/0)
3   R      2001:1::/64 [120/2] via FE80::5200:FF:FE01:2, GigabitEthernet 0/0
4   O      2001:1::1/128 [110/1] via FE80::5200:FF:FE01:2, GigabitEthernet 0/0
```

根据最长匹配原则，路由器 Router-3 将选择第 4 行的 OSPF 路由，这条路由匹配了 128 位，第 3 行的 RIPng 路由匹配了 64 位，第 1 行的默认路由匹配了 0 位（属于最不精确的匹配）。

2. 管理距离最小优先

当一个目标网络的多种路由协议的多条路径共存时，将按照下列顺序进行选路。

在地址前缀长度相同的情况下，路由器优先选择管理距离小的路由。实验 6-4 中 Router-3 通过 RIPng 学到了 2001:12::/64 的路由，在实验 6-5 中又配置了 OSPFv3 路由，Router-3 通过

OSPF 也学到了 2001:12::/64 的路由。由于 RIP 的管理距离是 120，OSPF 的管理距离是 110，对于同样的路由条目，管理距离小的路由进入路由表，管理距离大的路由被抑制，所以在实验 6-5 中，Router-3 的路由表中只出现了"O　　　2001:12::/64 [110/2]"的 OSPF 路由，"R　　　2001:12::/64 [120/2]"的 RIP 路由条目被抑制。

　　看到这里读者可能会问，为什么第 3 行和第 5 行的 RIPng 路由没有被抑制呢？原因是 Router-3 通过 RIPng 学到 Router-1 环回接口的路由是 2001:1::/64，通过 OSPF 学到 Router-1 环回接口的路由是 2001:1::1/128，也就是第 3 行和第 4 行是不同的路由条目，所以第 4 行不能抑制第 3 行。同理，第 6 行也不能抑制第 5 行。

1	S	::/0 [1/0] via 2001:13::1
2		(recursive via 2001:13::1, GigabitEthernet 0/0)
3	R	2001:1::/64 [120/2] via FE80::5200:FF:FE01:2, GigabitEthernet 0/0
4	O	2001:1::1/128 [110/1] via FE80::5200:FF:FE01:2, GigabitEthernet 0/0
5	R	2001:2::/64 [120/2] via FE80::5200:FF:FE02:1, GigabitEthernet 0/1
6	O	2001:2::1/128 [110/1] via FE80::5200:FF:FE02:1, GigabitEthernet 0/1
7	C	2001:3::/64 via Loopback 0, directly connected
8	L	2001:3::1/128 via Loopback 0, local host
9	O	2001:12::/64 [110/2] via FE80::5200:FF:FE02:1, GigabitEthernet 0/1
10		[110/2] via FE80::5200:FF:FE01:2, GigabitEthernet 0/0
11	C	2001:13::/64 via GigabitEthernet 0/0, directly connected

　　假如有数据包的目标 IP 地址是 2001:2::1，则该数据包是走第 1 行的静态路由，还是走第 4 行的 OSPF 路由呢（这两条路由都包含 2001:2::1 地址）？答案是走第 4 行的 OSPF 路由。别忘了，选路原则的第一条是最长匹配优先，接下来比较的才是管理距离，而第 1 行仅匹配了 0 位，第 4 行匹配了 128 位。

3. 度量值最小优先

　　当一个目标网络同一种路由协议的多条路径共存时，将根据度量值进行选路。

　　如果路由的子网掩码长度相同，管理距离也相等（这往往是一种路由协议的多条路径），接下来比较的就是度量值。回想一下实验 6-4，Router-1 通过 RIPng 把 2001:1::/64 路由发送给了 Router-2 和 Router-3，稍后 Router-2 会把自己的路由表也发送给 Router-3。Router-3 从 Router-1 和 Router-2 都学到了 2001:1::/64 路由，但从 Router-1 学到的跳数是 2，从 Router-2 学到的跳数是 3。比较从两处学来的路由：前缀长度相同，管理距离也相同。接下来比较的就是度量值，度量值小的路由进入路由表，度量值大的路由被抑制。

实验 6-8　活用静态路由助力网络安全

　　作者受邀担任某单位的技术顾问，负责提供咨询和解决网络疑难问题。该单位的生产网络与互联网物理隔离，每次出现问题都需要紧急赶到现场处理，既不方便又没效率。考虑到该单位接入了互联网，生产网络也没要求必须与互联网物理隔离。在保证网络安全的前提下，把生产网络中的网管服务器配置双网卡，一块网卡接入专网，一块网卡接入单位的外网，进而接入互联网。通过配置静态路由，实现只有南京工业大学（这里是根据来访 IP 做限制，当然也可以是别的单位）才能从互联网上访问该网管服务器，进而通过该网管服务器管理专网。若作者出差在外，可以通过 VPN 方式接入南京工业大学，再访问该单位的网管服务器。多年来网络运行稳定，没有发生网络安全事件，可以说经过改造后，既高效又安全稳定。近来又增加了免费的短信提醒功能，网管服务器把故障设备信息通过特定的邮件服务器发送到网管人员的 189 或 139 邮箱，实现了故障的免费短信报警功能。

原实施方案是针对 IPv4 网络的，将其移植到 IPv6 网络中，同样适用。图 6-15 中，Switch-1 模拟专网核心交换机，专网上有多个 VLAN。假设网管服务器在 VLAN1 中，对应的 IPv6 前缀是 2402:1::/64，专网中还有其他多个业务 VLAN，例如 VLAN2，对应的 IPv6 前缀是 2402:2::/64；Switch-2 模拟单位外网核心交换机，外网上有多个 VLAN，假设网管服务器在 VLAN2 中，对应的 IPv6 地址固定是 2401:2::2/64，外网中还有其他多个 VLAN，例如 VLAN1，对应的 IPv6 前缀是 2401:1::/64；外网核心交换机通过 2403:3::/64 网段接入互联网。在真实环境中，还会有防火墙，可以在防火墙上做一些安全配置，这里省略了防火墙，直接接入了互联网。路由器 Router 模拟互联网，假设互联网中有两个网段，其中南京工业大学所在的网段是 2403:1::/64。最终实现的是 Win10-1 可以远程桌面连接 Winserver2016，然后通过 Winserver2016 访问 Win10-4；Win10-2 和 Win10-3 访问不了 Winserver2016 网管服务器；Win10-4 只能与网管服务器的专网 IPv6 地址之间通信，不能访问单位外网和互联网。

STEP 1 基本配置。在 EVE-NG 中打开 "Chapter 06" 文件夹中的 "6-9 IPv6 Security static routing" 实验拓扑，开启图 6-15 中的所有设备。若读者计算机硬件配置不高，可以不用同时开启所有设备，尤其是 Win10-2、Win10-3、Win10-4 等测试计算机。

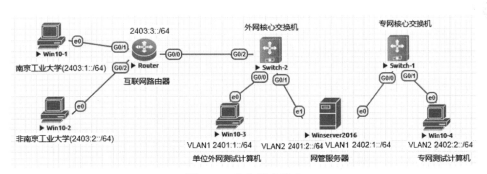

图 6-15 安全静态路由

Switch-1、Switch-2 和 Router 的配置见配置包 "06\IPv6 安全静态路由配置.txt"。Switch-1 配置如下：

```
Switch> enable
Switch# configure terminal
Switch(config)# hostname Switch-1
Switch-1(config)# ipv6 unicast-routing
Switch-1(config)# vlan 2
Switch-1(config-vlan)# exit
Switch-1(config)# interface gigabitethernet 0/1
Switch-1(config-if-GigabitEthernet 0/1)# switchport mode access
Switch-1(config-if-GigabitEthernet 0/1)# switchport access vlan 2
Switch-1(config-if-GigabitEthernet 0/1)# exit
Switch-1(config)# interface vlan 1
Switch-1(config-if-VLAN 1)# ipv6 address 2402:1::1/64
Switch-1(config-if-VLAN 1)# no ipv6 nd suppress-ra
Switch-1(config-if-VLAN 1)# no shutdown
Switch-1(config-if-VLAN 1)# exit
```

```
Switch-1(config)# interface vlan 2
Switch-1(config-if-VLAN 2)# ipv6 address 2402:2::1/64
Switch-1(config-if-VLAN 2)# no ipv6 nd suppress-ra
Switch-1(config-if-VLAN 2)# no shutdown
Switch-1(config-if-VLAN 2)# exit
```

Switch-2 配置如下：

```
Switch> enable
Switch# configure terminal
Switch(config)# hostname Switch-2
Switch-2(config)# ipv6 unicast-routing
Switch-2(config)# vlan 2
Switch-2(config-vlan)# exit
Switch-2(config)# interface gigabitethernet 0/1
Switch-2(config-if-GigabitEthernet 0/1)# switchport mode access
Switch-2(config-if-GigabitEthernet 0/1)# switchport access vlan 2
Switch-2(config-if-GigabitEthernet 0/1)# exit
Switch-2(config-vlan)# interface vlan 1
Switch-2(config-if-VLAN 1)# ipv6 address 2401:1::1/64
Switch-2(config-if-VLAN 1)# no ipv6 nd suppress-ra
Switch-2(config-if-VLAN 1)# no shutdown
Switch-2(config-if-VLAN 1)# exit
Switch-2(config-vlan)# interface vlan 2
Switch-2(config-if-VLAN 2)# ipv6 address 2401:2::1/64
Switch-2(config-if-VLAN 2)# ipv6 nd suppress-ra
```
抑制 RA 报文发送。手动静态配置网管服务器
单位外网接口的 IPv6 地址，因没有 RA 报文通告，网管服务器的单位外网接口也不会生成 FE80 的默认网关
```
Switch-2(config-if-VLAN 2)# no shutdown
Switch-2(config-if-VLAN 2)# exit
Switch-2(config-vlan)# interface gigabitethernet 0/2
Switch-2(config-if-GigabitEthernet 0/2)# no switchport
Switch-2(config-if-GigabitEthernet 0/2)# ipv6 address 2403:3::2/64
Switch-2(config-if-GigabitEthernet 0/2)# exit
Switch-2(config)# ipv6 route ::/0 2403:3::1
```

Router 配置如下：

```
Router> enable
Router# configure terminal
Router(config)# ipv6 unicast-routing
Router(config)# interface gigabitethernet 0/0
Router(config-if-GigabitEthernet 0/0)# ipv6 address 2403:3::1/64
Router(config-if-GigabitEthernet 0/0)# no shutdown
Router(config-if-GigabitEthernet 0/0)# exit
Router(config)# interface gigabitethernet 0/1
Router(config-if-GigabitEthernet 0/1)# ipv6 address 2403:1::1/64
Router(config-if-GigabitEthernet 0/1)# no ipv6 nd suppress-ra
Router(config-if-GigabitEthernet 0/1)# no shutdown
Router(config-if-GigabitEthernet 0/1)# exit
Router(config)# interface gigabitethernet 0/2
```

```
Router(config-if-GigabitEthernet 0/2)# ipv6 address 2403:2::1/64
Router(config-if-GigabitEthernet 0/2)# no ipv6 nd suppress-ra
Router(config-if-GigabitEthernet 0/2)# no shutdown
Router(config-if-GigabitEthernet 0/2)# exit
Router(config)# ipv6 route 2401::/16 2403:3::2
```

STEP 2 网管服务器配置。在网管服务器上使用 ipconfig 命令查看服务器的 IPv6 地址情况，显示如图 6-16 所示。可以看到专网接口的网卡获得了公用 IPv6 地址和对应的默认网关；单位外网接口的网卡没有获得 IPv6 地址和对应的默认网关。

手动给网管服务器的"以太网 2"网卡配置 2401:2::2/64 的静态 IPv6 地址，网关保留为空。在管理员命令提示符窗口中输入 route add 2403:1::/64 2401:2::1 -p 命令，添加一条静态路由，其中 2403:1::/64 是目标网段，2401:2::1 是下一跳地址，-p 参数表示把该路由写入注册表，永久有效。该命令执行完后，可以使用 route print -6 命令，查看网管服务器的 IPv6 路由表，如图 6-17 所示，可以看到::/0 的默认路由，也可以看到最下面添加的永久路由。满足南京工业大学的路由有两条::/0 和 2403:1::/64，根据最长匹配原则，将会选择 2403:1::/64。网管服务器去往南京工业大学（2403:1::/64）以外的所有非直连路由，都将发往专网的核心交换机。

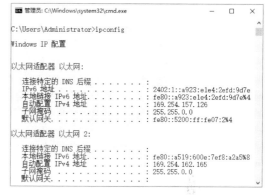

图 6-16 网管服务器的 IPv6 地址情况

图 6-17 查看 IPv6 路由表

STEP 3 测试。在网管服务器上开启远桌面服务，从 Win10-1 上通过网管服务器外网接口的 IPv6 地址 2401:2::2 可以使用远程桌面成功连接网管服务器。在 Win10-4 上查看专网测试计算机的 IPv6 地址，然后在 Win10-1 上使用远程桌面连接网管服务器后再 Ping Win10-4 的 IPv6 地址，可以 Ping 通，如图 6-18 所示。

图 6-18　测试成功

进一步测试，在 Win10-2 和 Win10-3 上都访问不了网管服务器；在 Win10-4 上可以访问网管服务器专网接口的 IPv6 地址。结论是：从单位外网不能访问网管服务器；从互联网（除南京工业大学）不能访问网管服务器。

至此，实现了从互联网上安全地访问单位专网。本章只是给出一个思路和简单配置。在真实环境中，可以配置相关安全产品（例如防火墙）和安全策略（可以参考第 7 章），进一步保障专网安全。

6.10　SRv6

6.10.1　SRv6 的基本原理

在介绍 SRv6 之前，我们需要先明确什么是源路由技术。在前文介绍的各种路由技术中，如果将一个报文从源设备到目的设备经过的所有链路看作一条路径，可以发现路由选择都是由路径的中间节点完成的。中间节点各自计算出通往目的节点的最佳路由并进行报文转发，最终构成了转发路径。而源路由技术则完全不同，它是由数据包的源头来决定数据包在网络中的转发路径。这意味着源主机需要知道通往目的主机的完整路由，并承担转发路径的路由计算工作。

段路由（Segment Routing，SR）协议基于源路由技术理念设计，其核心思想是将报文转发路径切割为不同的分段，并在路径头节点往报文中插入分段信息，中间节点只需要按照报文里携带的分段信息转发即可。这样的路径分段称为"Segment",并通过段标识(Segment Identifier,SID)来标识。目前 SR 支持多协议标签交换(Multi-Protocol Label Switching,MPLS)和 IPv6 两种数据平面,基于 MPLS 数据平面的 SR 称为 SR-MPLS,其 SID 为 MPLS 标签;基于 IPv6 数据平面的 SR 称为 IPv6 段路由(Segment Routing IPv6,SRv6),其 SID 为 IPv6 地址。

1. SRv6 SID 格式

SRv6 的路径分段称为 SRv6 Segment,标识 SRv6 Segment 的 ID 称为 SRv6 SID。

SRv6 SID 的格式和 IPv6 地址一致,长度均为 128 位,但其并非普通意义上的 IPv6 地址。SRv6 SID 由 Locator 和 Function 两部分组成,格式为"Locator:Function",其中 Locator 占据 SRv6 SID 的高位,Function 占据 SRv6 SID 的剩余部分,如图 6-19 所示。

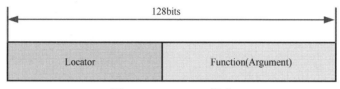

图 6-19 SRv6 SID 格式

Locator 是网络拓扑中一个网络节点的标识,其对应的路由会由 IGP 发布到网络中,用于帮助其他节点将报文转发到发布该 Locator 的节点,同时该节点发布的所有 SRv6 SID 也都可以通过该条 Locator 路由到达。网络中支持 SRv6 的节点需要配置不同的 Locator,不允许重复。

Function 代表设备的指令,这些指令都由设备预先设定,用于指示该设备进行相应的转发动作。Function 通过 Opcode 表示 SRv6 SID 的操作码。

此外,SRv6 SID 还可以分出一个可选的参数段(Argument),占据 SRv6 SID 的低位,用于定义一些报文的流和服务等信息,或者是与 SRv6 SID 相关的功能所需的其他信息,若携带了参数段,则 SRv6 SID 的格式变为 Locator:Function:Argument。

2. SRv6 SID 常见类型

当前 SRv6 SID 主要包括路径 SID 和业务 SID 两种类型。常见的路径 SID 包括 End SID 和 End.X SID。常见的业务 SID 包括 End.DT4 SID 和 End.DT6 SID,由于业务的发展,业务 SID 类型仍在不断增多。以下简单介绍一些常用的 SID。

- End SID:表示 Endpoint SID,用于标识网络中的某个目的节点。End SID 通过 IGP 扩散到其他设备。对应的动作是将 SL(Segment Left)的值减去 1,并根据 SL 从段路由头(Segment Routing Header,SRH)取出下一个 SID 更新到 IPv6 报文头的目的地址字段,再查表转发。End SID 如图 6-20 所示。
- End.X SID:表示三层交叉连接的 Endpoint SID,用于标识网络中的某条链路。End.X SID 通过 IGP 扩散到其他设备。对应的动作是将 SL 的值减去 1,并根据 SL 从 SRH 取出下一个 SID 更新到 IPv6 报文头的目的地址字段,再直接将 IPv6 报文向 End.X SID 标识的链路转发出去。End.X SID 如图 6-21 所示。

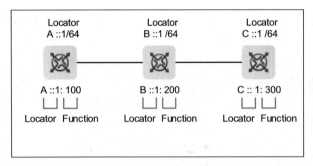

图 6-20　End SID 示意图

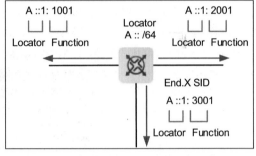

图 6-21　End.X SID 示意图

- End.DT4 SID：表示 PE 类型（网络侧边缘设备）的 Endpoint SID，用于标识网络中的某个 IPv4 VPN 实例。对应的转发动作是解封装报文，并且查找 IPv4 VPN 实例路由表转发。

- End.DT6 SID：表示 PE 类型的 Endpoint SID，用于标识网络中的某个 IPv6 VPN 实例。对应的转发动作是解封装报文，并且查找 IPv6 VPN 实例路由表转发。

3．SRv6 扩展头格式

IPv6 报文由 IPv6 标准头、扩展头和负载三部分组成。为了实现 SRv6，根据 IPv6 原有的路由扩展头定义了一种新类型的扩展头，称作 SRH，该扩展头通过携带 Segment List 等信息来显式地指定一条 SRv6 路径。

SRv6 扩展头格式如图 6-22 所示。

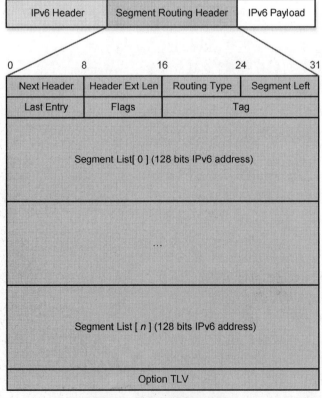

图 6-22　SRv6 扩展头格式

SRH 各字段解释如表 6-4 所示。

表 6-4   SRH 各字段解释

字段	长度	含义
Next Header	8 位	标识紧跟在 SRH 之后的报文头的类型。常见的类型如下。 4：IPv4 封装 41：IPv6 封装 43：IPv6-Route 58：ICMPv6 59：Next Header 为空
Header Ext Len	8 位	SRv6 扩展头的长度。指从 Segment List [0]到 Segment List [n]所占用的长度
Routing Type	8 位	标识路由头部类型，SRv6 扩展头类型是 4
Segment Left	8 位	简称 SL，到达目的节点前仍需要访问的中间节点数
Last Entry	8 位	在段列表中包含段列表的最后一个元素的索引
Flags	8 位	数据包的标识
Tag	16 位	标识同组数据包
Segment List [0]～Segment List [n]	128（n+1）位	段列表，段列表从路径的最后一段开始编码。Segment 的值是 IPv6 地址形式
Option TLV	长度可变	可选 TLV 部分，例如 PaddingTLV

4．本地 SID 信息表

开启 SRv6 功能的节点将维护一个本地 SID 信息表，该表包含所有在本节点生成的 SRv6 SID 信息，节点根据该表生成一个 SRv6 转发表。本地 SID 信息表有以下用途。

- 定义本地生成的 SID，例如 End.X SID。
- 指定绑定到这些 SID 的指令。
- 存储和这些指令相关的转发信息，例如出接口和下一跳等。

5．SRv6 转发过程

在 SRv6 网络中存在 3 类节点角色。

- SRv6 源节点：生成 SRv6 报文的源节点。源节点将数据包引导到 SRv6 路径中，如果路径中只包含一个 SID 并且无须在 SRv6 报文中添加信息或 TLV，则直接设置 SRv6 报文的目的地址为该 SID，不封装 SRH。其他情况下，源节点需要封装 SRH 并更新 IPv6 报文的目的地址。
- 中转节点：转发 SRv6 报文但不进行 SRv6 处理的节点，即中转节点只执行普通的 IPv6 报文转发。中转节点可以是普通的 IPv6 节点，也可以是支持 SRv6 的节点。
- Endpoint 节点：接收并处理 SRv6 报文的节点，其中报文的 IPv6 目的地址必须是本地配置的 SID。

在 SRv6 中，每经过一个 SRv6 Endpoint 节点， SL 字段减 1，IPv6 目的地址变换一次。

Segment Left 和 Segment List 字段共同决定 IPv6 目的地址信息。节点对于 SRv6 SRH 是从下到上进行逆序操作。

SRv6 转发过程如图 6-23 所示。

（1）SRv6 源节点 A 的处理：节点 A 将 SRv6 路径信息封装到 SRH 中，指定节点 C 和节点 D 的 End SID，按照逆序压入 SID 序列，由于有两个 SID，所以节点 A 封装后的报文初始 SL 为 1。SL 指向 Segment List[1]字段，节点 A 将其值 B2::1:100 复制到外层 IPv6 报文头的目的地址字段，并且按照最长匹配原则查找 IPv6 路由表，将报文转发到节点 B。

（2）中转节点 B 的处理：当报文到达节点 B 后，节点 B 只支持处理 IPv6 报文头，无法识别 SRH，此时节点 B 按照正常的 IPv6 报文处理流程和最长匹配原则查找 IPv6 路由表，将报文转发到节点 C。

（3）Endpoint 节点 C 的处理：当报文到达节点 C 后，根据 IPv6 报文的目的地址 B2::1:100 查找本地 SID 信息表，命中 End SID。节点 C 执行 End SID 的指令动作，将 SL 减 1，并将 SL 指向的 SID 更新到外层 IPv6 报文的目的地址字段，同时将 SRH 弹出后的报文转发出去。

（4）当报文到达节点 D 后已经是普通的 IPv6 报文。

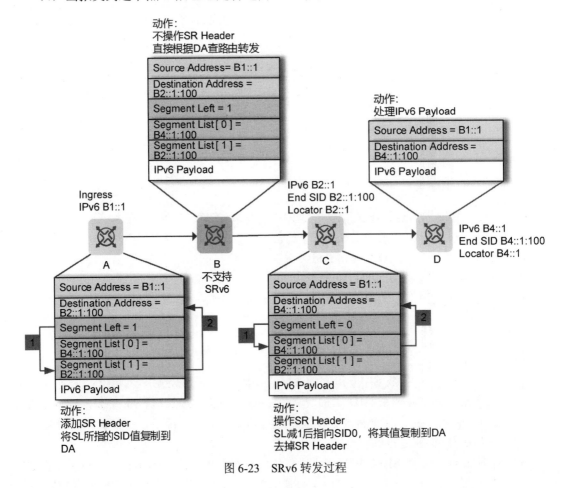

图 6-23　SRv6 转发过程

6．SRv6 的优缺点

SRv6 是基于 IPv6 扩展实现的分段路由，因此继承了 IPv6 大部分的特点。相比 IPv6，扩展后的优点如下。

- 无须引入新的网络协议。SRv6 通过对 IGP 及 BGP 的扩展，即可在现网中部署，无须引入新的网络协议，大大地简化了控制面。
- 兼容性好，可平滑升级。SRv6 通过 IPv6 的扩展头来实现，没有改变 IPv6 报文的封装结构，保持了对现有网络的兼容性；即使设备不支持 SRv6，只要支持 IPv6 协议栈即可转发 SRv6 报文。设备部署业务时实现按需升级，增强部署的灵活性的同时还能够保护已有投资。
- 带来网络可编程能力。SRv6 给 IPv6 报文增加 SRH 头部的扩展，给 IPv6 网络带来了网络可编程能力。第一，通过配置 Segment List，实现路径的可编程；第二，通过 SID 128 位的规划，实现各种不同的转发动作；第三，通过可选 TLV，将特殊信息携带在报文中，实现特定功能，例如通过 HMAC TLV 保护 SRH 关键信息不被篡改。

当然 SRv6 也不全是优点。IPv6 报文加入 SRH 头部后，报文的有效负载降低，指定的路径越长，有效负载率也就越低。例如，假设 Segment List 包含 10 个 SID，一个 SID 占用 16 字节，那么 SID 标签栈就占用了 160 字节，对于一个 512 字节的报文来说，占比近 1/3。针对 SRv6 有效负载降低的问题，业界也在研究 G-SRv6 的方案，通过压缩 SID 长度的方式来减少标签栈深度对有效负载率的影响。

6.10.2　SRv6 Policy

SRv6 Policy 是在 SRv6 技术基础上发展的一种新型隧道引流技术。SRv6 Policy 路径表示为指定路径的段列表（Segment List），也称为 SID 列表（Segment ID List）。每个 SID 列表是从源到目的地的一条显式路径。SID 列表指示网络中的设备必须遵循指定的路径，而不是遵循由 IGP 计算得出的最短路径。如果数据包被导入 SRv6 Policy 中，则由头端将 SID 列表添加到数据包上，网络的其余设备执行 SID 列表中指定的路径。

注意 SRv6 Policy 的段列表和 SRH 的段列表的区别：SRv6 Policy 的段列表是由设备静态配置或者控制器动态下发的配置信息；SRH 的段列表是指由 SRv6 源节点封装进报文的字段，属于报文内容的一部分。

1. SRv6 Policy 组件

SRv6 Policy 包括以下 3 个部分。
- 头端（Headend）：表示 SRv6 Policy 生成的节点。
- 颜色（Color）：作为 BGP 扩展团体属性，用于区分同一个头端到端点之间的多条 SRv6 Policy。携带相同 Color 属性的 BGP 路由将被迭代到该 SRv6 Policy。
- 端点（Endpoint）：表示 SRv6 Policy 的目的地址。

Color 和 Endpoint 信息通过配置添加到 SRv6 Policy，头端设备通过路由携带的 Color 属性和下一跳信息与其进行对比来匹配对应的 SRv6 Policy，实现业务流量转发。

2. SRv6 Policy 模型

SRv6 Policy 模型如图 6-24 所示。一个 SRv6 Policy 至少包含一条候选路径（Candidate Path）。候选路径携带偏好值（Preference）。优先级最高的有效候选路径作为 SRv6 Policy 的活动路径，或称为主路径。

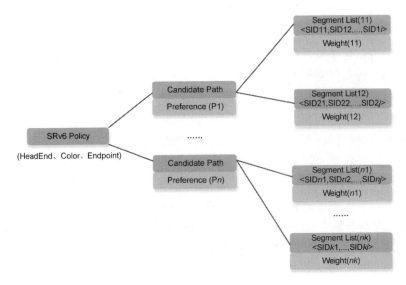

图 6-24　SRv6 Policy 模型

一个候选路径可以包含多个 Segment List，每个 Segment List 携带 Weight 属性。每个 Segment List 都是一个显式 SID 栈，Segment List 可以指示网络设备转发报文。多个 Segment List 之间可以形成负载分担。

3．SRv6 Policy 创建

SRv6 Policy 可以在设备上通过 CLI 或 Netconf 静态配置，也可以在控制器上动态生成随后通过 BGP 传递给设备。相比静态配置，动态方式更利于网络自动化部署。

SRv6 Policy 创建时可以使用 End SID、End.X SID、Anycast SID 或者 Binding SID 等进行组合。如图 6-25 所示，用户可以通过 CLI 或 Netconf 静态配置 SRv6 Policy。当静态配置 SRv6 Policy 时，必须配置 Endpoint、Color、候选路径的 Preference 和 Segment List 等，同一个 SRv6 Policy 下，候选路径的 Preference 不允许重复。

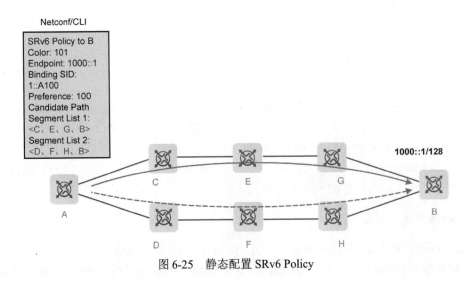

图 6-25　静态配置 SRv6 Policy

4. Color 属性引流

SRv6 Policy 可以基于路由 Color 属性引流。Color 属性引流是头端设备通过路由携带的 Color 属性和目的地址与 SRv6 Policy 进行对比从而将路由迭代到 SRv6 Policy。具体过程如图 6-26 所示。

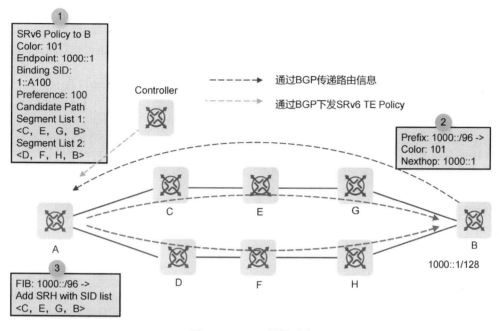

图 6-26　Color 属性引流

Color 属性引流过程简述如下。

（1）控制器向头端设备 A 下发 SRv6 Policy（或者头端设备直接配置 SRv6 Policy），SRv6 Policy 的 Color 是 101，Endpoint 是设备 B 的地址 1000::1。

（2）设备 B 通过路由策略设置路由前缀 1000::/96 的 Color 扩展团体属性值为 101，并在发布路由时携带该属性。

（3）在头端设备 A 上配置隧道策略，随后当设备 A 收到路由以后，会进行路由迭代。使用 BGP 路由的原始下一跳匹配 SRv6 Policy 的 Endpoint，使用 BGP 路由的 Color 属性匹配 SRv6 Policy 的 Color，这样一条 BGP 路由就能迭代到 SRv6 Policy。转发时，为到 1000::/96 的报文添加一个具体的 SID 栈<C, E, G, B>。

5. SRv6 Policy 数据转发

VPN 是依靠 ISP（网络服务提供商）在公网中建立的虚拟专用通信网络，简称私网。承载三层业务的 VPN 为 L3VPN，L3VPNv4 即采用 IPv4 的 L3VPN。

以 L3VPNv4 over SRv6 Policy 为例，描述 SRv6 Policy 数据转发过程。具体如图 6-27 所示。

（1）控制器通过 BGP 或其他方式向头端 PE1（Provider Edge，简称 PE，一般指服务提供商骨干网的边缘路由器。Customer Edge，简称 CE，一般指用户边缘设备，服务提供商所连接的用户端路由器。Provider，简称 P，一般指服务提供商的核心层设备）设备下发 SRv6 Policy。

（2）设备 PE2 发布携带 Color 扩展团体属性的 BGP VPNv4 路由 10.2.2.2/32 给头端 PE1 设备，BGP 路由的下一跳是 PE2 设备的地址 1000::1/128。

（3）在头端 PE1 设备上配置隧道策略。PE1 设备在接收到 BGP 路由以后，使用 BGP 路由的原始下一跳和 Color 属性匹配 SRv6 Policy 的 Endpoint 和 Color 迭代到 SRv6 Policy，SRv6 Policy 的 SID List 是<2::2, 3::3, 4::4>。

（4）设备 PE1 接收到 CE1 发送的普通单播报文后，查找 VPN 实例路由表，该路由的出接口是 SRv6 Policy。PE1 为报文插入 SRH 信息，封装 SRv6 Policy 的 SID List，随后封装 IPv6 报文头信息。完成之后，PE1 将报文转发给 P1。

（5）P1 收到报文后，根据 IPv6 Header 的目的地址（2::2）查找 Locator。命中 End.X SID，执行 End.X 的转发动作：P1 将 SL 减 1（此时 SL 为 2）。P1 将 SL 指示的路径分段信息（即 Segment List[1]=3::3）复制到 IPv6 Header 的目的地址字段。根据 End.X 指定的出接口，将报文转发到 P2。

（6）P2 收到报文后，根据 IPv6 Header 的目的地址（3::3）查找 Locator。命中 End.X SID，执行 End.X 的转发动作：P2 将 SL 减 1（此时 SL 为 1）。P2 将 SL 指示的路径分段信息（即 Segment List[1]=4::4）复制到 IPv6 Header 的目的地址字段。根据 End.X 指定的出接口，将报文转发到 PE2。

（7）报文到达设备 PE2 之后，PE2 使用报文的 IPv6 目的地址 4::4 查找本地 SID 列表，命中到 End SID，所以 PE2 将报文 SL 减 1，IPv6 目的地址更新为 VPN SID 4::100。

（8）PE2 使用 VPN SID 4::100 查找本地 SID 列表，命中到 End.DT4 SID，PE2 解封装报文，去掉 SRH 信息和 IPv6 报文头，使用内层报文目的地址查找 VPN SID 4::100 对应的 VPN 实例路由表，随后将报文转发给 CE2。

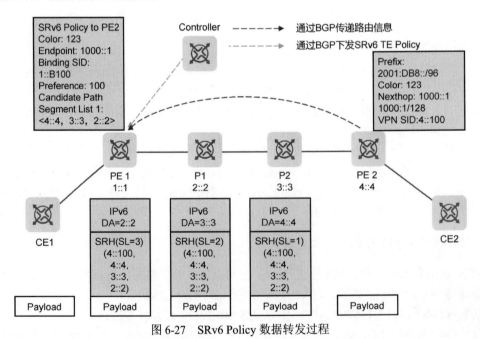

图 6-27　SRv6 Policy 数据转发过程

实验 6-9　配置 L3VPNv4 over SRv6 Policy

在全球化的时代，企业在各地设置分公司已经是很普遍的事情，总部与分公司之间或者分公司与分公司之间的通信需求由此产生。在互相通信的同时还必须满足安全性的要求，不仅要多个不同企业网络之间隔离，而且报文在运营商骨干网传输过程中也要对骨干网透明。SRv6 支持承载不同的 VPN 业务，如 L3VPNv4、L3VPNv6 等。企业在未从 IPv4 网络过渡至 IPv6 网络时，运营商可以使用 L3VPNv4over SRv6 Policy 技术承载用户 IPV4-VPN 业务，通过构建 SRv6 Policy 隧道在骨干网上透传报文，实现数据传输的安全性。

本实验将会使用一个简单的拓扑说明如何配置 L3VPNv4 over SRv6 Policy，使相同 VPN 用户之间可以通过公网的 SRv6 Policy 路径互访。该实验适用的环境是运营商骨干网络，配置的难度较大，若没有需要，可跳过该实验。

STEP 1 在 EVE-NG 中打开"Chapter 06"文件夹中的"6-10 L3VPNv4_over_SRv6_Policy"实验拓扑，如图 6-28 所示。开启所有节点。在本次实验中，Router-1 和 Router-5 处于虚拟路由转发（Virtual Routing Forwarding，VRF）实例 vpn1 下；Router-2 和 Router-4 之间通过 SRv6 Policy 建立隧道传输 vpn1 的报文。

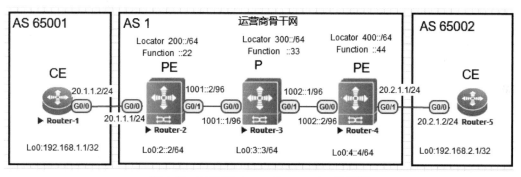

图 6-28　L3VPNv4 over SRv6 Policy 组网图

STEP 2 Router-2 和 Router-4 是 PE 设备，Router-3 是 P 设备，这 3 台设备作为运营商的骨干网交换机，使用的是高端交换机镜像，支持 SRv6，需要的内存和 CPU 资源也较多。Router-2 和 Router-3、Router-3 和 Router-4 分别创建一个环回接口，并配置 IPv6 地址。Router-2、Router-3 和 Router-4 之间建立 IS-IS 邻居，使接口单播路由可达。在此基础上 Router-2 和 Router-4 建立 IBGP 邻居来传递 VPNv4 路由信息。具体配置可见配置包"06\L3VPNv4 over SRv6 Policy.txt"。

Router-2 的配置如下：

```
N-8000R>enable
N-8000R#configure terminal
N-8000R(config)#hostname Router-2
Router-2(config)#router isis                    目前锐捷仅支持通过 IS-IS 扩散 SRv6 SID
Router-2(config-router)#net 49.0001.0000.0000.0001.00    配置 IS-IS 的 NET 地址，NET 地址中 49.0001
表示 Area ID，同区域 IS-IS 设备的 Area ID 需要一致。后半部分.0000.0000.0001 是 System ID，是设备唯一标
识。最后部分固定是 00
Router-2(config-router)#metric-style wide       Wide Metric 能够提供更广的 Metric 范围，适用于大型网络
Router-2(config-router)#exit
Router-2(config)#interface loopback 0
Router-2(config-if-Loopback 0)# ipv6 address 2::2/64
Router-2(config-if-Loopback 0)# ipv6 enable
Router-2(config-if-Loopback 0)#ipv6 router isis   接口上关联 IS-IS
```

Router-2(config-if-Loopback 0)#exit

Router-2(config)#interface gigabitethernet 0/1

Router-2(config-if-GigabitEthernet 0/1)#no switchport　　*把接口切换到路由端口。Router2、Router3 和*

Router4 实际上是高端的交换机，端口默认是交换端口

Router-2(config-if-GigabitEthernet 0/1)# ipv6 address 1001::2/96

Router-2(config-if-GigabitEthernet 0/1)# ipv6 enable

Router-2(config-if-GigabitEthernet 0/1)#ipv6 router isis

Router-2(config-if-GigabitEthernet 0/1)#exit

Router-2(config)#router bgp 1

Router-2(config-router)#bgp router-id 2.2.2.2

Router-2(config-router)#neighbor 4::4 remote-as 1　　*配置 IBGP 邻居 4::4（Router-4），邻居 AS 号为 1。*

IBGP 邻居 AS 号与本端一致

Router-2(config-router)#neighbor 4::4 update-source loopback 0　　*使用环回接口 0 作为邻居通信的更新源地址*

Router-2(config-router)#address-family vpnv4

Router-2(config-router-af)#neighbor 4::4 activate　　*在 VPNv4 地址族激活 BGP 邻居 4::4（Router-4）*

Router-2(config-router-af)#exit-address-family

Router-2(config-router)#address-family ipv4

Router-2(config-router-af)#no neighbor 4::4 activate　　*部分版本设备可能默认会在 IPv4 地址族下激活邻*

居，实验中无须激活 IPv4 地址族邻居，所以执行 no 命令

Router-2(config-router-af)#exit-address-family

Router-2(config-router)#exit

Router-3 的配置如下：

N-8000R>enable

N-8000R#configure terminal

N-8000R(config)#hostname Router-3

Router-3(config)#router isis

Router-3(config-router)#net 49.0001.0000.0000.0002.00　　*Area ID 为 49.0001，与 Router-2 和 Router-4 一致*

Router-3(config-router)#metric-style wide

Router-3(config-router)#exit

Router-3(config)#interface loopback 0

Router-3(config-if-Loopback 0)# ipv6 address 3::3/64

Router-3(config-if-Loopback 0)# ipv6 enable

Router-3(config-if-Loopback 0)#ipv6 router isis

Router-3(config-if-Loopback 0)#exit

Router-3(config)#interface gigabitethernet 0/0

Router-3(config-if-GigabitEthernet 0/0)#no switchport

Router-3(config-if-GigabitEthernet 0/0)# ipv6 address 1001::1/96

Router-3(config-if-GigabitEthernet 0/0)# ipv6 enable

Router-3(config-if-GigabitEthernet 0/0)#ipv6 router isis

Router-3(config-if-GigabitEthernet 0/0)#exit

Router-3(config)#interface gigabitethernet 0/1

Router-3(config-if-GigabitEthernet 0/1)#no switchport

Router-3(config-if-GigabitEthernet 0/1)# ipv6 address 1002::1/96

Router-3(config-if-GigabitEthernet 0/1)# ipv6 enable

Router-3(config-if-GigabitEthernet 0/1)#ipv6 router isis

Router-3(config-if-GigabitEthernet 0/1)#exit

Router-4 的配置如下：

N-8000R>enable

N-8000R#configure terminal

N-8000R(config)#hostname Router-4

Router-4(config)#router isis

Router-4(config-router)#net 49.0001.0000.0000.0003.00

Router-4(config-router)#metric-style wide

Router-4(config-router)#exit

Router-4(config)#interface loopback 0

Router-4(config-if-Loopback 0)# ipv6 address 4::4/64

Router-4(config-if-Loopback 0)# ipv6 enable

Router-4(config-if-Loopback 0)#ipv6 router isis

Router-4(config-if-Loopback 0)#exit

Router-4(config)#interface gigabitethernet 0/0

Router-4(config-if-GigabitEthernet 0/0)#no switchport

Router-4(config-if-GigabitEthernet 0/0)# ipv6 address 1002::2/96

Router-4(config-if-GigabitEthernet 0/0)# ipv6 enable

Router-4(config-if-GigabitEthernet 0/0)#ipv6 router isis

Router-4(config-if-GigabitEthernet 0/0)#exit

Router-4(config)#router bgp 1

Router-4(config-router)#bgp router-id 4.4.4.4

Router-4(config-router)#neighbor 2::2 remote-as 1   *指定 IBGP 邻居 2::2（Router-2）*

Router-4(config-router)#neighbor 2::2 update-source loopback 0   *与邻居 2::2 通信的更新源地址为环回接*
口 0 的 IP 地址

Router-4(config-router)#address-family vpnv4

Router-4(config-router-af)#neighbor 2::2 activate   *在 VPNv4 地址族激活邻居 2::2（Router-2）*

Router-4(config-router-af)#exit-address-family

Router-4(config-router)#address-family ipv4

Router-4(config-router-af)#no neighbor 2::2 activate

Router-4(config-router-af)#exit-address-family

Router-4(config-router)#exit

配置完成后可以使用命令 **show isis neighbors** 查看 IS-IS 邻居情况，发现一切正常。

Router-3#show isis neighbors

Area (null):

System Id	Type	IP Address	State	Holdtime	Circuit	Interface
Router-2	L1		Up	24	Router-3.01	GigabitEthernet 0/0
	L2		Up	21	Router-3.01	GigabitEthernet 0/0
Router-4	L1		Up	9	Router-4.01	GigabitEthernet 0/1
	L2		Up	6	Router-4.01	GigabitEthernet 0/1

使用命令 **show bgp all summury** 查看 IBGP 的邻居情况，发现一切正常。

Router-2#show bgp all summary

For address family: VPNv4 Unicast

```
BGP router identifier 2.2.2.2, local AS number 1
BGP table version is 2
0 BGP AS-PATH entries
0 BGP Community entries
0 BGP Prefix entries (Maximum-prefix:4294967295)


Neighbor        V      AS  MsgRcvd  MsgSent   TblVer   InQ  OutQ   Up/Down   State/PfxRcd
4::4            4       1        7        7        1     0     0   00:03:47             0


Total number of neighbors 1, established neighbors 1
```

STEP 3　Router-2 和 Router-4 配置 VPN 实例，Router-1 和 Router-5 作为 CE 设备，CE 设备接入 PE 可以通过 RIP、IS-IS、OSPF、静态路由和 EBGP 等多种方式。本实验以 CE 和 PE 建立 EBGP 邻居的接入方式为例。

Router-1 的配置如下：

```
Router>enable
Router#configure terminal
Router(config)#hostname Router-1
Router-1(config)#ipv6 unicast-routing
Router-1(config)#interface loopback 0
Router-1(config-if-Loopback 0)# ip address 192.168.1.1 255.255.255.255
Router-1(config-if-Loopback 0)#exit
Router-1(config)#interface gigabitethernet 0/0
Router-1(config-if-GigabitEthernet 0/0)# ip address 20.1.1.2 255.255.255.0
Router-1(config-if-GigabitEthernet 0/0)#exit
Router-1(config)#router bgp 65001      Router-1 所在区域的 BGP AS 号为 65001
Router-1(config-router)#neighbor 20.1.1.1 remote-as 1      指定 EBGP 邻居 20.1.1.1（Router-2），EBGP
邻居的 AS 号为 1
Router-1(config-router)#address-family ipv4
Router-1(config-router-af)#neighbor 20.1.1.1 activate      在 IPv4 地址族激活 EBGP 邻居 20.1.1.1，部分版
本在配置 neighbor remote-as 命令后会自动激活 IPv4 地址族邻居
Router-1(config-router-af)#network 192.168.1.1 mask 255.255.255.255      在 IPv4 地址族通告环回接口地
址 192.168.1.1，假设为公司内网 IPv4 地址，用于后续实验的连通性测试
Router-1(config-router-af)#exit-address-family
Router-1(config-router)#exit
```

Router-2 的配置如下：

```
Router-2(config)#vrf definition vpn1      配置 VRF vpn1，为运营商标识一个企业用户网络，vpn1 名称仅
本地有效
Router-2(config-vrf)#rd 100:1      配置 RD 属性 100:1，用于标识企业的路由，需要全局唯一
Router-2(config-vrf)#address-family ipv4
Router-2(config-vrf-af)#route-target both 120:1      配置 RT 属性 120:1，both 表示该 VPN 的发布和接收的
RT 标识均为 120:1
Router-2(config-vrf-af)#exit-address-family
Router-2(config-vrf)#exit
Router-2(config)#interface gigabitethernet 0/0
```

```
Router-2(config-if-GigabitEthernet 0/0)#no switchport
Router-2(config-if-GigabitEthernet 0/0)# vrf forwarding vpn1          将与 Router-1 直连的接口关联至前面创
建的 VRF vpn1
Router-2(config-if-GigabitEthernet 0/0)# ip address 20.1.1.1 255.255.255.0
Router-2(config-if-GigabitEthernet 0/0)#exit
Router-2(config)#router bgp 1
Router-2(config-router)#address-family ipv4 vrf vpn1
Router-2(config-router)#neighbor 20.1.1.2 remote-as 65001          指定 EBGP 邻居 20.1.1.2(Router-1),EBGP
邻居的 AS 号为 65001
Router-2(config-router-af)#neighbor 20.1.1.2 activate          在 BGP 的 IPv4 VRF 地址族（vpn1）下激活邻居
20.1.1.2（Router-1）
Router-2(config-router-af)#redistribute connected          重分发 Router-2 的直连路由
Router-2(config-router-af)#exit-address-family
Router-2(config-router)#exit
```

Router-4 的配置如下：

```
Router-4(config)#vrf definition vpn1          为便于识别，与 Router 的 VRF 名都配置成 vpn1
Router-4(config-vrf)#rd 100:1          配置 RD 为 100:1，需要与 Router-2 一致
Router-4(config-vrf)#address-family ipv4
Router-4(config-vrf-af)#route-target both 120:1          配置 RT 属性 120:1，RT 的出入方向值需要和 Router-2
的入出方向值一致
Router-4(config-vrf-af)#exit-address-family
Router-4(config-vrf)#exit
Router-4(config)#interface gigabitethernet 0/1
Router-4(config-if-GigabitEthernet 0/1)#no switchport
Router-4(config-if-GigabitEthernet 0/1)# vrf forwarding vpn1          与 Router-5 直连接口关联 VRF vpn1
Router-4(config-if-GigabitEthernet 0/1)# ip address 20.2.1.1 255.255.255.0
Router-4(config-if-GigabitEthernet 0/0)#exit
Router-4(config)#router bgp 1
Router-4(config-router)#address-family ipv4 vrf vpn1          在 BGP 的 IPv4 VRF 地址族（vpn1）下激活邻居
20.2.1.2（Router-5）
Router-4(config-router)#neighbor 20.2.1.2 remote-as 65002          配置 EBGP 邻居 20.2.1.2（Router-5），邻
居 AS 号为 65002
Router-4(config-router-af)#neighbor 20.2.1.2 activate
Router-4(config-router-af)#redistribute connected
Router-4(config-router-af)#exit-address-family
Router-4(config-router)#exit
```

Router-5 的配置如下：

```
Router>enable
Router#configure terminal
Router(config)#hostname Router-5
Router-5(config)#ipv6 unicast-routing
Router-5(config)#interface loopback 0
Router-5(config-if-Loopback 0)# ip address 192.168.2.1 255.255.255.255
Router-5(config-if-Loopback 0)#exit
Router-5(config)#interface gigabitethernet 0/0
```

Router-5(config-if-GigabitEthernet 0/0)# ip address 20.2.1.2 255.255.255.0

Router-5(config-if-GigabitEthernet 0/0)#exit

Router-5(config)#router bgp 65002　　*Router-5 所在区域的 BGP AS 号为 65002*

Router-5(config-router)#neighbor 20.2.1.1 remote-as 1　　*指定 EBGP 邻居 20.2.1.1（Router-4），EBGP 邻居的 AS 号为 1*

Router-5(config-router)#address-family ipv4

Router-5(config-router-af)#neighbor 20.2.1.1 activate　　*在 IPv4 地址族激活 EBGP 邻居 20.2.1.1，部分版本在配置 neighbor remote-as 命令后会自动激活 IPv4 地址族邻居*

Router-5(config-router-af)#network 192.168.2.1 mask 255.255.255.255　　*在 IPv4 地址族通告环回接口地址 192.168.2.1，假设为公司内网 IPv4 地址，用于后续实验的连通性测试*

Router-5(config-router-af)#exit-address-family

Router-5(config-router)#exit

STEP 4　Router-2、Router-3 和 Router-4 配置 Locator 及静态 SID，Router-2 和 Router-4 配置开启 SRv6 能力并配置静态 SRv6 Policy。

Router-2 的配置如下：

Router-2(config)#segment-routing ipv6

Router-2(config-srv6)#locator as　　*配置 Locator 名为 as，Locator 名仅有本地意义*

Router-2(config-srv6-locator)#prefix 200:: 64 static 32　　*配置 Locator 的 IPv6 前缀为 200:: 64，静态地址段长度为 32 位，静态地址段长度与静态配置的 Function 值范围有关，读者可以根据实际情况配置*

Router-2(config-srv6-locator)#opcode ::22 end　　*静态配置 End 节点的 Function 值为::22，End SID 即为 200::22*

Router-2(config-srv6-locator)#exit

Router-2(config-srv6)#exit

Router-2(config)#router isis

Router-2(config-router)#address-family ipv6

Router-2(config-router-af)#segment-routing ipv6 locator as　　*开启 IS-IS 的 SRv6 功能，使 IS-IS 能够为 SRv6 传递 SID 等信息*

Router-2(config-router-af)#exit-address-family

Router-2(config-router)#exit

Router-2(config)#segment-routing ipv6

Router-2(config-srv6)#srv6-policy sbfd enable　　*SBFD 能够检测 SRv6 Policy 的连通性，快速定位故障*

Router-2(config-srv6)#segment-list list1　　*配置 Segment List list1，指定 SRv6 转发路径，list1 仅有本地意义*

Router-2(config-srv6-seglist)#index 5 sid ipv6 300::33　　*第一个转发节点 SID 为 300::33（即 Router-3 的 End SID）*

Router-2(config-srv6-seglist)#index 10 sid ipv6 400::44　　*第二个转发节点 SID 为 400::44（即 Router-4 的 End SID）*

Router-2(config-srv6-seglist)#commit　　*提交保存 Segment List 中配置的 SID*

Router-2(config-srv6-seglist)#exit

Router-2(config-srv6)#srv6 policy policy-vpn1 endpoint 4::4 color 100　　*配置 SRv6 Policy policy-vpn1 的目的地址为 4::4（Endpoint），Color 属性为 100*

Router-2(config-srv6-policy)#candidate-path preference 100

Router-2(config-srv6-policy-path)#segment-list list1　　*将 Segment List list1 配置为 SRv6 Policy 候选路径*

Router-2(config-srv6-policy-path)#exit

Router-3 的配置如下：

Router-3(config)#segment-routing ipv6

Router-3(config-srv6)#locator as　　*配置 Locator 名为 as，Locator 名仅有本地意义*

Router-3(config-srv6-locator)#prefix 300:: 64 static 32　　*配置 Locator 的 IPv6 前缀为 300:: 64，静态地址段长度为 32 位，静态地址段长度与静态配置的 Function 值范围有关，读者可以根据实际情况配置*

Router-3(config-srv6-locator)#opcode ::33 end　　*静态配置 End 节点的 Function 值为::33，End SID 即为 300::33*

Router-3(config-srv6-locator)#exit

Router-3(config-srv6)#exit

Router-3(config)#router isis

Router-3(config-router)#address-family ipv6

Router-3(config-router-af)#segment-routing ipv6 locator as　　*开启 IS-IS 的 SRv6 功能，使 IS-IS 能够为 SRv6 传递 SID 等信息*

Router-3(config-router-af)#exit-address-family

Router-4 的配置如下：

Router-4(config)#segment-routing ipv6

Router-4(config-srv6)#locator as　　*配置 Locator 名为 as，Locator 名仅有本地意义*

Router-4(config-srv6-locator)#prefix 400:: 64 static 32　　*配置 Locator 的 IPv6 前缀为 400:: 64，静态地址段长度为 32 位，静态地址段长度与静态配置的 Function 值范围有关，读者可以根据实际情况配置*

Router-4(config-srv6-locator)#opcode ::44 end　　*静态配置 End 节点的 Function 值为::44，End SID 即为 400::44*

Router-4(config-srv6-locator)#exit

Router-4(config-srv6)#exit

Router-4(config)#router isis

Router-4(config-router)#address-family ipv6

Router-4(config-router-af)#segment-routing ipv6 locator as　　*开启 IS-IS 的 SRv6 功能，使 IS-IS 能够为 SRv6 传递 SID 等信息*

Router-4(config-router-af)#exit-address-family

Router-4(config-router)#exit

Router-4(config)#segment-routing ipv6

Router-4(config-srv6)#srv6-policy sbfd enable

Router-4(config-srv6)#segment-list list1　　*配置 Segment List list1，指定 SRv6 转发路径*

Router-4(config-srv6-seglist)#index 5 sid ipv6 300::33　　*第一个转发节点 SID 为 300:33（即 Router-3 的 End SID）*

Router-4(config-srv6-seglist)#index 10 sid ipv6 200::22　　*第二个转发节点 SID 为 200::22（即 Router-2 的 End SID）*

Router-4(config-srv6-seglist)#commit　　*提交保存 Segment List 中配置的 SID*

Router-4(config-srv6-seglist)#exit

Router-4(config-srv6)#srv6 policy policy-vpn1 endpoint 2::2 color 200　　*配置 SRv6 Policy policy-vpn1 的目的地址为 2::2（Endpoint），Color 属性为 200*

Router-4(config-srv6-policy)#candidate-path preference 100

Router-4(config-srv6-policy-path)#segment-list list1　　*将 Segment List list1 配置为 SRv6 Policy 候选路径*

Router-4(config-srv6-policy-path)#exit

配置 SRv6 Policy 需要使用 End SID 或 End.X SID。SID 可以通过手动静态配置，也可以由 IGP 动态生成。在静态配置 SRv6 Policy 场景中，如果使用动态 SID，则 SID 在 IGP 重启后可能发生变化，此时静态 SRv6 Policy 也需要人工介入做相应的调整才能保持 Up，在现网中实际无法大规模部署，基于上述原因，建议用户手动配置 SID，避免使用动态 SID。

STEP ⑤　Router-2 和 Router-4 配置 VPNv4 路由的 Color 属性，并将 VPNv4 路由引流到 SRv6 Policy。

Router-2 的配置如下：

```
Router-2(config)#route-map vpn1-color
Router-2(config-route-map)#set extcommunity color 100      Route-map 设置 Color 扩展团体属性值为 100
Router-2(config-route-map)#exit
Router-2(config)#router bgp 1
Router-2(config-router)#address-family vpnv4
Router-2(config-router-af)#neighbor 4::4 route-map vpn1-color in      将 VPNv4 邻居 4::4 收到的路由的
Color 扩展属性设置为 100（关联 Route-map vpn-color）
Router-2(config-router-af)#neighbor 4::4 prefix-sid      与 VPNv4 邻居 4::4 开启交换 Prefix SID 能力
Router-2(config-router-af)#exit-address-family
Router-2(config-router)#address-family ipv4 vrf vpn1
Router-2(config-router-af)#segment-routing ipv6 locator as      在 BGP 的 IPv4 VPN 地址族绑定 locator as，
使 BGP 发布的路由能够携带 SID 信息
Router-2(config-router-af)#segment-routing ipv6 traffic-eng      开启 L3VPN over SRv6 Policy 功能
Router-2(config-router-af)#segment-routing ipv6 best-effort      开启 L3VPN over SRv6 BE 功能，优先级低
于 L3VPN over SRv6 Policy 功能，可作为备份转发路径
Router-2(config-router-af)#exit-address-family
Router-2(config-router)#exit
```

Router-4 配置如下：

```
Router-4(config)#route-map vpn1-color
Router-4(config-route-map)#set extcommunity color 200      Route-map 设置 Color 扩展团体属性值为 200
Router-4(config-route-map)#exit
Router-4(config)#router bgp 1
Router-4(config-router)#address-family vpnv4
Router-4(config-router-af)#neighbor 2::2 route-map vpn1-color in      将 VPNv4 邻居 2::2 收到的路由的
Color 扩展属性设置为 200（关联 Route-map vpn-color）
Router-4(config-router-af)#neighbor 2::2 prefix-sid      与 VPNv4 邻居 2::2 开启交换 Prefix SID 能力
Router-4(config-router-af)#exit-address-family
Router-4(config-router)#address-family ipv4 vrf vpn1
Router-4(config-router-af)#segment-routing ipv6 locator as      在 BGP 的 IPv4 VPN 地址族绑定 locator as，
使 BGP 发布的路由能够携带 SID 信息
Router-4(config-router-af)#segment-routing ipv6 traffic-eng      开启 L3VPN over SRv6 Policy 功能
Router-4(config-router-af)#segment-routing ipv6 best-effort      开启 L3VPN over SRv6 BE 功能，优先级低
于 L3VPN over SRv6 Policy 功能，可作为备份转发路径
Router-4(config-router-af)#exit-address-family
Router-4(config-router)#exit
```

SRv6 Policy 基于路由的 Color 引流时，首先需要为路由配置扩展团体属性 Color，可以使用入策略也可以使用出策略。

上述配置都完成后，如果路由的 Color 和下一跳分别与 SRv6 Policy 的 Color 和 Endpoint 地址相同，则路由成功迭代到 SRv6 Policy，流量被导入对应的 SRv6 Policy。

使用命令 **show ip route vrf vpn1** 查看 PE 上是否存在到达对端 CE 的路由表项，可以看到存在表项并且其下一跳是 SRv6 SID。

```
Router-2#show ip route vrf vpn1
Routing Table: vpn1

Codes:  C - Connected, L - Local, S - Static
        R - RIP, O - OSPF, B - BGP, I - IS-IS, V - Overflow route
        N1 - OSPF NSSA external type 1, N2 - OSPF NSSA external type 2
        E1 - OSPF external type 1, E2 - OSPF external type 2
        SU - IS-IS summary, L1 - IS-IS level-1, L2 - IS-IS level-2
        IA - Inter area, EV - BGP EVPN, A - Arp to host
        LA - Local aggregate route
        * - candidate default

Gateway of last resort is no set
C       20.1.1.0/24 is directly connected, GigabitEthernet 0/0, 00:35:47
L       20.1.1.1/32 is directly connected, GigabitEthernet 0/0, 00:35:47
B       20.2.1.0/24 [200/0] via 4::4, ssid 400::1:0:0, bsid ::1, 00:00:47
B       192.168.1.1/32 [20/0] via 20.1.1.2, 00:35:43
B       192.168.2.1/32 [200/0] via 4::4, ssid 400::1:0:0, bsid ::1, 00:00:47
```

在 Router-1 上使用环回接口 PingRouter-5 的环回接口，确认同一 VPN 的 CE 能够相互 Ping 通。

```
Router-1#ping 192.168.2.1 source 192.168.1.1
Sending 5, 100-byte ICMP Echoes to 192.168.2.1, timeout is 2 seconds:
  < press Ctrl+C to break >
!!!!!
Success rate is 100 percent (5/5), round-trip min/avg/max = 4/21/49 ms.
```

至此，我们完成了 L3VPNv4 over SRv6 Policy 实验，达到了 IPv4-VPN 企业用户也能够通过 SRv6 Policy 进行灵活转发策略的目的。

限于篇幅，本章仅对 IPv6 路由协议进行了简单介绍。有关 IPv6 路由协议的更多细节，请参阅其他相关专业书籍。

第7章
IPv6 安全

Chapter **7**

IPv6 安全是一个系统工程，不能仅仅依赖某个单一的系统或设备，而是需要仔细分析安全需求，利用各种安全设备和技术，外加科学的管理，共筑网络安全。IPv6 安全涵盖的内容较广，本章仅从主机安全、局域网安全、网络互联安全和网络设备安全等方面进行阐述。

通过对本章的学习，读者可以了解常用的 IPv6 安全技术，并用来维护网络安全。

7.1　IPv6 安全综述

在 IPv4 环境下，网络及信息安全涵盖的范围很广，从链路层到网络层再到应用层，都会有相应的安全威胁和防范技术。网络安全威胁主要包括嗅探、阻断、篡改和伪造等，相应的安全服务可以借助访问控制和安全协议设计等手段来保证信息的保密性、完整性、不可抵赖性和可用性等。IPv6 技术虽然在保密性、完整性等方面有了较大的改进，但有些方面仍然面临着和 IPv4 同样的安全问题。本节简单介绍 IPv6 常见的安全问题，并适当地与 IPv4 安全进行比较。

（1）IPv6 自身的缺陷

设计 IPv6 的初衷就是创建一个全新的 IP 层协议，而不是在 IPv4 的基础上修修补补。IPv6 的一个重要特征就是"即插即用"，但在计算机网络领域，易用性和安全性存在一定程度的对立，只能在两者之间寻找一个可以接受的平衡点。从目前已知的情况来看，无状态自动配置、邻居发现协议等都存在被欺骗或"中间人"攻击的隐患。当然，IPv6 也在不断完善，这些因协议自身缺陷所导致的安全问题也越来越受到重视并被加以修正。

（2）扩展报头带来的安全问题

IPv6 定义了基本报头和多种类型的扩展报头，虽然提升了处理效率，但可能存在一些安全问题。比如攻击者可构造多个连续无用的路由扩展报头，由此导致防火墙等安全设备难以找到有效的 TCP/UDP 报头，甚至会导致资源耗尽、内存溢出。所以在一般情况下，建议在 IPv6 中禁用逐跳选项报头、路由报头（类似于 IPv4 的源路由）等扩展报头。

（3）过渡技术带来的安全隐患

在 IPv4 向 IPv6 过渡期间，即在 IPv4 和 IPv6 并存的网络环境中，各种各样的过渡技术层出不穷，但很多过渡技术都只考虑了功能的实现，对安全的考虑有所欠缺。同时在过渡期间，不可避免地会出现各种复杂的网络结构，新的安全隐患也难以完全避免。

（4）嗅探侦测

嗅探侦测虽不能对网络安全造成直接的影响，却是各种攻击入侵的第一步。在 IPv4 环境中，攻击者很容易在较短时间内通过各种手段（比如黑客工具等）扫描出目标主机和目标端口，原因就是 IPv4 地址空间相对较小。而 IPv6 地址空间太大，盲目地扫描一个网段所消耗的时间会非常多，从这方面讲，IPv6 要比 IPv4 安全。但在实际应用中，攻击人员并不一定进行大范围扫描，而是借助 DNS 解析出特定服务器的 IPv6 地址。一些 IPv6 服务器在配置 IPv6 地址时，为了便于记忆，常使用只有简单几位的地址或是兼容的 IPv4 地址，这样也容易被快速扫描到。网络系统管理员在配置 IPv6 地址时应避免使用简单的地址，同时需要做好 DNS 系统安全工作，及时修补系统漏洞，并尽量使用 IPSec，以减少嗅探侦测带来的进一步危害。

（5）非法访问

非法访问即未经授权的访问。在网络中，总是会对访问者的身份进行确认后才开放相应的访问权限。一般来说，服务器会设置自身开放的服务端口，以及允许访问的客户端 IP 范围，以尽可能达到防止非法访问的目的。这一般都是使用软硬件防火墙来实现，后文会有实例介绍。

（6）DoS 攻击

拒绝服务（Denial of Service，DoS）攻击以及分布式 DoS 攻击在 IPv6 中依然存在。这种攻击通过伪造看似合法的访问来消耗网络带宽或系统资源，从而达到阻止正常服务被访问的目的。针对 DoS 攻击，一般通过部署能够识别并屏蔽非法访问的专用设备来减轻或避免该攻击带来的危害。

（7）路由协议攻击

路由协议攻击是指攻击者冒充路由设备在网络中发送路由协议报文，以干扰正常的路由协议，从而达到非法入侵等目的。在 IPv4 中，主要通过在路由更新报文中加入 MD5 认证，从而防止非法的路由欺诈设备接入网络中。在 IPv6 中则有了一些变化：BGP 和 IS-IS 路由协议继续沿用 IPv4 的 MD5 认证，而 OSPFv3 和 RIPng 则建议采用 IPSec。路由协议攻击的防范已超出本书范围，感兴趣的读者可参考相关图书和文章。

（8）应用层攻击

当今多数的网络攻击和威胁针对的是应用层而非 IP 层。在应用层攻击方面，IPv6 面临的安全问题和 IPv4 是完全一样的。针对诸如 SQL 注入、跨站脚本攻击、主页篡改等威胁，都要通过相应的 Web 应用防火墙（Web Application Firewall，WAF）实施防护，但前提是 WAF 能识别出 IPv6 上的应用。

（9）病毒和蠕虫

病毒和蠕虫问题也可以归为应用层安全问题，它与网络层是 IPv4 还是 IPv6 并无关系，因此 IPv6 中也存在这些安全问题。

在 IPv6 网络中，除了上面提到的几点，还存在其他暂时未被发现的安全问题。这些问题会随着 IPv6 的普及逐渐凸显出来，也会越来越受到人们的重视和防范。考虑到网络及信息安全领域涉及的内容太广，本书只介绍一些常见的安全问题和实用的防范技术。

7.2　IPv6 主机安全

在信息时代，相比于攻击路由器/交换机等网络基础设施，攻陷服务器等主机更能够获取有价值的信息，因此攻击者将注意力更多地集中到了有价值的主机上。在构建全面的 IPv6 安全策略时，不能只考虑使用专门的安全设备来增强网络安全，IPv6 主机的安全同样不容忽视。就 IPv6 主机安全而言，主要目标是远离网络中的攻击行为，常用的安全维护方式有：对本机开放的应用服务进行访问限制、关闭不必要的服务端口、对存在安全隐患的应用（包括操作系统）及时修复、对入站的接收包和出站的发送包进行严格的限制、定期对主机进行病毒扫描和查杀等。操作系统的安全加固能大大提升 IPv6 主机的安全性能。

在 IPv4 向 IPv6 过渡阶段，主机，特别是服务器，使用双栈的情况会长期存在。所以，IPv4 和 IPv6 的安全防护同等重要，不能厚此薄彼。否则，即便 IPv6 安全做得足够到位，一旦 IPv4 被攻陷，IPv6 也会功亏一篑。当然，本书只介绍 IPv6 主机的安全，更确切地说，是利用操作系统自身的一些系统管理应用程序对 IPv6 主机进行安全加固。

7.2.1　IPv6 主机服务端口查询

对 IPv6 主机，特别是服务器来说，要判断自身是否安全，需要先知道自身运行了哪些应用程序，这些应用程序开放了哪些 TCP 或 UDP 端口，以及本机端口与其他主机的连接情况。TCP/IP 应用遵循客户端/服务器模型，作为服务器的主机监听特定的 TCP 或 UDP 服务端口，等待来自客户端的连接。通过查询本机哪些端口处于监听状态，也可以识别自身正在运行的网络应用程序。

1. 查看 Windows 主机的服务端口

对于 Windows 主机来说，可以使用命令 netstat 来查看本机开放的服务端口。这里有 3 个常用的选项：netstat -a 选项显示本机所有开放端口及端口与其他主机的连接情况；netstat -n 选项以数字方式显示地址和端口号；netstat -o 选项显示端口号对应应用程序的进程 ID 号，通过在任务管理器中查询进程 ID 就可以知道是哪个应用程序。当然也可以直接使用命令 netstat -abn 来查看端口号与进程名的对应关系。在实际应用中，如果只关心在 IPv6 上监听了哪些端口，可以使用 netstat -an -p tcpv6 或 netstat -an -p udpv6 命令，这些命令可见配置包 "07\命令集.txt"。

2. 查看 Linux 主机的服务端口

2.2.0 以后的 Linux 内核版本默认支持并开启了 IPv6。对基于 Linux 内核且支持 IPv6 的多种操作系统而言，可以使用命令 netstat -an -p -A inet6 查看 IPv6 地址上的监听端口。同 Windows 主机一样，也可以只查看 IPv6 地址上的 TCP 监听端口，命令是 netstat -lntp -A inet6。要查看本机在 IPv6 上监听的 UDP 端口，可以使用命令 netstat -lnup -A inet6。需要特别注意的是，CentOS 7 以上的版本已经用命令 ss 替代 netstat。如果要继续使用 netstat 命令，可以先安装 net-tools。要查看本机某个 IPv6 地址，如本地环回接口地址上监听的服务及端口，可以使用命令 nmap -6 -sT ::1。注意，nmap 命令需要事先通过 yum install nmap 等方式安装后才可用。如果发现异常的监听端口和服务，可以通过 ps 命令查找到进程号，再通过 kill -9 命令结束进程。

7.2.2 关闭 IPv6 主机的数据包转发

服务器上一般会配置多块网卡，目的主要有 3 个：网卡冗余，即当一块网卡发生故障时，可以切换到另一块网卡；负载均衡，即通过某种算法在多块网卡上同时传输数据，类似于网卡捆绑，可以变相增加带宽，也有一定的冗余作用，这要求对端网络交换机对应的端口也要进行相应的捆绑配置；业务与管理分离，即将管理使用的网卡与正常业务通信使用的网卡分离开。

当主机拥有多块网卡时，也就拥有了多个网络接口，很多操作系统默认允许在多个网络接口上转发数据，变相地把主机当作网关。这样不仅会消耗主机资源，从安全角度来说也存在着隐患。当 IPv6 主机被攻陷时，一些非法流量就会被当作正常流量转发到另一个接口所在的网络中。一般情况下，推荐使用转发性能和安全服务性能更好的专业路由器或防火墙，而不是普通主机来充当网关。

1．在 Windows 主机上禁止 IPv6 转发

在 Windows 主机上可以先使用命令 "netsh interface ipv6 show interface "接口 ID""" 来查看某个接口的转发功能是否打开。如果 Windows 主机不需要启用 IPv6 转发，且端口转发状态处于开启状态时，可以使用命令 "netsh interface ipv6 set interface "接口 ID" forwarding=disable advertise=disable store=persistent" 永久禁止接口的 IPv6 转发功能，并禁止发送用来通告默认网关的 RA 报文。

2．在 Linux 主机上禁止 IPv6 转发

对于 CentOS 发行版的 Linux 系统，可以通过命令 sysctl -a | grep forward 来查看本机是否启用了 IPv6 转发功能。如果 net.ipv6.conf.all.forwarding=0，则表示已经禁止了 IPv6 转发，否则可以通过下面多种方法禁用 IPv6 转发。

- 修改并确保接口相关的配置文件 /etc/sysconfig/network-scripts/ifcfg-eth0 有一项 IPV6FORWARDING=no。
- 修改并确保文件 /proc/sys/net/ipv6/conf/all/forwarding 的内容为 0。
- 修改并确保文件 /etc/sysctl.conf 中有一项 net.ipv6.conf.all.forwarding=0，再执行命令 sysctl -p，应用 /etc/sysctl.conf 中的策略。

7.2.3 主机 ICMPv6 安全策略

在 IPv4 环境下，因为 ICMPv4 通常用来进行网络连通性的诊断，所以对主机，特别是服务器来说，即便将所有的 ICMPv4 报文都禁止掉，也不会影响主机网络的连通性，服务器也可以被正常访问。但在 IPv6 环境下，ICMPv6 报文不仅仅用于网络连通性的测试和诊断，NDP、DAD 等协议都依赖于 ICMPv6 报文。因此，在过滤 IPv6 主机的 ICMPv6 报文时一定要谨慎，要确保对报文的操作（比如，禁止、放行等）准确无误，否则就可能造成预期之外的结果。

一般在对主机执行 ICMPv6 安全策略时，对于 NDP 用到的类型 133 的 RS 报文、类型 134 的 RA 报文、类型 135 的 NS 报文，以及类型 136 的 NA 报文都应该放行；用于网络连通性测试的类型 128 回声请求报文和类型 129 的回声应答报文一般也应该放行；组播侦听发现（MLD）用到的类型 130、131、132 和 143 报文类型需视情况而定；类型是 1、2、3、4 的 ICMPv6 消

息报文等也应该放行。除了上述报文，其他的 ICMPv6 报文都可以禁止。主机 ICMPv6 的安全策略如表 7-1 所示。

表 7-1　　　　　　　　　　　　　　　主机 ICMPv6 安全策略

方向	ICMPv6 类型	报文用途描述	策略
入站	135、136	用于邻居发现、地址冲突检测等	放行
	134	用于接收默认网关、前缀等信息	
	129	用于网络可达性检测	
	1、2、3、4	目的不可达、数据包太大、超时、参数问题错误消息	
	130、131、132、143	组播应用中的 MLD 相关报文	待定
	其他类型	包括未分配、保留的、实验型等消息	禁止
出站	135、136	用于邻居发现、地址冲突检测等	放行
	133	用于请求发现默认网关、前缀等信息	
	128	用于网络可达性检测	
	1、2、3、4	目的不可达、数据包太大、超时、参数问题错误等消息	
	130、131、132、143	组播应用中的 MLD 相关报文	待定
	其他类型	包括未分配、保留的、实验型等消息	禁止

7.2.4　关闭不必要的隧道

当主机处于纯 IPv4 环境而又想接入 IPv6 网络时，需要创建隧道才能实现此功能。就主机自身而言，可以创建的隧道包括 ISATAP 隧道、Teredo 隧道、6to4 中继隧道等（具体可参考第 8 章）。当处于双栈环境时，这些隧道就会成为通信障碍，甚至会成为潜在的可被利用的后门漏洞。所以，在确认不需要隧道时，有必要将系统自身能自动生成的一些隧道彻底关闭并禁用。

1．在 Windows 上查看及禁用隧道

Windows 系统支持 3 种类型的隧道：ISATAP 隧道、Teredo 隧道和 6to4 隧道。这 3 种隧道的地址都有固定格式和规律：6to4 隧道地址一定是 2002::/16 开头的；ISATAP 隧道地址的第 65～95 位是 0000:5EFE；Teredo 隧道地址的前 32 位是 2001:0000::/32。通过查看 Windows 主机的接口地址，就基本上可以判断 Windows 启用了哪些隧道。查看地址的命令既可以是 netsh interface ipv6 show address，也可以是 ipconfig /all。

（1）关闭 6to4 隧道

当确定不需要 6to4 隧道时（比如已经是双栈环境），就有必要将其关闭。在关闭之前，需要确认 6to4 隧道是否处于开启状态。除了查询本机是否有以 2002::/16 开头的地址和路由表，还要通过命令 netsh interface ipv6 6to4 show [interface | relay | routing | state]查看是否有 6to4 隧道处于开启和生效状态。使用命令 netsh interface ipv6 6to4 set state disabled 即可关闭 6to4 隧道。

（2）关闭 ISATAP 隧道

可以使用命令 netsh interface ipv6 isatap show [router | state]查看系统是否已经启用了

ISATAP 隧道。当确定不需要使用 ISATAP 隧道时，可以使用命令 netsh interface ipv6 isatap set state disabled 来关闭 ISATAP 隧道。

（3）关闭 Teredo 隧道

相较于 ISATAP 隧道，Teredo 隧道的优点就是能穿越 NAT，所以应用场景更广泛。Teredo 隧道在 Windows 中默认是激活的。为了确定 Teredo 隧道是否已经启用并生效，可以使用命令 netsh interface ipv6 show teredo 查看。如果要禁止 Teredo 隧道，则执行命令 netsh interface teredo set state disabled 即可。也可以打开设备管理器，查看隐藏设备，如果在网络适配器下面发现了 Teredo 字样的接口，则选择禁用或者卸载即可。

2．在 Linux 上查看及禁用隧道

这里主要介绍如何在 RedHat 发行版的 Linux 系统（也包括 CentOS 等）上查看及禁用各种隧道。一般情况下，可以使用命令 ip tunnel show 查看 Linux 主机上的所有隧道。显示的隧道接口类型主要分 sit、gre、tun、ipip 等。sit 代表的是 6in4 隧道，gre 代表 gre 隧道，ipip 和 tun 都是 IPinIP 的隧道。可以再使用 ip link show 和 ip address show 命令分别查看主机上的所有接口和接口上的地址，同样可再使用 ip -6 route 命令检查是否有相关隧道的路由。

在 Linux 上关闭隧道，一般分 3 步：删除与隧道相关的路由，再删除隧道上的地址，最后删除隧道接口本身。

STEP 1　删除隧道接口地址对应的默认网关（使用命令 ip route delete default via *ipv6-address*）。

STEP 2　删除隧道接口地址（使用命令"ip address del *ipv6-address* dev 隧道接口"）。

STEP 3　删除隧道接口（使用命令"ip tunnel del 隧道接口"）。

7.2.5　主机设置防火墙

对于一些专业的有状态防火墙设备来说，一般会在入站方向和出站方向设置数据包访问和转发策略，且大多数策略是白名单模式，即先是默认拒绝所有，然后有条件地开启允许的程序或协议端口。一般的连接（比如 TCP 连接）需要在不同方向上进行多次通信才能完成。对于有状态防火墙来说，只需要关心首次的主动连接，后续连接会被防火墙自动记录，在反方向自动放行。若不是有状态防火墙，就必须在每个方向设置访问策略。这不容易设置，也容易出错。

1．Windows 防火墙的设置

Windows 操作系统很早就内置了安全防火墙，特别是在 Windows 2003 之后的版本中，内置的防火墙就开始支持 IPv6 数据包的过滤。从 Windows Vista 版本开始，Windows 内部的防火墙开始支持 IPv4 和 IPv6 的有状态防火墙，并提供图形界面，以对防火墙的入站和出站策略进行各种高级配置。

以 Windows 10 为例，可以采用如下两种办法打开"高级安全 Windows 防火墙"设置窗口。

第一种方法是直接打开"控制面板"。可以在系统搜索框中直接输入"控制面板"，找到匹配项后将其打开。也可以将"控制面板"图标直接放置到桌面上，方法是右击桌面空白处，选择"个性化"，再选择"主题"，找到"桌面图标设置"并单击，在"桌面图标设置"对话框中选中"控制面板"复选框，单击"确定"按钮，这样控制面板图标就出现在桌面上了。

在"控制面板"窗口中单击"系统和安全"，打开"系统和安全"窗口，如图 7-1 所示。

图 7-1　"系统和安全"窗口

单击图 7-1 中"Windows 防火墙"下面的"检查防火墙状态"链接，打开"Windows 防火墙"窗口，如图 7-2 所示。可以单击"启用或关闭 Windows 防火墙"链接，进而开启或关闭防火墙；可以单击"高级设置"链接，打开"高级安全 Windows 防火墙"窗口。

第二种方法是右击任务栏右下角的网络图标，选择"打开网络和共享中心"，在出现的窗口中单击"Windows 防火墙"，进入"Windows 防火墙"窗口，再单击"高级设置"链接，打开"高级安全 Windows 防火墙"窗口。

图 7-2　"Windows 防火墙"窗口

在"高级安全 Windows 防火墙"窗口中，可以分别建立入站和出站规则，比如至少允许 DNS、NDP 和 DHCPv6 等协议的相关报文通过。正常情况下，Windows 防火墙默认拒绝将一个接口的数据包转发到另一个接口。

实验 7-1　Windows 防火墙策略设置

本实验将根据主机 ICMPv6 安全策略表（见表 7-1），在主机上设置 ICMPv6 报文的入站和出站规则，并保证 DHCPv6（假定采用 DHCPv6 获取地址）与 DNS 的正常运行。其实 Windows 主机防火墙默认已经设置好了，可保证 IPv6 基本的正常通信，这里通过手动设置并与原防火墙规则做对比，可加深对防火墙设置的理解。

就 NDP 来说，对于普通主机，在出站方向需要允许发送 RS 报文，以寻求路由器默认网关；允许发送 NS 报文，以获取邻居的 MAC 地址和执行 DAD；允许发送 NA 报文，以通告主机在网络中的存在；允许发送 ICMPv6 回显请求报文，以检查到目的地址的连通性。另外如果需要通过 DHCPv6 获取地址，还必须允许发送目的 UDP 端口是 547 的报文，以寻找 DHCPv6 服务器。

STEP 1　在 EVE-NG 中打开"Chapter07"文件夹中的"7-1 IPv6_Host_Security"实验拓扑，如图 7-3 所示。开启所有节点。

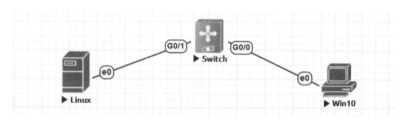

图 7-3　IPv6_Host_Security 实验拓扑

交换机的配置如下：

```
Switch> enable
Switch# configure terminal
Switch(config)# interface vlan 1
Switch(config-if-VLAN 1)# ipv6 address 2023::1/64
Switch(config-if-VLAN 1)# no ipv6 nd suppress-ra
```

STEP 2　打开 Win10 主机，禁用 IPv4，查看 IP 地址，显示如图 7-4 所示。可以看到 Win10 通过 SLAAC 自动获取 IPv6 地址。

打开"Windows 防火墙"窗口，可以看到 Windows 防火墙处于关闭状态（为了方便测试，EVE-NG 模拟器中提供的 Win10 模板默认关闭了 Windows 防火墙），如图 7-5 所示。

单击图 7-5 中的"启用或关闭 Windows 防火墙"链接，打开防火墙"自定义设置"窗口，选中"专用网络设置"和"公用网络设置"中的"启

图 7-4　Win10 在默认的防火墙配置下能自动获取 IPv6 地址

用 Windows 防火墙"单选按钮，单击"确定"按钮启用 Windows 防火墙，如图 7-6 所示。重启 Win10 虚拟机，重启后仍然可以获得 IPv6 地址，这证明开启防火墙不会影响 Windows 计算机获取 IPv6 地址。

图 7-5 "Windows 防火墙"窗口

图 7-6 启用 Windows 防火墙

单击图 7-5 中的"高级设置"，进入"高级安全 Windows 防火墙"窗口，如图 7-7 所示。

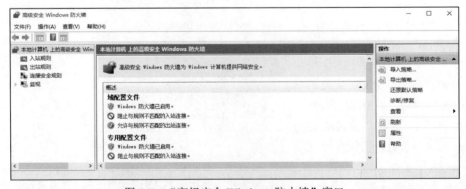

图 7-7 "高级安全 Windows 防火墙"窗口

首先在防火墙上进行设置，禁止主机发送 RS 报文，然后观察 Win10 主机是否还能获取地址。右击图 7-7 中的"出站规则"，从快捷菜单中选择"新建规则"，进入"新建出站规则向导"界面，在"要创建的规则类型"中选中"自定义"单选按钮，如图 7-8 所示。单击"下一步"按钮，在"程序"对话框中选择默认的"所有程序"，再单击"下一步"按钮。

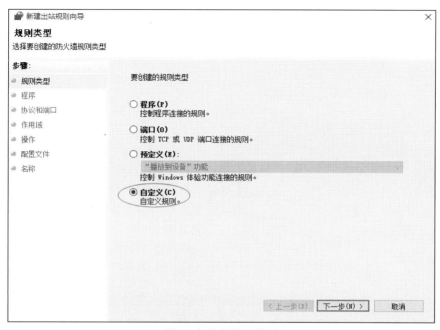

图 7-8　选择规则类型

在"协议和端口"对话框中的"协议类型"下拉列表中选择 ICMPv6，如图 7-9 所示。

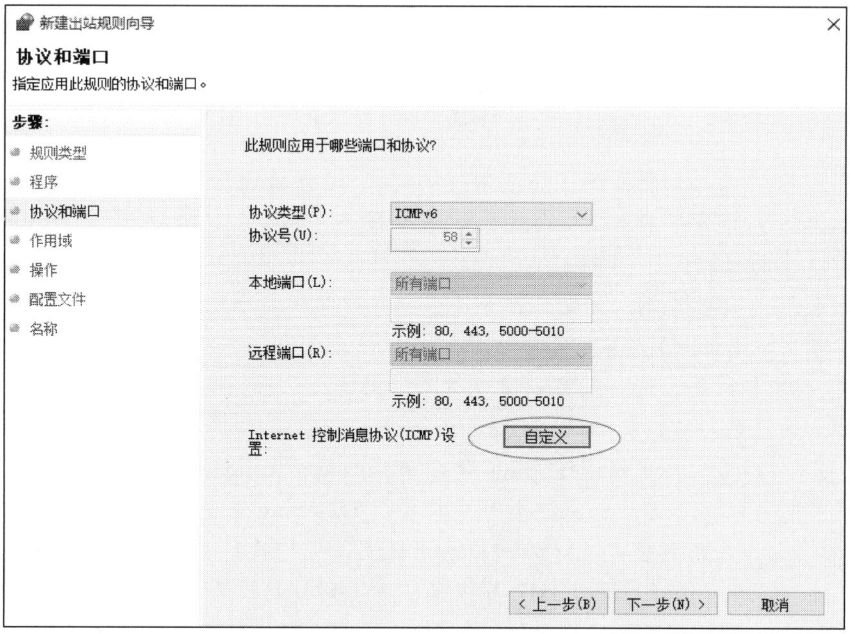

图 7-9　选择协议类型

单击图 7-9 中的"自定义"按钮，在弹出的"自定义 ICMP 设置"对话框中选择"特定 ICMP

类型"单选按钮,再选中"路由器请求"复选框,单击"确定"按钮返回,如图 7-10 所示。

图 7-10　自定义 ICMP 设置

单击"下一步"按钮,在"作用域"对话框中保持默认选项,继续单击"下一步"按钮。在"操作"对话框中选择"阻止连接",单击"下一步"按钮。在"配置文件"对话框中保持默认的域、专用和公用为选中状态,单击"下一步"按钮。最后一步将规则命名为"禁止发送 RS 报文",配置完成后如图 7-11 所示。设置完毕后,将 Win10 网卡禁用后再启用。在 Win10 主机上查看,发现它获取不到 IPv6 地址了。右击图 7-11 中的"禁止发送 RS 报文"规则,从快捷菜单中选择"禁用规则",再禁用并启用网卡,发现 Win10 主机又能自动获取 IPv6 地址了。其实,即使不禁用这条规则,Win10 虚拟机稍后也能获取 IPv6 地址,这是因为路由器即使没有接收 RS 报文,也会定期通告 RA 报文。

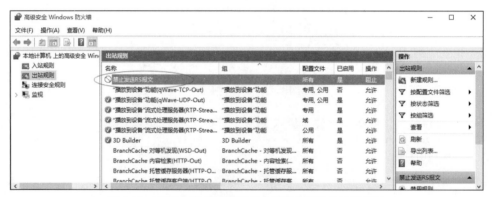

图 7-11　在防火墙上设置完禁止发送 RS 报文后的窗口

可以在"入站规则"中添加"阻止 RA 报文",这样路由器主动发送过来的 RA 报文将被阻止。但是主机为应答 RS 报文而发出的 RA 报文将不会被阻止(可以把 Windows 防火墙理解成有状态防火墙)。

若要彻底阻止 RA 报文,需要双管齐下,即在出站规则中阻止 RS 报文,在入站规则中阻止 RA 报文。彻底阻止 RA 报文后,主机将获取不到 IPv6 地址和默认网关,此时就需要静态配置 IPv6 地址和网关,这样就可以防范 RA 报文攻击了。

禁用添加的规则,继续后面的实验。

STEP 3　在网络中,可以通过 ping 命令来探测目标主机的可达性。出于安全考虑,我们并不希望能轻易发现目标主机,这个时候就要求不对 ping 命令进行回应。IPv6 的 Ping 与 IPv4 的 Ping 类似,发送类型是 128 的回声请求报文,期待收到类型是 129 的回声应答报文。所以只要禁止接收类型是 128 的 ICMPv6 报文即可达到目的。

启用 Windows 防火墙后,默认允许主机 Ping 远程主机,但不响应远程主机的 Ping 请求。本步骤中添加一个特例。参照 STEP2,在图 7-7 所示的"高级安全 Windows 防火墙"窗口中新建入站规则,在图 7-10 所示的对话框中选中"回显请求"复选框,即在入站方向拒绝回显

请求报文。在"作用域"对话框中单击"添加"按钮，再输入 2023::/64，即只对远程主机
地址段 2023::/64 生效，添加完成后，如图 7-12 所示。在"操作"对话框中选择"允许连接"，
即允许远程主机 2023::/64 的 Ping 请求。

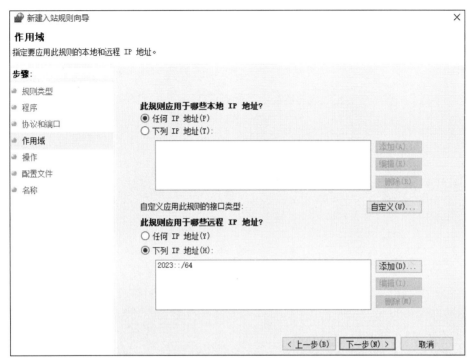

图 7-12　Win10 防火墙添加作用域设置窗口

规则添加完成后，在交换机上测试 Win10 主机的连通性，显示如下：

```
Switch#ping ipv6 2023::d57c:b6c:cf69:cec6
Sending 5, 100-byte ICMP Echoes to 2023::d57c:b6c:cf69:cec6, timeout is 2 seconds:
  < press Ctrl+C to break >
!!!!!                                    交换机默认使用 2019::1/64 去 Ping 主机，可以 Ping 通
Success rate is 100 percent (5/5), round-trip min/avg/max = 1/10/48 ms.
Switch#configure terminal
Switch(config)# interface loopback 0
Switch(config-if-Loopback 0)# ipv6 address 2024::1/64     在交换机上新增 loopback0，配置 IPv6 地址
Switch(config-if-Loopback 0)# end
Switch#ping 2023::d57c:b6c:cf69:cec6 source 2024::1     用 2024::1 的地址去 Ping 主机，结果 Ping 不通
Sending 5, 100-byte ICMP Echoes to 2019::5d03:ae85:29e0:6b2b, timeout is 2 seconds:
  < press Ctrl+C to break >
...
Success rate is 0 percent (0/5).
Switch#
```

从上面的输出中可以看出，虽然 Win10 主机开启了防火墙，但从 2023::/64 网段仍然可以
Ping 通主机，从其他 IPv6 地址段则无法 Ping 通。

STEP 4　虽然可以在 Win10 主机的防火墙上建立入站规则和出站规则，但因为它是有状
态防火墙，所以对触发通信的第一个报文进行控制即可，对通信的其他报文进行控制反而达

不到效果。比如，类型 128 的 ICMPv6 回显请求报文和类型 129 的 ICMPv6 回显应答报文是成对依次出现的，如果要控制 Ping 的可达性测试，只需也只能对类型为 128 的报文进行控制，然后考虑是在入站方向还是在出站方向添加策略。在 STEP3 中要允许交换机 Ping 自己，对主机来说就是接收回显请求报文，所以需要在入站方向进行控制。如果是在入站方向允许类型 128 的 ICMPv6 回显请求报文，再在出站方向禁止类型 129 的 ICMPv6 回显应答报文，实际上没效果。这是因为 Win10 的防火墙是有状态防火墙，既然放行了入站的请求报文，应答报文就不再受出站方向的控制了。

图 7-13　手动添加 ICMPv6 类型

参照 STEP2 在出站方向建立出站访问规则，因为系统中预定义的 ICMPv6 报文类型并不包括类型 129 的 ICMPv6 回显应答报文，所以需要在图 7-10 的下方自行添加类型是 129，代码为"任何"的报文，如图 7-13 所示。在"操作"对话框中选择"阻止连接"，完成后再从交换机上 Ping 主机。虽然禁止了所有出站 ICMP 应答报文，但交换机仍然能 Ping 通主机，这再次证明 Windows 防火墙是有状态防火墙。

STEP 5　读者可以在入站规则、出站规则对话框中按协议排序（单击协议列），集中看到 ICMPv6 相关的访问控制规则，并且可以双击每一项查看其详细信息。图 7-14 所示为系统默认的与 ICMPv6 相关的入站规则。

删除前面添加的规则，继续后面的实验。

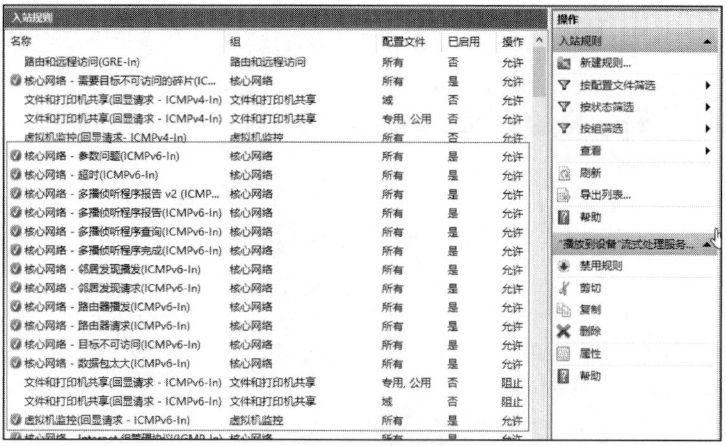

图 7-14　与 ICMPv6 相关的入站规则

STEP 6　Windows 防火墙除了可以针对 ICMPv6 进行访问控制，还可以针对 TCP/UDP 协议层进行访问控制。这一步骤演示如何对 DHCPv6 进行访问控制，先对交换机进行如下配置：

```
Switch#configure terminal
Switch(config)# default interface vlan 1      恢复 VLAN 1 接口至默认配置，也就是清除该接口的所有配置
Switch(config)# service dhcp
Switch(config)# ipv6 dhcp pool dhcpv6
Switch(dhcp-config)# iana-address prefix 2023::/96
```

```
Switch(dhcp-config)# interface vlan 1
Switch(config-if-VLAN 1)# ipv6 address 2023::1/64
Switch(config-if-VLAN 1)# ipv6 address 2024::1/64
Switch(config-if-VLAN 1)# ipv6 nd prefix 2023::/64 no-advertise        该前缀默认不通告,通过 DHCP 分配
Switch(config-if-VLAN 1)# ipv6 nd managed-config-flag
Switch(config-if-VLAN 1)# ipv6 dhcp server dhcpv6
Switch(config-if-VLAN 1)# no ipv6 nd suppress-ra
```

在 Win10 主机没有开启防火墙前,可通过 SLAAC 和 DHCPv6 获取两种 IPv6 前缀的地址。现启用防火墙,经验证仍能通过 SLAAC 和 DHCPv6 获取两种 IPv6 前缀的地址。为了使主机只能通过 SLAAC 获取地址,现添加新的防火墙规则,考虑到有状态防火墙的性质,需要对 Win10 主机的出站方向(而不是入站方向)进行访问控制,即禁止主机向目的 UDP 547 号端口发送 DHCPv6 请求报文。

新建出站规则,在图 7-8 所示的"规则类型"选项卡中选中"端口"单选按钮,在"协议和端口"选项卡中选中 UDP 单选按钮和"特定远程端口"单选按钮,并填写端口号为 547,如图 7-15 所示。在"操作"选项卡中选择"阻止连接"。配置完成后,重启 Win10 的主机网卡,发现只能获取 2024::/64 前缀的地址,通过 DHCPv6 下发的 2023::/64 前缀的地址不存在了。

图 7-15 配置 UDP 端口

通过本实验读者可初步了解 Win10 主机如何设置有状态防火墙的访问控制策略。对于有状态防火墙,一定要对第一个请求报文的方向(出站还是入站)进行访问控制,否则就可能出现预期之外的结果。上述实验中,Win10 扮演的是普通客户端的角色,如果是服务器,比如 Web 服务器,可以在入站方向进行访问控制。这一点与 IPv4 一样,只不过作用域(远程地址及端口和本地地址及端口)不一样而已,这里不再赘述,读者可自行实验。

2. Linux 防火墙的设置

在 Linux 系统中,防火墙功能主要由 iptables 和 ip6tables 服务来提供,前者针对的是 IPv4,后者针对的是 IPv6,但两者的底层仍然是系统内核的 Netfilter 模块。自 CentOS 7 版本起,系

统默认用 firewalld 服务替代了 iptables/ip6tables。这里并不打算过多介绍 Linux 的防火墙细节，只介绍如何在 CentOS 7.3 上利用 firewalld 对外来连接进行访问控制。

首先要确保 CentOS 7.3 上的 firewalld 服务进程处于运行状态。这可以通过以下命令确定：

```
systemctl status firewalld    查看 firewalld 是否运行，是否是开机自启动
systemctl start firewalld     开启 firewalld 服务
systemctl enable firewalld    设置开机自启动
```

然后就可以通过命令 firewall-cmd 来设置访问控制策略了。如果只是开放服务端口，需要使用选项 add-service 来开放服务或者使用选项 add-port 来开放端口。如果需要对访问的源地址进行控制，需要使用选项 add-rich-rule 来实现。

实验 7-2　CentOS 7.3 防火墙策略设置

本实验将用交换机模拟客户端，试图通过 IPv6 协议栈远程 SSH 登录 CentOS 7.3 Linux 主机，再通过设置防火墙来限制来自客户端的登录访问，从而对如何在 CentOS 7.3 上设置防火墙规则有一个初步了解。

STEP 1　在 EVE-NG 中打开 "Chapter 07" 文件夹中的 "7-1 IPv6_Host_Security" 实验拓扑，开启所有节点，如图 7-3 所示。对交换机进行如下配置：

```
Switch> enable
Switch# configure terminal
Switch(config)# default interface vlan 1
Switch(config)# interface vlan 1
Switch(config-if-VLAN 1)# ipv6 address 2018::1/64
Switch(config-if-VLAN 1)# ipv6 address 2019::1/64      设置两个 IPv6 地址，便于对每个地址做访问控制
Switch(config-if-VLAN 1)# no ipv6 nd suppress-ra
```

STEP 2　打开 Linux 主机，使用用户名 root 和密码 eve@123 登录系统。首先确保 Linux 主机能获取两个 IPv6 地址，且 firewalld 服务处于正常运行状态，如图 7-16 所示。

```
[root@localhost ~]# ifconfig eth0
eth0: flags=4163<UP,BROADCAST,RUNNING,MULTICAST>  mtu 1500
        inet6 fe80::f6a5:eb:54d7:ee58  prefixlen 64  scopeid 0x20<link>
        inet6 2018::f604:cba7:50a8:ebe  prefixlen 64  scopeid 0x0<global>
        inet6 2019::f5a:42b8:53a:843  prefixlen 64  scopeid 0x0<global>
        ether 00:50:00:00:02:00  txqueuelen 1000  (Ethernet)
        RX packets 206  bytes 21176 (20.6 KiB)
        RX errors 0  dropped 8  overruns 0  frame 0
        TX packets 130  bytes 25026 (24.4 KiB)
        TX errors 0  dropped 0  overruns 0  carrier 0  collisions 0

[root@localhost ~]# systemctl status firewalld
●?[0m firewalld.service - dynamic firewall daemon
   Loaded: loaded (/usr/lib/systemd/system/firewalld.service; enabled; vendor preset: enabled)
   Active: active (running) since Tue 2016-03-15 04:00:27 CST; 21min ago
     Docs: man:firewalld(I)
 Main PID: 613 (firewalld)
   CGroup: /system.slice/firewalld.service
           └─613 /usr/bin/python -Es /usr/sbin/firewalld --nofork --nopid

Mar 15 04:00:26 localhost.localdomain systemd[1]: Starting firewalld - dynami...
Mar 15 04:00:27 localhost.localdomain systemd[1]: Started firewalld - dynamic...
Hint: Some lines were ellipsized, use -l to show in full.
```

图 7-16　查看 IPv6 地址和 firewalld 运行状态

从图 7-16 中可以看出，已经获取了两个 IPv6 地址，而且 firewalld 为开机自启动，且当前处于运行状态。

STEP 3　查看 Linux 的 SSH 服务是否在 IPv6 地址上开始监听，再确保防火墙策略放行了 SSH 服务，如图 7-17 所示。

```
[root@localhost ~]# netstat -lntp
Active Internet connections (only servers)
Proto Recv-Q Send-Q Local Address          Foreign Address      State      PID/Program name
tcp        0      0 0.0.0.0:22             0.0.0.0:*            LISTEN     976/sshd
tcp        0      0 127.0.0.1:25           0.0.0.0:*            LISTEN     1309/master
tcp6       0      0 :::22                  :::*                LISTEN     976/sshd
tcp6       0      0 ::1:25                 :::*                LISTEN     1309/master
[root@localhost ~]# firewall-cmd --list-all
public (active)
  target: default
  icmp-block-inversion: no
  interfaces: eth0
  sources:
  services: dhcpv6-client ssh
  ports:
  protocols:
  masquerade: no
  forward-ports:
  sourceports:
  icmp-blocks:
  rich rules:
```

图 7-17　查看 SSH 服务状态及防火墙是否放行了 SSH 服务

从图 7-17 中可以看出，SSH 服务（端口号 22）已经在本机所有 IPv6 地址上开始监听，且防火墙已经放行。如果 SSH 服务没在防火墙上放行，可执行如下命令：

```
firewall-cmd --permanent --add-service=ssh
firewall-cmd --reload
```

STEP 4　在交换机上远程登录 Linux 主机，结果如图 7-18 所示。

```
Switch#ssh -l root 2018::f604:cba7:50a8:ebe
Password:
Last failed login: Fri Mar 31 13:57:28 CST 2017 on tty1
There was 1 failed login attempt since the last successful login.
Last login: Tue Mar 15 04:17:05 2016 from 2019::1
[root@localhost ~]# exit
logout

[Connection to 2018::f604:cba7:50a8:ebe closed by foreign host]
Switch#ssh -l root 2019::f5a:42b8:53a:843
Password:
Last failed login: Fri Mar 31 13:57:28 CST 2017 on tty1
There was 1 failed login attempt since the last successful login.
Last login: Tue Mar 15 04:58:38 2016 from 2018::1
[root@localhost ~]# exit
logout
```

图 7-18　从交换机远程登录 Linux 主机

从图 7-18 中可以看出，交换机可利用 Linux 主机的两个 IPv6 地址进行远程登录。

STEP 5　在 Linux 主机上进行安全设置，即只允许使用 2019::/64 远程 SSH 登录，禁止使用 2018::/64 远程 SSH 登录。配置命令如下：

```
firewall-cmd --permanent --add-rich-rule='rule family=ipv6 source address=2018::/64 service name=ssh drop'
firewall-cmd --permanent --add-rich-rule='rule family=ipv6 source address=2019::/64 service name=ssh accept'
firewall-cmd --reload
```

如果要针对源地址进行细粒度的策略控制，必须通过添加 rich-rule 来实现。在 Linux 系统中，rich-rule 的优先级比 service 高。上述第一条命令的含义为添加规则，对于地址类型是 IPv6，源地址是 2018::/64，服务名称是 ssh 的报文，采取的操作是丢弃。上述第二条命令的含义为添加规则，对于地址类型是 IPv6，源地址是 2019::/64，服务名称是 ssh 的报文，采取的操作是接受。最后一条命令是使策略立马生效。最后在交换机上远程 SSH 登录 Linux 主机，很明显 2018::/64 前缀的地址不再能通过 SSH 登录了。

本实验只是简单演示了如何在 CentOS 7.3 Linux 上通过 firewalld 服务设置防火墙规则，来达到安全访问的目的。关于 firewalld 的复杂设置，可参考相关资料。

7.3　IPv6 局域网安全

在 IPv4 局域网中，经常面临一些网络安全方面的问题，比如，广播风暴、发送伪造的 ARP 报文以冒充网关或邻居、私设 DHCP 服务器、针对 DHCP 服务器的地址池耗尽及 DoS 攻击等。在 IPv6 中，虽然协议自身的设计属性能减少一些安全问题，但并不能完全避免。IPv6 局域网的安全问题仍不容忽视。

7.3.1　组播问题

IPv6 使用组播替代了 IPv4 中的广播。同广播一样，组播也是一对多的通信，同样存在安全问题。从二层交换机转发层面上来看，如果从物理接口接收到报文的目的 MAC 地址是 FF-FF-FF-FF-FF-FF 或者是未知的，那么交换机会进行广播处理，向其他接口转发此报文。从这个意义上来说，IPv6 仍然存在广播风暴的可能。针对这一情况，二层交换机就需要启用 Internet 组管理协议侦听（Internet Group Manager Protocol Snooping，IGMP Snooping）或组播侦听发现（Multicast Listener Discovery，MLD）。前者用于 IPv4 环境，后者用于 IPv6 环境，主要作用就是通过侦听局域网中的组播接收方，将对应的 MAC 地址写入端口转发表中，避免将组播报文转发到不应接收此组播报文的端口，从而降低网络风暴发生的可能性。但即便二层交换机支持并开启了 MLD，由于 IPv6 组播报文的目的 MAC 地址是"前 16 位为固定的 3333，再加上组播地址的低 32 位"（见第 3 章），所以理论上来说，每 2^{32} 个组播地址就会发生一次 MAC 地址冲突。当然，这个冲突的可能性很小，实际应用中可以忽略。

IPv6 中存在大量的组播应用，特别是 NDP 涉及的类型为 133、134、135、136、137 的 ICMPv6 报文，大多采用组播地址作为目的地址进行通信。另外，DHCPv6 服务器及中继发现、执行 DAD 时使用的被请求节点等均使用组播地址。正因为 IPv6 极度依赖组播，所以攻击者利用组播可以很容易发起攻击。若攻击者向代表链路本地所有节点的组播地址 FF02::1 发送探测报文，本网段所有的节点都有可能回应此报文。在 Linux 系统中执行命令 ping6 -I eth0 ff02::1（假定接口是 eth0）时，本网段所有节点都会回应；执行命令 ping6 -I eth0 ff02::2 时，本网段所有路由器也都会回应。

向组播地址发送报文一般有两个目的：一是嗅探，攻击者可以很轻易地获取局域网中所有在线设备的信息，为进一步攻击奠定基础；二是耗费资源，攻击者向一些组播地址大量发送报文，特别是标识 DHCPv6 服务器的组播地址 FF02::1:1 或 FF05::1:3，即使不需要返回流量，也会耗费路由器或服务器的系统资源，达到类似 DoS 攻击的目的。如果发往组播地址的报文中的源地址是伪造的，将会导致去往被伪造源地址的返回流量很大，安全隐患不可小视。

组播的安全问题一直以来都是一个挑战，因为组播的本质是流量从单一源发送到多个接收方，考虑到组播源可能会被接收方的反馈流量压垮，所以接收方只能被动接收信息，而不用进行消息确认。一般的保障机制都需要双向通信，所以组播的安全问题并不好解决。对于组播的安全问题，一般会采取如下措施去缓解。

- 使用安全设备等检测数据报文的源地址，如果源地址是组播地址，则直接丢弃。主机不应该对源地址是组播地址的请求报文进行响应。
- 除了必需的，如 NDP、SLAAC、DAD 等用到的组播地址，其他组播地址尽可能禁止。

- 主机接收到目的地址是组播地址的报文时，不应发送任何 ICMPv6 错误消息（不包括 ICMPv6 消息报文）。
- 对无法禁止的组播报文，可以限制报文的发送速率，以避免 DoS 攻击。

7.3.2　局域网扫描问题

扫描是攻击的前提。为了应对扫描问题，可以增加攻击者扫描 IPv6 子网的困难。尽管 IPv6 地址很多，从理论上来讲增加了扫描的难度，但在实际应用中，一些不良的地址分配方式和使用习惯却有可能降低扫描难度。这些不良习惯包括：

- 路由器网关使用接口 ID 是"1"或者容易被猜到的 IPv6 地址；
- 为子网内主机分配 IPv6 地址时，按地址从小到大或者从大到小的顺序依次分配；
- 使用一些与 IPv4 兼容的 IPv6 地址，或内嵌 IPv4 地址信息的地址，如 2023::192.168.1.1。

上述不良的地址分配和使用习惯实际上都没有充分利用 IPv6 地址位数的优势，而是依然采用 IPv4 思维方式来规划和使用地址，从而增加了被扫描的概率。为了防范扫描攻击，随机化接口 ID 会是一个较好的方法。使用 DHCPv6 分配地址或完全随机化接口 ID（包括网关的接口 ID），避免使用基于 EUI-64 格式的接口 ID，可以使安全性相应增强。当然，这也增加了管理员的负担。因此，需要在安全性和管理性之间寻求一个相对合理的平衡点。

对于双栈主机来说，其 IPv4 地址比较容易被扫描到，但这并不意味着同时也会发现 IPv6 地址，除非 IPv6 地址太简单，或者内嵌了 IPv4 地址信息。此外，双栈主机上的某种应用服务可以同时在 IPv4 和 IPv6 上监听，且能通过 IPv4 的应用信息探测出 IPv6 地址。因此，双栈主机如果一定要在 IPv4 地址和 IPv6 地址上同时监听某种应用服务，那么除了 IPv6 地址的接口 ID 尽可能随机化，应用程序本身的安全性也要注意。

因为直接扫描局域网中的 IPv6 通常比 IPv4 困难，所以攻击者会通过攻击存有 IPv6 地址信息的其他主机，降低扫描难度。这些主机既可以是 DNS 服务器、DHCPv6 服务器，也可以是日志服务器，所以加强这些网络基础服务器的安全很重要。

7.3.3　NDP 相关攻击及防护

无论是在 IPv4 局域网中还是在 IPv6 局域网中，要想与邻居或外界通信，都必须知道邻居节点或默认网关的物理 MAC 地址。在 IPv4 中，是通过广播 ARP 报文来获知邻居的 MAC 地址。而在 IPv6 中，则是用 NDP 来取代 ARP，并用组播取代了广播，但这并不是说 NDP 比 ARP 安全。由于 NDP 并不提供相互认证机制，网络中任何不可信的节点都可以发送 NS/NA/RS/RA 等相关报文，因此攻击者可以利用上述漏洞对局域网造成破坏。一般说来，NDP 相关的安全威胁至少可以分为以下 4 种：

- MAC 地址欺骗攻击及防范；
- 非法 RA 报文威胁及防范；
- DAD 问题；
- 路由重定向问题。

1．MAC 地址欺骗攻击及防范

在 IPv6 局域网中，要与邻居或默认网关通信，都必须将它们的链路层 MAC 地址写入自己的邻居表中，以便将 IPv6 报文封装在二层链路层中发送。在 IPv4 中，攻击者通过发送 ARP 报文来改变受害主机的 ARP 表，以达到阻断受害主机正常通信的目的。在 IPv6 中，攻击者则是通过发送 NDP 报文来改变受害主机的 IPv6 邻居表，进而达到阻断受害主机正常通信的目的。

MAC 地址欺骗的原理一般是，主机发送 NS 或 RS 报文来请求某个邻居或默认网关的 MAC 地址。攻击者截获该报文后，发送对应的 NA 或 RA 报文告诉请求者，所请求的邻居地址是自己伪造的 MAC 地址。请求者收到回应报文后，就会将错误的邻居或默认网关的 MAC 地址写进自己的邻居表中，这样所有的报文都会发往错误的 MAC 地址。

为了防范这种攻击，一个比较笨拙的办法就是在主机上将正确的邻居（包括默认网关）的 MAC 地址手动写入主机的邻居表中，并且在默认的网关设备上手动将局域网中所有主机的 IPv6 地址和 MAC 地址的映射关系写入 IPv6 邻居表。很明显，这增加了管理工作量，在大型局域网中并不可取。需要注意的是，即使手动设置邻居表，也只是缓解了此类攻击，而不能完全杜绝 MAC 地址欺骗攻击，除非是在做好绑定后，再在局域网中禁止发送和接收所有可能导致欺骗的 NDP 报文。

MAC 地址欺骗攻击主要是由 NDP 先天的脆弱性造成的。如果无法在局域网中进行全部静态绑定，并禁止发送和接收 NDP 相关报文，那么，可以考虑对局域网中的所有 NDP 报文进行动态检测，在接入端口就对非法的 NDP 报文进行过滤。在 IPv4 中，可以在接入交换机上启用 DHCP Snooping 功能，即检测客户主机获取地址时的 DHCP 报文，根据报文信息形成 IP+MAC+端口+VLAN 这样的对应表项，然后根据形成的动态表项，对接入端口的 ARP 报文进行检测。只要与表项不符，就认为是恶意的攻击者在发送非法 ARP 报文，需将其丢弃。这就是 IPv4 中的 DHCP Snooping+动态 ARP 检测（Dynamic ARP Inspection，DAI）功能，它可以很好地防范 MAC 地址欺骗攻击。在 IPv6 网络中，利用 NDP 发起的 MAC 地址欺骗攻击将和 IPv4 网络中利用 ARP 发起的 MAC 地址攻击一样随处可见，并且该问题在 IPv6 网络中将长久存在。所幸，我国清华大学下一代互联网技术研究团队提出的源地址验证改进（Source Address Validation Improvement，SAVI）技术可以有效地避免 IPv6 网络中的 NDP 攻击。该技术在国际上处于领先地位，已被很多国产交换机所支持。这一技术的原理和实验将在 7.3.4 节重点介绍。

2．非法 RA 报文威胁及防范

在 IPv6 中，RA 报文扮演着很重要的角色。没有 RA 报文，主机就无法通过 SLAAC 获取 IPv6 地址和默认网关。即使通过 DHCPv6 可以获得 IPv6 地址，但 DHCPv6 报文并不提供默认网关选项，因此默认网关的获得仍然要依靠 RA 报文来实现。除非在全网中手动配置 IPv6 地址和网关，否则不能禁止 RA 报文。因此，在 IPv6 网络中就可能存在非法 RA 报文的威胁。若是网络中的非法节点也可以发送 RA 报文，网络中的其他节点收到 RA 报文后，会将 RA 报文中的前缀信息用于地址自动配置，同时也会将 RA 的发送方作为默认网关。

为防止非法 RA 报文带来的危害，可以在交换机等接入设备上，将连接路由器等网关设备或连接其他交换机的端口设置成信任端口，连接其他设备的端口设置成非信任端口。只有信任端口才接收对端设备发送来的 RA 报文并转发，非信任端口则禁止接收 RA 报文，这样就可以有效防范利用 RA 报文发起的攻击。

在二层交换机上设置允许接收 RA 报文的信任端口和拒绝接收 RA 报文的非信任端口时，存在一个问题，就是一般的二层交换机只负责二层转发，即只关心每个端口的二层 MAC 地址。但 RA 报文是在 IPv6 之上的 ICMPv6 报文（IPv6 类型为 58），要禁止 RA 报文，需要检测类型为 134 的 ICMPv6 报文，而这是三层交换机的功能范畴。针对该问题，锐捷二层交换机的功能有所增强，可以在物理端口上阻止 RA 报文，本节稍后将通过实验介绍这一功能。如果二层交换机不支持 RA 信任端口的设置，可以使用 MAC ACL 进行替代，实验 7-3 会对此做进一步解释。

3．DAD 问题

网络中节点的任何 IPv6 地址在生效前，都须执行 DAD。如果 DAD 失败，则表明网络中已经有节点使用了该 IPv6 地址，须放弃使用该地址。如果节点启用了私密性扩展地址功能，则会继续产生新的地址，并继续 DAD 过程。在 DAD 过程中，攻击者可以发送 NS 或 NA 报文来通告地址已被占用，甚至会响应每一个 DAD，相当于本网络中的全部地址都被占用，这就使得受害主机无法通过 DAD，从而无法拥有任何 IPv6 地址。对于这类攻击，只能由网络管理员通过抓包分析等手段找出攻击者对应的网络端口并将其封禁解决。设置 NA 等报文的发送频率，也可以减轻威胁的影响。

4．路由重定向问题

路由重定向报文（类型是 137 的 ICMPv6 报文）也属于 NDP 的范畴。路由器使用路由重定向报文向本网段中充当默认网关的主机发送一条路由信息，指出一个更优的路由下一跳。如果主机允许接收 ICMPv6 重定向报文，就会在路由缓存中将目的地址的下一跳从默认网关改为路由重定向报文中指示的新的更优的下一跳。同样，因为路由重定向没有相应的认证机制，所以可以伪造重定向报文。攻击者直接向主机发送重定向报文时，该报文不会被主机接收。因为重定向报文的内建机制是必须由主机首先向默认网关发送一个到达某目标的报文，才允许主机接收默认网关发来的重定向报文。因此，要发动重定向报文攻击，必须先伪造一个源地址（比如某网站的 IPv6 地址），向受害主机发送类型为 128 的 ICMPv6 回显请求报文，并假定受害主机必须对此回显请求报文回应一个类型为 129 的 ICMPv6 回显应答报文。然后，攻击者还得冒充默认网关向受害主机发送重定向报文，以改变受害主机的路由缓存表，从而使得受害主机无法访问某网站。

对于这种攻击，攻击者必须持续不断地触发受害主机向目的地址发送报文，并冒充默认网关向受害主机发送重定向报文，而且受害主机还必须接受重定向报文并修改路由缓存，缺少中间任何一个环节攻击都不能成功。比如，若攻击者没有持续攻击，则受害主机的路由缓存表在经历一段时间后会恢复正常。可以通过关闭默认网关的路由重定向功能，并在网络中禁止类型为 137 的 ICMPv6 路由重定向报文，来阻止路由重定向攻击。但是，禁止路由重定向功能后，即使网络中真的有更优的下一跳，也会被忽略。

实验 7-3　非法 RA 报文的检测及防范

在 IPv6 中，客户主机如果自动获取 IPv6 地址，则必然少不了 RA 报文的参与。RA 报文既可以用来通告默认网关，也可以携带前缀信息，以便客户主机自动生成地址和修改前缀（路由）表。如果网络中有非法设备发送 RA 报文，其危害性可想而知。在本实验中，首先观察在局域网中有两台路由器同时发送 RA 报文时，主机获取地址等信息的情况。然后通过相关信息查找到发送非法 RA 报文的物理端口，并将其封禁。最后通过锐捷交换机的端口防 RA 报文功能来防范非法 RA 报文对局域网造成的危害。

STEP 1　在 EVE-NG 中打开"Chapter 07"文件夹中的"7-2 LAN_SECURITY"实验拓扑，如图 7-19 所示。开启所有节点。

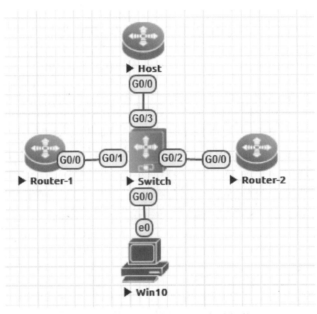

图 7-19　LAN_SECURITY 实验拓扑

STEP 2　分别对 Router-1（模拟合法路由器）和 Router-2（模拟非法路由器）做如下配置。Router-1 的配置如下：

```
Router> enable
Router# configure terminal
Router(config)# hostname Router-1
Router-1(config)# ipv6 unicast-routing          启用设备的 IPv6 路由功能，默认情况下，本功能
处于开启状态，无须配置
Router-1(config)# interface gigabitethernet 0/0
Router-1(config-if-GigabitEthernet 0/0)# ipv6 enable          启用接口的 IPv6 功能，默认情况下，接
口的 IPv6 功能处于未启用状态。此命令不是必需的，在接口配置 IPv6 地址后，同样的功能也会开启
Router-1(config-if-GigabitEthernet 0/0)# ipv6 address 2019::1/64
Router-1(config-if-GigabitEthernet 0/0)# no ipv6 nd suppress-ra          允许发送 RA 报文
```

Router-2 的配置如下：

```
Router> enable
Router# configure terminal
Router(config)# hostname Router-2
Router-2(config)# interface gigabitethernet 0/0
Router-2(config-if-GigabitEthernet 0/0)# ipv6 enable
Router-2(config-if-GigabitEthernet 0/0)# ipv6 address 2020::1/64
Router-2(config-if-GigabitEthernet 0/0)# no ipv6 nd suppress-ra          允许发送 RA 报文
```

STEP 3 Host（路由器模拟的客户主机）的配置如下：

```
Router> enable
Router# configure terminal
Router(config)# hostname Host
Host(config)# interface gigabitethernet 0/0
Host(config-if-GigabitEthernet 0/0)# ipv6 address autoconfig default      接口采用 SLAAC 自动获取地址，
                                                                          并生成默认路由
```

STEP 4 分别在 Win10 主机和 Host 上验证地址获取情况及默认网关情况。Win10 主机的地址获取情况如图 7-20 所示。

图 7-20 两台路由器发送 RA 报文时，Win10 获取地址的情况

从图 7-20 中可以看出，Win10 主机同时获取两个前缀的地址和两个默认网关。如果 Router-2 是非法路由器，则 Win10 主机与外界通信可能不正常。

在 Host 上执行 show ipv6 routers 命令，显示如下：

```
Host# show ipv6 routers
Router FE80::5200:FF:FE02:1 on GigabitEthernet 0/0, last update 690 sec
  Hops 64, Lifetime 1800 sec, ManagedFlag=0, OtherFlag=0, MTU=1500
  Preference=MEDIUM
  Reachable time 0 msec, Retransmit time 0 msec
  Prefix 2020::/64 onlink autoconfig
    Valid lifetime 2592000 sec, preferred lifetime 604800 sec
Router FE80::5200:FF:FE01:1 on GigabitEthernet 0/0, last update 127 sec
  Hops 64, Lifetime 1800 sec, ManagedFlag=0, OtherFlag=0, MTU=1500
  Preference=MEDIUM
  Reachable time 0 msec, Retransmit time 0 msec
  Prefix 2019::/64 onlink autoconfig
    Valid lifetime 2592000 sec, preferred lifetime 604800 sec
```

从上面的输出中可以看出，路由器模拟的 Host 收到了两台路由器发送来的 RA 报文，其优先级都是 Medium。在 Host 上执行 show ipv6 interface brief gigabitethernet 0/0 命令，显示如下：

```
Host# show ipv6 interface brief gigabitethernet 0/0
```

```
GigabitEthernet 0/0                    [up/up]
        FE80::5200:FF:FE03:1
        2020::5200:FF:FE03:1
        2019::5200:FF:FE03:1
```

从上面的输出中可以看出，Host 的接口也获取了两个前缀的 IPv6 地址。在 Host 上执行 show ipv6 route ::/0 命令，显示如下：

```
Host# show ipv6 route ::/0
S      ::/0 [1/0] via FE80::5200:FF:FE01:1, GigabitEthernet 0/0
```

从上面的输出中可以看出，Host 默认路由的下一跳只有一个 Router-1（读者进行实验时，Host 默认路由的下一跳有可能是 Router-2）。对路由器来说，在多个 RA 报文的优先级相同的情况下，会随机选择其中一个作为默认网关，而 Win10 主机会同时选择两个默认网关。在优先级相同（可通过命令 route print -6 命令查看跳点数）的情况下，具体走哪个默认网关，可参见实验 3-10。

STEP 5　将合法路由器 Router-1 的 RA 报文的优先级调高。Router-1 配置如下：

```
Router-1# configure terminal
Router-1(config)# interface gigabitethernet 0/0
Router-1(config-if-GigabitEthernet 0/0)# ipv6 nd ra preference ?        查看支持的优先级（只有 3 个）
   high       High default router preference
   low        Low default router preference
   medium     Medium default router preference
Router-1(config-if-GigabitEthernet 0/0)# ipv6 nd ra preference high        优先级选择 High
```

从上面的输出中可以看出，RA 报文通告的路由优先级有 3 个，默认为 Medium。将合法路由器 Router-1 发出的 RA 报文的优先级调为 High 后，再分别查看 Host 和 Win10 主机的路由优先级。在 Host 上执行 show ipv6 route ::/0 命令，可以看到默认路由仍然是 Router-1。这里其实可以把 Router-2 发出的 RA 报文的优先级调为 High，会发现默认路由变成了 Router-2（选择优先级高的默认路由）。在 Host 上再次查看邻居路由器和路由公告信息，显示如下：

```
Host# show ipv6 routers
Router FE80::5200:FF:FE01:1 on GigabitEthernet 0/0, last update 6551 sec
   Hops 64, Lifetime 1800 sec, ManagedFlag=0, OtherFlag=0, MTU=1500
   Preference=HIGH
   Reachable time 0 msec, Retransmit time 0 msec
   Prefix 2019::/64 onlink autoconfig
      Valid lifetime 2592000 sec, preferred lifetime 604800 sec
Router FE80::5200:FF:FE02:1 on GigabitEthernet 0/0, last update 6552 sec
   Hops 64, Lifetime 1800 sec, ManagedFlag=0, OtherFlag=0, MTU=1500
   Preference=MEDIUM
   Reachable time 0 msec, Retransmit time 0 msec
   Prefix 2020::/64 onlink autoconfig
      Valid lifetime 2592000 sec, preferred lifetime 604800 sec
```

从上面的输出中可以看到，Router-1 的优先级是 High。

Win10 主机也一样。可以看到 Win10 主机同样有两个 IPv6 地址和两个默认网关。通过命令 route print -6 可以看到两个默认网关的跳点数（优先级）不一样了，Router-1 对应的跳点数的数值更低，如图 7-21 所示。

图 7-21　查看两个默认网关优先级

由上可知，调整合法路由器的路由优先级，可以改变客户主机的默认网关，但 RA 报文中携带的前缀信息仍然可以用来配置地址，而且非法路由器也可以调整为高优先级，所以这种配置方法不能彻底解决问题。

应用思考

　　如生产环境中，网络有两个出口 Router-1 和 Router-2，Router-1 正常时，优先选择 Router-1 出口；Router-1 故障时，自动切换到 Router-2 出口；Router-1 恢复时，再自动切换回 Router-1 出口。这里介绍的调整路由优先级的方法可供借鉴。

STEP 6　既然调整合法路由器的优先级不能彻底解决问题，就需要想一种方法将其彻底解决。为此，可以在连接非法路由器的接口上拒绝接收任何 RA 报文。RA 报文是类型为 134的 ICMPv6 报文，在 IPv6 之上。因此，可以在交换机上创建高级扩展列表来拒绝 RA 报文。比如创建如下访问列表来拒绝 RA 报文：

```
ipv6 access-list anti_RA
deny icmp any any router-advertisement                    拒绝所有的 ICMP RA 报文
permit ipv6 any any
```

在锐捷二层交换机上可以做如下配置：

```
Switch(config)# ipv6 access-list deny-ra
Switch(config-ipv6-acl)# deny icmp any any router-advertisement    拒绝所有的 ICMP RA 报文
Switch(config-ipv6-acl)# permit ipv6 any any
Switch(config-ipv6-acl)# exit
```

```
Switch(config)# interface range gigabitethernet 0/2-8            2~8 号端口都没有连接合法路由器，
拒绝接收 RA 报文
    Switch(config-if-range)# ipv6 traffic-filter deny-ra in        二层接口下调用访问控制列表
```

经过上面的配置，交换机的上连线接在 G0/1 号端口，G0/2 ～ G0/8 号端口都可以获得合法路由器分配的 IPv6 地址，即使 G0/2 ～ G0/8 号端口连接了非法的路由器，交换机也会拒绝接收该端口发出的 RA 报文，该配置方法简单高效。

但这个访问控制列表在一些厂家（例如思科）的交换机的二层端口上无法应用，只能应用在三层端口上，所以这种方法在很多厂家的二层交换机上不适用。

此外，还存在第三种拒绝非法 RA 报文的方法，即在二层交换机上配置 MAC ACL（即基于 MAC 地址的 ACL）。因为 RA 报文的目的地址是 FF02::1，其对应的目的 MAC 地址就是 3333.0000.0001，所以可以在非信任路由器的端口上拒绝所有目的 MAC 地址是 3333.0000.0001 的报文。

在交换机上做如下配置：

```
Switch> enable
Switch# configure terminal
Switch(config)# mac access-list extended deny-ra
    Switch(config-mac-nacl)# deny any host 3333.0000.0001         拒绝所有到 MAC 地址 3333.0000.0001 的
数据报文，也就是到 FF02::1 的报文
    Switch(config-mac-nacl)# permit any any
    Switch(config-mac-nacl)# exit
Switch(config)# interface gigabitethernet 0/2                    连接非法路由器 Router-2 的接口下应用
    Switch(config-if-GigabitEthernet 0/2)# mac access-group deny-ra in    在入方向应用，即接收数据报文时
```

然后将 Host 的 G0/0 接口和 Win10 主机网卡重启，两台客户端都只能获取 Router-1 通告的 RA 报文，并用于地址自动配置和默认网关。

可以把此 MAC ACL 应用在所有非法路由器的端口上。但需要特别说明的是，如果网络中有组播应用，且组播地址对应的 MAC 地址恰好是 3333.0000.0001，比如组播地址 FF05::1:0:1，就不能使用这种 MAC ACL 了。好在一般很少遇到 MAC 地址是 3333.0000.0001 的情况，且几乎所有的二层可网管交换机都支持 MAC ACL，该配置方法通用性强。

7.3.4　IPv6 地址欺骗及防范

路由器或交换机在网络中转发数据包时，一般都只关心数据包的目的地址，即二层交换机只查找目的 MAC，路由器等三层设备只查找目的 IP 地址。只关心目的地址而忽略源地址的好处是，可以减轻网络设备的计算负担，从而提高数据包的转发效率。但这也带来了安全隐患。任何攻击者都可以精心伪造数据包的源 IPv6 地址，实现类似反射攻击的目的。

为了防范 IPv6 地址欺骗，路由器等网络设备在接收数据包时，可以检查源地址的合法性，只有源地址合法才进行路由转发。如果源地址是非法的，则直接丢弃该数据包，从而有效地防范 IPv6 地址欺骗攻击。一般而言，如果源地址是组播地址，应该直接判定为非法地址而丢弃数据包，因为这不符合组播地址的使用场景。

1. 二层地址欺骗及防范

防范地址欺骗的关键是如何判断源地址是否合法。在 IPv4 中，二层接入交换机可以通过 DHCP Snooping 表来确定 IP+端口+VLAN 的对应关系，在端口接收到数据帧时，如果源地址与该表项不符，则会直接丢弃。当然，在确定交换机某端口只能出现源自某些地址的数据帧时，也可以手动设置白名单，从而拒绝接收含有非法源地址的信息。在 IPv6 中，仍可以借鉴这一方法，来防范地址欺骗攻击，SAVI 则是其中的一项重要技术。

SAVI 的 RFC 草案由清华大学研究团队于 2009 年提出，该草案描述了如何通过源地址判断从指定端口接收到报文的合法性。当前 SAVI 技术涉及的 3 篇 RFC 分别是 RFC 6620、RFC 7513 和 RFC 8074，这 3 个文档目前均为建议标准（基本成熟，但需要进一步的试验来证实其可行性）状态，尚未成为全球标准。通过 SAVI 技术，可以有效地解决地址欺骗攻击，因此该技术得到了众多国产交换机厂商（如锐捷、神码等）的支持。SAVI 的 RFC 标准中，关于 IPv6 的合法接入主要包括了邻居发现侦听（ND Snooping）与 DHCPv6 Snooping 两部分内容。在接入设备（AP 或交换机）上启用 ND Snooping 和 DHCPv6 Snooping 后，按照先来先服务原则建立基于 IPv6 源地址、源 MAC 地址以及接入设备端口的绑定关系表，依据该表对通过指定端口的 IP 报文进行源地址校验。只有报文源地址与绑定关系表匹配时接入设备才进行转发，进而保证网络上数据报文源地址的真实性。在接入设备上建立绑定关系，这种绑定关系一般也是临时的，有生存周期。在接入设备上进行的这些操作对客户端设备来说是透明的、无感知的。

接下来将结合不同的安全问题，分别介绍 DHCPv6 Snooping 和 ND Snooping 的实现原理。

（1）DHCPv6 Snooping

通过 DHCPv6 Snooping 可以解决 3 种问题。

● 解决用户私自配置地址或冒充其他地址访问网络问题。

如图 7-22 所示，在 Switch 上开启 DHCPv6 Snooping 功能，将上联端口 G0/0 配置为信任端口。接入交换机上联网关（Router）和 DHCP Server，下联客户主机 Win10 和攻击者。Win10 在获取动态地址之前只能访问 DHCP Server，以及使用本地链路地址 FE80::/10 访问本地资源。Switch 利用 DHCPv6 Snooping 功能监听客户主机 Win10 与 DHCP Server 之间交互的 DHCPv6 报文。Switch 在 Win10 动态获取地址的过程中获得 Win10 的 IPv6 地址、MAC 地址和端口号信息，并下发到硬件表项，之后 Win10 可以使用获得的动态全球单播地址访问所有资源。若攻击者采用其他 IPv6 地址，或是冒充 Win10 的 IPv6 地址或网关的 IPv6 地址发送攻击报文，由于 Switch 中没有绑

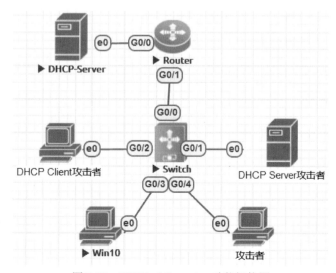

图 7-22　DHCPv6 Snooping 功能拓扑图

定表项信息，Switch 拒绝转发报文，攻击失败。

- 解决私设 DHCPv6 Server 问题。

图 7-22 中，Switch 只配置了 G0/0 接口为 DHCPv6 Snooping 的信任端口，G0/1 为非信任端口，非信任端口将丢弃 DHCPv6 通告报文及应答报文。

- 解决 DHCP Client 泛洪攻击问题。

图 7-22 中，DHCP Client 攻击者发动泛洪攻击，请求大量的 IPv6 地址，消耗 IP 地址空间，降低 DHCP 服务器的性能。可以利用 SAVI 技术中 DHCPv6 Snooping 功能，限制 Switch 下联端口 G0/2 的 MAC 数量及单 MAC 分配 IPv6 地址数量，从而防止非法主机不断地向 DHCP 服务器发起请求，消耗 DHCPv6 资源。

（2）ND Snooping

ND Snooping 通过监听 NDP 报文，建立源 IPv6 地址、MAC 地址和交换机端口的绑定。通过对交换机端口接收的报文进行合法性检测，放行匹配绑定表项的报文，丢弃不匹配的报文，从而达到准入控制和防范攻击的目的。

如图 7-23 所示，在接入交换机 Switch 上开启 ND Snooping 功能。把 Switch 的 G0/0 接口配置成 ND Snooping 的信任端口，把 G0/1 和 G0/2 配置为 ND Snooping 的非信任端口。交换机刚启用 ND Snooping 时，非信任端口将拒绝转发所有 IPv6 报文（除了源地址为 FE80:: 的 IPv6 报文和 NS/NA 报文），随着准入控制表项（即硬件表项）条目的增加，可以转发更多 IPv6 报文。ND Snooping 的工作过程是：网关 Router 使用无状态地址自动配置协议，公告前缀 2022::/64。Win10-1 收到来自 Router 的 RA 公告后，通过无状态地址自动配置协议自动获取前缀为 2022::/64 的 IPv6 地址，地址生成后会先发送 DAD NS 报文，探测在当前链路上该 IPv6 地址是否可用。若 Win10-1 没有收到 DAD NA 回应，表示该地址可用。当 Switch 收到来自主机的 DAD NS 报文后，会为该主机建立 ND Snooping 绑定，若在规定时间内未探测到回应的 DAD NA 报文，则根据该 ND Snooping 绑定下发一个 IPv6 地址、MAC 地址、交换机端口号和 VLAN ID 四元组的准入控制表项（即硬件表项），允许转发该源地址的 IPv6 报文。假如攻击者 Win10-2 冒充 Win10-1 发动对网络的攻击，由于攻击者 Win10-2 发出的报文不符合硬件表项，交换机将拒绝转发该报文。

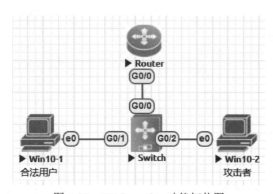

图 7-23　ND Snooping 功能拓扑图

前面提到交换机端口启用 ND Snooping 后，仍然可以转发源地址为 FE80:: 的 IPv6 报文和 NS/NA 报文，如果攻击者 Win10-2 冒充合法用户 Win10-1 或 Router 的全局 IPv6 地址发送 NS/NA 报文，结果会怎样呢？交换机监听 NDP 报文，由于攻击者 Win10-2 发送的伪造 NS/NA 报文，该 IPv6 地址条目已经存在于 Switch 的硬件表项中，交换机拒绝转发该报文，同时向该 VLAN 的所有接口发送正确的 NDP 报文，以减小攻击报文产生的不利影响。下面通过实验演示如何发动 NDP 攻击、判断 NDP 攻击，以及配置 SAVI 彻底解决 NDP 攻击。

实验 7-4　利用 ND Snooping 功能彻底解决 NDP 攻击

本实验利用虚假的 NS/NA 报文发动网络攻击，演示并说明了 NDP 攻击的判断方法和原理，然后通过配置锐捷交换机的 SAVI 功能来阻断 NDP 攻击。

STEP 1　基本配置。在 EVE-NG 中打开"Chapter 07"文件夹中的"7-3 SAVI"实验拓扑，如图 7-24 所示，实验拓扑中 Switch 的 G0/3 端口连接管理网络，这是为了方便 Win10-2 从外网复制文件。开启所有节点。

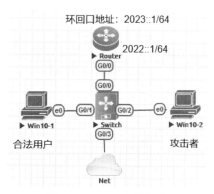

图 7-24　SAVI 实验拓扑

Router 的配置如下：

```
Router> enable
Router# configure terminal
Router(config)# interface gigabitethernet 0/0
Router(config-if-GigabitEthernet 0/0)# ipv6 address 2022::1/64
Router(config-if-GigabitEthernet 0/0)# no ipv6 nd suppress-ra    允许发送 RA 报文
Router(config-if-GigabitEthernet 0/0)# exit
Router(config)# interface loopback 0
Router(config-if-Loopback 0)# ipv6 address 2023::1/64    启用环回接口，模拟互联网路由
```

此时，查看 Win10-1 的 IP 配置，显示如下：

```
C:\Users\Administrator>ipconfig
Windows IP 配置
以太网适配器 以太网:

   连接特定的 DNS 后缀 . . . . . . . : localdomain
   IPv6 地址 . . . . . . . . . . . . . . . : 2022::fce8:1e33:28e7:d6ca
   临时 IPv6 地址. . . . . . . . . . . . . : 2022::a133:1d05:a0cd:ab02
   本地链接 IPv6 地址. . . . . . . . . : fe80::fce8:1e33:28e7:d6ca%4
   IPv4 地址 . . . . . . . . . . . . . . . : 172.18.1.158
   子网掩码 . . . . . . . . . . . . . . . : 255.255.255.0
   默认网关. . . . . . . . . . . . . . . . : fe80::5200:ff:fe08:1%4
                                           172.18.1.1
```

可以看到 Win10-1 的本地链接 IPv6 地址是 fe80::fce8:1e33:28e7:d6ca，网关是 fe80::5200:ff:fe08:1。

查看 Win10-1 的 IPv6 邻居缓存信息，显示如下：

```
C:\Users\Administrator>netsh interface ipv6 show neighbors
接口 4: 以太网
Internet 地址                          物理地址              类型
--------------------------------      -----------------     ----------
2022::1                               50-00-00-08-00-01     停滞 (路由器)
2022::8e0:fca8:3e0a:b58f              50-00-00-0b-00-00     可以访问
fe80::5200:ff:fe08:1                  50-00-00-08-00-01     可以访问 (路由器)
fe80::70d3:dad3:87bc:9d3d             50-00-00-0b-00-00     停滞
```

可以看到 Win10-1 的网关 fe80::5200:ff:fe08:1 对应的 MAC 地址是 50-00-00-08-00-01。在 Win10-1 上执行 ping 2023::1 -t 命令，持续测试与 2023::1 之间的连通性，可以发现一直是通的。

STEP 2　发起 NDP 攻击。查看 Win10-2 的 IP 地址，显示为 172.18.1.157，在宿主计算机的运行中输入 "\\172.18.1.157\c$"，访问局域网中的资源，提示输入计算机的管理员账号，这里输入 Win10-2 的管理员账号 administrator，密码是 admin@123，然后把软件配置包 "07" 文件夹中的 "NS 攻击导出包.cap" "NA 攻击导出包.cap" 和 "科来数据包生成器_2.0.0.215_x64.exe" 3 个文件复制到 Win10-2 的 C 盘中。在 Win10-2 中双击 "科来数据包生成器_2.0.0.215_x64.exe" 文件，安装科来数据包生成器，安装完成后运行，界面如图 7-25 所示。

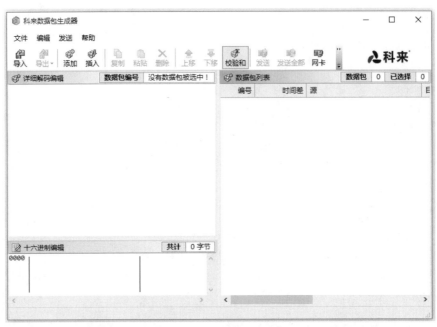

图 7-25　科来数据包生成器

单击图 7-25 中的 "导入" 按钮，选择 "NA 攻击导出包.cap" 文件，该 NA 数据包从 Wireshark 捕获数据包中导出，这样只要有针对性地修改部分字段即可达到攻击的效果。Win10-1 发往互联网的数据包封装的目的 MAC 地址是其网关 fe80::5200:ff:fe08:1 对应的 MAC 地址 50-00-00-08-00-01。Win10-1 是通过发送 NS 报文进行查询，然后收到网关设备回复的 NA 报文，学习到了网关对应的 MAC 地址。让攻击者 Win10-2 伪造一个网关设备的 NA 报文发送给 Win10-1，伪造报文中给出一个错误的 MAC 地址，这样 Win10-1 将学习到一个错误的网关 MAC 地址，最终导致 Win10-1 访问互联网失败。

图 7-26 是编辑后的 NA 报文，并在一些关键字段后面添加了标识，各标识字段的含义如下所示：

标识 1 表示数据链路层的目的 MAC 地址。由于是发送给 Win10-1 的数据包，可以填入 Win10-1 的 MAC 地址，该地址通过命令 ipconfig /all 进行查看。而在图 7-26 中，则是直接填入了组播 MAC 地址 33:33:00:00:00:01，那么该数据帧会被发送到交换机的多个端口。由于是 IPv6 的组播 MAC 地址，收到该数据帧的 IPv6 设备都会对其进行处理。除 Win10-1，其他设备由于网络层的目的 IPv6 地址不同，会在网络层丢弃这个数据包。

标识 2 表示数据链路层的源 MAC 地址，可以填入任意 MAC 地址，图 7-26 中以 50:00:00:01:00:01 为例。二层交换机会记录下这个 MAC 地址和端口的对应关系。

标识 3 表示发送 NA 报文的源 IPv6 地址，这里填入网关的 IPv6 地址：fe80::5200:ff:fe08:1。

标识 4 表示接收 NA 报文的目的 IPv6 地址，这里填入 Win10-1 的本地链接 IPv6 地址：fe80::fce8:1e33:28e7:d6ca。

标识 5 表示发送 NA 报文的源 IPv6 地址，这里仍然填入网关的 IPv6 地址：fe80::5200:ff:fe08:1。

标识 6 表示 NA 报文源 IPv6 地址对应的 MAC 地址，正常情况下，图 7-26 中标识 2 和标识 6 是相同的。为模拟攻击场景，这里填入 50:00:00:88:88:88，因此接收设备学到的邻居 MAC 是标识 6 的值，在后续实验中将对此进行确认。

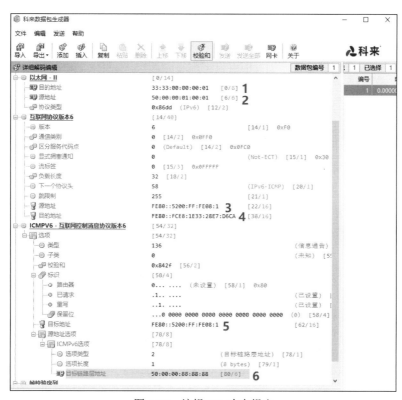

图 7-26　编辑 NA 攻击报文

NA 数据包编辑完成后，单击图 7-26 右侧列表栏的空白区域，此时可以发现工具栏中的 "发送" 按钮和 "网卡" 按钮都可以操作。由于只有 1 块网卡，无须进行网卡选择。单击 "发送" 按钮，弹出 "发送选择的数据包" 对话框，如图 7-27 所示，选中 "循环发送" 复选框，并填入 100，表示这个数据包被发送 100 次，间隔的时间是 1 秒。单击 "开始" 按钮，开始数据包的发送。

STEP 3　发现和验证攻击。Win10-2 发起攻击后，此时 Win10-1 上的 ping 2023::1 开始失败，在 Win10-1 上执行命令 netsh interface ipv6 show neighbors，显示如图 7-28 所示，注意到网关 fe80::5200:ff:fe08:1 对应的 MAC 地

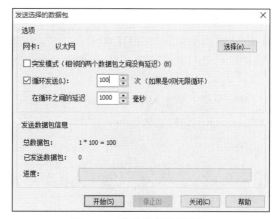

图 7-27　发送选择的数据包

址已经变成图 7-26 中的标识 6 部分的值了,网关对应的 MAC 被欺骗成假的了。此时 Win10-1 Ping 网关 fe80::5200:ff:fe08:1 也 Ping 不通。至此,攻击成功。

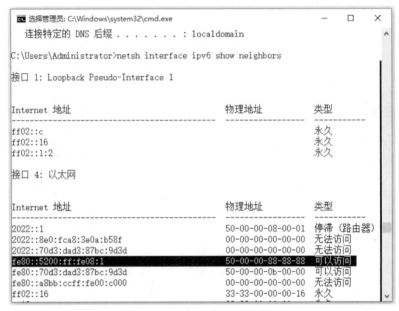

图 7-28　查看 IPv6 邻居表

登录交换机 Switch,查看 MAC 地址表,显示如下:

```
Switch> enable
Switch# configure terminal
Switch(config)# show mac-address-table
```

Vlan	MAC Address	Type	Interface	Live Time
1	0050.56c0.0008	DYNAMIC	GigabitEthernet 0/3	0d 01:02:11
1	0050.56ec.a541	DYNAMIC	GigabitEthernet 0/3	0d 01:02:11
1	**5000.0001.0001**	**DYNAMIC**	**GigabitEthernet 0/2**	**0d 00:00:08**
1	5000.0008.0001	DYNAMIC	GigabitEthernet 0/0	0d 00:32:00
1	5000.000a.0000	DYNAMIC	GigabitEthernet 0/1	0d 01:02:14
1	5000.000b.0000	DYNAMIC	GigabitEthernet 0/2	0d 01:02:14

从上面的输出中,并没有看到 MAC 地址 50:00:00:88:88:88(图 7-26 中的标识 6),但看到了 MAC 地址 5000.0001.0001(图 7-26 中的标识 2),这是因为交换机基于数据链路层的 MAC 地址进行学习,而不会关注到三层 ICMPv6 中的内容。攻击者把图 7-26 中标识 2 和标识 6 设成不同的内容,攻击更隐蔽,会进一步增加排除故障的难度。

STEP 4) 配置 ND Snooping。停止 Win10-2 上的 NA 报文攻击,在交换机 Switch 上进行 ND Snooping 配置,配置如下:

```
Switch(config)# ipv6 nd snooping enable                           启用 ND Snooping 功能
Switch(config)# interface gigabitethernet 0/0
Switch(config-if-GigabitEthernet 0/0)# ipv6 nd snooping trust        把上联端口配置为 ND Snooping 信任
```
端口,从该端口接收到的数据包不需要与交换机的硬件表项进行匹配。这是因为上联端口连接的是外部,交换机无法验证来源于外部的数据包中的源 IPv6 地址的合法性,也无法形成交换的硬件表项

```
Switch(config-if-GigabitEthernet 0/0)# exit
Switch(config)# interface range gigabitethernet 0/1-2
Switch(config-if-range)# ipv6 nd snooping check address-resolution
```
配置 ND Snooping 对地址解析(NA) 报文也进行检查。ND Snooping 默认放行 NS/NA 报文，不进行检查，而本实验中使用的恰恰是 NA 报文攻击，所以这里配置额外命令进行检查。

STEP 5 进一步测试和排错。在 Win10-2 上再次发送报文攻击，此时可以发现 Win10-1 可以 Ping 通 2023::1 和网关 fe80::5200:ff:fe08:1。读者做实验的时候，有可能会出现 Ping 不通的情况，可以在交换机上执行下面的命令进一步排查：

```
Switch# show ipv6 nd snooping binding
Stateless-user amount: 6
VLAN    MAC address     Interface    State    IPv6 address              Lifetime(s)
----    ----------      ---------    -----    -----------               -----------
1       0050.56c0.0008  Gi0/3        VALID    fe80::ecd0:ba31:f748:fb23  31
1       5000.000a.0000  Gi0/1        VALID    2022::eca0:6fa9:a78c:2b6   230
1       5000.000a.0000  Gi0/1        VALID    2022::fce8:1e33:28e7:d6ca  4
1       5000.000a.0000  Gi0/1        VALID    fe80::fce8:1e33:28e7:d6ca  276
1       5000.000b.0000  Gi0/2        VALID    2022::8e0:fca8:3e0a:b58f   7
1       5000.000b.0000  Gi0/2        VALID    fe80::70d3:dad3:87bc:9d3d  286
```

从上面的输出中，检查 Win10-1 的 IPv6 地址是否出现在硬件表项中。若没有出现在硬件表项中，则是因为 Win10-1 的 IPv6 地址在 ND Snooping 启用前已经执行 DAD NS，而交换机是根据收到的 DAD NS 报文建立 ND Snooping 绑定的。此时，可以禁用 Win10-1 的网卡再启用，使 Win10-1 的 IPv6 地址再次执行 DAD NS。从上面的输出中，可以看到这个硬件表项是有生命周期的，默认是 300 秒。当某个条目的生命周期减小到 0，仍没有 DAD NS 报文刷新生命周期时，交换机会自己触发一个 NS 报文，请求这个 IPv6 地址，当收到 NA 回复时，刷新生命周期。

STEP 6 NS 报文攻击。除了 NA 报文攻击，也可以通过 NS 报文发动攻击。可通过导入"NS 攻击导出包.cap"模拟攻击过程，编辑导入的 NS 报文，令 Win10-2 冒充 Win10-1 的 IPv6 地址，携带错误的 MAC 地址，发起对网关 fe80::5200:ff:fe08:1 的 NS 查询。其中，在数据链路层目的 MAC 地址处填入被请求节点的组播 MAC 地址 33:33:ff:08:00:01；在目的 IPv6 地址处填入被请求节点的组播 IPv6 地址 ff02::1:ff08:1；源 MAC 地址不受限；源 IPv6 地址为 Win10-1 的本地链接 IPv6 地址 fe80::fce8:1e33:28e7:d6ca；ICMPv6 报文中的目标地址为被请求节点的 IPv6 地址，即网关地址 fe80::5200:ff:fe08:1；链路层地址部分则为任意错误的 MAC 地址。网关收到该 NS 报文后，首先更新自己的 IPv6 邻居表，并添加了错误的 MAC 地址，然后进行 NA 回复，这也会导致 Win10-1 和网关之间的后续通信失败。

ND Snooping 功能同样也可以阻止 NS 报文攻击，实现的原理是：启用 ND Snooping 的交换机收到 NS 报文，发现该 NS 报文的源 IPv6 地址、MAC 地址和端口号与硬件表项中的条目不符，交换机拒绝转发该 NS 报文。同时交换机构造一条 NS 报文，源 IPv6 地址为空，查询的目的 IPv6 地址是原非法 NS 报文的源 IPv6 地址，当真实 IPv6 地址的设备收到这个查询时，会回复一个 NA 报文，报文的目的 IPv6 地址是 FF::01（所有 IPv6 设备）。此过程可以理解为，当交换机收到一条错误的查询时，不仅拒绝转发，同时还触发一条正确的信息，从而避免了 NS 报文攻击对网络的危害。

至此，演示了 NDP 报文的攻击与防范。该实验内容非常有用，可以彻底解决 NDP 攻击带来的网络危害。

2. 三层地址欺骗及防范

除了在接入层交换机端口启用源地址检测，在三层网络设备（如路由器）的接口下也可以启用源地址检测，这就是单播反向路径转发（unicast Reverse Path Forwarding，uRPF）技术。uRPF 用来防范基于源地址欺骗的攻击行为，它的原理是，从某个接口接收到数据包时，抽取其源 IPv6 地址，再查找自身的路由表，查找结果通常会有 3 种情况：源地址在路由表中没有匹配项；源地址在路由表中有匹配项，但对应的出接口与收到此数据包的接口不一致；源地址在路由表中有匹配项，且对应的出接口与收到此数据包的接口一致。对于第一种情况，可以肯定收到的数据包的源地址是非法的，也就是没通过 uRPF 检查，可以直接丢弃。对于后两种情况，则要看是严格的 uRPF 还是松散的 uRPF，如果是严格的 uRPF，则只有第三种情况才能通过 uRPF 检测。如果确定只可能通过单个出接口到达某地址，则可以执行严格的 uRPF，这通常发生在最末端的接入网段。松散的 uRPF 通常发生在网络中有冗余路径时，即允许来自某个源地址的数据包可以从多条路径到达。

实验 7-5　应用 uRPF 防止 IPv6 源地址欺骗

本实验演示用 uRPF 来防止 IPv6 源地址欺骗。因为缺少源地址欺骗攻击软件，所以这里通过 ping 命令来验证效果。同时本实验还将演示严格 uRPF 和松散 uRPF 的区别。

STEP 1 在 EVE-NG 中打开 "Chapter 07" 文件夹中的 "7-4 uRPF" 实验拓扑，如图 7-29 所示。开启所有节点。

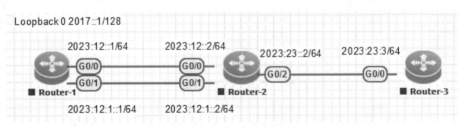

图 7-29　uRPF 实验拓扑图

STEP 2 路由器 Router-1 与路由器 Router-2 之间有两条直连链路，在 Router-1 上创建一个环回接口，并配置 IPv6 地址。Router-1 有一条默认路由指向 Router-2，走的是图 7-29 中的 G0/0 链路。Router-3 上的默认路由指向 Router-2。Router-2 上有一条去往 Router-1 的环回接口的路由，走的是图 7-29 中的 G0/1 链路。即 Router-1 的环回接口与外界通信时，发送报文走的是 G0/0 接口，返回报文走的是 G0/1 接口，即存在不对称路由。

Router-1 的配置及说明如下：

```
Router> enable
Router# configure terminal
Router(config)# hostname Router-1
Router-1(config)# interface gigabitethernet 0/0
Router-1(config-if-GigabitEthernet 0/0)# ipv6 address 2023:12::1/64
Router-1(config-if-GigabitEthernet 0/0)# ipv6 nd suppress-ra      网络中没有终端设备,不需要 RA 通告,
可抑制 RA 报文。锐捷设备默认抑制 RA 报文，该命令可以省略
Router-1(config-if-GigabitEthernet 0/0)# exit
Router-1(config)# interface gigabitethernet 0/1
```

Router-1(config-if-GigabitEthernet 0/1)# ipv6 address 2023:12:1::1/64

Router-1(config-if-GigabitEthernet 0/1)# ipv6 nd suppress-ra

Router-1(config-if-GigabitEthernet 0/1)# exit

Router-1(config)# interface loopback 0

Router-1(config-if-Loopback 0)# ipv6 address 2017::1/128   *给环回接口设置IPv6 地址，供测试用*

Router-1(config-if-Loopback 0)# exit

Router-1(config)# ipv6 route ::/0 2023:12::2   *默认路由走 GigabitEthernet 0/0 接口*

Router-2 的配置及说明如下：

Router> enable

Router# configure terminal

Router(config)# hostname Router-2

Router-2(config)# interface gigabitethernet 0/0

Router-2(config-if-GigabitEthernet 0/0)# ipv6 address 2023:12::2/64

Router-2(config-if-GigabitEthernet 0/0)# ipv6 nd suppress-ra

Router-2(config-if-GigabitEthernet 0/0)# exit

Router-2(config)# interface gigabitethernet 0/1

Router-2(config-if-GigabitEthernet 0/1)# ipv6 address 2023:12:1::2/64

Router-2(config-if-GigabitEthernet 0/1)# ipv6 nd suppress-ra

Router-2(config-if-GigabitEthernet 0/1)# exit

Router-2(config)# interface gigabitethernet 0/2

Router-2(config-if-GigabitEthernet 0/2)# ipv6 address 2023:23::2/64

Router-2(config-if-GigabitEthernet 0/2)# ipv6 nd suppress-ra

Router-2(config-if-GigabitEthernet 0/2)# exit

Router-2(config)# ipv6 route 2017::1/128 2023:12:1::1   *去往 Router-1 环回接口地址的路由*

Router-3 的配置及说明如下：

Router> enable

Router# configure terminal

Router(config)# hostname Router-3

Router-3(config)# interface gigabitethernet 0/0

Router-3(config-if-GigabitEthernet 0/0)# ipv6 address 2023:23::3/64

Router-3(config-if-GigabitEthernet 0/0)# ipv6 nd suppress-ra

Router-3(config-if-GigabitEthernet 0/0)# exit

Router-3(config)# ipv6 route ::/0 2023:23::2   *设置默认路由，使其指向 Router-2*

配置完以后，在路由器 Router-1 上使用环回接口的地址去 Ping Router-3 的 G0/0 的接口地址，显示如下：

Router-1#ping 2023:23::3 source 2017::1

Sending 5, 100-byte ICMP Echoes to 2023:23::3, timeout is 2 seconds:

   < press Ctrl+C to break >

!!!!!

Success rate is 100 percent (5/5), round-trip min/avg/max = 2/4/8 ms.

Router-1#

需要说明的是，Router-1 发送 ICMPv6 请求报文时，走的是默认路由，出接口为 G0/0。Router-3 的应答报文走默认路由到达 Router-2 后，Router-2 查找路由表，发现目的地址 2017::1/128 有匹配的路由，下一跳到 Router-1，出接口是 G0/1。也就是说，就路由器 Router-1

而言，请求报文是从 G0/0 发送出去的，应答报文则是从 G0/1 接口收到的。这种来回路径不一致的不对称路由并不会影响结果。

STEP 3 对 Router-2 而言，当从接口 G0/0 收到 Router-1 发来的报文时，它并不检查源地址是什么以及源地址是否合法。假定从 Router-1 发过来的报文的源地址 2017::1 是一个伪造的地址，则可能会对网络造成影响。为了安全考虑，可以在接口下启用 uRPF，对源地址进行检查。这里还要分为严格的 uRPF 和松散的 uRPF。如果是严格的 uRPF，当 Router-2 从 G0/0 接收到 Router-1 发送过来的请求报文后，检查后发现源地址是 2017::1，但这个地址在路由表中对应的出接口是 G0/1，而不是 G0/0，即 Router-2 认为源地址 2017::1 应该是从 G0/1 接收到，现在却是从 G0/0 接收到。Router-2 会认为这是一个非法的报文，从而将其丢弃。在 Router-2 上启用严格的 uRPF 的配置如下：

Router-2(config)# interface gigabitethernet 0/0　　　　　*该接口下接收到的报文将执行源地址检查*
Router-2(config-if-GigabitEthernet 0/0)# ipv6 verify unicast source reachable-via rx　　*检查单播源地址时执行严格的 uRPF*

在 Router-2 上配置 uRPF 后，再在 Router-1 上参照 STEP2 执行 ping 2023:23::3 source 2017::1，此时就 Ping 不通了。

在实际环境中，源地址 2017::1 有可能从 Router-1 的 G0/0 或 G0/1 接口到达 Router-2，限制成某个接口就不合适了。此时应使用松散的 uRPF。要应用松散的 uRPF，只需执行如下命令：

Router-2(config)# interface gigabitethernet 0/0　　　　　*该接口下接收到的报文将执行源地址检查*
Router-2(config-if-GigabitEthernet 0/0)# ipv6 verify unicast source reachable-via any　　*检查单播源地址时执行松散的 uRPF*

所谓松散的 uRPF，即检查源地址时，只要源地址在本地路由表中有对应条目即可（也可以包括默认路由），而不必关心其出接口与收到报文的接口是否一致。在 Router-2 上执行松散的 uRPF 之后，再在 Router-1 上执行 ping 2023:23::3 source 2017::1 命令，又可以 Ping 通 Router-2 了。

一般情况下，如果是单接口链路的末梢网络，应该执行严格的 uRPF，如图 7-29 中 Router-3 只有一条链路去往 Router-2，那么 Router-2 的 G0/2 接口就应该执行严格的 uRPF。在生产环境中使用 uRPF 时一定要小心谨慎，否则有可能导致意外的通信故障。

7.3.5 DHCPv6 安全威胁及防范

DHCPv6 是客户端自动获取 IPv6 地址的一种方法。在网络中，自动获取 IPv6 地址的客户端首先会发送 RS 报文，以试图接收 RA 报文并优先以 SLAAC 的方式获取地址。如果没收到任何 RA 报文，或者 RA 报文并没有携带可用于自动配置的前缀列表，又或者 RA 报文设置了 O 位甚至 M 位，客户端都会改为使用 DHCPv6 自动获取 IPv6 地址。此时，客户端向组播地址 FF02::1:2 发送 DHCPv6 请求报文，以寻找局域网中可用的 DHCPv6 服务器，网络中的 DHCPv6 服务器或中继代理收到此报文后，会对客户端的请求进行响应，从而完成地址的分配和其他 DNS、NTP 等网络配置参数的下发。在这个过程中，攻击者可以冒充 DHCPv6 服务器来下发错误的网络配置参数，也可以冒充客户端故意发送大量的 DHCPv6 请求报文来耗尽合法 DHCPv6 服务器的可分配地址池，以及消耗服务器的 CPU 等资源，从而达到正常客户端无法获取 IPv6 地址的目的。总的来说，虽然 DHCPv6 与 DHCPv4 的工作机制有所不同，比如监听的服务端口（UDP 546/547）不同、身份标识符（DUID）不同等（见第 4 章），但 DHCPv6 面临的威胁与 DHCPv4 面临的威胁大同小异。

1. 伪造 DHCPv6 服务器及防患

在 IPv6 中，只要攻击者将自己加入 FF02::1:2 或 FF05::1:3 组播监听组，并在 UDP 547 号端口上监听，他就可以冒充 DHCPv6 服务器向网络中试图通过 DHCPv6 自动获取地址的客户端发送伪造的通告和响应报文，并进一步分配错误的地址和下发其他的甚至非法的 DNS 服务器等网络配置参数。因为 DHCPv6 中不存在默认网关选项，所以伪造 DHCPv6 服务器的攻击目的主要就是利用错误的 DNS 地址将客户端正常访问的流量引入错误的服务器。假定有这样一个场景，用户访问的是某个网银站点，但 DNS 服务器的地址却被解析到精心伪装的非法站点上，其危害性可想而知。当然，分配到一个错误的全局单播地址也会导致客户端的通信中断。

之所以能发生伪造 DHCPv6 服务器的攻击，是因为客户端和服务器之间缺乏相互认证的机制。为此，RFC 3315 建议使用 IPSec 全程认证及加密，以保护服务器和中继之间的所有流量。其实对于这种伪造 DHCPv6 服务器的攻击，并不一定需要 IPSec 来防患。与 IPv4 环境一样，可以在接入交换机上启用 DHCPv6 Snooping，将接入交换机端口分为信任端口和非信任端口，就可以有效地拒绝伪造的 DHCPv6 发送通告和响应报文，从而消除伪造 DHCPv6 服务器造成的影响。

2. 消耗 DHCPv6 服务器资源的 DoS 攻击及防范

DHCPv6 与 DHCPv4 的明显不同在于，DHCPv6 允许一个客户端请求多个 IPv6 地址，这也使得攻击者可以不断地发送 DHCPv6 请求，以申请大量的 IPv6 地址，最终耗光 IPv6 的地址池。当然，因为 IPv6 地址足够大，只要定义的地址池不是特别小，耗尽 IPv6 地址池的可能性并不大，但这会给服务器的 CPU、内存等资源造成极大消耗，导致无法再为合法的客户端分配 IPv6 地址，最终实现 DoS 攻击。

当前，应对 DHCPv6 服务器 DoS 攻击的方法可以是对每一个客户端发送请求报文的速率进行 QoS 策略限制，这与 DHCPv4 相同，即为每一个客户端设置一个请求阈值，超过此值的报文将统统丢弃。

遗憾的是，在三层接口下应用速率限制的办法只能缓解 DoS 攻击，并不能从根本上解决 DoS 攻击。截至目前，还没有交换机厂商能像在 IPv4 中那样，在二层接入交换机端口下对 DHCPv6 请求报文进行速率限制，相信以后会有交换机厂商支持此功能。

另外，如果确定 DHCPv6 服务器本身就性能不足，而且负担还比较大，或者能确定 DHCPv6 服务器很容易受到 DoS 攻击，那么采用无状态 DHCPv6 或者改用 SLAAC，将地址分配的任务交给路由器来完成，也不失为一个缓解 DoS 攻击的权宜之计。

3. DHCPv6 地址扫描

在分配地址时，某些 DHCPv6 服务器（包括充当 DHCPv6 服务器的路由器/交换机）会按照从小到大或从大到小的顺序依次分配地址，这样攻击者会很容易通过获取的 IPv6 地址确定一个地址范围，对网络上的主机进行扫描以发现可攻击的目标主机。为此，建议在配置 DHCPv6 服务器时，尽量采用随机化的地址分配，并在服务器上做好已分配地址的记录（包含 IPv6 地址、DUID 等的对应关系），并保存好日志文件，便于事后溯源审计。

实验 7-6 利用 DHCPv6 Snooping 解决 DHCPv6 服务欺骗

在网络中可能存在多个 DHCPv6 服务器，其中可能包括攻击者私设的 DHCPv6 服务器，通过私设服务器获取的地址等网络参数将导致网络服务异常，因此需要保证用户只能从控制范围内的 DHCPv6 服务器获取 IPv6 地址等网络配置参数。本实验模拟攻击者私设 DHCP 服务器的场景，演示并说明了利用伪造的 DHCPv6 服务器实现欺骗的原理，并通过配置锐捷交换机的 DHCPv6 Snooping 功能阻断攻击。

STEP 1　在 EVE-NG 中打开"Chapter 07"文件夹中的"7-5 DHCPv6 Snooping"实验拓扑，如图 7-30 所示。开启除 Win10-2 和 Win10-3 的所有节点。其中 Router-1 是合法的 DHCPv6 服务器，Router-2 则是由攻击者私设的非法 DHCPv6 服务器。

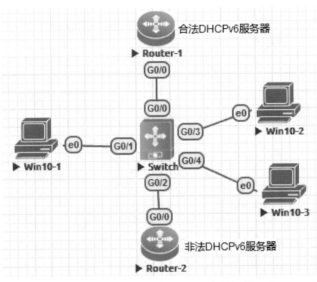

图 7-30　DHCPv6 Snooping 实验拓扑

Router-1 的配置如下：

```
Router> enable
Router# configure terminal
Router(config)# hostname Router-1
Router-1(config)# ipv6 dhcp pool pool1                         创建 DHCPv6 地址池 pool1
Router-1(dhcp-config)# iana-address prefix 2022::/64 lifetime 60 60    分配的 IPv6 地址前缀为 2022::/64，
租约时间及地址到期后的优先分配时间均为 60 秒
Router-1(dhcp-config)# excluded-address 2022::1
Router-1(dhcp-config)# exit
Router-1(config)# interface vlan 1
Router-1(config-if-VLAN 1)# ipv6 address 2022::1/64
Router-1(config-if-VLAN 1)# ipv6 nd prefix 2022::/64 no-autoconfig    主机收到该路由器公告中的前缀
不能用于地址自动配置
Router-1(config-if-VLAN 1)# ipv6 dhcp server pool1                开启 DHCPv6 服务器功能
Router-1(config-if-VLAN 1)# no ipv6 nd suppress-ra
Router-1(config-if-VLAN 1)# ipv6 nd managed-config-flag         被管理地址的配置标志位为 1，主机通过
DHCPv6 服务器获取 IPv6 地址
Router-1(config-if-VLAN 1)# ipv6 nd other-config-flag           其他信息配置标志位为 1，主机通过 DHCPv6
服务器获取除 IPv6 地址的其他信息
Router-1(config-if-VLAN 1)# exit
```

```
Router-1(config)# interface gigabitethernet 0/0
Router-1(config-if-GigabitEthernet 0/0)# switchport
```

此时，查看 Win10-1 的 IP 配置。可以看到，Win10-1 获得由 Router-1 分配的地址 2022::2，如图 7-31 所示。

```
C:\Windows\system32>ipconfig/all

Windows IP 配置

    主机名  . . . . . . . . . . . . . . . . : DESKTOP-831NFS0
    主 DNS 后缀  . . . . . . . . . . . . :
    节点类型  . . . . . . . . . . . . . . : 混合
    IP 路由已启用  . . . . . . . . . . . : 否
    WINS 代理已启用  . . . . . . . . . . : 否

以太网适配器 以太网:

    连接特定的 DNS 后缀 . . . . . . . :
    描述. . . . . . . . . . . . . . . . . . : Intel(R) PRO/1000 MT Network Connection
    物理地址. . . . . . . . . . . . . . . : 50-00-00-02-00-00
    DHCP 已启用 . . . . . . . . . . . . . : 是
    自动配置已启用. . . . . . . . . . . : 是
    IPv6 地址. . . . . . . . . . . . . . . : 2022::2(首选)
    获得租约的时间 . . . . . . . . . . . : 2022年10月27日 19:03:07
    租约过期的时间 . . . . . . . . . . . : 2022年10月27日 19:08:08
    本地链接 IPv6 地址. . . . . . . . . : fe80::5d03:ae85:29e0:6b2b%4(首选)
    自动配置 IPv4 地址 . . . . . . . . . : 169.254.107.43(首选)
    子网掩码. . . . . . . . . . . . . . . : 255.255.0.0
    默认网关. . . . . . . . . . . . . . . : fe80::5200:ff:fe04:2%4
                                            fe80::5200:ff:fe03:2%4
    DHCPv6 IAID . . . . . . . . . . . . . : 55574528
    DHCPv6 客户端 DUID . . . . . . . . . : 00-01-00-01-2A-EC-1D-C2-50-00-00-02-00-00
    DNS 服务器 . . . . . . . . . . . . . : fec0:0:0:ffff::1%1
                                            fec0:0:0:ffff::2%1
                                            fec0:0:0:ffff::3%1
```

图 7-31　查看 Win10-1 的 IPv6 地址信息

在 Router-1 上查看地址绑定信息，可以看到其为 Win10-1 分配的地址：

```
Router-1# show ipv6 dhcp binding
Client    DUID: 00:01:00:01:2a:ec:1d:c2:50:00:00:02:00:00
    IANA: iaid 55574528, T1 30, T2 48
        Address: 2022::2
                preferred lifetime 60, valid lifetime 60
                expires at Oct 27 2022 18:52 (59 seconds)
```

STEP 2　启用 Router-2 的 DHCPv6 服务功能，攻击者通过该私设服务器向用户分配 2019::/64 网段地址。

Router-2 的配置如下：

```
Router> enable
Router# configure terminal
Router(config)# hostname Router-2
Router-2(config)# ipv6 dhcp pool pool2                           创建 DHCPv6 地址池 pool2
Router-2(dhcp-config)# iana-address prefix 2019::/64 lifetime 60 60    分配的 IPv6 地址前缀为 2019::/64，
租约时间及地址到期后的优先分配时间均为 60 秒
Router-2(dhcp-config)# excluded-address 2019::1
Router-2(dhcp-config)# exit
Router-2(config)# interface vlan 1
Router-2(config-if-VLAN 1)# ipv6 address 2019::1/64
Router-2(config-if-VLAN 1)# ipv6 nd prefix 2019::/64 no-autoconfig    主机收到该路由器公告中的前缀
不能用于地址自动配置
Router-2(config-if-VLAN 1)# ipv6 dhcp server pool2               开启 DHCPv6 服务器功能
Router-2(config-if-VLAN 1)# no ipv6 nd suppress-ra
```

```
Router-2(config-if-VLAN 1)# ipv6 nd managed-config-flag          被管理地址的配置标志位为 1，主机通过
DHCPv6 服务器获取 IPv6 地址
Router-2(config-if-VLAN 1)# ipv6 nd other-config-flag          其他信息配置标志位为 1，主机通过 DHCPv6
服务器获取除 IPv6 地址的其他信息
Router-2(config-if-VLAN 1)# exit
Router-2(config)# interface gigabitethernet 0/0
Router-2(config-if-GigabitEthernet 0/0)# switchport
```

此时，重新查看 Win10-1 的 IP 配置，发现地址不变，且租约过期时间延长。这是由于当租约期限过半时，客户端将通过组播主动发送一个 RENEW 报文，以进行地址和前缀的更新。RENEW 消息里包含了 DHCPv6 服务器的 DUID、需要更新的 IA 信息等内容。Router-1 和 Router-2 均会收到 RENEW 消息，但由于该消息中的 DUID 值和 Router-1 的 DUID 值相同，因此仅有 Router-1 以单播形式发送 REPLY 消息，Win10-1 收到该 REPLY 消息后保证地址不变并更新该地址的租约时间。

在 Router-2 上通过 **show ipv6 dhcp binding** 命令查看地址绑定信息，同样可以发现 Router-2 未对外提供 IPv6 地址。

STEP 3　开启节点 Win10-2 和 Win10-3，分别查看设备获取的 IPv6 地址，如图 7-32 和图 7-33 所示。可以看到 Win10-2 分配到地址 2022:3，Win10-3 则分配到地址 2019::2（这种结果并不确定，毕竟有两台 DHCPv6 服务器进行随机分配，可以禁用网卡再启用网卡，多次尝试从不同的 DHCPv6 服务器获取 IPv6 地址）。

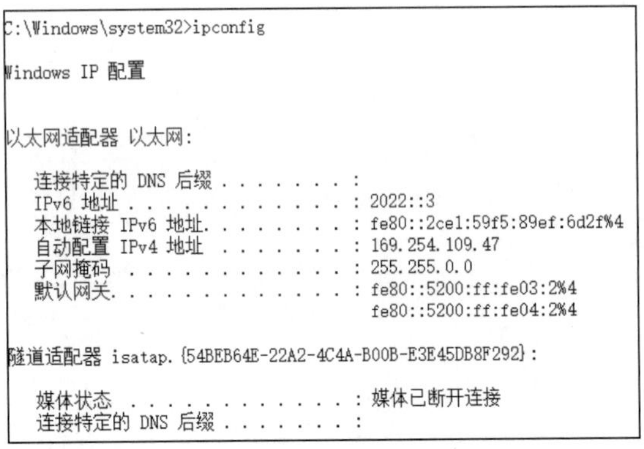

```
C:\Windows\system32>ipconfig

Windows IP 配置

以太网适配器 以太网:

   连接特定的 DNS 后缀 . . . . . . . . :
   IPv6 地址 . . . . . . . . . . . . : 2022::3
   本地链接 IPv6 地址. . . . . . . . : fe80::2ce1:59f5:89ef:6d2f%4
   自动配置 IPv4 地址 . . . . . . . . : 169.254.109.47
   子网掩码 . . . . . . . . . . . . : 255.255.0.0
   默认网关. . . . . . . . . . . . . : fe80::5200:ff:fe03:2%4
                                       fe80::5200:ff:fe04:2%4

隧道适配器 isatap.{54BEB64E-22A2-4C4A-B00B-E3E45DB8F292}:

   媒体状态  . . . . . . . . . . . . : 媒体已断开连接
   连接特定的 DNS 后缀 . . . . . . . :
```

图 7-32　查看 Win10-2 的 IPv6 地址信息

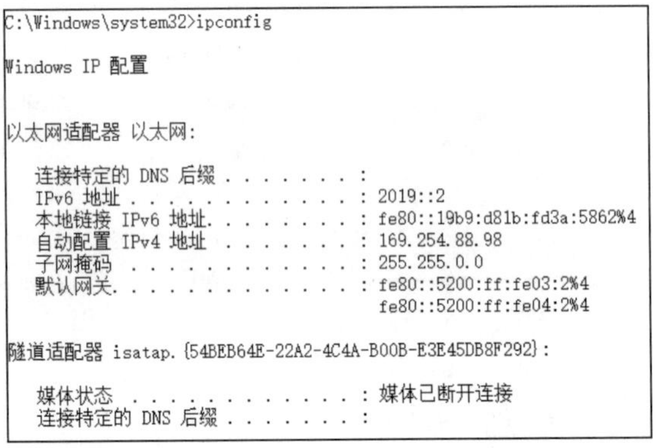

```
C:\Windows\system32>ipconfig

Windows IP 配置

以太网适配器 以太网:

   连接特定的 DNS 后缀 . . . . . . . . :
   IPv6 地址 . . . . . . . . . . . . : 2019::2
   本地链接 IPv6 地址. . . . . . . . : fe80::19b9:d81b:fd3a:5862%4
   自动配置 IPv4 地址 . . . . . . . . : 169.254.88.98
   子网掩码 . . . . . . . . . . . . : 255.255.0.0
   默认网关. . . . . . . . . . . . . : fe80::5200:ff:fe03:2%4
                                       fe80::5200:ff:fe04:2%4

隧道适配器 isatap.{54BEB64E-22A2-4C4A-B00B-E3E45DB8F292}:

   媒体状态  . . . . . . . . . . . . : 媒体已断开连接
   连接特定的 DNS 后缀 . . . . . . . :
```

图 7-33　查看 Win10-3 的 IPv6 地址信息

此时，在 Router-2 上查看地址绑定信息，可以看到其为 Win10-3 分配的地址信息：

```
Router-2# show ipv6 dhcp binding
Client    DUID: 00:01:00:01:2a:ea:a6:c0:50:00:00:06:00:00
    IANA: iaid 55574528, T1 30, T2 48
        Address: 2019::2
                preferred lifetime 60, valid lifetime 60
                expires at Oct 27 2022 19:0 (54 seconds)
```

对网络中通过 DHCPv6 请求 IPv6 地址的主机而言，其发出的请求报文目的地址为组播地址。因此当 Router-2 开启 DHCPv6 服务后，同样会收到 SOLICIT 消息，并发送 ADVERTISE 消息以回应客户端发出的请求。客户端 Win10-2 和 Win10-3 都会收到两台 DHCPv6 服务器发送的 ADVERTISE 消息，但只会选择其中一个进行回应，一般选择最早收到的 ADVERTISE 消息，将发送该消息的服务器作为 DHCPv6 服务器。因此，Win10-2 和 Win10-3 的地址选择

具有随机性,其可能通过合法 DHCPv6 服务器 Router-1 获取合法的地址;也可能收到 Router-2 分配的不合法地址，从而影响上网功能。

STEP 4 在接入设备 Switch 上开启 DHCPv6 Snooping 服务，实现 DHCPv6 监控。配置接入设备 Switch 连接 Router-1 的端口为 DHCPv6 Trust 口，实现响应报文的转发。同时,Switch 的其余端口默认为 DHCPv6 Untrust 口，设备将丢弃所有来自 Untrust 口的 DHCPv6 应答报文，以实现对 DHCPv6 报文的过滤。

Switch 的配置如下:

```
Switch> enable
Switch# configure terminal
Switch(config)# ipv6 dhcp snooping                               开启 DHCPv6 Snooping 功能
Switch(config)# interface gigabitethernet 0/0
Switch(config-if)# ipv6 dhcp snooping trust          设置连接 Router-1 的接口 G0/0 为 Trust 口。在交换机设备
上，所有交换口或者二层 AP 口默认均为 Untrust 口
```

通过再次查看 Win10-3 的地址信息可以发现，其获得来自 Router-1 分配的新地址 2022::4，如图 7-34 所示。

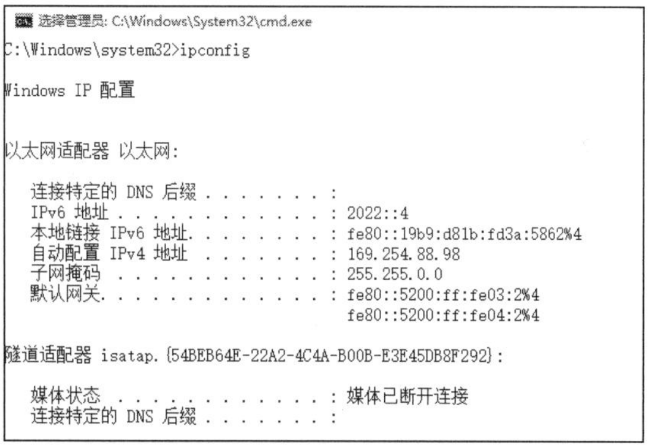

需要注意的是,Win10-3 上的地址更新并非立即完成。在 2019::2 地址的租约期限过半后，客户端重新发送 RENEW 报文进行地址更新,此时由于 Switch 的 G0/2 接口为 Untrust 口，因此 Router-2 回应的 REPLY 报文将无法通过。Win10-3 等待一段时间后，若仍未收到回应，将重新发送一个 REBIND 组播消息,Router-1 收到后则根据相应内容单播回应 REPLY 报文。此时，Win10-3 获取由 Router-1 分配的 2022::/64 网段的新地址。

图 7-34 开启 DHCPv6 Snooping 后，查看 Win10-3 的 IPv6 地址信息

此时，在 Router-1 上可以查看到 3 条绑定地址信息，而 Router-2 上的绑定地址信息再次为空。

```
Router-1# show ipv6 dhcp binding
Client    DUID: 00:01:00:01:2a:ec:1d:c2:50:00:00:02:00:00
   IANA: iaid 55574528, T1 30, T2 48
     Address: 2022::2
               preferred lifetime 60, valid lifetime 60
               expires at Oct 27 2022 19:12 (59 seconds)
Client    DUID: 00:01:00:01:2a:ea:a6:bf:50:00:00:05:00:00
   IANA: iaid 55574528, T1 30, T2 48
     Address: 2022::3
               preferred lifetime 60, valid lifetime 60
               expires at Oct 27 2022 19:27 (33 seconds)
Client    DUID: 00:01:00:01:2a:ea:a6:c0:50:00:00:06:00:00
   IANA: iaid 55574528, T1 30, T2 48
     Address: 2022::4
```

```
                          preferred lifetime 60, valid lifetime 60
                          expires at Oct 27 2022 19:28 (38 seconds)
```

此外，开启 DHCPv6 Snooping 功能后，Switch 将窥探 DHCPv6 客户端与 DHCPv6 服务器的交互报文。当其窥探到 Trust 口上的 DHCPv6 REPLY 报文时，将会提取出报文中的客户端 IPv6 地址或前缀、客户端 MAC 地址、租约时间字段，结合设备记录的客户端所在端口 ID（接口索引）、客户端所属 VLAN，生成 DHCPv6 Snooping 绑定表项。登录交换机 Switch，查看 DHCPv6 Snooping 绑定表项数据库，显示如下：

```
Switch# show ipv6 dhcp snooping binding
Total number of bindings: 1
NO.    MAC Address         IPv6 Address              Lease(sec)    VLAN    Interface
-----  ----------------    -------------------       ----------    ------  --------------------
1      5000.0002.0000      2022::2                   45            1       GigabitEthernet 0/1
2      5000.0005.0000      2022::3                   45            1       GigabitEthernet 0/3
3      5000.0006.0000      2022::4                   49            1       GigabitEthernet 0/4
```

绑定表项作为合法用户的信息表，可以提供给设备的其他安全模块使用，作为网络报文过滤的依据。

7.4　IPv6 网络互联安全

当网络之间相互通信时，特别是当局域网与国际互联网通信时，需要使用路由器或防火墙等网络设备来实现网络之间的互联。而路由器等设备就可以称为网络边界设备，互联的网络可以称为边界网络。通俗来讲，网络边界设备就是一个网络与另一个网络的连接中枢，它在保证两个网络正常连接的同时，还须充分考虑网络连接时的安全。

通常情况下，内网（如局域网）是可信任的网络，而外网（如互联网）是不可信和不安全的网络，内网对外网的访问不会有太多限制，而外网对内网的访问则需要进行严格的限制。在实际环境中，还可能设置专门的隔离区（Demilitarized Zone，DMZ，也称非军事化区），并将服务器等放置在 DMZ 中，对来自内网和外网的访问都进行严格限制。市场上常见的防火墙大多具有 Inside（trust）、Outside（untrust）和 DMZ 安全域的概念，且每个安全域具有不同的安全等级。

IPv6 网络互联的安全跟 IPv4 网络互联的安全一样，IPv4 网络中面临的安全问题在 IPv6 中也同样存在，比如在选路控制层面上对路由协议的攻击、伪造大量的垃圾报文消耗网络设备资源的 DoS 攻击、未授权的非法访问等。

7.4.1　IPv6 路由协议安全

路由器是实现网络互联的重要设备，在网络中扮演着为数据报文逐跳选路并实现转发的角色。路由器选路的主要依据就是路由表，路由表可以手动静态配置，但该方法缺乏弹性和灵活性，所以大多数情况下采用动态路由协议生成路由表。在配置动态路由协议时，如果缺少必要的安全措施和手段，就会给攻击者带来可乘之机。比如攻击者可以冒充路由器，发送非法的动态路由协议报文，与合法路由器建立邻居关系，从而不仅能获得现有网络的路由转发信息表，还可以对合法路由器的路由表进行更新篡改。在配置动态路由时，需要注意以下 3 点：

- 如果确定路由器接口所在的网络中不可能存在邻居，那么需要将相应接口配置为被动接口（passive interface），以确保该接口不发送任何动态路由协议报文，从而降低路由协议被攻击的可能性。

- 在 IPv6 中建立动态路由邻居关系时，应尽可能使用链路本地地址。这是因为链路本地地址的通信被限制在本地链路，不可能跨网段，这样可以防止非法的路由协议报文从其他网段发送过来。

- 大多数动态路由协议支持路由条目的过滤，即预先定义好什么范围的路由条目以及什么样的路由类型允许从某个特定接口或者某个邻居接收到，其他相关的路由更新报文都视为非法报文，可直接过滤掉。在 IPv6 动态路由中，一般用前缀列表（在 IPv4 中也可以用扩展访问列表）来定义过滤的范围，也可以根据路由类型进行过滤。

以上 3 点都能有效地防范或降低动态路由协议攻击的风险，但一些动态路由协议在设计之初，就存在漏洞并可能被攻击者利用。为此，在运行动态路由协议的路由器之间使用加密及认证机制，既可以防止攻击者随便与合法路由器建立邻居并交换路由协议报文，又可以防止或缓解中间人攻击和 DoS 攻击，从而可以更好地加强动态路由协议的安全。

在 IPv4 中，有很多路由协议都支持并可使用 MD5 和预共享密钥来对路由器之间交互的路由协议报文进行加密和认证，在保证合法路由器身份相互认证的同时，还能对传输的路由协议报文信息的完整性、不可抵赖性提供一定的安全支持。就 IPv6 而言，目前主流的路由器对常见的动态路由协议 IS-IS、OSPFv3、BGP-4 等都已提供 MD5 认证支持，并且 OSPFv3 还可以使用 IPSec 对路由器邻居之间交换的路由协议报文进行加密传输。

在 IPv6 中，常用的内部路由协议主要是 RIPng、IS-IS 和 OSPFv3。在跳数不超过 15 跳的小型网络中，可能更多会选择 RIPng 协议，但遗憾的是，RIPng 并不支持 IPv6 的 MD5 认证，也不支持 IPSec 加密配置，所以在存在 IPv6 路由协议安全威胁的环境中，不推荐使用 RIPng。IS-IS 可以支持邻居之间的 MD5 认证，但暂时还不支持 IPSec 加密认证，其安全性比能同时支持 IPSec 认证和加密的 OSPFv3 还差一点。

实验 7-7　OSPFv3 的加密和认证

在使用 OSPFv3 作为 IPv6 内部动态路由协议时，一般都只关心路由协议的运行是否正常，往往会忽略网络中非法路由器与合法路由器建立邻居关系，进而导致网络混乱乃至崩溃的问题。本实验模拟一个运行 OSPFv3 路由协议的网络，在路由器未进行加密认证时，一台非法路由器可以与合法的路由器建立邻居关系，并发送路由更新报文。随后在合法路由器上配置 MD5 认证，使得非法路由器无法再与之建立 OSPFv3 邻居关系。最后再对 OSPFv3 的区域或接口进行加密，从而了解 OSPFv3 的加密和认证之间的异同。

STEP 1　在 EVE-NG 中打开"Chapter 07"文件夹中的"7-6 IPSEC_OSPFv3"实验拓扑，如图 7-35 所示。开启所有节点。

STEP 2　对合法路由器 Router-1 和 Router-2 分别进行如下配置，具体配置可见配置包"07\OSPFv3 的加密和认证.txt"。

Router-1 的配置如下：

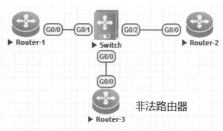

图 7-35　IPSEC_OSPFv3 实验拓扑图

```
Router> enable
Router# configure terminal
Router(config)# hostname Router-1
Router-1(config)# interface loopback 0
Router-1(config-if-Loopback 0)# ipv6 address 2023:1::1/128
Router-1(config-if-Loopback 0)# ipv6 ospf 100 area 0
Router-1(config-if-Loopback 0)# exit
Router-1(config)# interface gigabitethernet 0/0
Router-1(config-if-GigabitEthernet 0/0)# ipv6 address 2023::1/64
Router-1(config-if-GigabitEthernet 0/0)# ipv6 ospf 100 area 0
Router-1(config-if-GigabitEthernet 0/0)# exit
Router-1(config)# ipv6 router ospf 100
*Sep 20 07:13:30: %OSPFV3-4-NORTRID: OSPFv3 process 100 failed to allocate unique router-id and
cannot start.      这一段是提示信息，提示 OSPFv3 进程 100 启动失败，原因是没有 router-id
Router-3(config-router)# router-id 1.1.1.1
Change router-id and update OSPFv3 process! [yes/no]:yes    手动配置 router-id，询问是否更新，输入 yes
Router-1(config-router)# passive-interface loopback 0       环回接口连接的是末梢网段，将其设为被动
接口，禁止发送 OSPFv3 报文
```

Router-2 的配置如下：

```
Router> enable
Router# configure terminal
Router(config)# hostname Router-2
Router-2(config)# interface loopback 0
Router-2(config-if-Loopback 0)# ipv6 address 2023:2::2/128
Router-2(config-if-Loopback 0)# ipv6 ospf 100 area 0
Router-2(config-if-Loopback 0)# exit
Router-2(config)# interface gigabitethernet 0/0
Router-2(config-if-GigabitEthernet 0/0)# ipv6 address 2023::2/64
Router-2(config-if-GigabitEthernet 0/0)# ipv6 ospf 100 area 0
Router-2(config-if-GigabitEthernet 0/0)# exit
Router-2(config)# ipv6 router ospf 100
Router-2(config-router)# router-id 2.2.2.2
Router-2(config-router)# passive-interface loopback 0
```

Router-1 和 Router-2 配置完成后，可以使用命令 show ipv6 ospf neighbor 和 show ipv6 route ospf 查看邻居和路由情况，发现一切正常。

由于 Router-1 和 Router-2 并未进行安全认证，而 Router-1 和 Router-2 运行了 OSPFv3 协议的接口又都与 Router-3 相通，这导致 Router-3 完全可以无障碍地加入 OSPFv3 路由协议中，并可通告伪造的路由条目。对 Router-3 进行如下配置：

```
Router> enable
Router# configure terminal
Router(config)# hostname Router-3
Router-3(config)# interface loopback 0
Router-3(config-if-Loopback 0)# ipv6 address 2023:3::3/128
Router-3(config-if-Loopback 0)# ipv6 ospf 100 area 0
Router-3(config-if-Loopback 0)# exit
```

```
Router-3(config)# interface gigabitethernet 0/0
Router-3(config-if-GigabitEthernet 0/0)# ipv6 address 2023::3/64
Router-3(config-if-GigabitEthernet 0/0)# ipv6 ospf 100 area 0
Router-3(config-if-GigabitEthernet 0/0)# exit
Router-3(config)# ipv6 router ospf 100
Router-3(config-router)# router-id 3.3.3.3
```

Router-3 配置完成后，再在 Router-1 和 Router-2 上查看 OSPF 邻居，发现增加了 Router-3，同时也把 Router-3 的本地环回接口地址 2023::3:3 加入了路由表中。这是 Router-1 和 Router-2 不希望看到的结果。

STEP ③ 为了在 Router-1 和 Router-2 上将非法的路由器 Router-3 剔除，可以在 Router-1 和 Router-2 之间添加 OSPFv3 认证。Router-1 和 Router-2 相互认证通过后才能建立 OSPFv3 邻居关系，因为 Router-3 并不知道 Router-1 和 Router-2 之间的认证密钥，所以 Router-3 没法再与 Router-1 和 Router-2 建立邻居关系。锐捷路由器支持 3 种 OSPFv3 认证算法（ MD5、SHA-1 和 SHA2-256 ）。它们都是不可逆的散列算法，都是任意长度、任意字符的输入产生固定长度的输出（ 关于 MD5、SHA-1 和 SHA2-256 的算法介绍已经超出本书范围 ）。读者可以在任意版本的 Linux 主机上使用命令 echo input_string | md5sum 产生 MD5 输出，其结果是 32 位的十六进制数；若使用命令 echo input_string | sha1sum 则产生 SHA-1 输出，其结果是 40 位的十六进制数；若使用命令 echo input_string | sha256sum 则产生 SHA2-256 输出，其结果是 64 位的十六进制数。之所以提到在 Linux 上使用 md5sum、sha1sum 或 sha256sum 工具，是因为在配置 OSPFv3 认证时，需要输入 32 位、40 位或 64 位十六进制数的散列值。利用这 3 个工具的好处是可以输入一个简单的字符串，然后将产生的散列值直接复制到配置中。当然这并不是必需的，也可以手动输入 32 位、40 位或 64 位十六进制数。要启用 OSPFv3 认证，可在 Router-1 的 G0/0 接口下和 Router-2 的 G0/0 接口下分别增加一条命令：

```
ipv6 ospf authentication ipsec spi 256 md5 12345678123456781234567812345678
```

这条命令的意思是：使用 IPSec 认证，其安全索引参数（ Security Parameter Index，SPI ）值是 256，这个 SPI 在 Router-1 和 Router-2 上要保持一致；MD5 散列值是 32 位十六进制数，其值在 Router-1 和 Router-2 上也要保持一致。配置完成后，在 Router-1 上的结果如图 7-36 所示。

```
Router-1#show ipv6 ospf neighbor

OSPFv3 Process (100), 1 Neighbors, 1 is Full:
Neighbor ID     Pri   State            BFD State  Dead Time   Instance ID   Interface
2.2.2.2          1    Full/DR          -          00:00:38    0             GigabitEthernet 0/0
Router-1#
Router-1#show ipv6 ospf interface
GigabitEthernet 0/0 is up, line protocol is up
  Interface ID 1
  IPv6 Prefixes
    fe80::5200:ff:fe01:1/64 (Link-Local Address)
    2019::1/64
  OSPFv3 Process (100), Area 0.0.0.0, Instance ID 0
    Router ID 1.1.1.1, Network Type BROADCAST, Cost: 1
    MD5 authentication SPI 256
    Transmit Delay is 1 sec, State BDR, Priority 1
    Designated Router (ID) 2.2.2.2
      Interface Address fe80::5200:ff:fe02:1
    Backup Designated Router (ID) 1.1.1.1
      Interface Address fe80::5200:ff:fe01:1
    Timer interval configured, Hello 10, Dead 40, Wait 40, Retransmit 5
    Neighbor Count is 1, Adjacent neighbor count is 1
  Hello received 2202 sent 1344, DD received 19 sent 24
  LS-Req received 5 sent 6, LS-Upd received 66 sent 71
  LS-Ack received 115 sent 52, Discarded 7
Loopback 0 is up, line protocol is up
  Interface ID 16385
```

图 7-36 配置完 OSPFv3 接口认证后的结果

从图 7-36 可以看出，Router-1 的邻居仅有 Router-2，Router-1 与 Router-3 不再能建立邻居关系，接口 G0/0 启用了 MD5 认证，其 SPI 值是 256。在 Router-2 上看到的结果与 Router-1 一样。

STEP 4　除了为 OSPFv3 配置认证，还可以配置加密。方法是在 Router-1 和 Router-2 的接口 G0/0 下去掉 ipv6 ospf authentication 命令，而改用 ipv6 ospf encryption 命令（认证和加密只能选择其中一种）。命令如下：

Router-1(config)# interface gigabitethernet 0/0

Router-1(config-if-GigabitEthernet 0/0)# no ipv6 ospf authentication

Router-1(config-if-GigabitEthernet 0/0)# ipv6 ospf encryption ipsec spi 256 esp aes-cbc 256
0123456789ABCDEF0123456789ABCDEF0123456789ABCDEF0123456789ABCDEF md5
12345678123456781234567812345678

上述命令的意思是：使用 IPSec 加密，SPI 值是 256；认证报头类型为 ESP，加密算法为 AES-CBC，密钥位数为 256，值为后面紧跟的 64 位十六进制数；散列算法仍是 MD5，其散列值是后面紧跟的 32 位十六进制数。在 Router-2 上也进行相同配置后，再查看 Router-1 的结果，如图 7-37 所示。

```
Router-1#show ipv6 ospf interface
GigabitEthernet 0/0 is up, line protocol is up
  Interface ID 1
  IPv6 Prefixes
    fe80::5200:ff:fe01:1/64 (Link-Local Address)
    2019::1/64
  OSPFv3 Process (100), Area 0.0.0.0, Instance ID 0
    Router ID 1.1.1.1, Network Type BROADCAST, Cost: 1
    AES-CBC 256 encryption MD5 auth SPI 256
    Transmit Delay is 1 sec, State DR, Priority 1
    Designated Router (ID) 1.1.1.1
      Interface Address fe80::5200:ff:fe01:1
    Backup Designated Router (ID) 2.2.2.2
      Interface Address fe80::5200:ff:fe02:1
    Timer interval configured, Hello 10, Dead 40, Wait 40, Retransmit 5
    Neighbor Count is 1, Adjacent neighbor count is 1
  Hello received 2288 sent 1422, DD received 22 sent 28
  LS-Req received 6 sent 7, LS-Upd received 79 sent 79
  LS-Ack received 129 sent 59, Discarded 10
Loopback 0 is up, line protocol is up
  Interface ID 16385
```

图 7-37　配置完 OSPFv3 接口加密后的结果

从图 7-37 可以看出，接口 G0/0 已经采用 256 位的 AES-CBC 加密算法进行了加密。接口从"认证"改为"加密"后，效果一样，都能有效拒绝非法路由器 Router-3 的接入。

STEP 5　从以上步骤可以看出，接口既可以做认证，又可以做加密，但两者只能选一种，不过两者达到的效果是一样的。如果 OSPFv3 域里的接口太多，针对每个接口配置认证或加密就显得有点烦琐。OSPFv3 支持对域进行加密或认证，这样域下的所有接口都会启用加密或认证。对域进行加密的配置命令如下：

Router-1(config)# interface gigabitethernet 0/0

Router-1(config-if-GigabitEthernet 0/0)# no ipv6 ospf encryption　　*需要先去掉接口下的加密配置*

Router-1(config-if-GigabitEthernet 0/0)# exit

Router-1(config)# ipv6 router ospf 100

Router-1(config-router)# area 0 encryption ipsec spi 256 esp aes-cbc 256 0123456789ABCDEF0123456789 ABCDEF0123456789ABCDEF0123456789ABCDEF md5 1234567812345678123456781234

配置完成后，使用 show ipv6 ospf neighbor 命令查看邻居建立结果，结果不变。同时，可以使用 show ipv6 ospf 命令查看区域下的加密配置结果。

通过本实验可以看出，OSPFv3 路由协议要想安全运行，必须要求合法路由器之间启用认证或加密机制来建立邻接关系，这样可以阻止非法路由器对正常 OSPFv3 路由协议的破坏和影响。

7.4.2　IPv6 路由过滤

IPv6 地址空间巨大，海量的地址看起来取之不尽、用之不竭，但并非所有地址都允许出现在互联网中。例如，本书中实验所采用的全局单播地址，由于网络并未接入国际互联网，因此可以随意使用。但对于需要接入国际互联网的单位或组织而言，则必须使用合法的 IPv6 地址，此类地址需要向负责 IPv6 地址分配与管理的 IANA 机构申请才能获取。目前，IANA 已分配的地址块并不多，也就是说，在当前的互联网中有效的地址块只占少数。有效地址之外的地址不应该出现在路由表中，例如大量未分配的地址或有特定用途的保留地址等。为了维护 IPv6 网络的安全与性能，需要将上述不应出现在互联网中的地址块在边界路由器上进行过滤，否则将会导致网络中存在大量的垃圾报文，从而耗费宝贵的路由器资源和带宽。

对地址块的过滤应尽可能地在路由控制层面而不是数据转发层面进行，即不允许将虚假地址写入路由器的路由转发表中。通常可以在运行动态路由协议时使用前缀列表对路由条目进行过滤，也可以选择使用下一跳接口是 Null 0 的黑洞路由来直接丢弃。当然，也可以采用白名单的方式，只将允许的 IPv6 地址块写入路由表中。不管是哪一种方法，首先都需要用户及时跟踪已分配的合法地址块情况，同时明确需要被过滤的地址块信息，并且及时在路由控制上进行更新。

不应该在互联网中出现、需要在边界路由器上进行过滤的地址可以被划分为以下 3 类。

● 保留地址块空间中的地址。

IANA 规定当前仅以 2000::/3 地址块作为全局单播地址分配空间，在新的标准出来之前，其余保留地址块空间中的地址均不应该出现在互联网中，即源地址和目的地址都不允许使用保留地址块空间中的地址。此外相较于在路由器上配置默认路由 ipv6 route ::/0 *next-hop*，采用 ipv6 route 2000::/3 *next-hop* 更为合适。

● 全局单播地址分配空间中未分配的地址。

在全局单播地址分配空间中，只有一部分通过向 IANA 申请得到的地址块才能作为合法地址，而未经 IANA 对外分配的地址块则不允许出现在互联网中。读者可以在 IANA 官网上查询已分配的具体地址块，页面中状态是 ALLOCATED 的就是已经分配的地址块，由全球不同的组织单位再具体细分。

● 全局单播地址分配空间中特殊用途的地址。

在全局单播地址分配空间中存在一些特殊地址，例如归档专用地址 2001:db8::/32、当初的 6Bone 实验网地址 3ffe::/16 等。这些地址用于对应的专用场景，不允许出现在互联网中。

一些需要明确在边界路由器上进行过滤的常见地址块如表 7-2 所示。

表 7-2 边界路由器需过滤的部分 IPv6 地址块

需过滤的地址块	说明
3ffe::/16	6Bone 实验网地址，已弃用
2001:db8::/32	RFC 3849 中定义，仅用于归档用途
fec0::/10	原站点本地地址，已弃用
::/0	默认路由，应尽可能避免使用
fc00::/7	不能发送到公网上的本地使用地址块
2002:e000::/20	常见的伪造的 6to4 地址块，此类地址无法与合法的可路由的全局单播 IPv4 地址所对应
2002:7f00::/24	
2002:0000::/24	
2002:ff00::/24	
2002:0a00::/24	
2002:ac10::/28	
2002:c0a8::/32	
::0.0.0.0/96	不应该出现的兼容地址块
::224.0.0.0/100	
::127.0.0.0/104	
::255.0.0.0/104	

实验 7-8 IPv6 路由过滤

在本实验中，一台路由器将本地所有的 IPv6 直连网段通过动态路由协议通告出去，其邻居路由器对这些路由条目进行安全过滤，只允许全局单播地址段写入路由表，并将过滤后的路由条目通告给自己的另一个邻居路由器。通过本实验，读者可以掌握 IPv6 前缀列表的写法以及在 IPv6 路由条目中应用前缀列表进行过滤的方法。

STEP 1 在 EVE-NG 中打开 "Chapter 07" 文件夹中的 "7-7 IPv6_route-filter AND ACL" 实验拓扑，如图 7-38 所示。开启所有节点。

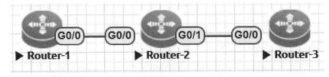

图 7-38 IPv6 路由过滤与 ACL 实验拓扑

STEP 2 对 Router-1 和 Router-2 进行单区域 OSPFv3 配置。具体配置可见配置包 "07\IPv6 路由过滤.txt"。

Router-1 的配置如下：

```
Router> enable
Router# configure terminal
Router(config)# hostname Router-1
```

```
Router-1(config)# interface gigabitethernet 0/0
Router-1(config-if-GigabitEthernet 0/0)# ipv6 address 2023:12::1/64
Router-1(config-if-GigabitEthernet 0/0)# ipv6 ospf 100 area 0
Router-1(config-if-GigabitEthernet 0/0)# exit
Router-1(config)# ipv6 router ospf 100
Router-1(config-router)# router-id 1.1.1.1
Router-1(config-router)# exit
```

Router-2 的配置如下：

```
Router> enable
Router# configure terminal
Router(config)# hostname Router-2
Router-2(config)# interface gigabitethernet 0/0
Router-2(config-if-GigabitEthernet 0/0)# ipv6 address 2023:12::2/64
Router-2(config-if-GigabitEthernet 0/0)# ipv6 ospf 100 area 0
Router-2(config-if-GigabitEthernet 0/0)# exit
Router-2(config)# interface gigabitethernet 0/1
Router-2(config-if-GigabitEthernet 0/1)# ipv6 address 2023:23::2/64
Router-2(config-if-GigabitEthernet 0/1)# ipv6 ospf 100 area 0
Router-2(config-if-GigabitEthernet 0/1)# exit
Router-2(config)# ipv6 router ospf 100
Router-2(config-router)# router-id 2.2.2.2
Router-2(config-router)# exit
```

在 Router-1 上启用多个以太网接口，模拟多个地址块网段，并通告到 OSPFv3 中。

```
Router-1(config)# interface gigabitethernet 0/1
Router-1(config-if-GigabitEthernet 0/1)# ipv6 address 2023:1::1/64
Router-1(config-if-GigabitEthernet 0/1)# ipv6 ospf 100 area 0
Router-1(config-if-GigabitEthernet 0/1)# interface gigabitethernet 0/2
Router-1(config-if-GigabitEthernet 0/2)# ipv6 address 3ffe:1::1/80          6BONE 地址块 3ffe::/16 中的地址
Router-1(config-if-GigabitEthernet 0/2)# ipv6 ospf 100 area 0
Router-1(config-if-GigabitEthernet 0/2)# interface gigabitethernet 0/3
Router-1(config-if-GigabitEthernet 0/3)# ipv6 address fd11::1/16          需过滤的本地地址块 fc00::/7 中的地址
Router-1(config-if-GigabitEthernet 0/3)# ipv6 ospf 100 area 0
Router-1(config-if-GigabitEthernet 0/3)# interface gigabitethernet 0/4
Router-1(config-if-GigabitEthernet 0/4)# ipv6 address 2002:e000::1/32          伪造的 6to4 地址块中的地址
Router-1(config-if-GigabitEthernet 0/4)# ipv6 ospf 100 area 0
```

然后在 Router-2 上查看 OSPF 路由，结果如下：

```
Router-2# show ipv6 route ospf

IPv6 routing table name - Default - 13 entries
Codes:   C - Connected, L - Local, S - Static
         R - RIP, O - OSPF, B - BGP, I - IS-IS, V - Overflow route
         N1 - OSPF NSSA external type 1, N2 - OSPF NSSA external type 2
         E1 - OSPF external type 1, E2 - OSPF external type 2
         SU - IS-IS summary, L1 - IS-IS level-1, L2 - IS-IS level-2
         IA - Inter area, EV - BGP EVPN, N - Nd to host
```

O	2002:E000::/32 [110/2] via FE80::5200:FF:FE01:1, GigabitEthernet 0/0
O	2023:1::/64 [110/2] via FE80::5200:FF:FE01:1, GigabitEthernet 0/0
O	3FFE:1::/80 [110/2] via FE80::5200:FF:FE01:1, GigabitEthernet 0/0
O	FD11::/16 [110/2] via FE80::5200:FF:FE01:1, GigabitEthernet 0/0

从结果中可以看出，Router-1 上 G0/1~G0/4 接口所在的网段都已经通过 OSPFv3 写入 Router-2 路由表中。

STEP 3　在 Router-2 和 Router-3 上运行 EBGP，Router-2 将 OSPFv3 路由重分发到 BGP 路由协议中，并最终写入 Router-3 的路由表。

Router-2 的配置如下：

```
Router-2(config)# router bgp 100
Router-2(config-router)# bgp router-id 2.2.2.2
Router-2(config-router)# no bgp default ipv4-unicast
Router-2(config-router)# neighbor 2023:23::3 remote-as 200
Router-2(config-router)# address-family ipv6
Router-2(config-router-af)# redistribute ospf 100       将 OSPFv3 路由重分发到 BGP 中
Router-2(config-router-af)# neighbor 2023:23::3 activate
```

Router-3 的配置如下：

```
Router> enable
Router# configure terminal
Router(config)# hostname Router-3
Router-3(config-if-GigabitEthernet 0/0)# interface gigabitethernet 0/0
Router-3(config-if-GigabitEthernet 0/0)# ipv6 address 2023:23::3/64
Router-3(config-if-GigabitEthernet 0/0)# exit
Router-3(config)# router bgp 200
Router-3(config-router)# bgp router-id 3.3.3.3
Router-3(config-router)# no bgp default ipv4-unicast
Router-3(config-router)# neighbor 2023:23::2 remote-as 100
Router-3(config-router)# address-family ipv6
Router-3(config-router-af)# neighbor 2023:23::2 activate
```

然后在 Router-3 上查看 IPv6 的路由表，结果如下：

```
Router-3# show ipv6 route bgp

IPv6 routing table name - Default - 10 entries
Codes:   C - Connected, L - Local, S - Static
         R - RIP, O - OSPF, B - BGP, I - IS-IS, V - Overflow route
         N1 - OSPF NSSA external type 1, N2 - OSPF NSSA external type 2
         E1 - OSPF external type 1, E2 - OSPF external type 2
         SU - IS-IS summary, L1 - IS-IS level-1, L2 - IS-IS level-2
         IA - Inter area, EV - BGP EVPN, N - Nd to host

B      2002:E000::/32 [20/2] via FE80::5200:FF:FE02:2, GigabitEthernet 0/0
B      2023:1::/64 [20/2] via FE80::5200:FF:FE02:2, GigabitEthernet 0/0
B      2023:12::/64 [20/1] via FE80::5200:FF:FE02:2, GigabitEthernet 0/0
```

```
B          3FFE:1::/80 [20/2] via FE80::5200:FF:FE02:2, GigabitEthernet 0/0
B          FD11::/16 [20/2] via FE80::5200:FF:FE02:2, GigabitEthernet 0/0
```

从结果中可以看出，Router-3 已经通过 BGP 学习到 Router-1 G0/1～G0/4 接口的地址段路由。

STEP 4　在本实验中，Router-2 和 Router-3 模拟的是真实环境下在不同自治区域之间运行的两台路由器。很显然，Router-1 上的接口地址段路由中，除了 2023:1::/64 是全局单播可路由地址，其他地址段都不应该出现。其中 2002:E000::/32 是伪造的 6to4 网段，3FFE:1::/80 是已弃用的 6Bone 实验网段，FD11::/16 是本地网段 FC00::/7 中的地址块，它们都不应该发布在公网中，需要将这些非法网段进行过滤。在过滤前，先简单学习一下 IPv6 前缀列表相关的知识。

在表 7-2 中，需要过滤的地址块都是最大的地址块（前缀长度值已达最小值），IPv6 地址采用层次化的设计和分配，读者需要判断哪些地址块是在表 7-2 的范围内。以表 7-2 中的 FC00::/7 为例，其包括的子网地址块可以有很多，具体由前缀长度来决定。如果地址前缀长度是 8，那就有两个子网，分别是 FC00::/8 和 FD00::/8，每个子网又可以继续往下分，即 FD00::/8 又可以分为 FD00::/9 和 FD80::/9，以此类推。很明显，实验中的 FD11::/16 网段正好在这个地址块里面，所以需要过滤。

在本例中，需要过滤的地址段对应的写法如下：

```
ipv6 prefix-list valid_ipv6 deny 2002:e000::/32          定义的前缀列表名称是 valid_ipv6
ipv6 prefix-list valid_ipv6 deny 3ffe:1::/80
ipv6 prefix-list valid_ipv6 deny fd11::/16
ipv6 prefix-list valid_ipv6 permit 2023:1::/64
```

但上述写法只能过滤具体的地址段路由，一旦生成了新的需过滤的地址段，还得继续更新此前缀列表。所以一般直接写表 7-2 中的大地址块，后面跟上一个前缀长度值的大小范围，只要前缀长度值小于等于 128 就能包括所有的子网地址块。所以前缀列表可改写为如下所示：

```
ipv6 prefix-list valid_ipv6 deny 2002:e000::/20 le 128
ipv6 prefix-list valid_ipv6 deny 3ffe::/16 le 128
ipv6 prefix-list valid_ipv6 deny fc00::/7 le 128
ipv6 prefix-list valid_ipv6 permit 2000::/3 le 128
```

关于 IPv6 前缀列表更详细的介绍可以参考相关图书，本书只要求读者能掌握第一种写法即可。第一种写法简单清晰，需要过滤的路由就用 deny，需要允许的路由就用 permit。在本实验中，需要在路由器 Router-2 上对路由进行过滤，如果禁止将 Router-1 通告的非法网段写入 Router-2 的路由表，可以在 Router-2 的 OSPFv3 中进行过滤，这样再将 OSPFv3 路由重分发到 BGP 时，由于其路由条目已经过滤掉了，Router-3 也就不会学习到 Router-1 上的非法地址段路由了。Router-2 上的过滤配置如下：

```
Router-2(config)# ipv6 prefix-list valid_ipv6 deny 2002:e000::/32
Router-2(config)# ipv6 prefix-list valid_ipv6 deny 3ffe:1::/80
Router-2(config)# ipv6 prefix-list valid_ipv6 deny fd11::/16
Router-2(config)# ipv6 prefix-list valid_ipv6 permit 2023:1::/64
Router-2(config)# ipv6 router ospf 100
Router-2(config-router)# distribute-list prefix-list valid_ipv6 in          应用前缀列表进行过滤
```

配置完成后，在 Router-2 和 Router-3 上分别查看 IPv6 路由表，如图 7-39 所示。可以发现，不需要的地址段路由已经被过滤掉了。

```
Router-2#show ipv6 route ospf

IPv6 routing table name - Default - 10 entries
Codes:  C - Connected, L - Local, S - Static
        R - RIP, O - OSPF, B - BGP, I - IS-IS, V - Overflow route
        N1 - OSPF NSSA external type 1, N2 - OSPF NSSA external type 2
        E1 - OSPF external type 1, E2 - OSPF external type 2
        SU - IS-IS summary, L1 - IS-IS level-1, L2 - IS-IS level-2
        IA - Inter area, EV - BGP EVPN, N - Nd to host

O    2023:1::/64 [110/2] via FE80::5200:FF:FE01:1, GigabitEthernet 0/0
Router-2#
```

图 7-39　进行了 OSPFv3 过滤后的路由表

STEP 5　在实际应用中，可能还是允许在同一个自治域内网中的 Router-1 和 Router-2 之间能全互通，并不需要进行路由过滤，只有当向别的自治域中的 Router-3 进行路由通告时才需要过滤。因此不能在 Router-2 上对 OSPFv3 进行过滤，而应该在 BGP 中执行过滤。只不过在过滤时，不能直接引用前缀列表，而是需要定义一个路由映射（Route-Map），由 Route-Map 去引用前缀列表。

Router-2(config)# route-map valid_ipv6	*创建路由映射，名称为 valid_ipv6*
Router-2(config-route-map)# match ipv6 address prefix-list valid_ipv6	*引用此前定义的前缀列表*
Router-2(config-route-map)# ipv6 router ospf 100	
Router-2(config-router)# no distribute-list prefix-list valid_ipv6 in	*去掉在 OSPFv3 中执行的过滤*
Router-2(config-router)# router bgp 100	
Router-2(config-router)# address-family ipv6	
Router-2(config-router-af)# redistribute ospf 100 route-map valid_ipv6	*重分发路由时启用路由映射过滤*

配置完后，在 Router-2 上查看效果，如图 7-40 所示。

```
Router-2#show ipv6 route ospf

IPv6 routing table name - Default - 13 entries
Codes:  C - Connected, L - Local, S - Static
        R - RIP, O - OSPF, B - BGP, I - IS-IS, V - Overflow route
        N1 - OSPF NSSA external type 1, N2 - OSPF NSSA external type 2
        E1 - OSPF external type 1, E2 - OSPF external type 2
        SU - IS-IS summary, L1 - IS-IS level-1, L2 - IS-IS level-2
        IA - Inter area, EV - BGP EVPN, N - Nd to host

O    2002:E000::/32 [110/2] via FE80::5200:FF:FE01:1, GigabitEthernet 0/0
O    2023:1::/64 [110/2] via FE80::5200:FF:FE01:1, GigabitEthernet 0/0
O    3FFE:1::/80 [110/2] via FE80::5200:FF:FE01:1, GigabitEthernet 0/0
O    FD11::/16 [110/2] via FE80::5200:FF:FE01:1, GigabitEthernet 0/0
Router-2#show bgp ipv6 unicast
BGP table version is 9, local router ID is 2.2.2.2
Status codes: s suppressed, d damped, h history, * valid, > best, i - internal,
              S Stale, b - backup entry, m - multipath, f Filter, a additional-p
ath
Origin codes: i - IGP, e - EGP, ? - incomplete

   Network          Next Hop          Metric     LocPrf     Weight Path
*> 2023:1::/64      fe80::5200:ff:fe01:1
                                          2                   32768    ?

Total number of prefixes 1
Router-2#
```

图 7-40　在 BGP 中执行过滤后的结果

从图 7-40 中可以看出，Router-2 路由表依然有所有路由信息，只是在重分发到 BGP 时因为执行了过滤，所以只有一条路由通告给了 Router-3。在 Router-3 上可以使用命令 show ipv6 route bgp 查看路由表进行验证。

STEP 6　在 STEP5 中，是 Router-2 在向 Router-3 通告路由时主动进行的过滤，在实际应用场景中，对于 Router-3 而言，不能期望邻居 Router-2 主动进行路由过滤，所以 Router-3 在与 Router-2 建立 BGP 邻居时需进行路由过滤，其做法也是先创建路由映射再在 BGP 中做过滤。Router-3 的配置如下：

```
Router-3(config)# ipv6 prefix-list valid_ipv6 seq 5 deny 2002:E000::/32
Router-3(config)# ipv6 prefix-list valid_ipv6 seq 10 deny 3FFE:1::/80
Router-3(config)# ipv6 prefix-list valid_ipv6 seq 15 deny FD11::/16
Router-3(config)# ipv6 prefix-list valid_ipv6 seq 20 permit 2023:1::/64
Router-3(config)# route-map valid_ipv6
Router-3(config-route-map)# match ipv6 address prefix-list valid_ipv6
Router-3(config-route-map)# router bgp 200
Router-3(config-router)# address-family ipv6
Router-3(config-router-af)# neighbor 2023:23::2 route-map valid_ipv6 in
```
在邻居 Router-2 的入方向进行路由过滤

配置完成后，在特权模式下执行命令 clear bgp ipv6 unicast *，重启 BGP 进程，再验证结果，发现与预期一致。读者可以自行验证。

7.4.3　IPv6 访问控制列表

在使用路由器等设备将多个网络互联后，可以在路由控制层面进行路由过滤，将网络中无用的甚至有害的路由条目清除掉，这样可以有效地减少网络中的垃圾报文对网络造成的威胁。但这样做还不够，即便网络中报文的源 IPv6 地址和目的 IPv6 地址都是合法的，也只能保证网络层是可信任的。网络中提供服务的节点并不希望总是暴露在网络中被任何节点随意访问，因此可以在数据转发层面，对通信的数据报文进行安全过滤。对于网络设备来说，就是需要在接口的入方向或出方向应用访问控制列表（Access Control List，ACL）。对于接收到的数据报文，需根据该接口入方向的 ACL 规则来判断是否接收该报文。或者在接收报文后，在选择从某个出接口转发报文之前，根据该接口出方向的 ACL 规则来判断是否转发该数据报文。

除了上面说的报文过滤，ACL 还有其他用途，比如用于流分类等，这里不再赘述。

一个 ACL 可以有多条规则，规则的顺序很重要，路由器等设备在用 ACL 进行安全过滤时，都是在收到数据报文后与规则依次去做计算匹配。如果一条规则不匹配，则继续与下一条规则做匹配，一旦找到匹配项，就按匹配项执行允许或拒绝转发数据报文的操作，并且不再与后续规则做匹配。

三层交换机、路由器和防火墙等可以基于网络三层/四层进行规则匹配。ACL 规则一般由协议类型、协议号、源地址、目的地址、源端口、目的端口和时间等组成。但这几项都不是必需的，比如若不进行第四层的包过滤，源端口/目的端口就可以不存在。在 IPv4 ACL 中，两个接口之间通过 ARP 来相互学习到对方的 MAC 地址，因为 ARP 工作在数据链路层，所以工作在网络层之上的 ACL 无法限制 ARP 报文，也就是说，ARP 不受 ACL 的影响。在 IPv6 中情况有所不同，邻居之间的学习是通过 NS 和 NA 报文进行的，而 NS 和 NA 报文是 ICMPv6 报文，运行在 IPv6 之上，所以在运行动态路由协议的网络中配置 IPv6 ACL 时，要谨慎对待路由器之间的 NS 和 NA 报文，否则很可能导致邻居关系无法建立。锐捷等路由器的 IPv6 ACL 在末尾有隐藏的默认规则，用于拒绝所有数据流：

```
deny ipv6 any any
```

此外，配置 IPv6 ACL 时，锐捷路由器会自动在访问规则的最后添加以下条目，用于放行 ND 报文，这些条目默认不会显示在配置文件中：

```
permit icmp any any router-solicitation
```

```
permit icmp any any router-advertisement
permit icmp any any neighbor-solicit
permit icmp any any neighbor-advertisement
permit icmp any any redirect
```

虽然创建 IPv6 ACL 的主要目的是对网络进行访问控制，但在创建 IPv6 ACL 时还需要考虑必须放行某些必要的协议，比如类型为 2 的 ICMPv6 报文，它表示数据包太大，主要用于 PMTU 的发现，如果不明确允许，就可能对网络的正常通信造成影响。

另外，路由器不是有状态防火墙，在路由器上创建 IPv6 ACL 时，它并不关心哪个源地址从哪个接口发起连接，也不跟踪和维持会话的状态信息，而且对于标准的 ACL，还不支持 TCP 连接时的 SYN、ACK、RST、FIN 等状态。在路由器上建立与 TCP 或 UDP 相关的 ACL 时，必须考虑通信的两个方向都要做好 ACL 控制。这与有状态防火墙不同，在防火墙上配置 ACL 时，通常只需关心发起通信连接的第一个报文即可，后续的返回报文会根据之前的连接状态自动放行。比如一个客户端要访问一台在 TCP 80 端口上监听的 Web 服务器，在发起主动连接时，目的端口固定，源端口是随机产生的，若想在服务器向客户端返回报文时进行 ACL 控制，在路由器上通过目的端口（接收到的报文的源端口）控制的方式将很难实现，可以考虑改用 TCP 状态来控制，比如 TCP 的 ACK 或 ESTABLISHED。

实验 7-9　应用 IPv6 ACL 限制网络访问

本实验将在锐捷路由器上应用 IPv6 ACL 来限制远程 Telnet 访问。通过本实验，读者可以了解基本的 IPv6 ACL 的原理。基于时间的 ACL 在本实验中也会出现，对实际应用会有一定的帮助。

STEP 1　在 EVE-NG 中打开"Chapter 07"文件夹中的"7-7 IPv6_route-filter AND ACL"实验拓扑。先关闭所有节点（不保存前一个实验 7-8 配置的情况下；如果保存过配置，则需要先执行 Wipe 操作），再开启所有节点，以快速清空配置。

STEP 2　对 3 台路由器进行单区域 OSPFv3 路由配置。具体配置可见配置包"07\应用 IPv6 ACL 限制网络访问.txt"。

Router-1 的配置如下：

```
Router> enable
Router# configure terminal
Router(config)# hostname Router-1
Router-1(config)# interface loopback 0
Router-1(config-if-Loopback 0)# ipv6 address 2023:1::1/128
Router-1(config-if-Loopback 0)# ipv6 ospf 100 area 0
Router-1(config-if-Loopback 0)# exit
Router-1(config)# interface gigabitethernet 0/0
Router-1(config-if-GigabitEthernet 0/0)# ipv6 address 2023:12::1/64
Router-1(config-if-GigabitEthernet 0/0)# ipv6 ospf 100 area 0
Router-1(config-if-GigabitEthernet 0/0)# exit
Router-1(config)# ipv6 router ospf 100
Router-1(config-router)# router-id 1.1.1.1
```

Router-2 的配置如下：

```
Router> enable
```

```
Router# configure terminal
Router(config)# hostname Router-2
Router-2(config)# interface loopback 0
Router-2(config-if-Loopback 0)# ipv6 address 2023:2::2/128
Router-2(config-if-Loopback 0)# ipv6 ospf 100 area 0
Router-2(config-if-Loopback 0)# exit
Router-2(config)# interface gigabitethernet 0/0
Router-2(config-if-GigabitEthernet 0/0)# ipv6 address 2023:12::2/64
Router-2(config-if-GigabitEthernet 0/0)# ipv6 ospf 100 area 0
Router-2(config-if-GigabitEthernet 0/0)# exit
Router-2(config)# interface gigabitethernet 0/1
Router-2(config-if-GigabitEthernet 0/1)# ipv6 address 2023:23::2/64
Router-2(config-if-GigabitEthernet 0/1)# ipv6 ospf 100 area 0
Router-2(config-if-GigabitEthernet 0/1)# exit
Router-2(config)# ipv6 router ospf 100
Router-2(config-router)# router-id 2.2.2.2
```

Router-3 的配置如下:

```
Router> enable
Router# configure terminal
Router(config)# hostname Router-3
Router-3(config)# interface loopback 0
Router-3(config-if-Loopback 0)# ipv6 address 2023:3::3/128
Router-3(config-if-Loopback 0)# ipv6 ospf 100 area 0
Router-3(config-if-Loopback 0)# exit
Router-3(config)# interface gigabitethernet 0/0
Router-3(config-if-GigabitEthernet 0/0)# ipv6 address 2023:23::3/64
Router-3(config-if-GigabitEthernet 0/0)# ipv6 ospf 100 area 0
Router-3(config-if-GigabitEthernet 0/0)# exit
Router-3(config)# ipv6 router ospf 100
Router-3(config-router)# router-id 3.3.3.3
Router-3(config-router)# exit
Router-3(config)# line vty 0 35
Router-3(config-line)# password ruijie        设置远程 Telnet 密码
Router-3(config-line)# login
Router-3(config-line)# transport input telnet    开启 Telnet 服务
```

可以分别在 Router-1、Router-2、Router-3 上验证路由是否已经收敛。然后在 Router-1 上远程 Telnet 到 Router-3,出现登录界面后,输入密码 ruijie,其结果是正常的。

```
Router-1#telnet 2023:3::3
Trying 2023:3::3, 23...
User Access Verification
Password:******
Router-3>
```

STEP 3) 在中间路由器 Router-2 上设置 ACL,只允许来自 Router-1 的环回接口地址 2023:1::1 的远程 Telnet 服务,拒绝来自其他地址的 Telnet。可以在 Router-2 上对直连 Router-1 的接口 G0/0 的入方向设置 ACL,其配置如下:

```
Router-2(config)# ipv6 access-list telnet_prohibit
Router-2(config-ipv6-acl)# permit tcp host 2023:1::1 any eq telnet
Router-2(config-ipv6-acl)# deny tcp any any eq telnet
Router-2(config-ipv6-acl)# permit ipv6 any any
Router-2(config-ipv6-acl)# exit
Router-2(config)# interface gigabitethernet 0/0
Router-2(config-if-GigabitEthernet 0/0)# ipv6 traffic-filter telnet_prohibit in    在接口的入方向应用ACL
```

注意,定义 ACL 时一定要有最后一条规则 permit ipv6 any any,否则会导致无法建立OSPF 邻居。然后在 Router-1 上重新登录 Router-3,结果如图 7-41 所示。

```
Router-1#telnet 2023:3::3
Trying 2023:3::3, 23...
% Destination unreachable; gateway or host down
Router-1#telnet 2023:3::3 /source interface loopback 0
Trying 2023:3::3, 23...

User Access Verification

Password:******

Router-3>
```

图 7-41　应用 ACL 后,使用不同的源地址进行访问的结果

从图 7-41 可以看出,直接 Telnet Router-3 的环回接口地址时,默认是使用出接口的地址 2023:12::1,而这个地址已被 Router-2 的 ACL 拒绝;改用 Router-1 的环回接口 0 的地址作为源地址远程登录时,就可以正常访问了。

STEP 4　上面应用的 ACL 比较宽松,最后有一条 permit ipv6 any any。对于严格的网络来说,这样做就不合适了。现在要限制从 Router-1 出去的流量只能去往 TCP 80 号端口的 Web 服务,别的流量都要禁止,那么 ACL 又该如何写呢?

因为最后要禁止所有流量,所以必须先考虑放行一些必需的流量。首先用于邻居发现的 ND 和 NS 报文需要放行,类型为 2 的 ICMPv6 报文也需要放行。通常还需要放行类型为 1~4 的 ICMPv6 报文,便于网络诊断。类型为 128 和 129 的 ICMPv6 报文也可以考虑放行。OSPFv3 运行涉及的报文也需要放行,来自组播地址 FF02::5 和 FF02::6 的流量也要放行,类型是 89 的 IPv6 报文也要放行(类型 89 是 OSPF 协议),剩下的就是允许任何源到目的端口为 TCP 80 的访问,最后就是禁止所有 IPv6 的报文通行。具体如下:

```
ipv6 access-list permit_www_only
permit 89 fe80::/10 any                              放行 OSPFv3 相关的报文
permit icmp any any 136                              放行类型为 136 的 NA 报文
permit icmp any any 135                              放行类型为 135 的 NS 报文
permit icmp any any 2                                放行类型为 2 的 ICMPv6 报文
permit icmp any any destination-unreachable          放行目的不可达的 ICMPv6 报文
permit tcp any any eq 80
deny ipv6 any any
```

ACL 建立后应该用在哪个接口的哪个方向呢? IPv6 ACL 有一个特点,就是路由器自身发出的数据报文不受本身接口出方向的 ACL 控制。所以,为了限制 Router-1 访问外网,所建立的 ACL 就不能应用在 G0/0 的出方向上,而是要在 Router-1 直连的下一跳路由器 Router-2 的 G0/0 接口的入方向上应用此 ACL,即删除之前应用的 ACL telnet_prohibit,再应用新的

ACL permit_www_only。

STEP 5 在将 ACL 应用到 Router-2 的 G0/0 的入方向后，可以看到每一条规则的匹配数据，如图 7-42 所示。再从 Router-1 远程 Telnet 到 Router-3，就会提示目标不可达，这是因为 Telnet 并没有被放行。为了也允许 Router-1 远程登录到 Router-3，则需要在原 ACL 中添加一条规则。ACL 的每一条规则都有一个序号，序号按照从小到大的顺序排列，即 10～70。要插入一条规则，只需要为插入的规则设置一个序号，其序号的值决定了访问规则所在的位置。新插入的序号的值一定介于所插入位置前后两条规则的序号之间。如果写规则的时候忽略序号，则默认是原规则最大序号值加 10（即往后添加）。如果要允许 Router-1 远程登录 Router-3 的环回接口 0，其插入的位置要保证在序号 70 之前。比如想插入第二行，只需将序号设置成 10～20 的一个值，比如 15，其写法如下：

```
Router-2(config)# ipv6 access-list permit_www_only
Router-2(config-ipv6-acl)# 15 permit tcp 2023:12::/64 host 2023:3::3 eq telnet      允许 Router-1 用 G0/0 口登录
Router-2(config-ipv6-acl)# 16 permit tcp host 2023:1::1 host 2023:3::3 eq telnet     允许 Router-1 用环回接口 0 登录
```
配置完以后，读者可自行验证结果。

```
Router-2#show access-lists
ipv6 access-list permit_www_only
 10 permit 89 FE80::/10 any
 15 permit tcp 2023:12::/64 host 2023:3::3 eq telnet
 16 permit tcp host 2023:1::1 host 2023:3::3 eq telnet
 20 permit icmp any any 136
 30 permit icmp any any 135
 40 permit icmp any any 2
 50 permit icmp any any destination-unreachable
 60 permit tcp any any eq www
 70 deny ipv6 any any
 (10 packets filtered)

ipv6 access-list telnet_prohibit
 10 permit tcp host 2023:1::1 any eq telnet
 20 deny tcp any any eq telnet
 30 permit ipv6 any any
 (41 packets filtered)
Router-2#show run interface gigabitethernet 0/0

Building configuration...
Current configuration: 138 bytes

interface GigabitEthernet 0/0
 ipv6 traffic-filter permit_www_only in
 ipv6 address 2023:12::2/64
 ipv6 enable
 ipv6 ospf 100 area 0
```

图 7-42 Router-2 应用仅允许访问 Web 服务的 ACL

STEP 6 现在要求 Router-1 只能在每天的 8:00～18:00 远程 Telnet 到 Router-3。这就要用到基于时间的 ACL 了。预先定义好时间范围 time-range，其内容为每天的 8:00～18:00，然后在对应的 ACL 规则末尾加上时间限制，即表示只有在指定的时间内该条规则才生效，在非指定时间内，相当于没有此条规则。配置如下：

```
Router-2(config)# time-range duty_time
Router-2(config-time-range)# periodic daily 8:00 to 18:00
Router-2(config-time-range)# exit
Router-2(config)# ipv6 access-list permit_www_only
```

Router-2(config-ipv6-acl)# 15 permit tcp 2023:12::/64 host 2023:3::3 eq telnet time-range duty_time
Router-2(config-ipv6-acl)# 16 permit tcp host 2023:1::1 host 2023:3::3 eq telnet time-range duty_time

配置好以后，可以执行命令 show time-range 查看设置的时间段是否处于活跃（active）状态，只有处于活跃状态，其规则才有效。另外，在设置 IPv6 ACL 时，如果需要修改某条规则，可以先查看该规则的序号，然后直接写上需要修改的规则的序号，再进行修改。如果要删除某条规则，直接在 ACL 配置模式下"no 序号"即可。

此外，ACL 也可以用在三层交换机的 VLAN 接口上，用来提供局域网内的安全保障。

7.5　网络设备安全

因为网络中的服务器拥有更多攻击者感兴趣的信息，所以一般情况下，服务器才是攻击者的主要目标。但因为路由器作为网络互联设备，不但保障网络的稳定运行，还拥有整个网络的拓扑信息以及一些重要的管理维护信息，攻击者可以通过嗅探网络或转发的数据报文来获取有用信息，甚至利用路由器等网络设备在系统自身或者管理上的漏洞攻破这些网络设备，进而危及服务器的安全，所以网络设备自身的安全同样不容忽视。

网络设备的安全至少要从以下 4 个方面来加强。

- 网络设备系统本身的漏洞要及时修补或升级，当暂时无法提供补丁或新版本时，也需采用临时解决办法或手段。在漏洞危害性大于因网络中断造成的影响时，可强制将网络设备下线。
- 路由器等网络设备需关闭不必要的服务。对于必须开放的服务，也应做好安全访问限制。如必须开放 SNMP，应尽量采用可认证的 SNMPv3，设置允许访问的主机范围。
- 网络配置应尽量简洁，对过时的、无用的配置要及时删除。特别是在更改网络配置时，不能越来越繁杂。一些看似无用的网络配置可能存在网络安全隐患。
- 路由器等网络设备也必须放置在不能随便进入的机房等场所，而且要避免设备上的网络连线被嗅探到。网络设备的 Console 口也应设置不易破解的密码，关闭不使用的网络端口。在启用远程管理的情况下，尽量使用认证加密的 SSH 和 HTTPS，而避免使用 Telnet 和 HTTP 远程登录方式，建议使用非标准协议端口，并设置允许远程访问的主机范围。

实验 7-10　对路由器的远程访问进行安全加固

本实验先通过抓包查看路由器的远程 Telnet 密码，展示路由器通过 Telnet 远程管理的安全隐患，再禁止路由器的远程 Telnet 登录方式，改用 SSH 协议，最后设置可远程登录主机的 IPv6 地址范围。通过本实验，读者可以掌握对路由器等网络设备的远程访问进行安全加固的方法。

STEP 1 继续使用图 7-38 所示的实验拓扑，将路由配通，其接口配置如表 7-3 所示。

表 7-3　　　　　　　　　　　　　　实验 7-9 路由器接口配置

设备	接口	IPv6 地址
Router-1	GigabitEthernet 0/0	2023:12::1/64
	Loopback 0	2023:1::1/128

续表

设备	接口	IPv6 地址
Router-2	GigabitEthernet 0/0	2023:12::2/64
	GigabitEthernet 0/1	2023:23::2/64
	Loopback 0	2023:2::2/128
Router-3	GigabitEthernet 0/0	2023:23::3/64
	Loopback 0	2023:3::3/128

STEP 2 参考实验 7-9 中的 STEP2，设置 Router-3，使其能以远程 Telnet 方式登录，登录密码设为 ruijie。

STEP 3 参考实验 7-9 中的 STEP3，从 Router-1 远程登录 Router-3，同时在 Router-2 的 G0/1 接口进行抓包分析。先单击 Protocol 列，以快速找到所有的 Telnet 协议报文，再找到有密码数据的 Telnet 报文，如图 7-43 所示。

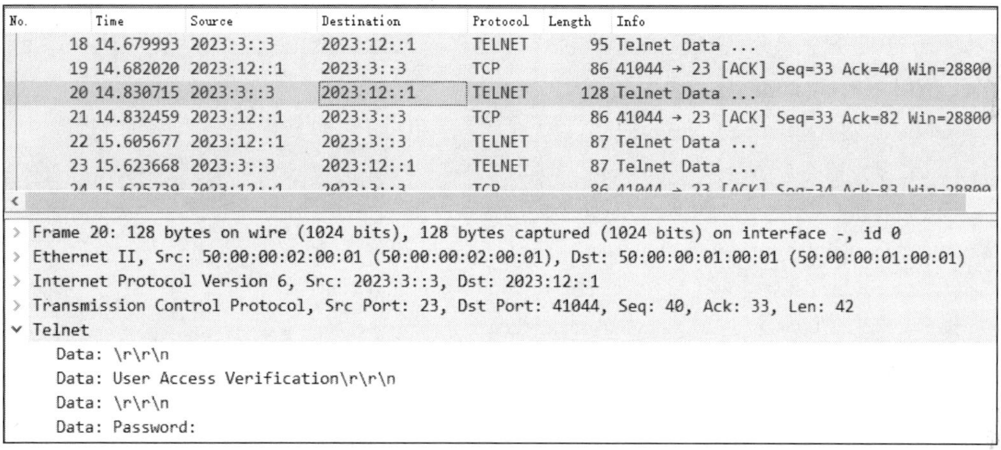

```
No.       Time       Source        Destination    Protocol  Length  Info
    18 14.679993 2023:3::3     2023:12::1     TELNET        95 Telnet Data ...
    19 14.682020 2023:12::1    2023:3::3      TCP           86 41044 → 23 [ACK] Seq=33 Ack=40 Win=28800
    20 14.830715 2023:3::3     2023:12::1     TELNET       128 Telnet Data ...
    21 14.832459 2023:12::1    2023:3::3      TCP           86 41044 → 23 [ACK] Seq=33 Ack=82 Win=28800
    22 15.605677 2023:3::3     2023:12::1     TELNET        87 Telnet Data ...
    23 15.623668 2023:3::3     2023:12::1     TELNET        87 Telnet Data ...
    24 15.625739 2023:12::1    2023:3::3      TCP           86 41044 → 23 [ACK] Seq=34 Ack=83 Win=28800

> Frame 20: 128 bytes on wire (1024 bits), 128 bytes captured (1024 bits) on interface -, id 0
> Ethernet II, Src: 50:00:00:02:00:01 (50:00:00:02:00:01), Dst: 50:00:00:01:00:01 (50:00:00:01:00:01)
> Internet Protocol Version 6, Src: 2023:3::3, Dst: 2023:12::1
> Transmission Control Protocol, Src Port: 23, Dst Port: 41044, Seq: 40, Ack: 33, Len: 42
v Telnet
    Data: \r\r\n
    Data: User Access Verification\r\r\n
    Data: \r\r\n
    Data: Password:
```

图 7-43 抓取 Telnet 协议报文

然后在此报文的基础上依次往下找，出现的第一个 Data 字符 "r" 就是密码的第一个报文，如图 7-44 所示。

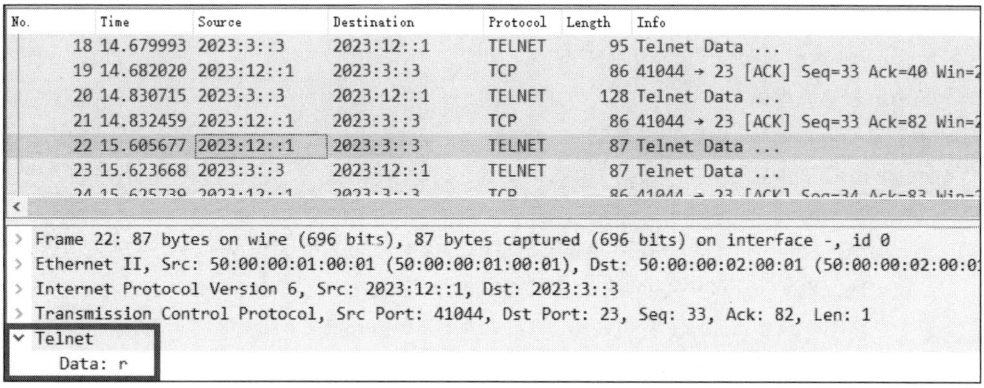

```
No.       Time       Source        Destination    Protocol  Length  Info
    18 14.679993 2023:3::3     2023:12::1     TELNET        95 Telnet Data ...
    19 14.682020 2023:12::1    2023:3::3      TCP           86 41044 → 23 [ACK] Seq=33 Ack=40 Win=2
    20 14.830715 2023:3::3     2023:12::1     TELNET       128 Telnet Data ...
    21 14.832459 2023:12::1    2023:3::3      TCP           86 41044 → 23 [ACK] Seq=33 Ack=82 Win=2
    22 15.605677 2023:12::1    2023:3::3      TELNET        87 Telnet Data ...
    23 15.623668 2023:3::3     2023:12::1     TELNET        87 Telnet Data ...
    24 15.625739 2023:12::1    2023:3::3      TCP           86 41044 → 23 [ACK] Seq=34 Ack=83 Win=

> Frame 22: 87 bytes on wire (696 bits), 87 bytes captured (696 bits) on interface -, id 0
> Ethernet II, Src: 50:00:00:01:00:01 (50:00:00:01:00:01), Dst: 50:00:00:02:00:01 (50:00:00:02:00:0
> Internet Protocol Version 6, Src: 2023:12::1, Dst: 2023:3::3
> Transmission Control Protocol, Src Port: 41044, Dst Port: 23, Seq: 33, Ack: 82, Len: 1
v Telnet
    Data: r
```

图 7-44 抓取的 Telnet 登录密码的第一个字符

再继续往下找，依次记录下来，直到出现的 Data 字符是 "\r\n" 为止，如图 7-45 所示。

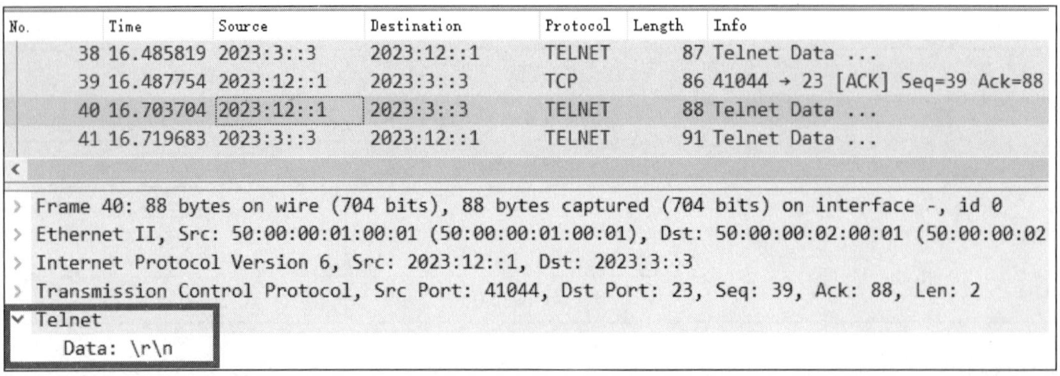

```
No.     Time       Source         Destination     Protocol  Length  Info
     38 16.485819  2023:3::3      2023:12::1      TELNET        87  Telnet Data ...
     39 16.487754  2023:12::1     2023:3::3       TCP           86  41044 → 23 [ACK] Seq=39 Ack=88
     40 16.703704  2023:12::1     2023:3::3       TELNET        88  Telnet Data ...
     41 16.719683  2023:3::3      2023:12::1      TELNET        91  Telnet Data ...
<
> Frame 40: 88 bytes on wire (704 bits), 88 bytes captured (704 bits) on interface -, id 0
> Ethernet II, Src: 50:00:00:01:00:01 (50:00:00:01:00:01), Dst: 50:00:00:02:00:01 (50:00:00:02
> Internet Protocol Version 6, Src: 2023:12::1, Dst: 2023:3::3
> Transmission Control Protocol, Src Port: 41044, Dst Port: 23, Seq: 39, Ack: 88, Len: 2
∨ Telnet
    Data: \r\n
```

图 7-45　抓取的 Telnet 登录密码的结束标志

这样依次出现的字符 "ruijie" 就是 Telnet 登录密码。由此可见，Telnet 远程登录是不安全的。

STEP ④　既然 Telnet 远程登录不安全，那么可以使用 SSH 来替代 Telnet 远程登录，并同时限制远程登录的地址范围（前面介绍过在中间路由器上用 ACL 进行限制，这里用路由器本身进行限制，这样更高效。因为如果将 ACL 配置在接口上，路由器会检查流经接口的所有数据包，而这里介绍的方法只检查对路由器的远程登录访问数据包，而不检查流经路由器接口的数据包）。先在 Router-3 上配置 RSA 密钥对：

```
Router-3(config)# crypto key generate rsa                生成 RSA 密钥对
% You already have RSA keys.
% Do you really want to replace them? [yes/no]:yes
Choose the size of the rsa key modulus in the range of 512 to 2048
and the size of the dsa key modulus in the range of 360 to 2048 for your
Signature Keys. Choosing a key modulus greater than 512 may take
a few minutes.
Choose the size of the ecc key modulus from (256, 384, 521)


How many bits in the modulus [1024]:1024
% Generating 1024 bit RSA1 keys ...[ok]
% Generating 1024 bit RSA keys ...[ok]
Router-3(config)# end
Router-3# show crypto key mypubkey rsa
% Key pair was generated at: 12:58:7 UTC Jun 21 2022
  Key name: RSA private
  Usage: SSH Purpose Key
  Key is not exportable.
  Key Data:
      AAAAAwEA AQAAAIEA 5j0C1xdp nDHsqdV0 bp3khZPy DVEWF9y+ bB1JE5O+ VOipnup0
      HMJ1FeVN p7wP9VGd p4RkcQlS 5WDFt959 FZntbAyX Z5n7Xxi3 jaSwJQG+ p6/fES9J
      OjiBWzaX 5mEQxKPX R2yLp1xv IRu4aNcC fFWiTx3j k2bC8e/G 84s5gXUl f+s=
```

为了启用 SSH，必须先创建 RSA 密钥对。使用命令 crypto key generate rsa 产生密钥对，长度值默认为 1024 位，SSH1 与 SSH2 都可用。但是，在 SSH2 中，有些客户端（比如 SCP 文件传输客户端）要求密钥对的长度值大于或等于 768 位。因此，建议用户在配置 RSA 密钥的时候，设置大于或等于 768 位的密钥长度。设置密钥对后，使用命令 show crypto key mypubkey rsa 可以看到 SSH 服务器公共密钥 RSA 的公开密钥部分的信息，从而确认 RSA 密钥是否生成。

然后继续设置，如下所示：

Router-3(config)# ipv6 access-list client	
Router-3(config-ipv6-acl)# permit ipv6 host 2023:12::1 any	*创建 ACL，只允许 Router-1 远程登录*
Router-3(config-ipv6-acl)# exit	
Router-3(config)# enable service ssh-server	*开启 SSH 服务器功能*
Router-3(config)# ip ssh version 2	*设置 SSH 版本为 2*
Router-3(config)# username admin password ruijie	*设置登录用户名和密码*
Router-3(config)# aaa new-model	*启用 AAA，使用用户名和密码认证*
Router-3(config)# line vty 0 35	*配置远程登录虚拟终端*
Router-3(config-line)# ipv6 access-class client in	*应用 IPv6 ACL 来限制可访问的 IPv6 客户主机范围*
Router-3(config-line)# transport input none	*去掉所有允许的远程登录协议*
Router-3(config-line)# transport input ssh	*再添加 SSH 登录协议（仅允许 SSH）*

STEP 5 最后在 Router-1 上验证 SSH 远程登录到 Router-3 的结果，如图 7-46 所示。

```
Router-1#ssh -l admin -p 22 2023:3::3
%Trying 2023:3::3, 22...open
admin@2023:3::3's password:

User's password is too weak. Please change the password!

Router-3>
```

图 7-46　路由器 SSH 远程登录

从本实验可以看出，因为 Telnet 远程登录的信息是明文传输的，很容易被嗅探，所以应该尽量避免 Telnet，而使用 SSH 来远程管理。默认情况下，SSH 服务器采用默认的 TCP 22 端口登录，在锐捷设备上还可以使用 ip ssh port 命令在全局模式下修改 SSH 服务器的监听端口号，以进一步提升安全性能。

7.6　防火墙部署

随着互联网的飞速发展，网络环境也更加复杂，各种安全威胁层出不穷。对企业而言，为保障业务的正常运行以及数据安全，需要对网络进行多层且深入的防护。为此，部署专业的防火墙设备成为提高网络安全的一个重要方式。防火墙设备具备的入侵防护、病毒防护、应用控制以及应用过滤等功能，使得数据包在进入设备时均要通过分析与检测，若检测到异常则会启用防护和告警机制，从而保护用户设备免受攻击。

防火墙设备具备 3 种工作模式，用户需要根据设备在网络中部署的位置合理选用。

（1）路由模式

当防火墙部署在网络出口时，选用路由模式。设备在实现安全防护的同时还能够完成部分路由器的功能，如 NAT 和多运营商访问等。

（2）透明模式

当用户网络中已经存在高性能的网络出口路由设备时，防火墙可部署于核心交换机与出口路由设备之间，此时应选用透明模式，防火墙仅实现安全防护功能。

（3）旁路模式

当防火墙部署在核心交换机旁时，选用旁路模式。在该模式下，可以对交换机上镜像到防火墙的流量进行检测，实现安全防护功能。

作为专业的安全防护设备，防火墙具有丰富的安全策略配置能力，并且提供了图形化的 Web 管理界面，可以实现高效的配置和管理。本书将以锐捷防火墙为例，在实验 7-11 中演示防火墙的配置。

与传统防火墙相比，锐捷防火墙通过云网联动方式进一步提升了防火墙的安全检测能力，从被动防御转向主动安全防护。其提供了安全策略的配置与优化服务，可以实现策略的高效管理。以下简单介绍一下锐捷防火墙的特色功能。

（1）模拟运行策略

当新的安全策略在设备上执行时可能对当前网络造成影响，引发网络中断或业务下线等问题。为此，锐捷防火墙提供了模拟运行策略功能，用于让用户在正式执行安全策略前模拟策略的运行流程，从而提前发现策略的漏洞或问题，避免正式执行时对业务形成风险。模拟运行后的结果将以源 IP 为单位进行展示，分别显示流量在真实策略中放行但在模拟策略中阻断的次数，以及流量在模拟策略中放行但在真实策略中阻断的次数。模拟结果用于分析与策略期望效果的差异，有利于辅助网络管理员对策略的评估。对于通过模拟测试的策略，锐捷防火墙支持一键将其替换至真实环境。

（2）策略智能优化

在日常的安全策略运维中，随着业务的累加、运维人员的变更等因素，安全策略的配置复杂度会逐渐增加。为了识别冗余的策略，便于运维人员精简优化策略、降低运维成本，锐捷防火墙提供了策略优化功能。此功能可以智能地对当前已配置的安全策略的过滤条件做比较和分析，将有问题的策略分为严重问题、一般问题和建议优化 3 类进行展示，并针对具体问题提供相应的解决方案，为运维人员提供修订参考。

实验 7-11　部署防火墙防范 DoS 攻击

企业内网中的 Web 服务器常常会受到 SYN Flood 攻击、UDP Flood 攻击或 ICMP Flood 攻击等拒绝服务（Denial of Service，DoS）攻击，此类攻击通过消耗服务器的带宽和 CPU 等资源，以达到让服务器无法提供正常服务甚至系统崩溃的效果。为保障 Web 服务器的正常运行，可以在交换机基础网络保护策略（Network Foundation Protection Policy，NFPP）功能模块上开启抗攻击相关功能，也可以在企业网的出口处部署防火墙，并在防火墙上配置攻击防范功能，从而达到防止 DoS 攻击的效果。防火墙设备具有更丰富的安全配置选项，能够提供更加专业的安全防护功能，因此本实验以部署防火墙为例，通过模拟 ICMPv6 Flood 攻击验证防火墙的防 DoS 攻击能力。通过本实验，读者可以掌握防火墙的部署及安全策略的配置方法。

STEP 1　在 EVE-NG 中打开 "Chapter 07" 文件夹中的 "7-8 DoS_Attack_Defense" 实验拓扑，如图 7-47 所示，其中 Winserver 为企业网中的 Web 服务器，Win10-1 为外网中的正常

用户，Win10-2 为外网中的攻击者。防火墙的 G0/0 接口连接管理网络（也就是 VMnet8），这是为了便于使用宿主计算机通过 Web 管理界面对防火墙进行配置；防火墙的 G0/1 接口连接外网，G0/2 接口连接内网。Router 模拟互联网路由器，所有计算机的 IPv6 地址如图 7-47 所示，网关地址是每个网络中第一个可用的 IPv6 地址。

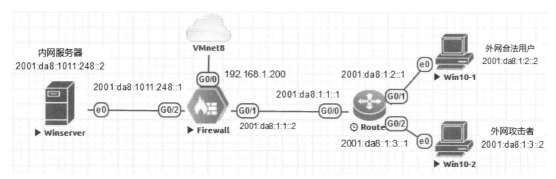

图 7-47 DoS_Attack_Defense 实验拓扑

先不要开启任何节点，删除 Win10-2 和 Router 之间的连接，连接 Win10-2 到 VMnet8 网络。开启 Win10-2，关闭 Windows 系统防火墙，查看 Win10-2 的 IP 地址，显示是 172.18.1.211，在宿主计算机的运行中输入 "\\172.18.1.211\c$"，提示输入计算机的管理员账号，这里输入 Win10-2 的管理员账号 administrator，密码是 admin@123，然后将软件配置包 "07" 文件夹中的 "DoS 攻击导出包.cap" 和 "科来数据包生成器_2.0.0.215_x64.exe" 文件复制到 Win10-2 的 C 盘中。关闭 Win10-2，把网线重新连接到 Router 的 G0/2 接口。

开启所有节点。Router 的配置如下：

```
Router> enable
Router# configure terminal
Router(config)# interface gigabitethernet 0/0
Router(config-if-GigabitEthernet 0/0)# ipv6 address 2001:da8:1:1::1/64
Router(config-if-GigabitEthernet 0/0)# exit
Router(config)# interface gigabitethernet 0/1
Router(config-if-GigabitEthernet 0/1)# ipv6 address 2001:da8:1:2::1/64
Router(config-if-GigabitEthernet 0/1)# exit
Router(config)# interface gigabitethernet 0/2
Router(config-if-GigabitEthernet 0/2)# ipv6 address 2001:da8:1:3::1/64
Router(config-if-GigabitEthernet 0/2)# exit
Router(config)# ipv6 route 2001:da8:1011:248::/64 2001:da8:1:1::2
```

STEP 2 通过宿主计算机登录防火墙的 Web 管理界面。防火墙接口 G0/0 存在默认的 IP 地址 192.168.1.200。编辑宿主计算机的 VMnet8 网卡，在图 7-48 的 "Internet 协议版本 4（TCP/IPv4）属性" 对话框中，单击 "高级" 按钮，打开 "高级 TCP/IP 设置" 对话框，单击 "添加" 按钮，添加第二个 IP 地址，例如 192.168.1.100，添加后的界面如图 7-49 所示，单击 "确定" 按钮，完成 VMnet8 网卡第二个 IP 地址的添加。

在宿主计算机上通过浏览器访问 https://192.168.1.200，打开防火墙的登录页面，输入用户名、密码及校验码，默认的用户名是 "admin"，对应的密码是 "firewall"，进入后按照提示修改密码。

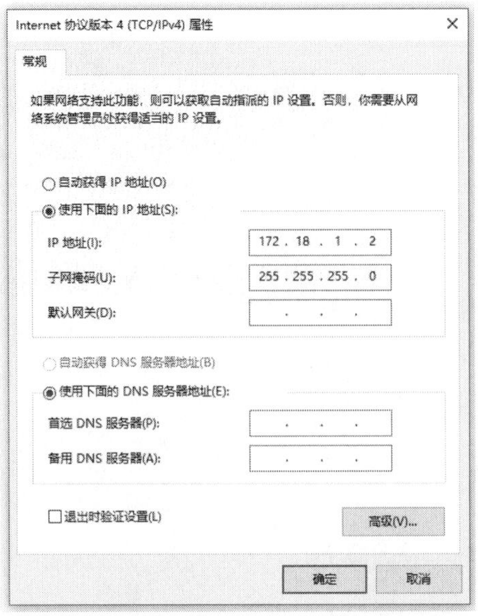

图 7-48　Internet 协议版本 4（TCP/IPv4）属性　　　　图 7-49　添加第二个 IP 地址

STEP 3　配置防火墙的基础上网功能，使设备能快速接入互联网。

如图 7-50 所示，单击导航栏中的"网络配置"，并在左侧菜单栏选择"接口"中的"物理接口"菜单项，即可显示所有可配置的物理接口。

图 7-50　"物理接口"页面

编辑物理接口

基础信息

接口名称　Ge0/0

描述

连接状态　● 启用　○ 禁用

模式　● 路由模式　○ 透明模式　○ 旁路模式

所属区域　trust　　　　+新增安全区域

接口类型　○ WAN口　● LAN口

地址

IP类型　IPv4　IPv6

连接类型　● 静态地址　○ DHCP　○ PPPOE

* IP/网络掩码　192.168.1.200/24

图 7-51　接口 Ge0/0 的配置

单击接口的名称或相应接口的"编辑"操作，进入"编辑物理接口"页面。配置防火墙的接口 Ge0/0 "所属区域"为"trust"，"接口类型"为"LAN口"，其他信息保持默认不变，如图 7-51 所示。

编辑接口 Ge0/2，配置内网接口 Ge0/2 "所属区域"为"trust"，"接口类型"为"LAN口"，选择"IP 类型"为"IPv6"，并开启"IPv6 开关"，若开关未开启，则 IPv6 地址不生效。选择"连接类型"为"静态地址"，并配置"IP/前缀长度"为 2001:da8:1011:248::1/64，如图 7-52 所示。

配置外网接口 Ge0/1 的"模式"为"路由模式"，"所属区域"为"untrust"，"接口类型"为"WAN

口"。选择"IP 类型"为"IPv6",并开启"IPv6 开关"。选择"连接类型"为"静态地址",配置"IP/前缀长度"为 2001:da8:1:1::2/64,"下一跳地址"为 2001:da8:1:1::1,并保持"默认路由"为开启状态,如图 7-53 所示。

图 7-52　接口 Ge0/2 的配置

图 7-53　接口 Ge0/1 的配置

如图 7-54 所示,单击导航栏中的"网络配置",并在左侧菜单栏选择"路由"中的"路由表"菜单项,可以看到 IPv6 路由表中除了两条直连路由,还存在一条默认路由,这是由于在 WAN 口中开启了默认路由选项。

图 7-54　IPv6 路由表

STEP 4　配置安全策略。

安全策略可以对通过防火墙的数据流进行校验,符合安全策略的合法流量才能被防火墙转发。例如,当防火墙处于内外部网络连接处时,通过安全策略建立内外网络之间的指定通道,能够过滤敏感的数据访问。

如图 7-55 所示,单击图中上方导航栏中的"策略配置",并在左侧菜单栏中选择"安全策略",即可进入"安全策略"页面。可以看到,防火墙默认存在一条默认策略,该策略拒绝任意报文。因此,为使网络连通,需要配置安全策略。

图 7-55　"安全策略"页面

单击"新增"按钮后系统弹出提示信息，存在"进入模拟空间"和"直接新增"两个选项。

若选择"直接新增"选项，可直接进入"新增安全策略"页面；若希望在正式执行策略前事先模拟，减小策略上线时的风险，可以选择"进入模拟空间"选项。

这里以在模拟空间中新增安全策略为例。进入模拟空间后，单击"新增"添加安全策略，进入"新增安全策略"的配置页面。如图 7-56 所示，在"新增安全策略"的配置页面，新增一条名为"allow_all"的安全策略，"策略组"选择"默认策略组"，"策略位置"选择默认策略之前。"源安全区域""源地址""目的安全区域""目的地址"均选择"any"，其他选项全部保持默认设置，单击"保存"按钮。

完成安全策略的配置后，在模拟运行界面，单击需要模拟的运行策略，再单击"开始模拟运行"图标，选择模拟运行时长后单击"确认"，系统即可自动对所选策略进行模拟分析。若在模拟过程中需要停止，可单击图 7-57 右上角的"关闭模拟运行"。

图 7-56　"新增安全策略"页面

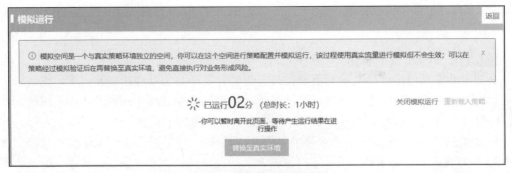

图 7-57　模拟策略运行页面

此时，在 Winserver 上持续 Ping Win10-1 的 IPv6 地址 2001:da8:1:2::2，由于模拟策略未在真实环境中生效，结果依然显示 Ping 不通。等待模拟运行完成，或单击"关闭模拟运行"后，可以"查看模拟运行结果"，如图 7-58 所示。模拟运行结果以源 IP 为单位，展示以下内容。

● 流量在真实策略中放行但在模拟策略中阻断的次数。

● 流量在模拟策略中放行但在真实策略中阻断的次数。

图 7-58 模拟运行结果

从图 7-58 中可以看出，源 IP 地址 2001:da8:1011:248::2 在真实环境中被拒绝 45 次，而在模拟环境中被允许 45 次，因在真实环境中被拒绝，所以 Winserver Ping Win10-1 失败。根据结果可以分析当前结果与期望值是否存在差异，若策略的模拟效果符合预期，单击图 7-57 中的"替换至真实环境"按钮，使当前创建的策略生效。执行"替换至真实环境操作"后，在 Win10-1 或 Winserver 上能够 Ping 通对方地址，路由连通性检测成功。

锐捷防火墙具备策略优化分析功能，能够对当前已配置的安全策略的过滤条件进行比较和分析。如图 7-59 所示，选择导航栏中的"策略配置"，并选择"安全策略"中的"策略优化"菜单项，单击"策略优化分析"按钮即可使用该功能。

图 7-59 "策略优化"页面

分析完成后，将显示有问题的策略列表，如图 7-60 所示。

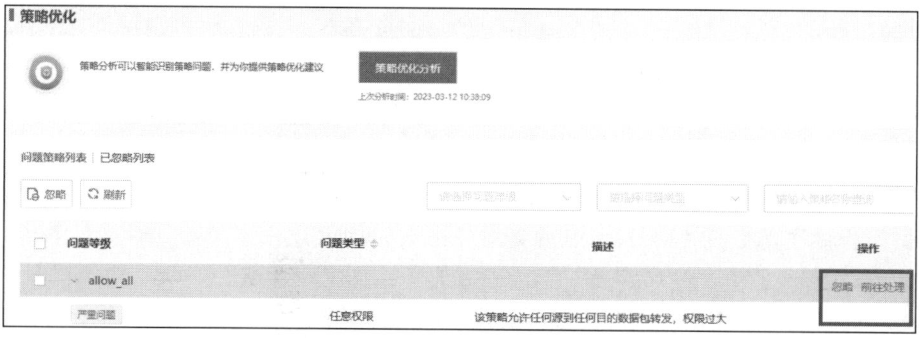

图 7-60 问题策略列表

　　选择具体策略，并单击右侧的"前往处理"图标，可以查看问题策略的详情，如图 7-61 所示。其中针对具体问题做了详细的描述，显示具体危害，并提供相应的解决方案为运维人员做修订参考。

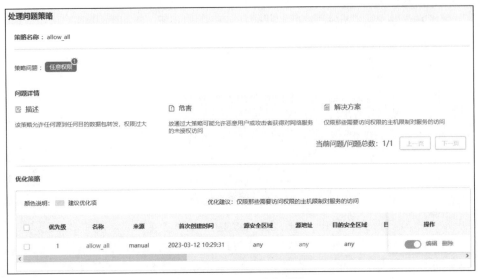

图 7-61　问题策略的详情

　　在本实验中仅需放行 ICMPv6 报文，因此为了避免 allow_all 策略转发权限过大，单击"前往处理"后重新编辑 allow_all 策略，将图 7-56 中的"服务"修改为"icmpv6"。

STEP 5　模拟 DoS 攻击。

　　在 Win10-2 中双击"科来数据包生成器_2.0.0.215_x64.exe"文件，安装科来数据包生成器，安装完成后运行，单击"导入"按钮，选择"DoS 攻击导出包"，该数据包是从 Wireshark 捕获数据包中导出的 ICMPv6 报文。

　　ICMP 作为诊断网络故障的常用手段，它的基本原理是主机发出 ICMP 回显请求（ICMP Echo Request）报文，设备接收到该请求报文后会回应 ICMP 应答（ICMP Echo Reply）报文。该处理过程需要设备 CPU 的参与，因此如果攻击者向目标设备发送大量的 ICMP 请求，势必会消耗大量的 CPU 资源，极端情况下将会导致设备无法正常工作。本实验通过在攻击主机 Win10-2 上高并发地向目的主机发送大量 Ping Request 请求，来模拟 ICMPv6 的 Flood 攻击。

　　数据包如图 7-62 所示，关键字段的含义如下。

　　标识 1 表示数据链路层的目的 MAC 地址，为攻击者的出口网关 MAC 地址，此处为 Router 的 GigabitEthernet 0/2 接口 MAC 地址，该地址可在 Router 上通过 show interfaces GigabitEthernet 0/2 查看得到。该 MAC 地址也可以在 Win10-2 上通过命令 netsh interface ipv6 show neighbors 查看，找到网关 2001:da8:1:3::1 对应的 MAC 地址。

　　标识 2 为数据链路层的源 MAC 地址，可以填写任意 MAC 地址，攻击者通常采用伪造的地址发起攻击。

　　标识 3 为发送攻击报文的源 IPv6 地址，此处同样可以填写任意的 IPv6 地址。

　　标识 4 为接收攻击报文的目的 IPv6 地址，此处填写被攻击者 Winserver 的 IPv6 地址。

　　选择"发送"，选中"循环发送"复选框。选择循环发送次数为 0 次，即无限循环，并设置循环之间的延迟为 1 毫秒，如图 7-63 所示。单击"开始"按钮，发送全部数据。

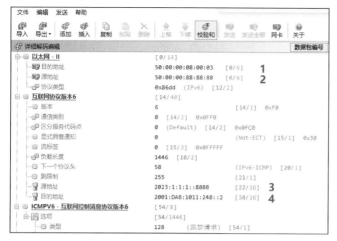

图 7-62　DoS 攻击数据　　　　　　　　　　图 7-63　攻击数据包发送

在 Winserver 的 e0 接口上抓包，开启 Wireshark 后单击菜单栏上的"统计"并选择"I/O 图表"，通过图表形式可以查看 Winserver 接口的收发包情况，等待一段时间后可以看到，由于 Win10-2 不断向其发送攻击数据包，服务器接口上接收到大量的 Ping Request 数据包，且需要对其进行回应，因此接口上的 I/O 速率居高不下，如图 7-64 所示。

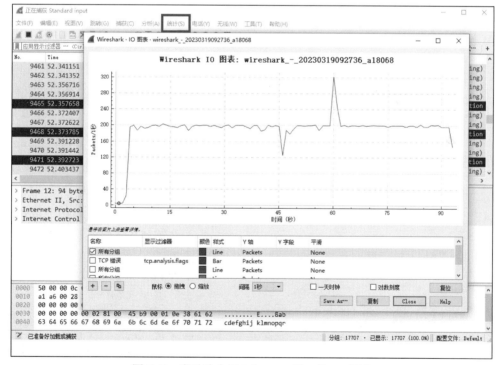

图 7-64　发动攻击后 Winserver 接口的 I/O 图表

STEP ⑥ 配置 DoS/DDoS 防护策略。

在防火墙上部署安全防护策略能够帮助用户及设备防御攻击，锐捷防火墙支持 DoS/DDoS 防护、本机防护与 ARP 防护配置等，本实验仅对 DoS/DDoS 防护进行介绍。锐捷防火墙提供了以下两类 DoS/DDoS 防护方式。

- 源 DoS/DDoS 防护：若防火墙检测到来自某个源地址的流量超过防护策略的检测阈值，或发送异常的攻击报文，则该地址将被判定为攻击源。防火墙可以设置在检测到攻击后执行阻断操作，从而拒绝来自该地址的所有流量。
- 目的 DoS/DDoS 防护：若防火墙检测到发往某个目的地址的流量为异常的攻击报文，或是超过防护策略的检测阈值，则该地址将被判定为正在遭受攻击。防火墙可以设置在检测到攻击后执行限速操作，从而保护目的主机不被攻击流量击垮。

本实验需要防范来自单一源地址的泛洪流量攻击，因此仅需配置源 DoS/DDoS 防护即可达到目的。如图 7-65 所示，单击导航栏中的"策略配置"，并在左侧菜单栏中选择"安全防护"中的"DoS/DDoS 防护"菜单项。单击"新增"，此处选择"新增源 DoS/DDoS 防护"。

图 7-65　"DoS/DDoS 防护"配置页面

如图 7-66 所示，配置 DoS/DDoS 防护策略相关参数。"攻击源区域"是策略关联的保护主机范围，流量命中时策略生效。在"攻击源区域"中选择"any"选项后，安全策略将关注来自各个安全区域的流量；"源地址"和"目的地址"均选择"any"，表明策略将关注所有源和目的地址的流量。"扫描攻击类型"用于配置针对 IP 地址扫描与端口扫描的防护功能，此处保持默认配置。"DoS/DDoS 源攻击防护"中支持 SYN Flood 攻击防护、UDP Flood 攻击防护、ICMP Flood 攻击防护和 ICMPv6 Flood 攻击防护，选择对应标签页，即可开启对应的攻击防护，此处同样维持默认配置。配置"检测攻击后操作"时，选中"记录日志"和"阻断"两个复选框，当设备检测到 DoS/DDoS 攻击后将阻断流量并记录安全日志。此外，在"高级防御"区域中配置"基于数据包的攻击"时，选中"全部"复选框。

图 7-66　配置 DoS/DDoS 防护策略相关参数

单击图 7-66 中的"ICMPv6 洪水攻击防护",弹出如图 7-67 所示的"DoS/DDoS 攻击防护(基于源 IP)"对话框,选择图 7-67 中的"ICMPv6 Flood",可以设定源 IP 封锁阈值以及封锁时间。当检测到来自同一个源地址的流量超过阈值时,在封锁时间内,不会转发该源地址的数据包。如果配置攻击防护后服务器仍在遭受攻击,则可以通过减小封锁阈值和增大封锁时间来进一步防范。

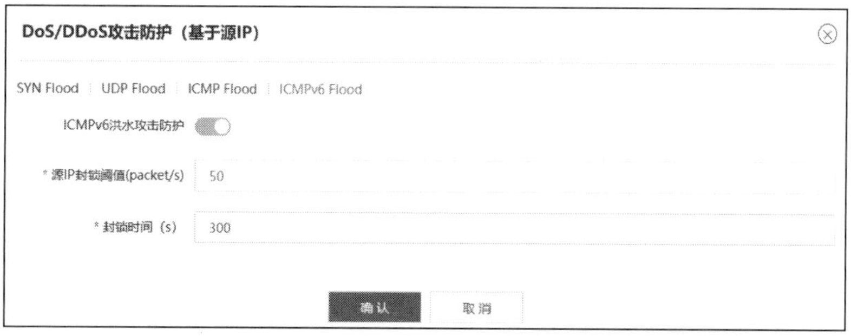

图 7-67 封锁阈值配置页面

STEP ⑦ DoS/DDoS 防护结果确认。

通过防火墙的 Web 管理界面,可以查看防火墙的攻击防护效果。单击导航栏中的"安全监控",并在左侧菜单栏中选择"日志监控"中的"安全日志"菜单项查看安全日志,可以看到网络中的攻击流量和安全防护策略的生效情况,如图 7-68 所示。需要注意,查询条件中的时间需要与系统时间匹配,否则日志信息可能被过滤。系统时间可在"系统管理"→"系统配置"→"系统时间"中查询。

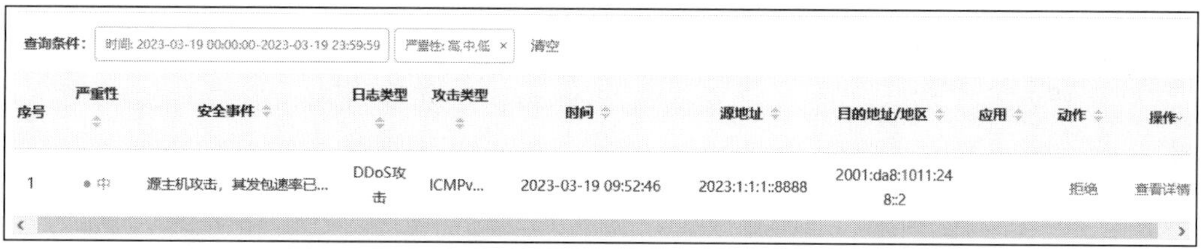

图 7-68 安全日志

单击"查看详情",可以看到日志的具体信息,如图 7-69 所示。

此外,进入"安全监控"下的"安全驾驶舱"页面,能够查看检测到的攻击趋势、攻击类型 Top5、攻击源 Top5,以及攻击次数等信息,如图 7-70 所示。这些数据便于网络管理者直观了解当前网络中的风险情况,从而制定有针对性的安全策略。

再次查看 I/O 图表,如图 7-71 所示,可以看见由于开启了防护功能,接口的收发速率骤降。若无其他 ICMPv6 流量访问 Winserver,收发包率将为 0。此外,在图表中可见每隔一段时间将出现一个数据波

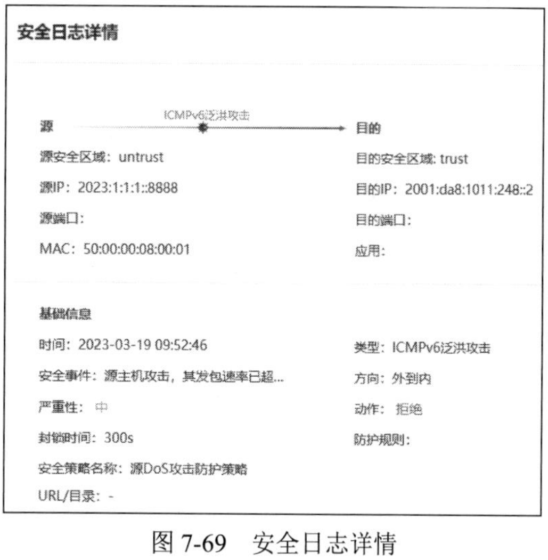

图 7-69 安全日志详情

峰，这是由于防火墙对地址的封锁时间受图 7-67 中的配置限制，封锁时间到期后将放行该源地址的流量，一旦检测到速率超过阈值则会再次封锁。

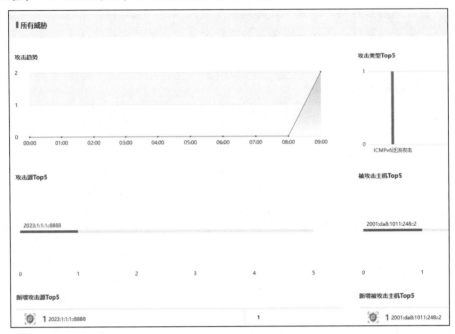

图 7-70　安全驾驶舱

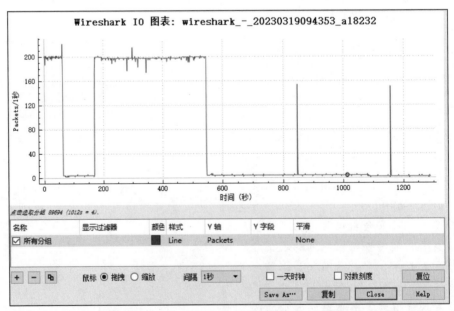

图 7-71　开启防护后 Winserver 接口的 I/O 图表

此时，在合法用户 Win10-1 上 Ping Winserver，能够 Ping 通，这表示防火墙在拦截非法流量的同时，依然能够放行合法报文。

通过本实验可以看出，在网络边界部署防火墙设备可以有效拦截攻击，从而保护内网中的设备，并保障整个网络的稳定运行。此外，专业的防火墙设备具有丰富的安全防护、策略模拟、可视化管理等功能，能够实现更加高效、简单的配置和管理。

第 8 章
IPv6 网络过渡技术

Chapter **8**

从 IPv4 过渡到 IPv6 就像是"打破一个旧世界，开创一个新未来"，注定要经历一个长期的过程，但终究会实现。本章主要对双栈技术、多种隧道技术和协议转换技术进行介绍，并通过实验演示多种网络过渡技术的实现。

通过对本章的学习，读者可以根据实际情况和需求，选择合适的网络过渡技术。

8.1 IPv6 网络过渡技术简介

8.1.1 IPv6 过渡的障碍

目前互联网上还是以 IPv4 设备为主，不可能迅速过渡到 IPv6，这主要受制于以下方面：

- 网络中仍存在设备尚不支持 IPv6，无法在短时间内全部更换；
- 网络的升级换代将使现有的业务中断；
- 有些传统的应用是基于 IPv4 开发的，并不支持 IPv6；
- 技术人才匮乏，不少技术人员对 IPv6 缺乏足够的认识；
- IPv6 安全相关的规范、等保测评等方面成熟度不足；
- 现有网络可以满足一部分用户的使用需求，这部分用户无法理解网络演进的必要性，因此对将现有的 IPv4 网络替换为 IPv6 网络缺乏积极性。

针对上述存在的问题，下面给出了一些见解。

- 目前的操作系统基本都支持 IPv6，近几年的三层及三层以上的网络设备（比如三层交换机、路由器、防火墙等）基本也都支持 IPv6。网络中使用最多的是二层交换机，当前新旧二层交换机都支持 IPv6。这样看来，设备对 IPv6 的制约有限。
- 通过合理的网络规划（如采用双栈同时支持 IPv4 和 IPv6 访问，或使用 NAT64 临时转换等技术）可以避免网络升级导致的业务中断问题。

- 针对最难解决的应用不支持 IPv6 的问题，可以采用多种方案：修改应用程序代码或重新开发，使之支持 IPv6（虽然费时费力，但却可以一劳永逸）；采用协议转换技术，通过硬件或软件来实现 IPv4 和 IPv6 地址之间的转换（应用不需做任何调整，但本质上仍是基于 IPv4，将来终将被淘汰）。
- 安全设备厂家也在加紧 IPv6 相关产品的研制和开发，相关的安全产品和安全规范也正在被不断完善。
- 加强学习，做好知识储备，本书就是一本很好的学习资料。
- 数据显示，截至 2022 年 7 月，我国 IPv6 活跃用户数达 6.97 亿，固定网络 IPv6 流量占比达 10%，移动网络 IPv6 流量占比达 40%，这表明 IPv6 取代 IPv4 终将成为发展的必然趋势。

8.1.2 IPv6 发展的各个阶段

从 IPv4 过渡到 IPv6 需要经历多个阶段，大致如下。
- IPv6 发展的初期阶段：如图 8-1 中的阶段①所示，这时 IPv4 网络仍占据主要地位，IPv6 网络多是一些孤岛，多数应用仍基于 IPv4。
- IPv6 发展的中期阶段：如图 8-1 中的阶段②所示，此时已经建成了 IPv6 互联网，IPv6 平台上已运行了大量的业务，但 IPv4 互联网仍然存在，且仍然存在着一些 IPv6 孤岛。
- IPv6 发展的后期阶段：如图 8-1 中的阶段③所示，此时 IPv6 互联网已经普及，IPv4 互联网不复存在，但一些 IPv4 孤岛继续存在。

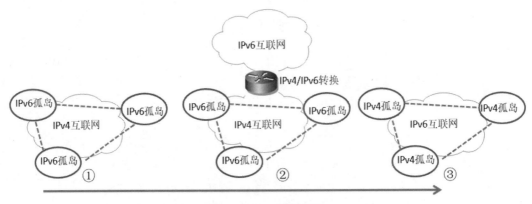

图 8-1 IPv6 发展阶段

8.1.3 IPv4 和 IPv6 互通问题

IPv4 和 IPv6 相互间不兼容，在 IPv6 发展的不同阶段，需要解决 IPv4 和 IPv6 网络之间的互联互通问题，具体来说有下面 4 类：
- IPv6 孤岛之间的互通；
- 通过 IPv4 网络访问 IPv6 网络；
- 通过 IPv6 网络访问 IPv4 网络；
- IPv4 孤岛之间的互通。

图 8-1 的各个阶段都存在着 IPv4 网络与 IPv6 网络互联互通的问题，其中阶段①和阶段

②还存在 IPv6 孤岛之间的互通问题，阶段③还存在 IPv4 孤岛之间的互通问题。

8.1.4　IPv6 过渡技术

IPv6 过渡技术大体上可以分为 3 类：
- 双栈技术；
- 隧道技术；
- 协议转换技术。

1．双栈技术

双栈（dual-stack）技术是一种允许 IPv4 与 IPv6 协议栈共存于同一个网络的技术，其原理是源节点根据目的节点使用的网络层协议来选用不同的协议栈，而网络设备则依据报文协议类型的不同来选择不同的协议栈处理和转发报文。其中与双栈网络相连的接口必须同时配置 IPv4 地址和 IPv6 地址。双栈技术是 IPv6 过渡技术中应用较广泛的一种，隧道技术和协议转换技术的实现也需要双栈技术的支持。8.2 节将通过实验演示双栈的配置。

2．隧道技术

隧道（tunnel）技术是一种封装技术，即在一种协议报文中封装其他协议的报文，然后在网络中进行传输。隧道接口用于实现隧道功能，是系统虚拟的接口。隧道接口并不特指某种传输协议或者负载协议，它提供的是一个用来实现标准的传输链路，每一个隧道接口代表一个传输链路。作为 IPv4 向 IPv6 过渡的一个重要技术，8.3 节将通过实验演示各种常用隧道的配置。

3．协议转换技术

协议转换技术也称为地址转换技术，在以往的 IPv4 网络中，可通过 NAT 技术把内网中的私有 IPv4 地址转换成公网 IPv4 地址。正是因为 NAT 技术的广泛应用，导致 IPv4 地址短缺问题显得没那么迫切，由此延缓了 IPv6 的实现步伐。网络地址转换–协议转换（Network Address Translation-Protocol Translation，NAT-PT）是一种可以让纯 IPv6 网络和纯 IPv4 网络相互通信的过渡机制。NAT-PT 主要是利用 NAT 进行 IPv4 地址和 IPv6 地址的相互转换。通过使用 NAT-PT，用户无须对现有的 IPv4 网络进行任何改变，就能实现 IPv6 网络和 IPv4 网络的相互通信。因为 NAT-PT 技术在实际网络应用中有缺陷，所以 IETF 已经不再推荐使用，在 RFC 4966 中被废除，该功能可通过锐捷防火墙的 NAT64 进行替代。8.4 节将通过实验演示 NAT64 的配置。

8.2　双栈技术

应用双栈技术后，网络中的节点允许 IPv4 与 IPv6 协议栈共存于同一个网络，源节点根据目的节点使用的网络层协议来选用不同的协议栈，而网络设备则依据报文协议类型的不同来选择不同的协议栈处理和转发报文。双栈可以在单台设备上实现，也可以构成一个双栈骨干网。对于双栈骨干网，其中所有设备必须同时支持 IPv4 和 IPv6 协议栈，并且与双栈网络相连的接口必须同时配置 IPv4 地址和 IPv6 地址。

实验 8-1　配置 IPv6 双栈

在 EVE-NG 中打开 "Chapter 08" 文件夹中的 "8-1 Dual_Stack" 网络拓扑。完成图 8-2 中 Switch-1、Switch-2、Firewall、Router 等网络设备的 IPv4 及 IPv6 配置，使所有网络设备都支持双栈。启用图 8-2 中 Windows 计算机的 IPv6，使计算机也支持 IPv6。配置图 8-2 中的两台 DNS 服务器 Winserver2016-DNS-Web 和 Winserver2016-DNS-Web-2，分别配置 A 记录和 AAAA 记录，经测试得知，会优先使用 IPv6 的 AAAA 记录。

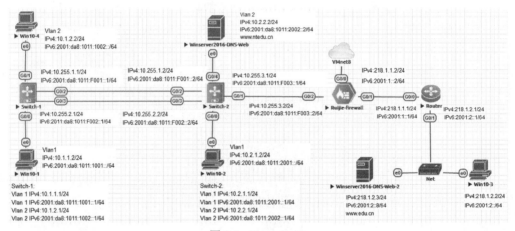

图 8-2　Dual_Stack

STEP 1 IPv4 配置。为了节省时间，这里提供了 Switch-1、Switch-2、Router 这 3 台网络设备的 IPv4 配置，具体参见配置包 "08\IPv4 配置.txt"，读者只需直接粘贴配置即可。

锐捷防火墙的初始化登录配置方式可参考实验 2-1 或实验 7-11。防火墙 IPv4 配置可以参照实验 2-1，添加 3 条 NAT：第一条是允许内网 IP 转换成外网接口 IP；第二条是目的地址转换，把对公网 IP 地址 218.1.1.2 的 TCP 80 号端口（HTTP 服务）的访问转换给内网 IP 地址 10.2.2.2 的 80 号端口；第三条仍然是目的地址转换，把对公网 IP 地址 218.1.1.2 的 UDP 53 号端口（DNS 服务）的访问转换给内网 IP 地址 10.2.2.2 的 UDP 53 号端口。

注　意

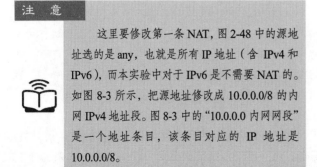

这里要修改第一条 NAT，图 2-48 中的源地址选的是 any，也就是所有 IP 地址（含 IPv4 和 IPv6），而本实验中对于 IPv6 是不需要 NAT 的。如图 8-3 所示，把源地址修改成 10.0.0.0/8 的内网 IPv4 地址段。图 8-3 中的 "10.0.0.0 内网网段" 是一个地址条目，该条目对应的 IP 地址是 10.0.0.0/8。

图 8-3　指定 NAT 的源地址

同样是参照实验 2-1，在防火墙上添加两条安全策略，第一条是允许内网访问外网；第二条是允许外网访问内网服务器 10.2.2.2 上的 HTTP 和 DNS 服务。

如果读者在这些网络设备上保存了别的配置，需先将其清除，再粘贴提供的配置。所有计算机的 IP 地址配置如图 8-2 所示，网关的地址是每个网络中第一个可用的 IP 地址，内网计算机的 DNS 地址配置为 10.2.2.2，外网中计算机的 DNS 地址配置为 218.1.2.3。本实验中 Win10-2 和 Win10-4 不是必需的，在计算机硬件配置不高的情况下可以不用开启。

STEP 2 配置 IPv6 双栈。配置包 "08\IPv6 配置.txt" 提供了下面的配置脚本。Switch-1 的配置如下：

```
Switch> enable
Switch# configure terminal
Switch(config)# hostname Switch-1
Switch-1(config)# interface gigabitethernet 0/2
Switch-1(config-if-GigabitEthernet 0/2)# ipv6 address 2001:da8:1011:f001::1/64    该接口原来配置了IPv4
地址，现在又配置了IPv6地址，相当于和Switch-2交换机之间的互联网络既支持IPv4也支持IPv6
Switch-1(config-if-GigabitEthernet 0/2)# ipv6 enable
Switch-1(config-if-GigabitEthernet 0/2)# exit
Switch-1(config)# interface gigabitethernet 0/3
Switch-1(config-if-GigabitEthernet 0/3)# ipv6 address 2001:da8:1011:f002::1/64
Switch-1(config-if-GigabitEthernet 0/3)# ipv6 enable
Switch-1(config-if-GigabitEthernet 0/3)# exit
Switch-1(config)# interface vlan 1    该VLAN接口原来配置了IPv4地址，现在又配置了IPv6地址，
则VLAN中的终端设备既可以支持IPv4，也可以支持IPv6（也可以同时配置IPv4和IPv6地址）
Switch-1(config-if-VLAN 1)# ipv6 address 2001:da8:1011:1001::1/64
Switch-1(config-if-VLAN 1)# no ipv6 nd suppress-ra
Switch-1(config-if-VLAN 1)# ipv6 enable
Switch-1(config-if-VLAN 1)# exit
Switch-1(config)# interface vlan 2
Switch-1(config-if-VLAN 2)# ipv6 address 2001:da8:1011:1002::1/64
Switch-1(config-if-VLAN 2)# no ipv6 nd suppress-ra
Switch-1(config-if-VLAN 2)# ipv6 enable
Switch-1(config-if-VLAN 2)# exit
Switch-1(config)# ipv6 route ::/0 2001:da8:1011:f001::2
Switch-1(config)# ipv6 route ::/0 2001:da8:1011:f002::2
```

Switch-2 的配置如下：

```
Switch> enable
Switch# configure terminal
Switch(config)# hostname Switch-2
Switch-2(config)# interface gigabitethernet 0/2
Switch-2(config-if-GigabitEthernet 0/2)# ipv6 address 2001:da8:1011:f001::2/64
Switch-2(config-if-GigabitEthernet 0/2)# ipv6 enable
Switch-2(config-if-GigabitEthernet 0/2)# exit
Switch-2(config)# interface gigabitethernet 0/3
Switch-2(config-if-GigabitEthernet 0/3)# ipv6 address 2001:da8:1011:f002::2/64
Switch-2(config-if-GigabitEthernet 0/3)# ipv6 enable
```

```
Switch-2(config-if-GigabitEthernet 0/3)# exit
Switch-2(config)# interface gigabitethernet 0/1
Switch-2(config-if-GigabitEthernet 0/1)# ipv6 address 2001:da8:1011:f003::1/64
Switch-2(config-if-GigabitEthernet 0/1)# ipv6 enable
Switch-2(config-if-GigabitEthernet 0/1)# exit
Switch-2(config)# interface vlan 1
Switch-2(config-if-VLAN 1)# ipv6 address 2001:da8:1011:2001::1/64
Switch-2(config-if-VLAN 1)# no ipv6 nd suppress-ra
Switch-2(config-if-VLAN 1)# ipv6 enable
Switch-2(config-if-VLAN 1)# exit
Switch-2(config)# interface vlan 2
Switch-2(config-if-VLAN 2)# ipv6 address 2001:da8:1011:2002::1/64
Switch-2(config-if-VLAN 2)# no ipv6 nd suppress-ra
Switch-2(config-if-VLAN 2)# ipv6 enable
Switch-2(config-if-VLAN 2)# exit
Switch-2(config)# ipv6 route 2001:da8:1011:1000::/52 2001:da8:1011:f001::1
Switch-2(config)# ipv6 route 2001:da8:1011:1000::/52 2001:da8:1011:f002::1
Switch-2(config)# ipv6 route ::/0 2001:da8:1011:f003::2
```

Router 的配置如下：

```
Router> enable
Router# configure terminal
Router(config)# interface gigabitethernet 0/0
Router(config-if-GigabitEthernet 0/0)# ipv6 address 2001:1::1/64
Router(config-if-GigabitEthernet 0/0)# ipv6 enable
Router(config-if-GigabitEthernet 0/0)# exit
Router(config)# interface gigabitethernet 0/1
Router(config-if-GigabitEthernet 0/1)# ipv6 address 2001:2::1/64
Router(config-if-GigabitEthernet 0/1)# no ipv6 nd suppress-ra
Router(config-if-GigabitEthernet 0/1)# ipv6 enable
Router(config-if-GigabitEthernet 0/1)# exit
Router(config)# ipv6 route 2001:da8:1011::/48 2001:1::2
```

接下来需要完成对防火墙的配置。防火墙的 Web 配置主要分为以下方面。

1. 配置接口

单击菜单"网络配置"→"接口"→"物理接口"，打开"物理接口"配置页面，单击"Ge0/1"接口后的编辑链接，打开"编辑物理接口"页面。如图 8-4 所示，填写各个字段。在"描述"文本框中输入"外网"；"连接状态"选择启用；"模式"选择路由模式，该防火墙处在内外网之间，后续要用于 IPv6 地址转换，所以选择路由模式，若只是单纯地用于安全过滤，也可以选择透明模式；"所属区域"选择 untrust；"接口类型"选择 WAN 口；"IP 类型"选择 IPv6；打开"IPv6 开关"；"连接类型"选择静态地址；"IP/前缀长度"文本框中输入 2001:1::2/64；"下一跳地址"文本框中输入 2001:1::1；"默认路由"启用，会在路由表中生成一条::/0 的静态路由；"访问管理"区域"允许"后面选中 PING 复选框。单击"保存"按钮，保存 Ge0/1 接口的配置。

参照图 8-4 继续配置 Ge0/2 接口。在"描述"文本框中输入内网；"连接状态"选择启用；"模式"选择路由模式；"所属区域"选择 trust；"接口类型"选择 LAN 口；"IP 类型"选择 IPv6；打开"IPv6 开关"；"连接类型"选择静态地址；"IP/前缀长度"文本框中输入

2001:da8:1011:F003::2/64；"访问管理"区域"允许"后面选中 PING 复选框。单击"保存"按钮，保存 Ge0/2 接口的配置。

图 8-4 编辑物理接口

2. 配置路由

单击菜单"网络配置"→"路由"→"静态路由"，打开"静态路由"配置页面，选择"IPv6"，单击"新增"按钮，打开"新增静态路由"页面。如图 8-5 所示，填写各个字段。"IP 类型"选择 IPv6；"目的网段/掩码"文本框中输入 2001:da8:1011::/48（这里是整个内网的 IPv6 地址段）；"下一跳地址"文本框中输入 2001:da8:1011:F003::1（内网互联的三层交换机的接口 IPv6 地址）；"接口"选择 Ge0/2；"优先级"保持默认的 5。单击"保存"按钮，完成 IPv6 静态路由的添加。

图 8-5 添加静态路由

3. 配置安全策略

在 STEP1 中给防火墙配置了允许内网访问外网的安全策略，由于没有区分 IPv4 和 IPv6，这里不需要再添加允许内网 IPv6 访问 IPv6 的安全策略。此时，有的读者可能会问，是否需要再添加一条允许外网 IPv6 到内网 IPv6 的策略，不然返回的 IPv6 数据会不会被丢弃。回答是不需要添加，因为防火墙是有状态的防火墙，处理 IPv6 数据包和处理 IPv4 数据包是一样的，会自动识别哪些是返回的数据包（放行），哪些是外网主动发起的数据包（拒绝）。

STEP1 中虽然添加了允许外网访问内网 HTTP 和 DNS 服务的安全策略，但由于针对的是 IPv4 地址，这里还需要添加针对 IPv6 的安全策略。如图 8-6 所示，"目的地址"选择的是一个地址对象"www 服务器 IPv6 地址"，对应的是 IPv6 地址 2001:da8:1011:2002::2，"服务"选择 "http,dns-u,ping"。单击"保存"按钮，完成 IPv6 外网访问内网安全策略的添加。

图 8-6　新增安全策略

STEP 3　配置静态 IPv6 地址。给两台 Windows Server 2016 服务器 Winserver2016-DNS-Web 和 Winserver2016-DNS-Web-2 配置静态 IPv6 地址。

STEP 4　配置 DNS 服务器。本步骤只介绍要实现的功能，具体的配置可以参照 5.4 节的介绍。在两台 Windows Server 2016 服务器上安装 DNS 服务。在 Winserver2016-DNS-Web 服务器上添加一条 A 记录 www.ntedu.cn，指向的 IPv4 地址是 218.1.1.2；添加一条 AAAA 记录 www.ntedu.cn，指向的 IPv6 地址是 2001:DA8:1011:2002::2。在 Winserver2016-DNS-Web-2 服务器上添加一条 A 记录 www.edu.cn，指向的 IPv4 地址是 218.1.2.3；添加一条 AAAA 记录 www.edu.cn，指向的 IPv6 地址是 2001:2::8。

在两台 DNS 服务器上配置 DNS 转发器，使它们能够把彼此未知的域名转发给对方，Winserver2016-DNS-Web-2 向 Winserver2016-DNS-Web 转发未知的域名时，要填对应的公网 IP 地址，即 218.1.1.2。

STEP 5　配置 Web 服务器。这里将搭建一个通讯录登记的网站，把配置包 "08\通讯录登记" 文件夹复制到 Winserver2016-DNS-Web 服务器的 C 盘根目录下。可以把

Winserver2016-DNS-Web 服务器的网线连接到 VMnet8 网络，把文件复制到 C 盘后，再连回 Switch-2。

参照实验 2-1 的配置，在两台 Windows Server 2016 服务器上安装 IIS，由于服务器 Winserver2016-DNS-Web 上运行的通讯录登记网站是用 ASP 程序编写的，所以安装 IIS 时网站"应用程序开发"中要选中 ASP 复选框，如图 8-7 所示。

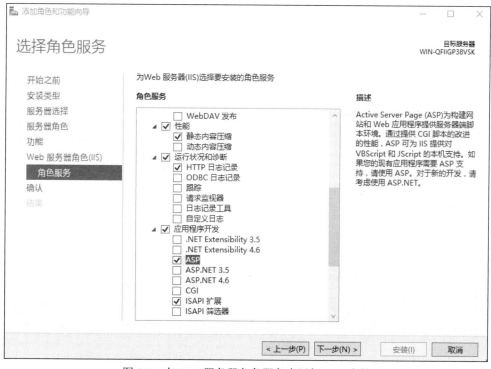

图 8-7　在 Web 服务器角色服务中添加 ASP 支持

IIS 安装完成后，在 Winserver2016-DNS-Web 服务器的"服务器管理"窗口中，单击菜单"工具"→"Internet Information Services (IIS)管理器"，打开"Internet Information Services (IIS)管理器"窗口，展开左侧的各项，可以看到 Default Web Site 选项，如图 8-8 所示。

图 8-8　"Internet Information Services (IIS)管理器"窗口

在 Default Web Site 上右击，从快捷菜单中选择"删除"，删除默认的 Default Web Site 站点。在图 8-8 所示的窗口中右击"网站"，从快捷菜单中选择"添加网站"，弹出"添加网站"对话框。在"网站名称"中填入网站的描述性名称，如果一台服务器运行了多个网站，通过添加描述可以很容易地区别每个站点的用途。单击"物理路径"右侧的"浏览"按钮，定位到"C:\通讯录登记"（这里也可以直接输入该路径），"绑定"区域的"类型"中保持默认的 http，http 对应的默认端口是 TCP 的 80。这里也可以从"类型"下拉列表中选择 https，采用 https 的网站称为安全套接层（Secure Socket Layer，SSL）网站，默认的端口是 TCP 的 443。"IP 地址"字段保留默认的"全部未分配"，也就是通过本机配置的所有 IP 地址（包括 IPv4 地址和 IPv6 地址）都可以访问该站点。如果为计算机分配了多个 IP 地址（若一台服务器上运行多个 Web 站点，就可以为此服务器配置多个 IP 地址），在"IP 地址"下拉列表中选择要指定给此 Web 站点的 IP 地址，只有访问该 IP 地址才能对应到该网站。"主机名"文本框暂且为空。单击"确定"按钮完成网站的添加，如图 8-9 所示。

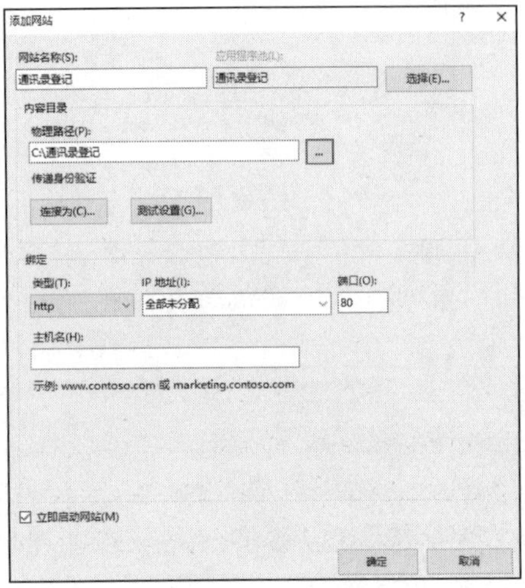

图 8-9　添加网站

单击图 8-8 中间栏下方的"默认文档"，打开"默认文档"页面，如图 8-10 所示。该网站首先查找的网页是 Default.htm，如果找到就打开该网页；如果找不到，则继续找 Default.asp；如果仍找不到，继续往下找。若所有文件都没有找到，且又没有启用网站"目录浏览"，将提示错误"403 - 禁止访问：访问被拒绝"。这里添加 index.asp 文档，并上移到最上面。

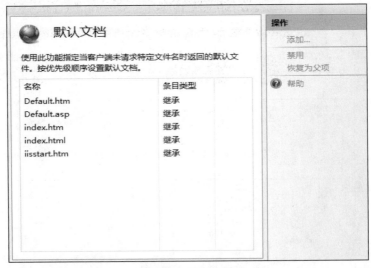

图 8-10　默认文档

启用 Access 支持。因为通讯录登记的后台数据库是 Access，要在应用程序池中设置，使其支持 32 位应用程序，这样才能支持 Access 数据库。单击图 8-8 左侧列表栏中的"应用程序池"，随后可以在中间栏中看到"通讯录登记"应用程序池，右击"通讯录登记"，选择"高级设置"，如图 8-11 所示，弹出"高级设置"对话框，如图 8-12 所示，从"常规"项中找到"启用 32 位应用程序"，把值从 False 改成 True。

图 8-11 应用程序池

图 8-12 启用 32 位应用程序

此时在任一台计算机上访问 http://www.ntedu.cn，即可打开通讯录登记网页，如图 8-13 所示。单击"查看已经提交的通讯录"，可以看到所有已经登记的用户。

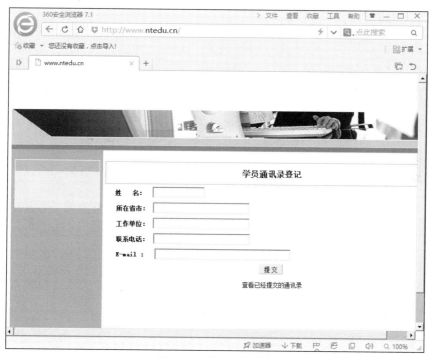

图 8-13 通讯录测试页

在网页中填入信息，然后单击"提交"按钮，结果提示"添加失败"。也就是说，这个通讯录登记程序只能查看，不能添加，需要进一步配置权限。单击图 8-14 右侧列表栏中的"编辑权限"链接，打开"通讯录登记属性"对话框，选择"安全"选项卡，在"组或用户名"中选择"Users"（匿名访问网站的用户默认属于 Users 组），如图 8-15 所示。可以看出 Users 组的用户并没有修改权限，在 Access 数据库中添加记录相当于修改数据文件。由于没有授予 Users 组对文件夹的修改权限，所以添加新记录失败。

图 8-14　编辑权限

　　单击图 8-15 中的"编辑"按钮，打开"通讯录登记的权限"对话框，在"组或用户名"中选择"Users"，然后选中"修改"复选框，如图 8-16 所示。

图 8-15　查看用户权限

图 8-16　增加修改权限

　　单击"确定"按钮返回。此时添加新的记录，提示添加成功。查看已经提交的通讯录，显示如图 8-17 所示。

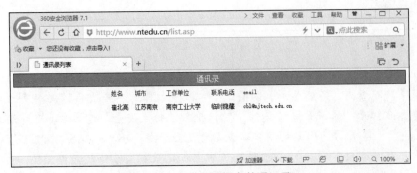

图 8-17　查看已经提交的通讯录

读者可能注意到"联系电话"被隐藏了，这是出于安全考虑。管理员可以直接打开后台数据库查看电话号码。如需显示出来，可以用记事本打开 list.asp 文件，把"临时隐藏"替换成"<%=rs(2)% >"。

Winserver2016-DNS-Web-2 服务器上保持默认的 Web 页设置，即 IIS 的开始页。

STEP 6 IPv6 测试。经测试，在任一台计算机都可访问 http://www.edu.cn 和 http://www.ntedu.cn。在任一台计算机上打开 DOS 命令提示符窗口，分别 Ping 这两个域名，显示如图 8-18 所示。

为 Win10-1 计算机配置静态的 IPv6 地址 2001:da8:1011:1001::2，然后启用"远程桌面"，并在防火墙中配置安全策略，允许

图 8-18　IPv6 域名测试

untrust 区域的 any 到 trust 区域的 2001:da8:1011:1001::2 RDP 服务（也就是 TCP 3389 端口）。在 Win10-3 计算机上通过远程桌面程序连接 2001:da8:1011:1001::2，然后输入用户名和密码，即可打开远程桌面，如图 8-19 所示。

通过 IPv6 访问内网时，不需要做 NAT 静态映射，因此相当方便。

图 8-19　IPv6 远程桌面

STEP 7 IPv4 测试。在任一台 Win10 计算机上禁用 IPv6，仍然可以访问 http://www.edu.cn。打开 DOS 命令提示符窗口，Ping 域名 www.edu.cn，发现显示的是 IPv4 地址。

至此，双栈配置完成。

8.3　隧道技术

隧道技术是一种封装技术，可以使用隧道技术把分隔的 IPv6 或 IPv4 孤岛连通起来。本节将重点介绍多种隧道技术：

- 通用路由封装（Generic Routing Encapsulation，GRE）隧道；
- IPv6 in IPv4 手动隧道；

- 6to4 隧道；
- ISATAP 隧道；
- Teredo 隧道。

8.3.1　GRE 隧道

1. GRE over IPv4

在 IPv6 发展的初期阶段，存在被 IPv4 互联网分隔的 IPv6 孤岛。可以借助 GRE 隧道来连通 IPv6 孤岛，如图 8-20 所示。

图 8-20　GRE over IPv4

实验 8-2　GRE 隧道连通 IPv6 孤岛

在 EVE-NG 中打开"Chapter 08"文件夹中的"8-2 IPv6 GRE"网络拓扑，如图 8-21 所示，Router-1 和 Router-2 之间是纯 IPv6 网络，Router-2、Router-3 和 Router-4 之间是纯 IPv4 网络，Router-4 和 Router-5 之间是纯 IPv6 网络。Router-1 和 Router-5 是纯 IPv6 路由器，Router-3 是纯 IPv4 路由器，Router-2 和 Router-4 是双栈路由器。在 Router-2 和 Router-4 之间建立一条 GRE 隧道，Router-1 和 Router-5 之间的纯 IPv6 流量被封装在 IPv4 中，数据包流经路由器 Router-3 时，Router-3 只查看最外层的 IPv4 报头，并转发数据包到下一跳路由器，由此实现了 IPv6 流量跨 IPv4 网络的传输。

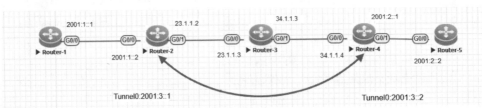

图 8-21　IPv6 GRE 网络拓扑

STEP 1 路由器基本配置。配置包"08\IPv6 GRE 基本配置.txt"提供了配置脚本。Router-1 的配置如下：

```
Router> enable
Router# configure terminal
Router(config)# hostname Router-1
Router-1(config)# interface gigabitethernet 0/0
Router-1(config-if-GigabitEthernet 0/0)# ipv6 address 2001:1::1/64
Router-1(config-if-GigabitEthernet 0/0)# ipv6 enable
Router-1(config-if-GigabitEthernet 0/0)# exit
Router-1(config)# ipv6 route ::/0 2001:1::2
```

Router-2 的配置如下：

```
Router> enable
```

```
Router# configure terminal
Router(config)# hostname Router-2
Router-2(config)# interface gigabitethernet 0/0
Router-2(config-if-GigabitEthernet 0/0)# ipv6 address 2001:1::2/64
Router-2(config-if-GigabitEthernet 0/0)# ipv6 enable
Router-2(config-if-GigabitEthernet 0/0)# exit
Router-2(config)# interface gigabitethernet 0/1
Router-2(config-if-GigabitEthernet 0/1)# ip address 23.1.1.2 255.255.255.0
Router-2(config-if-GigabitEthernet 0/1)# exit
Router-2(config)# ip route 34.1.1.0 255.255.255.0 23.1.1.3
```

Router-3 的配置如下：

```
Router> enable
Router# configure terminal
Router(config)# hostname Router-3
Router-3(config)# interface gigabitethernet 0/0
Router-3(config-if-GigabitEthernet 0/0)# ip address 23.1.1.3 255.255.255.0
Router-3(config-if-GigabitEthernet 0/0)# exit
Router-3(config)# interface gigabitethernet 0/1
Router-3(config-if-GigabitEthernet 0/1)# ip address 34.1.1.3 255.255.255.0
Router-3(config-if-GigabitEthernet 0/1)# exit
```

Router-4 的配置如下：

```
Router> enable
Router# configure terminal
Router(config)# hostname Router-4
Router-4(config)# interface gigabitethernet 0/0
Router-4(config-if-GigabitEthernet 0/0)# ip address 34.1.1.4 255.255.255.0
Router-4(config-if-GigabitEthernet 0/0)# exit
Router-4(config)# interface gigabitethernet 0/1
Router-4(config-if-GigabitEthernet 0/1)# ipv6 address 2001:2::1/64
Router-4(config-if-GigabitEthernet 0/1)# ipv6 enable
Router-4(config-if-GigabitEthernet 0/1)#exit
Router-4(config)# ip route 23.1.1.0 255.255.255.0 34.1.1.3
```

Router-5 的配置如下：

```
Router> enable
Router# configure terminal
Router(config)# hostname Router-5
Router-5(config)# interface gigabitethernet 0/0
Router-5(config-if-GigabitEthernet 0/0)# ipv6 address 2001:2::2/64
Router-5(config-if-GigabitEthernet 0/0)# ipv6 enable
Router-5(config-if-GigabitEthernet 0/0)# exit
Router-5(config)# ipv6 route ::/0 2001:2::1
```

STEP 2 GRE 隧道配置。Router-2 的配置如下：

Router-2(config)# interface tunnel 0	*创建隧道接口 tunnel 0*
Router-2(config-if-Tunnel 0)# tunnel source 23.1.1.2	*隧道接口的源 IP 地址是 23.1.1.2*
Router-2(config-if-Tunnel 0)# tunnel destination 34.1.1.4	*隧道接口的目标 IP 地址是 34.1.1.4，要求路由可达*
Router-2(config-if-Tunnel 0)# ipv6 address 2001:3::1/64	*隧道接口配置 IPv6 地址*
Router-2(config-if-Tunnel 0)# tunnel mode gre ip	*隧道的类型是 GRE over IPv4*

Router-2(config-if-Tunnel 0)# exit

Router-2(config)# ipv6 route 2001:2::/32 2001:3::2　　　*让去往2001:2::/32 网段的IPv6 路由经由隧道传输*

Router-4 的配置如下：

Router-4(config)# interface tunnel 0

Router-4(config-if-Tunnel 0)# tunnel source 34.1.1.4　　　*Router-2 隧道接口的目标地址，这里是源IP*
地址，隧道两端接口的源和目标IP 地址相反

Router-4(config-if-Tunnel 0)# tunnel destination 23.1.1.2

Router-4(config-if-Tunnel 0)# ipv6 address 2001:3::2/64

Router-4(config-if-Tunnel 0)# tunnel mode gre ip

Router-4(config-if-Tunnel 0)# exit

Router-4(config)# ipv6 route 2001:1::/32 2001:3::1　　*让去往2001:1::/32 网段的IPv6 路由经由隧道传输*

STEP 3　测试。在 Router-1 上 Ping Router-5 的 IPv6 地址，可以 Ping 通。由于该实验中的 Router-3 是纯 IPv4 网络，因此可以理解为 IPv6 的流量穿越了 IPv4 网络。

2. GRE 隧道工作原理

Router-1 去往 Router-5 的 IPv6 报文是如何传递的呢？Router-1 的 Ping 包到达 Router-2 后，Router-2 查找路由表得知去往 2001:2::2 的数据包要通过隧道接口，该数据包被送往隧道接口进行封装。图 8-22 所示为在路由器 Router-3 的 G0/0 接口上捕获的 GRE 数据包。当前显示的这个数据包是 Router-1 去往 Router-5 的 Ping 包，为方便讲解，图中加了编号。

- 编号为 1 的行是帧的基本信息描述，比如帧的字节数。
- 编号为 2 的行是 TCP/IP 参考模型的第一层，即网络访问层。这里是 Ethernet Ⅱ（以太网类型Ⅱ）的帧，因为是以太网，所以会有数据帧的源和目标 MAC 地址。
- 编号为 3 的行是 TCP/IP 参考模型的第二层，即网络层，这里的源和目标 IP 地址是隧道两端的 IP 地址。
- 编号为 4 的行是 GRE 协议。
- 编号为 5 的行是 IPv6 数据报头，源 IPv6 地址是 Router-1 的地址，目标 IPv6 地址是 Router-5 的地址。
- 编号为 6 的行是 ICMPv6 的报文。

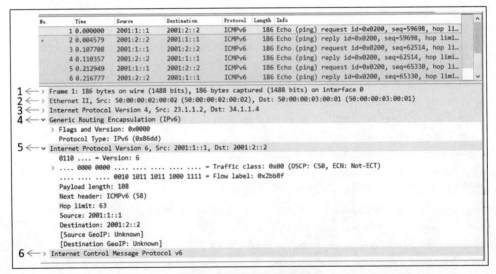

图 8-22　捕获的 GRE 数据包

图 8-22 的数据包可抽象成如图 8-23 所示的示意图。对路由器 Router-3 来说，把"GRE 报头+IPv6 报头+IPv6 有效数据"作为 IPv4 的有效数据，只要根据 IPv4 报头就可以实现正常的数据包转发了。

图 8-23　GRE over IPv4 报文封装示意图

路由器 Router-4 收到数据包后将其解封装，得到 IPv6 报头+IPv6 有效数据。由于 Router-4 是双栈路由器，因此会根据 IPv6 报头转发数据包。Router-5 向 Router-1 返回数据包的过程也是按照"隧道起点封装→IPv4 网络中的路由→隧道终点解封装"进行的。

3．GRE over IPv6

在 IPv6 发展的后期阶段，需要在 IPv6 互联网上建立隧道用来传输 IPv4 的流量，以解决 IPv4 孤岛问题，如图 8-24 所示。

图 8-24　GRE over IPv6

实验 8-3　GRE 隧道连通 IPv4 孤岛

在 EVE-NG 中打开"Chapter 08"文件夹中的"8-3 IPv4 GRE"网络拓扑。在图 8-25 中，Router-1 和 Router-2 之间是纯 IPv4 网络，Router-2、Router-3 和 Router-4 之间是纯 IPv6 网络，Router-4 和 Router-5 之间是纯 IPv4 网络。Router-1 和 Router-5 是纯 IPv4 路由器，Router-3 是纯 IPv6 路由器，Router-2 和 Router-4 是双栈路由器。在 Router-2 和 Router-4 之间建立一条 GRE 隧道，Router-1 和 Router-5 之间的纯 IPv4 流量被封装在 IPv6 中，数据包流经路由器 Router-3 时，Router-3 只查看最外层的 IPv6 报头，并转发数据包到下一跳路由器，由此实现了 IPv4 流量跨 IPv6 网络的传输。

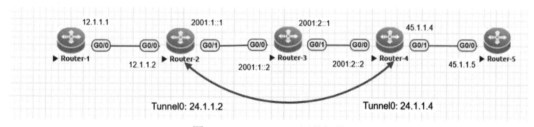

图 8-25　IPv4 GRE 网络拓扑

STEP 1　路由器基本配置。配置包"08\IPv4 GRE 基本配置.txt"提供了配置脚本。Router-1 的配置如下：

```
Router> enable
Router# configure terminal
```

```
Router(config)# hostname Router-1
Router-1(config)# interface gigabitethernet 0/0
Router-1(config-if-GigabitEthernet 0/0)# ip address 12.1.1.1 255.255.255.0
Router-1(config-if-GigabitEthernet 0/0)# exit
Router-1(config)# ip route 0.0.0.0 0.0.0.0 12.1.1.2
```

Router-2 的配置如下：

```
Router> enable
Router# configure terminal
Router(config)# hostname Router-2
Router-2(config)# interface gigabitethernet 0/0
Router-2(config-if-GigabitEthernet 0/0)# ip address 12.1.1.2 255.255.255.0
Router-2(config-if-GigabitEthernet 0/0)# exit
Router-2(config)# interface gigabitethernet 0/1
Router-2(config-if-GigabitEthernet 0/1)# ipv6 address 2001:1::1/64
Router-2(config-if-GigabitEthernet 0/1)# ipv6 enable
Router-2(config-if-GigabitEthernet 0/1)# exit
Router-2(config)# ipv6 route 2001:2::/32 2001:1::2
```

Router-3 的配置如下：

```
Router> enable
Router# configure terminal
Router(config)# hostname Router-3
Router-3(config)# interface gigabitethernet 0/0
Router-3(config-if-GigabitEthernet 0/0)# ipv6 address 2001:1::2/64
Router-3(config-if-GigabitEthernet 0/0)# ipv6 enable
Router-3(config-if-GigabitEthernet 0/0)# exit
Router-3(config)# interface gigabitethernet 0/1
Router-3(config-if-GigabitEthernet 0/1)# ipv6 address 2001:2::1/64
Router-3(config-if-GigabitEthernet 0/1)# ipv6 enable
Router-3(config-if-GigabitEthernet 0/1)# exit
```

Router-4 的配置如下：

```
Router> enable
Router# configure terminal
Router(config)# hostname Router-4
Router-4(config)# interface gigabitethernet 0/0
Router-4(config-if-GigabitEthernet 0/0)# ipv6 address 2001:2::2/64
Router-4(config-if-GigabitEthernet 0/0)# ipv6 enable
Router-4(config-if-GigabitEthernet 0/0)# exit
Router-4(config)# interface gigabitethernet 0/1
Router-4(config-if-GigabitEthernet 0/1)# ip address 45.1.1.4 255.255.255.0
Router-4(config-if-GigabitEthernet 0/1)# exit
Router-4(config)# ipv6 route 2001:1::/32 2001:2::1
```

Router-5 的配置如下：

```
Router> enable
Router# configure terminal
```

```
Router(config)# hostname Router-5
Router-5(config)# interface gigabitethernet 0/0
Router-5(config-if-GigabitEthernet 0/0)# ip address 45.1.1.5 255.255.255.0
Router-5(config-if-GigabitEthernet 0/0)# exit
Router-5(config)# ip route 0.0.0.0 0.0.0.0 45.1.1.4
```

STEP 2 GRE 隧道配置。Router-2 的配置如下:

Router-2(config)# interface tunnel 0	*创建隧道接口 tunnel 0*
Router-2(config-if-Tunnel 0)# tunnel mode gre ipv6	*隧道的类型是 GRE over IPv6*
Router-2(config-if-Tunnel 0)# tunnel source 2001:1::1	*隧道接口的源 IPv6 地址是 2001:1::1*
Router-2(config-if-Tunnel 0)# tunnel destination 2001:2::2	*隧道接口的目标 IP 地址是 2001:2::2,*

要求 IPv6 路由可达

Router-2(config-if-Tunnel 0)# ip address 24.1.1.2 255.255.255.0	*隧道接口配置 IPv4 地址*
Router-2(config-if-Tunnel 0)# exit	
Router-2(config)# ip route 45.1.1.0 255.255.255.0 24.1.1.4	*让去往 45.1.1.10 网段的 IPv4 路由经由*

隧道传输

Router-4 的配置如下:

```
Router-4(config)# interface tunnel 0
Router-4(config-if-Tunnel 0)# tunnel mode gre ipv6
Router-4(config-if-Tunnel 0)# tunnel source 2001:2::2      Router-2 隧道接口的目标地址,这里是源 IPv6
地址,隧道两端接口的源和目标 IPv6 地址相反
Router-4(config-if-Tunnel 0)# tunnel destination 2001:1::1
Router-4(config-if-Tunnel 0)# ip address 24.1.1.4 255.255.255.0
Router-4(config-if-Tunnel 0)# exit
Router-4(config)# ip route 12.1.1.0 255.255.255.0 24.1.1.2
```

STEP 3 测试。在 Router-1 上 Ping Router-5 的 IPv4 地址,可以 Ping 通。说明 IPv4 的流量穿越了 IPv6 网络(该实验中的 Router-3 是纯 IPv6 网络)。

对路由器 Router-3 来说,把"GRE 报头+IPv4 报头+IPv4 有效数据"作为 IPv6 的有效数据,只要根据 IPv6 报头就可以实现正常的数据包转发了,如图 8-26 所示。

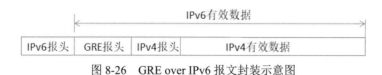

图 8-26 GRE over IPv6 报文封装示意图

4. GRE 隧道的特点

GRE 隧道通用性好,易于理解。但 GRE 隧道是手动隧道,每个隧道都需要手动配置。试想一下,如果一个 IPv6 孤岛要与很多 IPv6 孤岛相连,就需要手动建立多条隧道,IPv4 孤岛的情况同理。此外,如果多个 IPv4 孤岛或 IPv6 孤岛彼此间都要互连,管理员配置和维护 GRE 隧道的难度将陡增。

8.3.2　IPv6 in IPv4 手动隧道

IPv6 in IPv4 手动隧道也称为 IPv6 over IPv4 手动隧道,是将 IPv6 报文直接封装到 IPv4

报文中。IPv6 in IPv4 手动隧道比 GRE 隧道少了一层封装协议，如图 8-27 所示。

图 8-27　IPv6 in IPv4 报文封装示意图

IPv6 in IPv4 手动隧道与 GRE 隧道一样，也是需要手动配置每一条隧道，且配置命令与
GRE 隧道配置基本相同，区别仅在于隧道的封装协议。以实验 8-2 为例，针对 Router-2 的配
置进行改动。

原 GRE 隧道的配置如下：

Router-2(config-if-Tunnel 0)# tunnel mode gre ip　　　　　　　　*隧道的类型是 GRE over IPv4*

在 IPv6 in IPv4 手动隧道中，只需把上面的隧道封装模式改为如下所示：

Router-2(config-if-Tunnel 0)# tunnel mode ipv6ip　　　　　　　　*隧道的类型是 IPv6 over IPv4*

8.3.3　6to4 隧道

1. 6to4 隧道介绍

6to4 隧道是一种自动隧道，它使用内嵌在 IPv6 地址中的 IPv4 地址建立。6to4 地址格式
如图 8-28 所示。

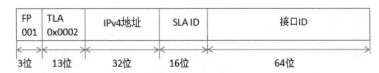

图 8-28　6to4 地址格式

- FP：可聚合全球单播地址的格式前缀（Format Prefix），其值为 001。
- TLA：顶级聚集符（Top Level Aggregator），其值为 0x0002。
- IPv4 地址：转换成十六进制的 IPv4 地址，占 32 位。
- SLA ID：站点级聚集符（Site Level Aggregator）ID。
- 接口 ID：接口标识符，占位 64 位。

6to4 地址的前 16 位固定为 2002，接下来的 32 位是 IPv4 地址，这样前 48 位就固定了。
接下来的 16 位 SLA 是用户可以自定义的。比如用户 6to4 网络内部有多个网段，前 48 位相
同，接下来的 16 位不同，可用以区分不同的网段。

6to4 隧道的封装与图 8-27 一样，只不过隧道的建立是动态的。6to4 路由器或主机根据要
访问的目标 IPv6 地址（6to4 地址），从中取出 17～48 位将其转换成 IPv4 地址。6to4 路由器
或主机用自己的公网 IPv4 地址作为隧道源地址，用目标公网 IPv4 地址作为目标地址，建立
IPv4 隧道，在隧道内传输 IPv6 数据。

在图 8-29 中，若是配置 IPv6 in IPv4 手动隧道，在全互联的情况下，每台路由器需配置
3 条隧道。虽然路由器配置复杂，但毕竟可以实现。一般的计算机并不支持 IPv6 in IPv4 手动
隧道配置，此时就需要配置 6to4 隧道。

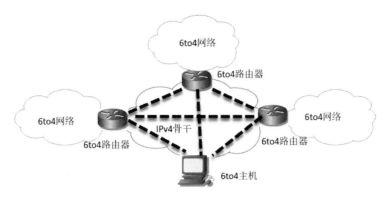

图 8-29　全互联 6to4 网络

在 EVE-NG 中打开"Chapter 08"文件夹中的"8-4 6to4 Tunnel"网络拓扑，如图 8-30 所示。路由器 Router-3、Router-4、Router-5 和计算机 Win10 组成一个 IPv4 骨干网。Router-1、Router-2 和 Router-6 是 6to4 网络中的普通路由器。Router-3 和 Router-5 是 6to4 路由器，把 6to4 网络和 IPv4 网络相连。Win10 是一台配置 6to4 网络的计算机。

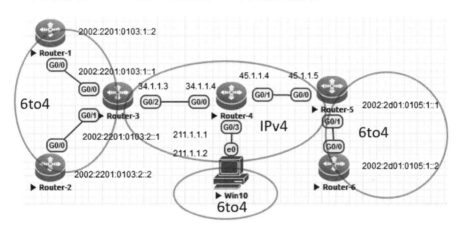

图 8-30　6to4 Tunnel 网络拓扑

路由器 Router-3 只有一个公网 IPv4 地址 34.1.1.3，只能用于一个 6to4 隧道的源地址。Router-3 连接了两个内部网段（这里用 Router-1 和 Router-2 来表示），并通过 6to4 地址中的 SLA ID 来区分，即 2002:2201:0103:**1**::/64 和 2002:2201:0103:**2**::/64。其中 2002 是 6to4 地址的前缀，34.1.1.3 转换成十六进制是 2201:0103，接下来的 1 和 2 就是 SLA ID，用来区分内部不同网段。访问外部 IPv6 时，这两个网段共用一个隧道。

路由器 Router-5 的公网 IPv4 地址是 45.1.1.5，6to4 的 IPv6 地址前缀是 2002:2d01:0105，SLA ID 可为任意数值，此处设置为 1，完整 6to4 的 IPv6 地址前缀是 2002:2d01:0105:1::/64。

Win10 是一台具有公网 IPv4 地址的计算机，IPv4 地址是 211.1.1.2，对应的 6to4 IPv6 地址前缀是 2002:d301:0102::/48。

实验 8-4　6to4 隧道配置

采用 6to4 隧道配置技术，完成图 8-30 中所有 IPv6 网络之间的互通。配置和测试步骤如下。

STEP 1　IP 地址配置。配置所有设备的 IPv4 和 IPv6 地址。配置详见配置包"08\6to4 IP 配置.txt"。

STEP 2　基本路由配置。Router-1 的配置如下：

Router-1(config)# ipv6 route ::/0 2002:2201:0103:1::1　　*Router-1 去往所有 IPv6 的路由都发往 Router-3*

Router-2 的配置如下：

Router-2(config)# ipv6 route ::/0 2002:2201:0103:2::1

Router-3 的配置如下：

Router-3(config)# ip route 0.0.0.0 0.0.0.0 34.1.1.4　　*配置 IPv4 默认路由，实现 IPv4 全网全通*

Router-4 不需要配置路由。

Router-5 的配置如下：

Router-5(config)# ip route 0.0.0.0 0.0.0.0 45.1.1.4

Router-6 的配置如下：

Router-6(config)# ipv6 route ::/0 2002:2d01:0105:1::1

Win10 计算机的 IP 地址是 211.1.1.2，网关 IP 地址是 211.1.1.1。

STEP 3　6to4 隧道配置。Router-3 的配置如下：

Router-3(config)# interface tunnel 0　　　　　　　　　*创建隧道接口*

Router-3(config-if-Tunnel 0)# tunnel source 34.1.1.3　　　*隧道源地址是路由器的公网 IPv4 地址*

Router-3(config-if-Tunnel 0)# tunnel mode ipv6ip 6to4　　*隧道的模式是 6to4 隧道*

Router-3(config-if-Tunnel 0)# ipv6 address 2002:2201:0103:0::1/64　*隧道接口的 IP 地址，这个 IPv6 地址*
要满足 6to4 的 IPv6 地址前缀，SLA ID 可以随意取值，这里取最小的值 0

Router-3(config-if-Tunnel 0)# exit

Router-3(config)# ipv6 route 2002::/16 tunnel 0　　*配置路由，让去往 6to4 的 IPv6 地址（也就是 2002::/16*
前缀的地址）的路由通过隧道接口传输

Router-5 的配置如下：

Router-5(config)# interface tunnel 0

Router-5(config-if-Tunnel 0)# tunnel source 45.1.1.5

Router-5(config-if-Tunnel 0)# tunnel mode ipv6ip 6to4

Router-5(config-if-Tunnel 0)# ipv6 address 2002:2d01:0105:0::1/64

Router-5(config-if-Tunnel 0)# exit

Router-5(config)# ipv6 route 2002::/16 tunnel 0

Win10 计算机的配置如下：

C:\Users\Aadministrator>netsh interface 6to4 set state enable　　*启用 6to4（把 enable 改成 disable 就是*
禁用 6to4 隧道）

图 8-31　在计算机上配置 6to4 网络

在计算机上查看生成的 IPv6 地址，执行结果如图 8-31 所示。使用 route print -6 查看计算机上的 IPv6 路由表，可以发现生成了一条 2002::/16 的 6to4 路由。

STEP 4　测试。在 Win10 和 IPv6 路由器上 Ping 图 8-30 中的任何 IPv6 地址都可以 Ping 通。

2．6to4 隧道工作原理

这里通过实验来讲解 6to4 隧道的工作原理。

在路由器 Router-1 上 ping 2002:2d01:0105:1::2。路由器 Router-1 上配置了默认路由，把数据包发往路由器 Router-3。路由器 Router-3

收到 Router-1 发过来的数据包,看到数据包的目标 IP 地址是 2002:2d01:0105:1::2。于是 Router-3 查找自己的路由表,知道去往该地址的数据包要从隧道接口发出,这是一个 6to4 的隧道接口。Router-3 从目标 IPv6 地址中取出 2d01:0105,将其转换成 IPv4 地址 45.1.1.5。Router-3 用隧道接口的源 IPv4 地址 34.1.1.3 和目标 IPv4 地址 45.1.1.5 对 IPv6 数据包进行封装并发出。路由器 Router-4 收到 Router-3 发过来的数据包,根据数据包的目标 IPv4 地址查找路由表并转发到 Router-5。路由器 Router-5 收到数据包后,发现这个数据包的目标 IPv4 地址就是自己,于是解封装,在看到 IPv6 的数据报头后进一步查找 IPv6 路由表,然后把 IPv6 的数据包发往路由器 Router-6。数据包从 Router-6 返回 Router-1 的过程基本上与发送过程类似,这里不再细述。

3. 6to4 隧道的特点

前面介绍的 GRE 隧道和 IPv6 in IPv4 隧道都是手动隧道,每条隧道都需要单独建立和维护。6to4 隧道是自动建立隧道,因此维护方便,但 6to4 隧道的缺点是必须使用规定的 6to4 地址格式。为了使用标准 IPv6 网络访问 6to4 网络,需要将 6to4 具体路由通告到 IPv6 网络中,而一般管理员的权限不够,只能通告到有限的 IPv6 网络中。假如管理员有权限,可以把 6to4 具体路由注入 IPv6 骨干网中。众多明细的 6to4 具体路由条目会破坏 IPv6 路由的全球可聚合性,因此,这限制了 6to4 隧道的使用。

8.3.4 ISATAP 隧道

1. ISATAP 隧道介绍

站点内自动隧道寻址协议(Intra-Site Automatic Tunnel Addressing Protocol,ISATAP)不仅是一种自动隧道技术,而且可以对 IPv6 地址进行自动配置。ISATAP 典型的用法就是把运行 IPv4 的 ISATAP 主机连接到 ISATAP 路由器,主机再利用分配的 IPv6 地址接入 IPv6 网络。

ISATAP 隧道的地址也有特定的格式,ISATAP 主机的前 64 位是通过向 ISATAP 路由器发送请求得到的,后 64 位是接口 ID,有固定的格式:

::200:5EFE:a.b.c.d

其中 200:5EFE 是 IANA 规定的格式;a.b.c.d 是单播 IPv4 地址嵌入 IPv6 地址的最后 32 位。与 6to4 地址类似,ISATAP 地址中也嵌入了 IPv4 地址,ISATAP 隧道可以根据目标 ISATAP 地址中的 IPv4 建立。

ISATAP 隧道属于非广播多路访问(Non-Broadcast Multiple Access,NBMA)网络,在前面的学习中得知,IPv6 主机向路由器发送组播报文 RS,然后从路由器收到组播报文 RA,获取路由器分配的 IPv6 前缀。NBMA 网络不支持组播,因此 ISATAP 主机只能通过发送单播报文到 ISATAP 路由器的链路本地地址来获取 IPv6 前缀。ISATAP 路由器的链路本地地址有固定的格式:

Fe80::0:5EFE:a.b.c.d

其中 0:5EFE 是 IANA 规定的格式;a.b.c.d 是单播 IPv4 地址嵌入 IPv6 地址的最后 32 位。ISATAP 主机通过源 IPv6 地址 Fe80::200:5EFE:a.b.c.d 将目标是 Fe80::0:5EFE:a.b.c.d 的 RA 报文发送出去。ISATAP 主机完成数据的封装,中间路由器看到的都是 IPv4 地址。

在图 8-32 中, 两台 ISATAP 主机通过 ISATAP 隧道连接到 ISATAP 路由器, 获得 IPv6 前缀, 再结合本地的 64 位的接口 ID "200:5EFE:a.b.c.d" 形成 IPv6 地址, 然后就可以访问 IPv6 网络了。因为两台 ISATAP 主机的链路本地地址和 IPv6 地址都包含了 IPv4 地址, 所以它们之间的 ISATAP 隧道也是自动建立的, 两台 ISATAP 主机之间可以直接通过链路本地地址和 IPv6 地址互访。

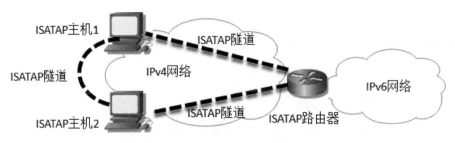

图 8-32　ISATAP 示意图

实验 8-5　ISATAP 隧道配置

在 EVE-NG 中打开 "Chapter 08" 文件夹中的 "8-5 ISATAP Tunnel" 网络拓扑, 如图 8-33 所示。ISATAP 主机 Win10-1 和 Win10-2 通过 IPv4 网络连接到 ISATAP 路由器 Router-2, 获取 IPv6 地址, 进而访问 IPv6 网络。配置和测试步骤如下。

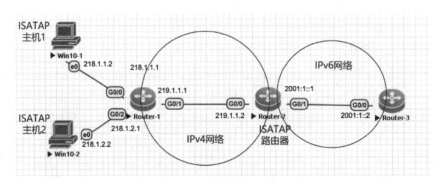

图 8-33　ISATAP Tunnel 网络拓扑

STEP 1　IP 地址配置。配置所有设备的 IPv4 和 IPv6 地址, 配置详见配置包 "08\ISATAP IP 配置.txt"。

STEP 2　基本路由配置。

Router-1 不需要配置路由。

Router-2 的配置如下:

```
Router-2(config)# ip route 218.1.0.0 255.255.0.0 219.1.1.1
```

Router-3 的配置如下:

```
Router-3(config)# ipv6 route ::/0 2001:1::1
```

Win10-1 主机的 IP 地址是 218.1.1.2, 网关 IP 地址是 218.1.1.1。Win10-2 主机的 IP 地址是 218.1.2.2, 网关 IP 地址是 218.1.2.1。

STEP 3　ISATAP 隧道配置。

Router-2 的配置如下:

```
Router-2(config)# interface tunnel 0                        创建一个隧道接口
Router-2(config-if-Tunnel 0)# ipv6 address 2001:2::1/64     配置IPv6地址（可以随意配置，没有特殊要求）
Router-2(config-if-Tunnel 0)# no ipv6 nd suppress-ra        接口默认抑制RA报文，这里需要关闭抑制
Router-2(config-if-Tunnel 0)# tunnel source 219.1.1.2       隧道接口的源地址
Router-2(config-if-Tunnel 0)# tunnel mode ipv6ip isatap     隧道的模式是ISATAP
```

Win10-1 主机的配置如下：

C:\Users\Aadministrator>netsh interface ipv6 isatap set state enabled　　　　　　*启用ISATAP。Win10主机上*
默认启用ISATAP隧道，有时做了改动后不能马上生效，可以把这里的enable改成disable，禁用ISATAP，
然后重新启用，使新配置马上生效

C:\Users\Aadministrator> netsh interface ipv6 isatap set router 219.1.1.2　　　　　*配置ISATAP路由器的*
IPv4地址。大家可能会困惑，ISATAP隧道不是自动的吗，怎么还要配目标地址呢？这里配置ISATAP路由
器，是为了让ISATAP主机请求到IPv6前缀

在 Win10-2 主机上执行同样的配置，结果如图 8-34 所示。从中可以看到 Win10-2 已经获取 IPv6 地址 2001:2::200:5efe:218.1.2.2，前缀是 2001:2::/64，接口 ID 是 200:5efe:218.1.2.2，默认网关是 ISATAP 路由器 Router-2 隧道接口的链路本地地址。

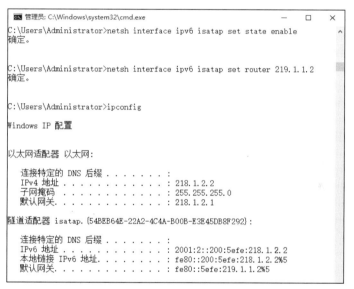

图 8-34　计算机上配置 6to4 网络

STEP 4　测试。在 Win10-1、Win10-2 和 Router-3 上，彼此都可以 Ping 通对方的 IPv6 地址。Win10-1 和 Win10-2 与 Router-2 的 IPv6 地址 2001:1::1 之间彼此也可以相互 Ping 通。断开路由器 Router-2 后，Win10-1 和 Win10-2 仍可以 Ping 通，原因是 ISATAP 主机之间会自动建立 ISATAP 隧道。

2. ISATAP 隧道工作原理

这里通过实验来讲解 ISATAP 隧道的工作原理。

实验测试 1：测试 Win10-1 和 Win10-2 链路本地地址之间的连通性。启用 ISATAP 后，Win10-1 生成链路本地地址 fe80::200:5efe:218.1.1.2，Win10-2 也生成了链路本地地址 fe80::200:5efe:218.1.2.2。有了 IPv6 的链路本地地址后，Win10-1 和 Win10-2 就有了 IPv6 连接功能，在 Win10-1 上 Ping Win10-2 的链路本地地址 fe80::200:5efe:218.1.2.2 时，数据包从

Win10-1 发出去，经由 IPv4 封装，IPv4 的源 IP 地址是 218.1.1.2，目标 IP 地址是 218.1.2.2。中间的 IPv4 路由器会正常转发这个 IPv4 数据包。最后 IPv4 数据包到达 Win10-2 并解封装，看到 IPv6 的报头和数据。Win10-2 根据 IPv6 地址 fe80::200:5efe:218.1.1.2 得知 ISATAP 返回数据包要封装的 IPv4 地址是 218.1.1.2。

　　实验测试 2：在 Win10-2 上 Ping IPv6 地址 2001:1::2。启用 ISATAP 后，Win10-2 生成链路本地地址 fe80::200:5efe:218.1.2.2，转换成十六进制是 fe80::200:5efe:da01:202。Win10-2 主机上配置了 ISATAP 路由器的 IPv4 地址 219.1.1.2，根据这个 IPv4 地址计算出 ISATAP 路由器的隧道接口的链路本地地址是 fe80::0:5efe:219.1.1.2，转换成十六进制是 fe80::5efe:db01:102。由于隧道属于 NBMA 网络，不支持组播，Win10-2 向 fe80::5efe:db01:102 发出单播 RS 报文。图 8-35 所示为在 Win10-2 上捕获的报文，编号为 103 的报文是 Win10-2 发出的 RS 报文，源地址和目标地址与上面的分析一致。编号为 104 的报文是 ISATAP 路由器返回的 RA 报文。图 8-35 最下方显示了路由器返回的前缀是 2001:2::/64，再结合 Win10-2 的接口 ID 值 200:5efe:da01:202，形成完整的 IPv6 地址 2001:2::200:5efe:218.1.2.2。图 8-34 中验证了这个 IPv6 地址。

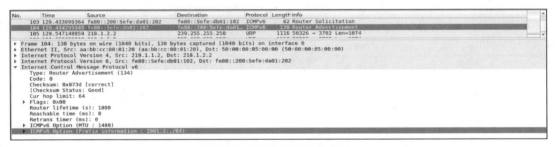

图 8-35　ISATAP RS/RA 报文

　　在 Win10-2 上 Ping IPv6 地址 2001:1::2，该地址与本地 IPv6 地址 2001:2::200:5efe:218.1.2.2 不在同一个网络内，需要把数据包发给网关，也就是 fe80::0:5efe:219.1.1.2。从这个链路本地地址可以知道隧道的目标 IPv4 地址是 219.1.1.2。图 8-36 所示为在 Win10-2 上捕获的 Ping 包，验证了上面的分析。

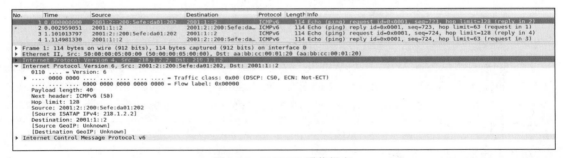

图 8-36　ISATAP 通信报文

3．ISATAP 隧道的特点

　　ISATAP 隧道的优点是解决了 IPv4 主机访问 IPv6 网络的问题，并且对 IPv6 地址前缀没有特别的要求；缺点是很多 NAT 设备不支持 IPv6 in IPv4 报文的穿越，导致 ISATAP 路由器和 ISATAP 主机之间的 IPv4 地址要直接可达。比如，如果 ISATAP 路由器用在公网上，则

ISATAP 主机需要有公网的 IPv4 地址，且不能经过 NAT，因此在现阶段 IPv4 地址短缺的情况下实际应用的难度较大。如果 ISATAP 路由器用在内网，内网中的 ISATAP 主机则可以使用私有 IPv4 地址与 ISATAP 路由器通信，进而访问 IPv6 网络。

8.3.5 Teredo 隧道

1. Teredo 隧道介绍

Teredo 隧道又称为面向 IPv6 的 IPv4 NAT 穿越隧道，若 IPv4 主机位于一个或多个 IPv4 NAT 设备之后，可用该技术为 IPv4 主机分配 IPv6 地址和自动隧道。

前面介绍的 6to4 隧道技术也是一种自动隧道技术，但 6to4 路由器使用一个公网的 IPv4 地址来构建 6to4 前缀，如果主机没有公网的 IPv4 地址，则无法使用 6to4 隧道。另外，6to4 隧道使用了特殊的 IPv6 地址前缀，这个 IPv6 前缀很难做到全球可达。

前面介绍的另一种隧道技术 ISATAP，是一种自动分配 IPv6 地址的自动隧道技术，对 IPv6 前缀没有特殊要求，但仍要求 IPv4 主机要具有公网 IPv4 地址。目前 IPv4 地址严重短缺，除服务器外，互联网上的大多数终端都没有公网 IPv4 地址，需要通过一次或多次 NAT 后才具有公网 IPv4 地址。

可见，6to4 隧道和 ISATAP 隧道都无法使私有 IPv4 地址访问 IPv6 网络，而 Teredo 隧道很好地解决了这个问题。为了使 IPv6 数据包能够通过单层或多层 NAT 设备传输，它需要被封装成 IPv4 的 UDP 数据，UDP 数据能够被众多的 NAT 设备解析并最终穿越多层 NAT 设备。

Teredo 机制中除了需要 Teredo 服务器和 Teredo 终端，还需要 Teredo 中继。在图 8-37 中，IPv4 网络中没有公网 IP 地址的私网终端通过 Teredo 隧道连接到 Teredo 服务器，获得了 IPv6 地址。私网终端的 IPv6 数据包被封装在 Teredo 隧道中到达 Teredo 服务器，Teredo 服务器解开 IPv4 封装，把 IPv6 数据包发往 IPv6 网络。IPv6 的返回流量到达 Teredo 中继，Teredo 中继根据 IPv6 数据包的目标 IPv6 地址，知道这个 IPv6 数据包需要通过 Teredo 隧道，然后将数据包返回到私网终端。私网终端解开 IPv4 封装，得到 IPv6 的数据。

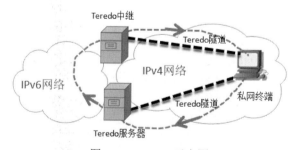

图 8-37 Teredo 示意图

实验 8-6 Teredo 隧道配置

在 EVE-NG 中打开"Chapter 08"文件夹中的"8-6 Teredo Tunnel"网络拓扑，如图 8-38 所示。私网主机 Win10-2 的 IPv4 地址是 192.168.1.2，通过 NAT 设备路由器 Router-2 访问互联网。搭建 Teredo 服务器和 Teredo 中继，使私网主机 Win10-2 可以访问纯 IPv6 主机 Win10-1。配置和测试步骤如下。

STEP 1　IP 地址配置。配置所有设备的 IPv4 和 IPv6 地址。路由器 Router-1 和 Router-2 的配置详见配置包 "08\Teredo IP 配置.txt"。Win10-1 的 IPv6 地址为 2001:2::2, 网关 IP 地址为 2001:2::1。Win10-2 的 IPv4 地址 192.168.1.2, 网关 IP 地址为 192.168.1.1。Teredo 服务器和 Teredo 中继都是双栈主机, 配置两块网卡, 既有 IPv6 地址, 又有 IPv4 地址。在做实验时, 要确认把 IPv4 或 IPv6 配置在正确的网卡上, 可以通过 Ping 进行验证。Teredo 服务器的 e1 网卡配置的 IPv6 地址是 2001:1::2, 网关 IP 地址是 2001:1::1; e0 网卡配置的 IPv4 地址是 211.1.1.2 和 211.1.1.3 (Teredo 服务器需要配置两个连续的 IPv4 公网 IP 地址, 以测试隧道), 网关 IP 地址 211.1.1.1。Teredo 中继的 e1 网卡配置的 IPv6 地址是 2001:1::3, 网关 IP 地址是 2001:1::1; e0 网卡配置的 IPv4 地址是 211.1.1.4, 网关 IP 地址是 211.1.1.1。

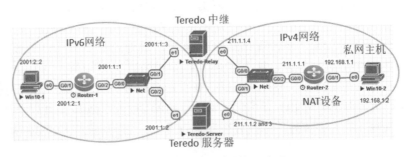

图 8-38　Teredo Tunnel 网络拓扑

STEP 2　NAT 配置。NAT 设备 Router-2 的配置如下:

Router-2(config)# interface gigabitethernet 0/0	
Router-2(config-if-GigabitEthernet 0/0)# ip nat outside	*NAT 对外接口*
Router-2(config-if-GigabitEthernet 0/1)# interface gigabitethernet 0/1	
Router-2(config-if-GigabitEthernet 0/1)# ip nat inside	*NAT 对内接口*
Router-2(config-if-GigabitEthernet 0/1)# exit	
Router-2(config)# access-list 1 permit any	*允许内网所有 IP*
Router-2(config)# ip nat inside source list 1 interface gigabitethernet 0/0 overload	*所有私网主机使用*

Gigabitethernet 0/0 接口的 IP 共享上网

STEP 3　配置 Teredo 服务。

在 Teredo 服务器上右击 "开始" 菜单, 选择 "命令提示符 (管理员)", 打开管理员命令提示符窗口, 输入 netsh interface teredo set state type=server 命令, 执行如下:

C:\Windows\system32>netsh interface teredo set state type=server

使用 netsh interface teredo show state 命令查看 Teredo 状态, 显示如下:

```
C:\Windows\system32>netsh interface teredo show state
Teredo 参数

-------------------------------------
类型                  : server
虚拟服务器 IP          : 0.0.0.0
客户端刷新间隔          : 30 秒
状态                  : offline
错误                  : 一般系统故障
错误代码              : 11001
```

使用 netsh interface teredo set state servername=211.1.1.2 命令更改服务器为本服务器, 执

行如下：

C:\Windows\system32>netsh interface teredo set state servername=211.1.1.2

再次使用 netsh interface teredo show state 命令查看 Teredo 状态，显示如下：

C:\Windows\system32>netsh interface teredo show state
Teredo 参数

类型   : server
虚拟服务器 IP   : 0.0.0.0
客户端刷新间隔   : 30 秒
状态   : **online**
接收服务器的数据包   : 0
……

注意到服务器的状态变成了 online。

STEP 4 配置 Teredo 中继。Teredo 中继的配置如下：

C:\Windows\system32>netsh interface teredo set state enterpriseclient
C:\Windows\system32>netsh interface teredo set state servername=211.1.1.2

在 Teredo 中继服务器中使用 ipconfig 命令查看 IP 配置，显示如图 8-39 所示。

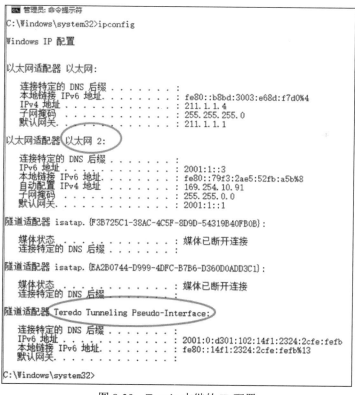

图 8-39　Teredo 中继的 IP 配置

使用下面的命令在 IPv6 接口和 Teredo 隧道接口上启用转发功能：

C:\Windows\system32>netsh interface ipv6 set interface "以太网 2" forwarding=enabled
C:\Windows\system32>netsh interface ipv6 set interface "Teredo Tunneling Pseudo-Interface" forwarding=enabled

STEP 5 Teredo 客户端配置。Teredo 客户端的配置如下：

C:\Windows\system32>netsh interface teredo set state enterpriseclient

C:\Windows\system32>netsh interface teredo set state servername=211.1.1.2

使用 netsh interface teredo show state 命令查看 Teredo 状态，显示如图 8-40 所示。注意图中的网络要显示为 "managed"，如果显示为 "unmanaged"，可以重启 Win10-2，尝试重新建立连接。

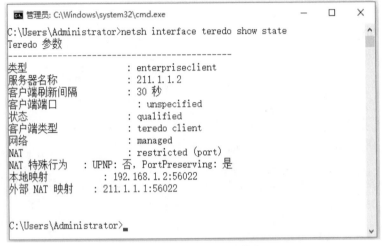

图 8-40　Teredo 客户端状态

使用 ipconfig 命令查看 Teredo 客户端 Teredo 隧道接口的 IPv6 地址，显示为 2001:0:d301:102:24c0:2529:2cfe:fefe。其中 2001:0/32 是 Teredo 地址的固定前缀；d301:102 是 Teredo 服务器 IPv4地址 211.1.1.2 的十六进制格式；24c0 是随机部分；2529 是图 8-40 中外部 NAT 映射的端口 56022与 FFFF 的异或值（56022 转换成二进制是 11011010.11010110，异或后是 00100101.00101001，转换成十六进制是 25.29）；2cfe:fefe 是图 8-40 中外部 NAT 映射 IP 地址 211.1.1.1 与 FFFF.FFFF的异或值（211.1.1.1 转换成二进制是 11010011.00000001.00000001.00000001，异或后是00101100.11111110.11111110.11111110，转换成十六进制是 2c.fe.fe.fe）。

STEP 6　IPv6 路由配置。路由器 Router-1 的配置如下：

Router-1 (config)# ipv6 route 2001:0:d301:102::/64 2001:1::3　　*IPv6 路由器把 Teredo 的路由指向 Teredo中继。在真实 IPv6 环境中，Teredo 中继可以有很多个，发往 Teredo 中继的路由是 2001:0::/32，众多的 Teredo中继可以采用动态路由，IPv6 路由器会选择最近的 Teredo 中继。本实验中 Teredo 客户端和 Teredo 中继使用了同一台 Teredo 服务器，在真实环境中，它们可以指向不同的 Teredo 服务器*

STEP 7　连通性测试。在 Win10-2 上 Ping Win10-1 的 IPv6 地址 2001:2::2，可以 Ping通，远程桌面也可以连接。

2．Teredo 隧道工作原理

这里通过实验来讲解 Teredo 隧道的工作原理。

在 Win10-2 上 Ping IPv6 地址 2001:2::2。启用 Teredo 隧道后，Win10-2 生成了 Teredo 的IPv6 地址 2001:0:d301:102:24c0:2529:2cfe:fefe。Win10-2 根据 Teredo 隧道的配置，把 IPv6 的数据包封装后发送给 Teredo 服务器 211.1.1.2。图 8-41 所示为在 Teredo 服务器 e0 接口捕获的数据包。可以看到 IPv4 之上是 UDP，源端口是 56022（与 Teredo 的 IPv6 地址有关），目标端口是 3544（Teredo 服务器的固定端口），UDP 之上是 Teredo 隧道，可以看到源和目的 IPv6

地址，再往上是 ICMPv6 的报文。

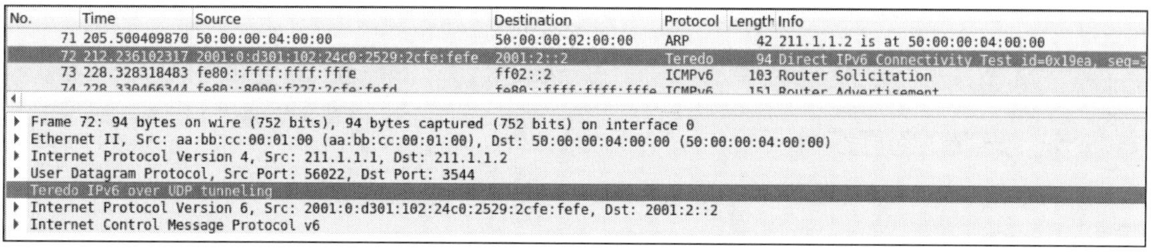

No.	Time	Source	Destination	Protocol	Length	Info
71	205.500409870	50:00:00:04:00:00	50:00:00:02:00:00	ARP	42	211.1.1.2 is at 50:00:00:04:00:00
72	212.236102317	2001:0:d301:102:24c0:2529:2cfe:fefe	2001:2::2	Teredo	94	Direct IPv6 Connectivity Test id=0x19ea, seq=3
73	228.328318483	fe80::ffff:ffff:fffe	ff02::2	ICMPv6	103	Router Solicitation
74	228.330466344	fe80::8000:f227:2cfe:fefd	fe80::ffff:ffff:fffe	ICMPv6	151	Router Advertisement

> Frame 72: 94 bytes on wire (752 bits), 94 bytes captured (752 bits) on interface 0
> Ethernet II, Src: aa:bb:cc:00:01:00 (aa:bb:cc:00:01:00), Dst: 50:00:00:04:00:00 (50:00:00:04:00:00)
> Internet Protocol Version 4, Src: 211.1.1.1, Dst: 211.1.1.2
> User Datagram Protocol, Src Port: 56022, Dst Port: 3544
> Teredo IPv6 over UDP tunneling
> Internet Protocol Version 6, Src: 2001:0:d301:102:24c0:2529:2cfe:fefe, Dst: 2001:2::2
> Internet Control Message Protocol v6

图 8-41　Teredo 客户端到 Teredo 服务器的报文

Teredo 服务器解封装后，把 IPv6 数据发往 IPv6 网络（这里是发往 Router-1），Router-1 再发往 Win10-2。Win10-2 返回 2001:0:d301:102:24c0:2529:2cfe:fefe 的数据包发往 Router-1，Router-1 根据路由表发往 Teredo 中继。Teredo 中继根据目的 IPv6 地址知道这个数据包要通过 Teredo 隧道发送，也知道外部 NAT 映射的公网 IPv4 地址和端口，于是将 IPv6 数据包封装进 IPv4 后发往路由器 Router-2。图 8-42 所示为捕获的 Teredo 中继发往 Teredo 客户端的报文。这个报文并没有像 Teredo 客户端发往 Teredo 服务器的报文那样显示出上层协议和内容，而只显示了 Data。至于 Data 有什么内容，需要由上层协议去分析处理。

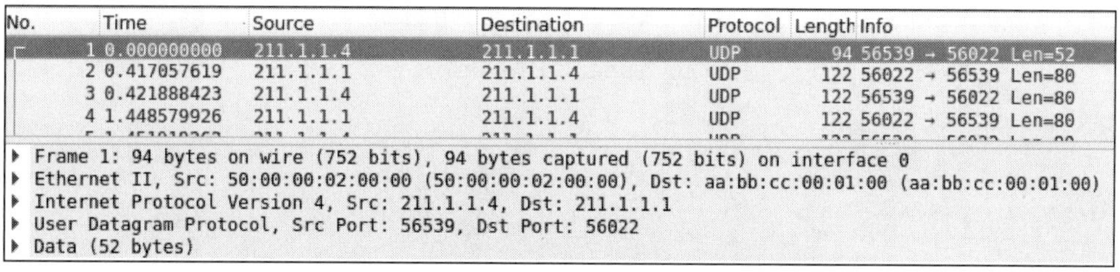

No.	Time	Source	Destination	Protocol	Length	Info
1	0.000000000	211.1.1.4	211.1.1.1	UDP	94	56539 → 56022 Len=52
2	0.417057619	211.1.1.1	211.1.1.1	UDP	122	56022 → 56539 Len=80
3	0.421888423	211.1.1.4	211.1.1.1	UDP	122	56539 → 56022 Len=80
4	1.448579926	211.1.1.1	211.1.1.4	UDP	122	56022 → 56539 Len=80

> Frame 1: 94 bytes on wire (752 bits), 94 bytes captured (752 bits) on interface 0
> Ethernet II, Src: 50:00:00:02:00:00 (50:00:00:02:00:00), Dst: aa:bb:cc:00:01:00 (aa:bb:cc:00:01:00)
> Internet Protocol Version 4, Src: 211.1.1.4, Dst: 211.1.1.1
> User Datagram Protocol, Src Port: 56539, Dst Port: 56022
> Data (52 bytes)

图 8-42　Teredo 中继到 Teredo 客户端的报文

路由器 Router-2 查看 NAT 表，根据目的 UDP 端口 56022 得知是发往 192.168.1.2 的数据包，于是把目的 IP 由 211.1.1.1 转换成 192.168.1.2 并发往 Win10-2。Win10-2 收到 Router-2 发过来的 IPv4 数据包后将其解封装，然后交由上层协议继续处理。Teredo 客户端到 2001:2::2 的后续数据包不再通过 Teredo 服务器，而是 Teredo 客户端和 Teredo 中继之间直接通信，图 8-42 中进一步验证了这个结论。由此可见，Teredo 服务器还是比较轻松的，只需指路即可，后面的工作都由 Teredo 中继来完成。

3．Teredo 隧道的思考

目前可用且易用的 Teredo 服务器并不多，推荐大家试一下 teredo-debian.remlab.net。连接成功后，在 DOS 命令行窗口中输入 ping -6 www.njau.edu.cn -t 命令，连续 Ping 多个包，幸运时可以 Ping 通。

Teredo 隧道虽然解决了 IPv4 终端 NAT 后访问 IPv6 网络的问题，但是由于 Teredo 隧道离不开 Teredo 中继，互联网去往 Teredo 中继 2001::/32 的路由都是指向国外，即使国内搭建了 Teredo 服务器，最后还得通过国外的 Teredo 中继来提供服务，因此效率不高。如果既搭建了 Teredo 服务器，又搭建了 Teredo 中继，但要访问的资源不在本地，在访问资源时依然会选择就近的 Teredo 中继，访问的效率仍不高。除非同时搭建自己的 Teredo 服务器和 Teredo 中继，并且要访问的资源也在本地，为此可以调整路由表，把资源的返回路径调整到自己的 Teredo 中继。

由于 Teredo 实现的复杂性，尤其是 Teredo 路由的不确定性，导致 Teredo 效率不佳。如果有其他的隧道可以用，就没必要使用 Teredo。随着技术的发展，有些 IPv4 NAT 设备经过升级后可以支持 6to4，因此 Teredo 将会使用得越来越少。

8.3.6　其他隧道技术

1. 6PE

6PE（IPv6 Provider Edge，IPv6 供应商边缘）是一种 IPv6 过渡技术，可以让支持 IPv6 的 CE（Customer Edge，用户边缘）路由器穿过当前已存在的 IPv4 MPLS（Multiprotocol Label Switching，多协议标签交换）网络，使用 IPv6 进行通信。这是运营商级的技术，多数读者用不到，本书不做介绍。

2. Tunnel Broker

Tunnel Broker（隧道代理）的主要目的是简化用户的隧道配置，以方便接入 IPv6 网络。Tunnel Broker 通过 Web 方式为用户分配 IPv6 地址、建立隧道，以提供和其他 IPv6 站点之间的通信。Tunnel Broker 的特点是灵活，可操作性强，可针对不同用户提供不同的隧道配置。目前互联网上有些公司提供了免费的 Tunnel Broker 服务，感兴趣的读者可以在网上搜索 Tunnel Broker，然后自行配置。

8.3.7　隧道技术对比

本章介绍了多种隧道技术。表 8-1 从多个维度进行了对比。

表 8-1　多种隧道技术的对比

隧道技术	网络到网络	主机到网络	服务端是否需要公网 IPv4	客户端是否需要公网 IPv4	IPv6 前缀有无要求	是否支持验证	实用性
GRE	支持	不支持	是	是	无	否	中
IPv6 in IPv4	支持	不支持	是	是	无	否	中
6to4	支持	支持	是	是	2002::/16	否	弱
ISATAP	不支持	支持	是	否	无	否	弱
Teredo	不支持	支持	是	否	2001:0::/32	否	弱

由表 8-1 可知，如果是 PC 终端要访问 IPv6 网络，可以使用 6to4、ISATAP 或 Teredo 隧道。其中，6to4 不仅需要 PC 端有公网的 IPv4 地址，还要求使用特殊的 IPv6 前缀。ISATAP 同样需要 PC 端有公网的 IPv4 地址。Teredo 虽对 PC 端的 IPv4 地址没有要求，但要求特殊的 IPv6 前缀，并且需要 Teredo 中继，但 Teredo 中继因路由问题而效率低下。6to4、ISATAP 和 Teredo 都存在安全性欠缺的问题，如果不配置验证，谁都可以使用。

如果只是实现网络到网络的互通，GRE、IPv6 in IPv4 和 6to4 隧道都可以，前两种虽是手动隧道，但对 IPv6 前缀没有特殊要求，一般单位也不会建立很多条隧道，因此比较可行。

8.4 协议转换技术

前文介绍的隧道技术归根结底是双栈技术，主要用于实现分离的 IPv6 或 IPv4 网络之间的互通。本节要介绍的协议转换技术用来实现不同网络间的访问，比如在无须配置 IPv6 的情况下，让客户端使用 IPv4 来访问 IPv6 网络，反之亦然。采用协议转换实现 IPv4 到 IPv6 过渡的优点是不需要进行 IPv4 和 IPv6 节点的升级改造，缺点是用来实现 IPv4 节点和 IPv6 节点相互访问的方法比较复杂，网络设备进行协议转换、地址转换所需的开销较大，一般在其他互通方式无法使用的情况下使用。

NAT64 转换技术

NAT64 是一种有状态的网络地址与协议转换技术，一般只支持通过 IPv6 网络侧发起连接来访问 IPv4 网络侧的资源。NAT64 也支持手动配置静态映射关系，让 IPv4 网络主动发起去往 IPv6 网络的连接。NAT64 可实现 TCP、UDP、ICMP 下的 IPv6 与 IPv4 网络地址与协议转换。

实验 8-7　NAT64 配置

在 EVE-NG 中打开"Chapter 08"文件夹中的"8-7 NAT64"网络拓扑，如图 8-43 所示。公司内配置的是纯 IPv6 网络，但公司内的 IPv6 主机也需要访问 IPv4 网络。配置 NAT64，使公司内网的 IPv6 主机可以主动访问 IPv4 互联网络中的所有设备。

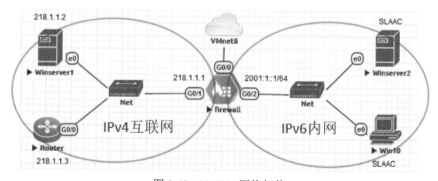

图 8-43　NAT64 网络拓扑

STEP 1　基本配置。配置 Winserver1 服务器的 IPv4 地址和网关，配置路由器 Router 接口的 IPv4 地址和默认路由。

STEP 2　防火墙的配置。锐捷防火墙的初始化登录配置方式可参考实验 2-1，这里不再赘述。防火墙的 Web 配置主要分为以下方面。

1．配置接口

单击菜单"网络配置"→"接口"→"物理接口"，打开"物理接口"配置页面，单击"Ge0/1"接口后的编辑链接，打开"编辑物理接口"页面，如图 8-44 所示，"描述"文本框中输入"外网";"连接状态"选择"启用";"模式"选择"路由模式"（该防火墙处在内外网之间，要用于 IPv6 地址转换，所以选路由模式，若只是单纯地用于安全过滤，也可以选择"透明模式"）；"所属区域"选择"untrust"；"接口类型"选择"WAN口"；"连接类型"选择"静态地址"；"IP/网络掩码"文本框中输入"218.1.1.1/24"；"下一跳地址"文本框中输入"218.1.1.3"（WAN 口必须配置下一跳地址。本实验中不需配置下一跳地址，这里输入路由器的地址应对）；"访问管理"区域"允许"后面选中 HTTPS、PING、SSH 复选框。单击"保存"按钮，保存 Ge0/1 接口的配置。

图 8-44　编辑 Ge0/1 物理接口

继续配置 Ge0/2 接口，如图 8-45 所示，"描述"文本框中输入"内网"；"连接状态"选择"启用"；"模式"选择"路由模式"；"所属区域"选择"trust"；"接口类型"选择"LAN 口"；"IP 类型"选择"IPv6"；打开"IPv6 开关"；"连接类型"选择"静态地址"；"IP/前缀长度"文本框中输入"2001:1::1/64"；"发布 RA"设置为"启用"（接口默认抑制 RA 报文，使用此功能关闭抑制）；在"地址高级配置"中增加"RA 前缀信息"，新增 RA 前缀地址为"2001:1::/64"；"访问管理"区域"允许"后面选中"PING"复选框。单击"保存"按钮，保存 Ge0/2 接口的配置。

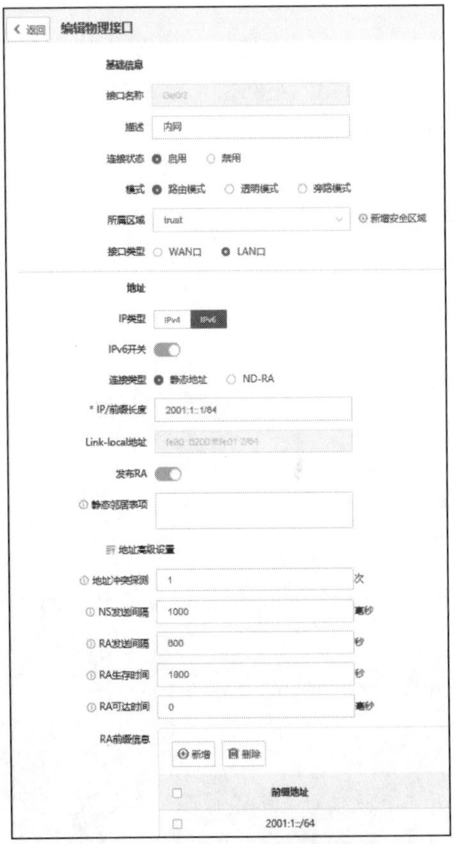

2．配置 NAT

单击菜单"策略配置"→"NAT 策略"→"NAT64 转换"，打开"NAT64 转换"配置页面，单击"新增"按钮，打开"新增 IPv6 to IPv4 地址转换"页面，如图 8-46 所示，"名称"文本框可自定义，如输入"in-to-out"；"启用状态"选择"启用"；"描述"文本框可自定义输入；"源地址"选择"any"；目的地址新增对象"要转换的 IPv6 地址"，并配置该对象对应的 IPv6 地址范围"2001:2::/96"；"服务"选择"any"；"转换方式"选择"动态 NAT64 转换"，"NAT64 前缀"新增对象"NAT64-Prefix"，并配置该对象对应的 IPv6 地址为"2001:2::/96"；"源地址转换为地址池"新增地址池对象"NAT64-Pool"，并配置该对象对应的 IPv4 地址为"218.1.1.1"；"源地址转换模式"选择"NO-PAT"。配置完成后，任何 IPv6 地址访问 2001:2::/96 时，直接从报文的目的 IPv6 地址中抽取最后 32 位作为目的 IPv4 地址。单击"保存"按钮，完成 NAT64 转换条目的添加。

图 8-45　编辑 Ge0/2 物理接口

3. 配置安全策略

单击菜单"策略配置"→"安全策略"。新增一条允许内网访问外网的安全策略。单击"保存"按钮，完成内网访问外网安全策略的添加。

STEP 3 测试。在 Win10 和 Winserver2 上 **ping 2001:2::218.1.1.2** 和 **ping 2001:2::218.1.1.3**，显示如图 8-47 所示。218.1.1.2 转换成十六进制是 da01:102，218.1.1.3 转换成十六进制是 da01:103，这里可以直接 Ping 十六进制和十进制组合后的 IPv6 地址（计算机会自动进行地址转换）。

在路由器 Router 上执行 debug ip icmp 命令，验证 ping 2001:2::da01:103 时就是 ping 218.1.1.3。

图 8-46　新增 IPv6 to IPv4 地址转换　　　　图 8-47　NAT64 测试结果

8.5　过渡技术选择

每种过渡技术都有各自的优缺点，因此需结合实际需求在不同的场景下选择不同的过渡技术：

- 对于新建业务系统的场景，推荐采用双栈技术，同时支持 IPv4 和 IPv6，以增强扩展性；
- 对于多个孤立 IPv6 网络互通的场景，如多个 IPv6 数据中心的互联，可以采用隧道技术，将 IPv6 数据封装到 IPv4 网络上传输，以减少部署的成本和压力；
- 对于已经上线的业务系统，若不方便改造成双栈，可以采用地址协议转换技术。

第 9 章
IPv6 应用过渡

IPv6 网络过渡技术只是用来临时解决 IPv4 与 IPv6 共存的问题,互联网终将会转换到纯 IPv6 网络,一些不支持 IPv6 的应用终将被淘汰。本章介绍一些常用应用的 IPv6 过渡技术,在通过升级或改造后,这些应用可以支持 IPv6,包括远程登录服务、Web 应用服务、FTP 应用服务、数据库应用服务等。对一些转换难度比较大的 IPv4 应用,比如基于 IPv4 开发的应用程序,要想支持 IPv6,则需要修改源代码,而修改源代码又比较困难,此时除了使用 IPv6 网络过渡技术中的协议转换技术,也可以使用本章介绍的反向代理技术。

9.1　远程登录服务

远程登录是指本地计算机通过 Internet 连接到一台远程主机上,登录成功后本地计算机成为对方主机的一个远程仿真终端。这时本地计算机和远程主机的普通终端一样,本地计算机能够使用的资源和工作方式完全取决于该远程主机的系统。

远程登录的应用十分广泛,它不仅可以用来管理远程主机,还可以拓展本地计算机的功能。比如通过登录计算机,用户可以直接使用远程计算机的各种资源,把本地计算机不能完成的复杂任务交给远程计算机完成。远程登录也扩大了计算机系统的通用性,例如有些软件系统只能在特定的计算机上运行,通过远程登录可以让不能运行这些软件的计算机使用这些软件。

9.1.1　远程登录的主要方式

本地计算机需要借助远程登录应用程序来实现远程登录。此外,本地计算机还必须是远程主机的合法用户,即通过注册或者系统管理取得一个指定的用户名,它包括登录标识(login identifier)和口令(password)两部分。

目前远程登录的主要方式有以下 3 种：

- Telnet；
- SSH；
- 远程桌面。

1．Telnet

Telnet 协议是 TCP/IP 协议簇中的一员，是位于 OSI 模型第 7 层（应用层）上的一种协议，也是 Internet 远程登录服务的标准协议和主要方式。Telnet 协议的目的是提供一个相对通用的双向的面向八位组的通信方法，允许界面终端设备和面向终端的过程能通过一个标准过程进行交互。

Telnet 是基于 C/S（客户端/服务器）模式的服务系统，它由客户端软件、服务器软件以及 Telnet 通信协议三部分组成。远程计算机又称为 Telnet 主机或服务器，本地计算机用作 Telnet 客户端，充当远程主机的一台虚拟终端（仿真终端），用户可以通过 Telnet 客户端，与主机上的其他用户共同使用该主机提供的服务和资源。

使用 Telnet 协议进行远程登录时需要满足一些条件：

- 本地计算机上必须装有包含 Telnet 协议的客户程序；
- 必须知道远程主机的 IP 地址或域名；
- 必须知道登录标识与口令（即登录账户与密码）。

2．SSH

SSH（Secure Shell，安全外壳）是由 IETF 制定的建立在应用层基础上的安全网络协议，专为远程登录会话和其他网络服务提供安全性，常用于网络设备、各类服务器平台等的远程登录管理。由于 SSH 协议会将登录信息进行加密处理，可以有效防止远程管理过程中的信息泄露问题，因此成为互联网安全的一个基本解决方案，并迅速在全世界获得推广。SSH 协议存在多种实现，既有商业实现，也有开源实现。目前 SSH 协议已经成为 Linux 系统的标准配置，几乎所有 UNIX/Linux 系统，包括 HP-UX、Linux、AIX、Solaris、Irix 以及其他平台，都默认支持 SSH。

SSH 登录远程主机的主要流程如下：

（1）远程主机收到用户的登录请求，将自己的公钥发给用户；
（2）用户使用这个公钥将登录密码加密后，发送给远程主机；
（3）远程主机用自己的私钥解密登录密码，如果密码正确，就同意用户登录。

3．远程桌面

远程桌面最早是微软公司为了方便网络管理员管理维护服务器而在 Windows Server 2000 版本中引入的一项服务。后来 Linux 系统也可以通过安装相关的软件服务来实现远程桌面管理。通过远程桌面，管理员可通过合法授权连接到网络中任意一台开启了远程桌面控制功能的计算机上，并在其上运行程序、维护数据库等。

远程桌面连接主要使用两种协议：第一种是 Windows 上的 RDP（Remote Desktop Protocol，远程桌面协议）；第二种是 VNC（Virtual Network Console，虚拟网络控制台）协议。

与"终端服务"相比，微软的"远程桌面"在功能、配置、安全等方面有了很大的改善。它由 Telnet 发展而来，属于 C/S 模式，在建立连接前需要配置好连接的服务器端（被控端）

和客户端（主控端）。

在 Linux 上，可以安装 Rdesktop 等客户端软件，然后通过 RDP 远程登录 Windows 系统。在 Windows 上，也可以通过 VNC、XRDP 或 Xdmcp 等远程桌面登录方式登录到 Linux 系统。这 3 种方式都要求先在 Linux 系统上安装服务端。比如，通过 VNC 远程桌面的方式登录 Linux 系统时，在登录之前必须在 Linux 上安装 VNC 服务端。如果通过 RDP 方式远程登录到 Linux 系统，就需要在 Linux 上安装 xrdp 服务。

9.1.2 IPv6 网络中的 Telnet 服务

在 Windows Vista 和 Windows Server 2008 以后的操作系统中，其附带的 Telnet 服务器和 Telnet 客户端版本都支持 TCP/IP 版本 6，允许将主机名称解析为 IPv6 地址，并可以在连接命令中指定 IPv6 地址。除此之外，用户使用 Telnet 的方式与以往并无不同。

可以借助下面两种方式，使用 IPv6 连接到 Telnet 服务器：

● 在命令提示符下输入命令 telnet ipv6-address [port]；
● 在 Microsoft Telnet>命令提示符下输入命令-o ipv6-address [port]。

如果输入用户名和密码后，看到 Telnet 服务器上的欢迎消息或提示符，则说明连接成功。

目前比较新的 Linux 系统（比如 CentOS 6 以上的版本）都能够很好地支持 IPv6。在服务器端安装、配置好 telnet-server 后，Telnet 客户端就可以通过 IPv6 网络登录访问该服务器。

实验 9-1　在 CentOS 7 系统上配置 Telnet 双栈管理登录

在 EVE-NG 中打开"Chapter 09"文件夹中的"9-1 Basic"网络拓扑，如图 9-1 所示。读者也可以在自己的 Linux CentOS 7 服务器或者虚拟机上完成。通过本实验，读者不仅能知道如何在 Linux 上安装、配置 Telnet 服务，还能了解 CentOS 7 针对 Telnet 服务的防火墙配置，以及通过 Telnet 远程登录服务器系统的操作流程。本实验主要完成以下功能：

● 在 Linux CentOS 7 系统下安装、配置 Telnet 软件服务；
● 配置 Telnet 服务软件的启动方式和防火墙；
● 配置 Telnet 服务的启动方式和建立用户；
● 在 Win10 上启用 Telnet 并远程测试。

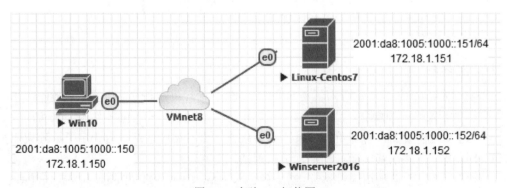

图 9-1　实验 9-1 拓扑图

以下是安装、配置步骤。

STEP 1　开启拓扑中 Win10 和 Linux-Centos7 设备。为了便于后面的测试，为

Linux-Centos7 配置 IPv4 和 IPv6 地址，为此可修改/etc/sysconfig/network-scripts/ifcfg-ens33 配置文件，分别将系统的 IPv4 和 IPv6 地址修改为 172.18.1.151 和 2001:da8:1005:1000::151。然后通过 systemctl restart network 命令重新启动网络服务（修改网卡的方法请参考实验 5-1）。本章所有实验中涉及的命令和配置文件的内容，详见配置包"09\操作命令和配置.txt"。

STEP 2 安装和配置 Telnet 服务，因为 Telnet 服务需要xinetd（extended internet daemon，扩展因特网守护程序）的支持，所以安装 Telnet 之前必须安装 xinetd 服务。xinetd 是新一代的网络守护进程服务程序，又叫超级 Internet 服务器，常用来管理多种轻量级 Internet 服务。xinetd 提供类似于 inetd（一个监视网络请求的守护进程）+tcp_wrapper（一种访问控制工具）的功能，但是更加强大和安全。原则上，任何系统服务都可以使用 xinetd，然而最适合使用xinetd 的应该是一些常用的但请求数目和频繁程度都不太高的网络服务。比如 DNS 和 Apache就不适合使用 xinetd，而 FTP、Telnet、SSH 等就比较适合使用。下面通过 rpm -qa 命令检查是否安装了 telnet-server 和 xinetd。

```
[root@localhost ~]# rpm -qa telnet-server          查看是否安装 telnet-server 服务，结果显示没有安装
[root@localhost ~]# rpm -qa xinetd                  查看是否安装 xinetd 服务，结果显示没有安装
[root@localhost ~]# yum list | grep telnet          查看 telnet 软件包信息，以方便后面通过 yum 方式在线安装
Repodata is over 2 weeks old. Install yum-cron? Or run: yum makecache fast
telnet.x86_64                          1:0.17-60.el7                          base
telnet-server.x86_64                   1:0.17-60.el7                          base
[root@localhost ~]# yum list | grep xinetd          查看 xinetd 软件包信息，以方便后面通过 yum 方式在线安装
Repodata is over 2 weeks old. Install yum-cron? Or run: yum makecache fast
xinetd.x86_64                          2:2.3.15-13.el7                        base
```

在查询得到软件包名称后，可通过 yum 方式在线安装 Telnet 及相关软件包。安装前必须保证服务器能够连接外网，安装过程中会有大量提示信息，当出现"Completed!"字样时表示安装完成。

```
[root@localhost ~]# yum -y install xinetd.x86_64
...
Completed!
[root@localhost ~]#yum -y install telnet-server.x86_64
...
Completed!
[root@localhost ~]#yum -y install telnet.x86_64
...
Completed!
```

STEP 3 对安装好的 Telnet 和 xinetd 服务进行配置。首先通过 systemctl enable xinetd.service 和 systemctl enable telnet.socket 命令将 xinetd 和 Telnet 分别加入系统服务中，这样当服务器重新启动时，这两项服务也随之自动启动。然后配置系统防火墙，打开 Telnet 默认的 23 号端口，重新启动防火墙服务。最后通过 systemctl start telnet.socket 和 systemctl start xinetd 命令分别启动 Telnet 和 xinetd 服务。

```
[root@localhost ~]# systemctl enable xinetd.service       将服务加入系统服务中，以便自动启动
[root@localhost ~]# systemctl enable telnet.socket        将服务加入系统服务中，以便自动启动
Created symlink from /etc/systemd/system/sockets.target.wants/telnet.socket to
/usr/lib/systemd/system/telnet.socket.
```

```
[root@localhost ~]# firewall-cmd --permanent --add-port=23/tcp        配置系统防火墙，打开 23 号端口
success
[root@localhost ~]# firewall-cmd --reload
success
[root@localhost ~]# systemctl start telnet.socket        启动 telnet 服务
[root@localhost ~]# systemctl start xinetd        启动 xinetd 服务
```

由于系统安全方面的限制，默认不允许 root 用户通过 Telnet 远程登录服务器。为了方便测试，可以建立一个普通测试用户 test，并设置密码为 test@123。

```
[root@localhost ~]# adduser test        建立测试用户 test
[root@localhost ~]# passwd test        为测试用户 test 设置密码
Changing password for user test.
New password:        输入密码 test@123
BAD PASSWORD: The password contains the user name in some form
Retype new password:        输入密码 test@123
passwd: all authentication tokens updated successfully
```

STEP 4　测试。为 Win10 虚拟计算机配置静态 IPv6 地址 2001:da8:1005:1000::150/64。默认情况下，Win10 无法使用 telnet 命令，需要手动安装。右击"开始"，从快捷菜单中选择"程序和功能"，打开"程序和功能"窗口，如图 9-2 所示。

图 9-2　程序和功能

图 9-3　安装 Windows Telnet 客户端

在"程序和功能"窗口中单击"启用或关闭 Windows 功能"链接，弹出"Windows 功能"窗口，选中"Telnet Client"复选框并单击"确定"按钮，开始安装 Telnet 客户端，如图 9-3 所示。

输入 telnet 命令，打开命令行提示符窗口，在终端窗口中输入 telnet 2001:da8:1005:1000::151。输入完成以后，按 Enter 键就会出现如图 9-4 所示的界面，提示用户登录。

在提示窗口中输入 Linux CentOS 系统的用户名"test"和密码"test@123"（系统会自动隐藏输入的密码），按 Enter 键后就可以登录到远程服务器系统了，如图 9-5 所示，图中最后一行是成功登录系统后的提示符。在命令行提示符下输入 telnet

172.18.1.151 也可以达到同样的登录效果。这样，就在 IPv4/IPv6 双栈环境下通过 Telnet 方式实现了远程登录。

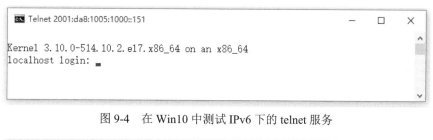

图 9-4 在 Win10 中测试 IPv6 下的 telnet 服务

图 9-5 通过 test 用户远程 Telnet 登录 Linux CentOS 系统

暂不退出当前的操作环境，后面的实验需要在此基础上继续。

9.1.3 IPv6 网络中的 SSH 服务

由于 Telnet 在传输数据时使用的是明文机制，因此并不安全。一旦 Telnet 传输的敏感数据在网络上被截取，将会造成重要信息的泄露。SSH 是相对更可靠的协议，可用于远程登录和其他安全服务，它采用了数据加密机制，能够防止 DNS 欺骗和 IP 欺骗。而且 SSH 传输的数据是经过压缩的，因此相对来说传输速度也得以提升。IPv6 网络下的 SSH 服务和 IPv4 网络下的 SSH 服务没有什么区别，只要主机能够支持 IPv6 访问并安装了 SSH 服务端程序就可以。较新版本的 Linux 一般能直接支持 IPv6 的 SSH 访问，防火墙默认也是开放的。

要在 Windows 下通过 SSH 登录 IPv6 远程主机，可以通过客户端软件 PuTTY 或 SecureCRT 来实现，只需在主机 IP 地址栏填上 IPv6 地址就可以。如果使用的不是默认的 22 号端口，则必须用中括号"[ ]"把 IPv6 地址括起来，如[2001:da8:1005:1000::191]等。

要在 Linux 下通过 SSH 登录远程 IPv6 主机，只要使用的 Linux 版本较新（比如 CentOS 7），就可以直接使用命令登录，如在终端下输入 ssh root@2001:da8:1005:1000::191 命令，然后按 Enter 键，会出现一个警告提示，输入 yes 后按 Enter 键，再输入密码即可登录。

实验 9-2 在 CentOS 7 系统上配置 SSH 双栈管理登录

在 EVE-NG 中打开"Chapter 09"文件夹中的"9-1 Basic"网络拓扑，读者也可以在自己的 Linux CentOS 7 服务器或者虚拟机上完成。通过本实验，读者不仅能知道如何在 Linux 上配置 SSH 服务，还能了解 CentOS 7 针对 SSH 服务的端口配置和防火墙配置等，以及如何通过 Win10 系统在 IPv4/IPv6 双栈网络进行远程测试。本实验主要完成以下功能：

- 在 Linux CentOS 7 系统下配置 SSH 服务；
- 安装 SELinux 配置工具 semanage；
- 修改默认的 SSH 服务端口；

● 通过 Win10 系统进行远程测试。

以下是安装、配置步骤。

STEP 1　在实验 9-1 的基础上继续。在 Linux-Centos7 虚拟机上，通过 rpm -qa | grep ssh 命令查看已经安装的 SSH 文件。

```
[root@localhost ~] # rpm -qa | grep ssh
libssh2-1.4.3-10.el7_2.1.x86_64
openssh-6.6.1p1-33.el7_3.x86_64
openssh-server-6.6.1p1-33.el7_3.x86_64
openssh-clients-6.6.1p1-33.el7_3.x86_64
```

STEP 2　安装 SELinux 配置工具 semanage，将 SSH 的默认端口由 22 修改成 60022，以增加系统的安全性。在防火墙上打开 60022 端口。

```
[root@localhost ~]# yum provides semanage          查找哪个软件包中包含 semanage
Loaded plugins: fastestmirror
Loading mirror speeds from cached hostfile
 * base: ftp.sjtu.edu.cn
 * extras: ftp.sjtu.edu.cn
 * updates: mirrors.nju.edu.cn
base/7/x86_64/filelists_db                         | 7.2 MB      00:01
extras/7/x86_64/filelists_db                       | 276 kB      00:00
updates/7/x86_64/filelists_db                      | 11 MB       00:01
policycoreutils-python-2.5-34.el7.x86_64 : SELinux policy core python utilities
Repo         : base
Matched from:
Filename     : /usr/sbin/semanage
[root@localhost ~]# yum -y install policycoreutils-python-2.5-34.el7.x86_64     执行安装
… …
Complete!
[root@localhost ~]# semanage port -l | grep ssh        安装完成后，通过下面的命令查看 SSH 默认开放端口
ssh_port_t                         tcp           22
[root@localhost ~]# semanage port -a -t ssh_port_t -p tcp 60022     将 SSH 默认端口 22 改成 60022
[root@localhost ~]# firewall-cmd --permanent --add-port=60022/tcp    修改系统防火墙规则，开放 60022 端口
success
[root@localhost ~]# firewall-cmd --reload
success
```

> **注　意**
>
>
> 安全增强的 Linux（Security Enhanced Linux，SELinux）是强制访问控制（Mandatory Access Control，MAC）系统的一个实现，旨在明确地指明某个进程可以访问哪些资源（文件、网络端口等）。SELinux 极大地增强了 Linux 系统的安全性，能将用户权限"关在笼子里"。比如针对 httpd 服务，Apache 默认只能访问/var/www 目录，并只能监听 80 和 443 端口，因此能有效地防范 0day 类的攻击。通过 semanage 可以很方便地修改 SELinux 相关端口的安全配置。

STEP 3　修改默认配置文件/etc/ssh/sshd_config。对于配置文件中的下面 4 行：

```
#Port 22
#AddressFamily any
```

```
#ListenAddress 0.0.0.0
#ListenAddress ::
```

将每行开头的"#"全部删除，然后将 SSH 的默认服务端口改成 60022，并使其同时支持 IPv4 和 IPv6 访问。保存后退出。修改后如下：

```
Port 60022
AddressFamily any
ListenAddress 0.0.0.0
ListenAddress ::
```

注 意

有时为了安全管理考虑，也可以关闭 IPv6 网络访问，只允许以 IPv4 方式访问，为此只要把配置中的 ListenAddress ::注释掉就可以（即在行前加#号），如下所示。

```
Port 60022
AddressFamily any
ListenAddress 0.0.0.0
#ListenAddress ::
```

STEP 4 在系统命令行提示符下输入 systemctl restart sshd 命令，启动 SSH 服务，然后通过 netstat -an | grep 60022 命令查看 SSH 服务的启动和端口状态。

```
[root@localhost ~]# systemctl restart sshd
[root@localhost ~]# netstat -an | grep 60022
tcp       0      0 0.0.0.0:60022          0.0.0.0:*              LISTEN
tcp6      0      0 :::60022               :::*                   LISTEN
```

STEP 5 测试。因为 Windows 系统没有自带支持 SSH 的工具软件，所以需要借助 PuTTY 软件来实现。在下载并安装完 PuTTY 之后，将其打开，在主界面的"Host Name (or IP address)"文本框中输入 Linux CentOS 的 IPv6 地址"[2001:da8:1005:1000::151]"。注意 IPv6 地址一定要用"[ ]"括起来才能正确识别，而 IPv4 地址则不需要。在 Port 文本框中输入 60022，具体如图 9-6 所示。

输完之后单击 Open 按钮，打开远程管理窗口。在第一次登录系统时，会有安全提示，询问是否信任该主机，如图 9-7 所示。

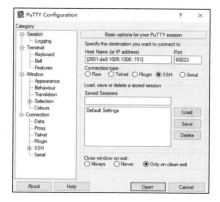

图 9-6　通过 PuTTY 软件以 SSH 的方式登录 Linux CentOS 系统

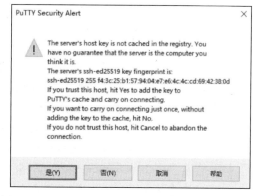

图 9-7　通过 PuTTY 软件以 SSH 的方式登录时出现安全提示

单击"是"按钮，软件会弹出远程主机的 SSH 登录认证窗口，如图 9-8 所示。

图 9-8　通过 PuTTY 软件以 SSH 方式登录时的提示信息

在 "login as:" 后面输入 Linux CentOS 系统的用户名 "root"，按 Enter 键；然后输入默认的管理密码 "eve@123"（系统会自动隐藏输入的密码），继续按 Enter 键，就可以登录 IPv6 服务器系统了，如图 9-9 所示，图中最后一行是成功登录系统后的提示符。

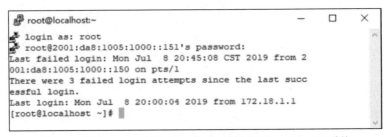

图 9-9　通过 PuTTY 软件以 SSH 方式登录 Linux CentOS 系统

这样，支持 IPv4/IPv6 双栈的 SSH 服务就配置完成了。另外，出于安全管理方面的考虑，SSH 服务一般会在配置文件中禁止 root 用户直接登录，在使用其他用户身份登录系统时，如果需要用到 root 权限，则可以通过 su 的方式来切换。

暂不退出，后面的实验需要在此基础上继续。

9.1.4　IPv6 网络下的远程桌面服务

Windows 7 以上版本的操作系统的远程桌面连接程序支持 IPv6，所以打开远程桌面连接程序后，直接在地址栏输入被控端的 IPv6 地址连接远程计算机，即可实现远程桌面的应用。也可以在命令提示符窗口下输入 mstsc -v:2001:da9:1005:1000::152 命令，其中 2001:da9:1005:1000::152 为远程受控端计算机的 IPv6 地址。

实验 9-3　在 Windows Server 2016 上配置双栈远程桌面登录

在 EVE-NG 中打开 "Chapter 09" 文件夹中的 "9-1 Basic" 网络拓扑，读者也可以在自己的 Windows Server 2016 或者虚拟机上完成。通过本实验，读者不仅能知道如何在 Windows Server 2016 上安装、配置远程桌面服务，还能了解针对服务的防火墙配置和如何修改远程桌面的端口。本实验主要完成以下功能：

- Windows Server 2016 启用远程桌面服务；
- 修改 Windows Server 2016 远程桌面服务端口；
- 修改服务器防火墙配置；
- 通过 Win10 远程登录服务器 IPv6 地址进行测试。

以下是安装、配置步骤。

STEP 1 开启拓扑图中的 Winserver 2016 虚拟机，根据拓扑所示，为 Winserver 2016 配

置静态的 IPv4 和 IPv6 地址。

STEP 2 右击"开始",从快捷菜单中选择"系统"。打开"系统"窗口,单击"远程设置"链接,打开"系统属性"对话框的"远程"选项卡,如图 9-10 所示。

选中图 9-10 中的"允许远程连接到此计算机"单选按钮,弹出图 9-11 所示的对话框,提示远程桌面防火墙例外将被启用,也就是说,防火墙已经允许了远程桌面连接。单击"确定"按钮返回。

若选中图 9-10 中的"仅允许运行使用网络级别身份验证的远程桌面的计算机连接"复选框,则 Windows XP 等系统不能使用远程桌面连接该计算机,因此最好不要选中该复选框。在 Windows 10 中,这个选项有些不同,但意思一样,在 Windows 10 中建议选择"允许运行任意版本远程桌面的计算机连接"。

STEP 3 可以在"专用网络设置"和"公用网络设置"中有选择地启用或关闭防火墙,如图 9-12 所示。在不清楚网络设置的情况下,可以在两种网络设置中同时开启或关闭防火

图 9-10 "远程"选项卡

墙。在 Windows Server 2016 中,可以在"服务器管理器"中单击"工具"→"本地安全策略",在"本地安全策略"窗口中单击"网络列表管理器策略"→"网络",在打开的"网络属性"对话框中选择"网络位置"选项卡,进而选择"专用"或"公用"网络。

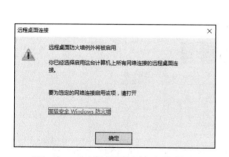

图 9-11 远程桌面连接安全提醒   图 9-12 自定义各类网络的设置

STEP 4 远程桌面连接默认使用 TCP 3389 端口,有时为了系统安全考虑,需要修改默认的端口,为此可以通过修改注册表文件来实现。在"开始"菜单中运行 regedit,进入注册表,修改 HKEY_LOCAL_MACHINE\SYSTEM\CurrentControlSet\Control\Terminal Server\Wds\rdpwd\Tds\tcp

和 HKEY_LOCAL_MACHINE\SYSTEM\CurrentControlSet\Control\Terminal　Server\WinStations\ RDP-Tcp 的 PortNumber 键值，将其都修改为 9833，修改时要注意选择十进制，如图 9-13 和图 9-14 所示。

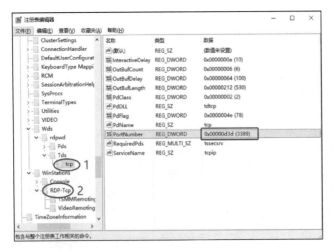

图 9-13　修改 Windows Server 2016 系统注册表

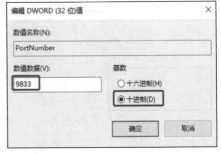

图 9-14　修改 Windows Server 2016 系统注册表的远程桌面端口

STEP 5　修改好远程端口后，还需要修改防火墙设置，让其放行修改之后的端口。在"服务器管理器"窗口中单击菜单"工具"→"高级安全 Windows 防火墙"，如图 9-15 所示。

图 9-15　修改 Windows Server 2016 系统防火墙

在"高级安全 Windows 防火墙"窗口中选中左侧的"入站规则"，然后单击右侧的"新建规则"。在"规则类型"对话框中选中"端口"单选按钮，如图 9-16 所示。

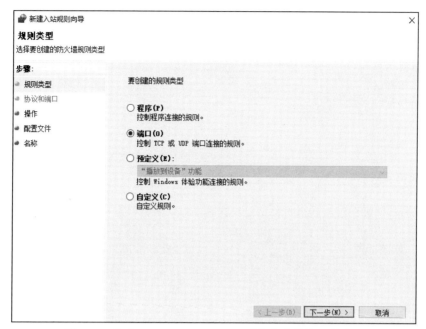

图 9-16　修改 Windows Server 2016 系统防火墙的开放端口

在"协议和端口"对话框中选中"TCP"单选按钮和"特定本地端口"单选按钮，在"特定本地端口"后面的文本框中输入修改后的远程桌面端口 9833，如图 9-17 所示。

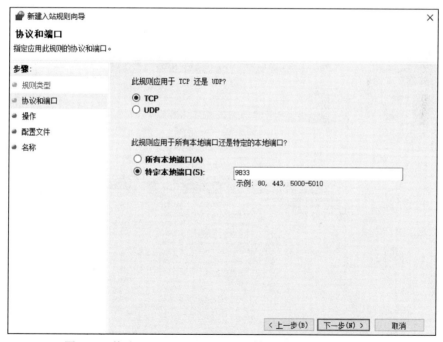

图 9-17　修改 Windows Server 2016 系统防火墙开放 9833 端口

单击"下一步"按钮，在"操作"对话框中选中"允许连接"单选按钮；单击"下一步"按钮，在"配置文件"对话框中保持默认的"域""专用"和"公用"都选中；单击"下一步"按钮，为方便日后查看，在"名称"对话框的"名称"文本框中输入"远程桌面"，"描述"文本框中输入"9833 端口"，如图 9-18 所示。单击"完成"按钮，完成防火墙自定义端口的开放。

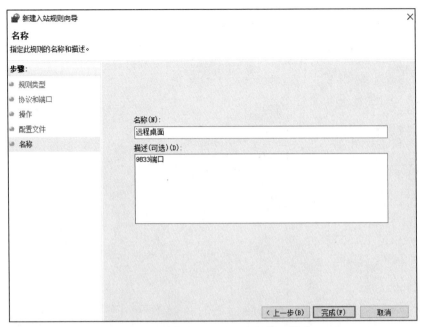

图 9-18　给防火墙规则设定名称和描述

　　修改远程端口并在防火墙中放行之后，还需要重启远程桌面服务，让远程桌面服务使用新的端口。在"服务器管理器"中单击"工具"，选择"服务"，打开"服务"窗口。在服务窗口找到 Remote Desktop Services 服务，然后右击，从快捷菜单中选择"重新启动"，重新启动远程桌面服务，如图 9-19 所示。

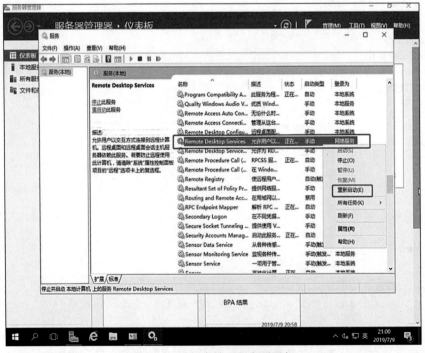

图 9-19　重新启动远程桌面服务

STEP ⑥　测试。在 Win10 虚拟机上，右击"开始"→"运行"，在"运行"对话框中输入

mstsc 命令, 打开"远程桌面连接"窗口。若使用 IPv6 地址进行远程连接, 如果不修改端口, IPv6 地址可以不加中括号, 因为此次实验将端口 3389 修改为 9833, 所以 IPv6 地址必须使用中括号括起来, 在"计算机"文本框中输入"[2001:da8:1005:1000::152]:9833", 如图 9-20 所示。单击"连接"按钮, 输入用户名和密码后, 成功连接到 Winserver2016。

图 9-20　远程桌面连接

9.2　Web 应用服务

Web 应用服务以 HTTP 为基础, 利用浏览器进行网站访问。Web 应用服务由完成特定任务的各种 Web 组件 (component) 构成, 通过浏览器将内容展示给用户。在实际应用中, Web 应用主要由 Servlet、JSP 页面、HTML 文件以及图像文件等组成, 所有这些组件相互协调, 为用户提供一组完整的服务。Web 应用服务离不开 Web 服务器。随着 IPv6 的普及和推广, 各类 Web 应用也需要能够支持 IPv6 访问, 这可以通过配置支持 IPv6 的 Web 服务器来实现。

9.2.1　常用的 Web 服务器

Web 服务器也称为 WWW 服务器、HTTP 服务器, 主要功能是提供网上信息浏览服务。UNIX 和 Linux 平台下常用的服务器有 Apache、Nginx、Lighttpd、Tomcat、IBM WebSphere 等, 其中应用比较广泛的是 Apache、Tomcat 和 Nginx。而 Windows 2008/2012/2016/2019 操作系统下比较常用的服务器是 IIS。

- Apache 是世界上应用广泛的 Web 服务器。它的主要优势在于源代码开放、开源社区活跃度高、支持跨平台应用, 以及可移植性强等。Apache 的支持模块非常丰富, 但是在速度和性能上不及其他轻量级 Web 服务器, 所消耗的内存也比其他 Web 服务器多。

- Tomcat 的源代码也是开放的, 且比绝大多数商用应用软件服务器要好, 但是 Tomcat 对静态文件和高并发的处理能力比较弱。

- IIS 是一种 Web 服务组件, 其中包括 Web 服务器、FTP 服务器、NNTP 服务器和 SMTP 服务器, 分别用于网页浏览、文件传输、新闻服务和邮件发送等方面。因为 IIS 使用图形化界面进行配置, 所以相对来说比较简单, 初学者更容易上手。IIS 的缺点就是只能在 Windows 中使用。

- Nginx 是一款高性能的 HTTP 和反向代理服务器, 同时也可以作为 IMAP/POP3/SMTP 代理服务器。它使用高效的 epoll、kqueue、eventport 作为网络 I/O 模型, 在高连接并发的情况下, 能够支持高达数万个并发连接数的响应, 而内存、CPU 等系统资源消耗却非常低。Nginx 的运行相当稳定, 目前在互联网上得到了大量的使用。

9.2.2　IPv6 环境下的 Web 服务配置

随着国家对 IPv6 网络的积极推广, 越来越多的网站需要同时支持 IPv4/IPv6 的双栈访问。

目前主流的 Web 服务器基本上都可以很好地支持 IPv6，有些早期的 Web 服务器软件在安装编译时需要加上 IPv6 支持选项，然后在配置文件里面加上监听 IPv6 地址端口的选项。

在 Apache2 的默认配置文件/etc/httpd/conf/httpd.conf 中加上对 IPv6 地址端口的监听，方法如下：

```
Listen 0.0.0.0:80
Listen [::]:80
```

Tomcat 10 和 Nginx 1.24 的配置比较简单，在支持 IPv6 的系统上安装完后，默认就可以支持 IPv6 网络访问。其他 Web 服务器也可以根据不同的配置参数来实现 IPv6 的访问。

实验 9-4　在 CentOS 7 下配置 Apache IPv6/IPv4 双栈虚拟主机

在 EVE-NG 中打开"Chapter 09"文件夹中的"9-2 Webserver"网络拓扑，如图 9-21 所示。读者也可以在自己的 Linux CentOS 7 服务器或者虚拟机上完成。通过本实验，读者不仅能知道如何在 Linux 上安装、配置 Apache Web 服务，还能了解 CentOS 7 针对 Apache Web 服务的防火墙和虚拟主机配置。本实验主要完成以下功能：

- 在 Linux CentOS 7 系统下安装、配置 Apache Web 服务器软件；
- 配置 Apache，使其同时支持 IPv4/IPv6 网络；
- 系统防火墙配置 Apache 服务的端口；
- 建立网站目录和配置 Apache 虚拟主机；
- 通过 Win10 进行测试。

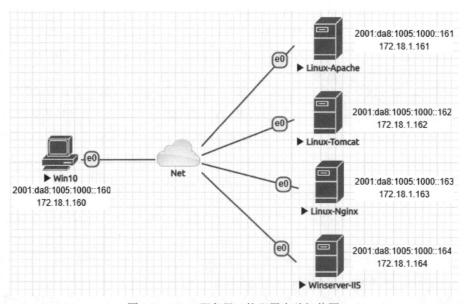

图 9-21　Web 服务器双栈配置实验拓扑图

安装、配置和测试步骤如下。

STEP 1　开启拓扑图中的 Win10 和 Linux-Apache 虚拟机。为了便于后面的测试，需要为 Linux-Apache 配置 IPv4 和 IPv6 地址。可修改/etc/sysconfig/network-scripts/ifcfg-ens33 配置文件，分别将系统的 IPv4 和 IPv6 地址修改为 172.18.1.161 和 2001:da8:1005:1000::161，然后通过 systemctl restart network 命令重新启动网络服务（修改网卡方法参考实验 5-1）。

STEP 2　在终端下输入 yum -y install httpd 命令并按 Enter 键。这个命令会让系统通过 yum

方式连接到外网的应用服务器来安装与 Apache 相关的所有软件,"-y"表示当安装过程提示选择时全部为"yes"。请确保本机系统能够连接和访问外网,运行后屏幕会显示大量的安装信息,所有的软件安装成功后会出现"Complete!"字样:

```
[root@localhost ~]# yum -y install httpd
Loaded plugins: fastestmirror
Repodata is over 2 weeks old. Install yum-cron? Or run: yum makecache fast
base                              | 3.6 kB   00:00:00
extras                            |  4 kB    00:00:00
updates                           | 3.4 kB   00:00:00
(1/4): base/7/x86_64/group_gz     |166 kB    00:00:00
(2/4): extras/7/x86_64/primary_db |205 kB    00:00:00
(3/4): base/7/x86_64/primary_db   |6.0 MB    00:00:01
(4/4): updates/7/x86_64/primary_db|6.4 MB    00:00:07
......
Complete!
```

安装完成后,可以通过 rpm -qi httpd 命令查看安装好的 Apache 信息:

```
[root@localhost ~]# rpm -qi httpd
Name         : httpd
Version      : 2.4.6
Release      : 89.el7.CentOS
Architecture : x86_64
Install Date : Sun 30 Jun 2019 02:21:44 PM CST
Group        : System Environment/Daemons
Size         : 9817301
License      : ASL 2.0
Signature    : RSA/SHA256, Mon 29 Apr 2019 11:45:07 PM CST, Key ID 24c6a8a7f4a80eb5
Source RPM   : httpd-2.4.6-89.el7.CentOS.src.rpm
Build Date   : Wed 24 Apr 2019 09:48:37 PM CST
Build Host   : x86-02.bsys.CentOS.org
Relocations  : (not relocatable)
Packager     : CentOS BuildSystem <http://bugs.CentOS.org>
Vendor       : CentOS
URL          : http://httpd.apache.org/
Summary      : Apache HTTP Server
Description :
The Apache HTTP Server is a powerful, efficient, and extensible
web server.
```

STEP 3 查看和修改默认配置文件/etc/httpd/conf/httpd.conf,同时监听 IPv4 和 IPv6 的 80 端口,然后在系统防火墙上开放 Apache 服务端口,配置如下:

```
[root@localhost ~]# cd /etc/httpd/conf
[root@localhost conf]# ls -a
.  ..  httpd.conf   magic
[root@localhost conf]# cp httpd.conf   httpd.conf.default        备份原有配置文件
[root@localhost conf]#more httpd.conf              查看配置文件,下面列出部分内容
```

```
DocumentRoot"/var/www/html"                                    默认的网站文件所在目录
```
特别是要注意下面这段配置，这是 Apache 2.4 中一个新的默认值，会拒绝所有的请求
```
<Directory />
    AllowOverride none
     Require all denied
</Directory>
```
通过 vim 文本编辑器修改配置文件 httpd.conf，将配置文件里面的监听端口 Listen 80 改成如下配置，并将服务设置为自动启动。

```
Listen 0.0.0.0:80
Listen [::]:80
```
将 Apache 的应用服务设置为系统自动启动，注意，在 CentOS 7 中，chkconfig httpd on 命令被替换成 systemctl enable httpd.service：

```
[root@localhost conf]# systemctl enable httpd.service
Created symlink from /etc/systemd/system/multi-user.target.wants/httpd.service to /usr/lib/systemd/system/
httpd.service
```
在系统防火墙中打开 HTTP 服务，然后重新启动防火墙服务：

```
[root@localhost conf]# firewall-cmd --zone=public --permanent --add-service=http
success
[root@localhost conf]# firewall-cmd --reload
success
```
STEP 4　配置 Web 虚拟主机站点，建立虚拟主机的网站主目录（假设使用/var/www/webtest 目录下的文档），创建虚拟主机网站的目录结构及测试用的页面文件：

```
[root@localhost httpd]# cd /var/www/
[root@localhost www]# mkdir webtest                建立虚拟主机网站目录
[root@localhost www]# echo "apache.test.com" >/var/www/webtest/index.html    建立测试页面
[root@localhost www]# cd /etc/httpd/
[root@localhost httpd]# mkdir vhost-conf.d          配置虚拟主机
[root@localhost httpd]# echo "Include vhost-conf.d/*.conf" >> conf/httpd.conf
[root@localhost httpd]#vim /etc/httpd/vhost-conf.d/vhost-test.conf      下面是在/etc/httpd/vhost-conf.d/ 目录
```
下新建虚拟主机文件，并添加针对 IPv4 和 IPv6 的两个虚拟主机
```
    <VirtualHost 172.18.1.161:80>             下面是 IPv4 虚拟主机
ServerName   apache.test.com
DocumentRoot /var/www/webtest
</VirtualHost>
<VirtualHost [2001:da8:1005:1000::161]:80>      下面是 IPv6 虚拟主机
ServerName   apache.test.com
    DocumentRoot /var/www/webtest
</VirtualHost>
```
保存配置后重新启动 Apache 服务：

```
[root@localhost conf]# systemctl restart httpd.service
```
STEP 5　测试。为 Win10 配置 IPv4 地址 172.18.1.160 和 IPv6 地址 2001:da8:1005:1000::160/64，打开桌面的 360 安全浏览器，在地址栏输入 172.18.1.161，可以正常访问 IPv4 的虚拟主机网页，如图 9-22 所示。

图 9-22　通过 IPv4 地址测试虚拟主机

测试 IPv6 虚拟主机：打开 360 安全浏览器，在地址栏输入[2001:da8:1005:1000::161]，可以正常访问 IPv6 的虚拟主机网页，如图 9-23 所示。

图 9-23　通过 IPv6 地址测试虚拟主机

这两个虚拟主机是根据 IP 地址来配置的。管理员也可以为 IPv4 和 IPv6 网络设定不同的站点目录。用户通过域名 apache.test.com 访问时会自动根据不同的网络切换到不同的站点页面，实现了动态域名的效果。

为了方便管理，Apache 也支持以通配符加主机域名的方式来配置虚拟主机，这样就可以真正实现通过一次配置就能自动适应 IPv4/IPv6 的双栈网络访问。修改/etc/httpd/vhost-conf.d/vhost-test.conf 配置文件，删除里面的内容并加上以下内容：

```
[root@localhost httpd]# vim /etc/httpd/vhost-conf.d/vhost-test.conf       基于域名的 IPv4/IPv6 双栈虚拟主机配置内容，保存配置后需重新启动 Apache 服务
<VirtualHost *:80>
ServerName    apache.test.com
    DocumentRoot /var/www/webtest
</VirtualHost>
```

为了方便在 Win10 中测试，需修改 C:\Windows\System32\drivers\etc 下的 hosts 文件。添加测试的域名，操作步骤为进入 C:\Windows\Windows32\drivers\etc\hosts 目录，打开 hosts 文件，把 IP 地址和对应域名添加进去（IP 地址+Tab 键隔开+域名），在 hosts 文件里加入图 9-24 所示的内容。

```
hosts - 记事本                                              —    □    ×
文件(F)  编辑(E)  格式(O)  查看(V)  帮助(H)

# Copyright (c) 1993-2009 Microsoft Corp.
#
# This is a sample HOSTS file used by Microsoft TCP/IP for Windows.
#
# This file contains the mappings of IP addresses to host names. Each
# entry should be kept on an individual line. The IP address should
# be placed in the first column followed by the corresponding host name.
# The IP address and the host name should be separated by at least one
# space.
#
# Additionally, comments (such as these) may be inserted on individual
# lines or following the machine name denoted by a '#' symbol.
#
# For example:
#
#      102.54.94.97     rhino.acme.com          # source server
#       38.25.63.10     x.acme.com              # x client host

# localhost name resolution is handled within DNS itself.
#       127.0.0.1       localhost
#       ::1             localhost
172.18.1.161                   apache.test.com
2001:da8:1005:1000::161 apache.test.com
172.18.1.162                   tomcat.test.com
2001:da8:1005:1000::162 tomcat.test.com
172.18.1.163                   nginx.test.com
2001:da8:1005:1000::163 nginx.test.com
```

图 9-24　修改 hosts 文件

172.18.1.161	apache.test.com
2001:da8:1005:1000::161	apache.test.com
172.18.1.162	tomcat.test.com
2001:da8:1005:1000::162	tomcat.test.com
172.18.1.163	nginx.test.com
2001:da8:1005:1000::163	nginx.test.com
172.18.1.164	iis.test.com
2001:da8:1005:1000::164	iis.test.com

在 Win10 下测试 IPv4/IPv6 双栈虚拟主机。打开 360 安全浏览器，在地址栏输入
apache.test.com，可以打开网页，如图 9-25 所示。Win10 上配置了与 IPv4 和 IPv6 地址
对应的域名 apache.test.com，且 IPv6 地址优先。Win10 是通过 IPv6 地址访问的
apache.test.com。

图 9-25　通过域名访问来测试 Apache 的 Web 服务

通过测试可以看出，配置的 Apache 能够支持 IPv4/IPv6 双栈网络访问。Apache 虚拟主机配置还有很多策略，包括限制目录访问权限和针对目录实施不同策略等，这里不再介绍，感兴趣的读者可以自行查阅相关文档。

实验 9-5　在 CentOS 7 下配置 Tomcat IPv6/IPv4 双栈虚拟主机

在 EVE-NG 中打开"Chapter 09"文件夹中的"9-2 Webserver"网络拓扑。通过本实验，读者不仅能知道如何在 Linux 上安装、配置 Tomcat Web 服务，还能了解如何在 CentOS 7 上对 Tomcat 服务的防火墙和虚拟主机进行配置。本实验主要完成以下功能：

- 在 Linux CentOS 7 系统上安装、配置 Tomcat 软件；
- 为系统防火墙配置 Tomcat 服务的端口；
- Tomcat 虚拟主机的配置；
- Win10 的访问测试。

安装、配置和测试步骤如下。

STEP 1　开启拓扑图中的 Win10 和 Linux-Tomcat 虚拟机。为了便于后面的测试，修改 Linux-Tomcat 虚拟机的/etc/sysconfig/network-scripts/ifcfg-ens33 配置文件，为系统配置静态 IP 地址。分别将系统的 IPv4 和 IPv6 地址修改为 172.18.1.162 和 2001:da8:1005:1000::162，然后通过 systemctl restart network 命令重新启动网络服务（修改网卡方法参考实验 5-1）。

如果命令执行后没有报错，再通过 ifconfig 命令查看网卡配置信息。

STEP 2　通过在终端输入 yum install -y tomcat 命令并按 Enter 键来安装 Tomcat 文件。这个命令会让系统通过 yum 方式连接到外网的应用服务器来安装与 Tomcat 相关的所有软件，"-y"表示当安装过程提示选择时全部为"yes"。运行后屏幕会显示大量的安装信息，软件安装成功后会出现"Complete!"字样。

```
[root@localhost ~]# yum install -y tomcat
Loaded plugins: fastestmirror
Repodata is over 2 weeks old. Install yum-cron? Or run: yum makecache fast
base                                              | 3.6 kB  00:00:00
extras                                            | 3.4 kB  00:00:00
updates                                           | 3.4 kB  00:00:00
(1/4): base/7/x86_64/group_gz          | 166 kB  00:00:00
(2/4): extras/7/x86_64/primary_db      | 205 kB  00:00:00
(3/4): base/7/x86_64/primary_db        | 6.0 MB  00:00:00
(4/4): updates/7/x86_64/primary_db     | 6.4 MB  00:00:08
Determining fastest mirrors
 * base: mirrors.njupt.edu.cn
 * extras: mirrors.njupt.edu.cn
 * updates: mirrors.cn99.com
Resolving Dependencies
---> Running transaction check
---> Package tomcat.noarch 0:7.0.76-9.el7_6 will be installed
...
Complete!
```

通过 rpm -qi tomcat 命令查看安装好的 Tomcat 的相关信息（包括版本信息等）：

```
[root@localhost ~]# rpm -qi tomcat
Name          : tomcat
Epoch         : 0
Version       : 7.0.76
Release       : 9.el7_6
Architecture: noarch
Install Date: Sun 30 Jun 2019 06:27:11 PM CST
Group         : System Environment/Daemons
Size          : 310266
License       : ASL 2.0
Signature     : RSA/SHA256, Mon 18 Mar 2019 11:46:18 PM CST, Key ID 24c6a8a7f4a80eb5
Source RPM    : tomcat-7.0.76-9.el7_6.src.rpm
Build Date    : Tue 12 Mar 2019 06:12:50 PM CST
Build Host    : x86-01.bsys.CentOS.org
Relocations : (not relocatable)
Packager      : CentOS BuildSystem <http://bugs.CentOS.org>
Vendor        : CentOS
URL           : http://tomcat.apache.org/
Summary       : Apache Servlet/JSP Engine, RI for Servlet 3.0/JSP 2.2 API
Description :
Tomcat is the servlet container that is used in the official Reference
Implementation for the Java Servlet and JavaServer Pages technologies.
The Java Servlet and JavaServer Pages specifications are developed by
Sun under the Java Community Process.

Tomcat is developed in an open and participatory environment and
released under the Apache Software License version 2.0. Tomcat is intended
to be a collaboration of the best-of-breed developers from around the world.
```

STEP 3　配置 Tomcat 服务并将其设置为随系统自动启动。

```
[root@localhost tomcat]#systemctl enable tomcat        将服务设置为自动启动
Created symlink from /etc/systemd/system/multi-user.target.wants/tomcat.service to
/usr/lib/systemd/system/tomcat.service
```

STEP 4　将 Tomcat 默认的监听端口由 8080 改为 80，并配置防火墙服务，在 /etc/firewalld/services/ 目录下新建一个名为 tomcat.xml 的文件，内容如下：

```
[root@localhost tomcat]# vi /etc/firewalld/services/tomcat.xml
<service>
<short>Tomcat Webserver</short>
<description>Tomcat Webserver port of 8080</description>
<port protocol="tcp" port="8080"/>
</service>
```

保存配置后，把此服务加入系统防火墙规则中：

```
[root@localhost tomcat]# firewall-cmd --reload
success
[root@localhost tomcat]# firewall-cmd --add-service=tomcat
```

```
success
[root@localhost tomcat]# firewall-cmd --permanent --add-service=tomcat
success
```

由于非 root 用户不能侦听 1023 以下的端口，而 Tomcat 默认使用的是 8080 端口，所以这里采用一个变通的方法，就是利用 firewalld 在数据包被路由之前进行端口转发，把所有发往 80 的 TCP 包转发到 8080 即可。

```
[root@localhost tomcat]# firewall-cmd --add-forward-port=port=80:proto=tcp:toport=8080
success
[root@localhost tomcat]# firewall-cmd --permanent --add-forward-port=port=80:proto= tcp:toport=8080
success
[root@localhosttomcat]# firewall-cmd --reload
```

此后 Tomcat 就相当于同时侦听 80 和 8080 两个端口了。

STEP 5 配置 Web 虚拟主机站点（假设使用/var/www 目录下的文档），用 yum 安装的 Tomcat 的主目录是/usr/share/tomcat 文件夹。/usr/share/tomcat/conf/server.xml 文件指定了虚拟主机的域名、虚拟主机指向的文件夹；虚拟主机中还可以包含虚拟目录和虚拟目录指向的文件夹。

server.xml 文件可以含有下面的内容：

```
<Host name="localhost" appBase="webapps" unpackWARs="true" autoDeploy="true">
<Context path="" docBase="/home/Tomcat" reload="true"></Context>
</Host>
```

其中，每一个<Host>标签可以对应一个域名，多个域名就对应多个 Host 标签；name 属性代表该虚拟主机对应的域名；appBase 属性代表该虚拟主机对应的根目录（可写入绝对路径进行自定义）。

有两点需要说明：

● 如果有两个域名同时对应一个目录，可以使用<Alias>...</Alias>表示别名，将新的域名填入其中即可；

● 配置虚拟目录需要使用<Context>标签。

其中 path 属性代表虚拟目录，就是在<Host>定义的域名后的路径。比如若<Host>定义的域名是 tomcat.test.com，path 的虚拟目录名是 virtual path，则可以通过 http://tomcat.test.com/virtual path 访问到该虚拟目录。docBase 属性代表文件路径，可以使用绝对路径，也可以使用相对路径，如果使用相对路径，则是相对于<Host>中定义的 appBase 路径。reload 属性代表是否自动加载（自动部署），设置为 true 时，Tomcat 会自动解压 war 文件。

可写入多个<Context>以实现多个虚拟目录的效果。

在本实验中创建网站目录及测试用的页面文件，命令如下：

```
[root@localhost ~]# mkdir /var/www                          建立虚拟主机网站目录
[root@localhost ~]# echo "tomcat.test.com" > /var/www/index.html      建立测试页面
```

编辑/usr/share/tomcat/conf/server.xml 文件，在</Host>后新建一个虚拟主机 tomcat.test.com，内容如下：

```
<Host name="tomcat.test.com" appBase="/var/www" unpackWARs="true" autoDeploy="true">
<Context path="" docBase="/var/www" reload="true"></Context>
</Host>
```

保存 server.xml 文件，使用命令 systemctl restart tomcat 重启 Tomcat。

STEP 6 为了确保 Win10 虚拟机可以正确解析 Tomcat 虚拟主机的域名，需要修改 Win10 的 hosts 文件，在文件末尾添加一行内容：

```
2001:da8:1005:1000::162 tomcat.test.com
```

使用 Linux-Tomcat 虚拟机的 IPv4 地址替换上文中的 IPv6 地址也可以实现相同的效果。

STEP 7 测试。在 Win10 上测试虚拟主机，打开 360 安全浏览器，在地址栏输入 tomcat.test.com，如图 9-26 所示。

图 9-26　通过域名访问来测试 Tomcat 的 Web 服务

在地址栏输入 http://tomcat.test.com:8080，也可以正常访问，如图 9-27 所示。

图 9-27　通过域名访问来测试 Tomcat 的 8080 端口服务

实验 9-6　在 CentOS 7 下配置 Nginx IPv6/IPv4 双栈虚拟主机

在 EVE-NG 中打开 "Chapter 09" 文件夹中的 "9-2 Webserver" 网络拓扑。读者也可以在自己的 Linux CentOS 7 服务器或者虚拟机上完成。通过本实验，读者不仅能知道如何在 Linux 上安装、配置 Nginx Web 服务，还能了解在 CentOS 7 上配置 Nginx Web 服务时，防火墙和虚拟主机该如何配置。本实验主要完成以下功能：

- 在 Linux CentOS 7 系统下安装、配置 Nginx 软件；
- 系统防火墙针对 Nginx 服务的配置；
- Nginx 虚拟主机的配置；
- Win10 的访问测试。

以下是安装、配置步骤。

STEP 1 开启拓扑图中的 Win10 和 Linux-Nginx 虚拟机。为了便于后面的测试，修改

Linux-Nginx 虚拟机的/etc/sysconfig/network-scripts/ifcfg-ens33 配置文件，为系统配置静态 IP 地址。分别将系统的 IPv4 和 IPv6 地址修改为 172.18.1.163 和 2001:da8:1005:1000::163，然后通过 systemctl restart network 命令重新启动网络服务（修改网卡方法参考实验 5-1）。

如果命令执行后没有报错，再通过 ifconfig 命令确认网卡的配置信息。

STEP 2   由于 CentOS 7 中默认没有 Nginx 的源，因此直接通过 yum -y install nginx 命令安装 Nginx 文件会失败。Nginx 官网提供了 CentOS 的源地址，可以如下执行命令添加源：

```
[root@localhost ~]# rpm -Uvh
http://nginx.org/packages/centos/7/noarch/RPMS/nginx-release-centos-7-0.el7.ngx.noarch.rpm
Retrieving http://nginx.org/packages/CentOS/7/noarch/RPMS/nginx-release-CentOS-7-0.el7.ngx.noarch.rpm
warning: /var/tmp/rpm-tmp.BGyb0p: Header V4 RSA/SHA1 Signature, key ID 7bd9bf62: NOKEY
Preparing...                          ################################# [100%]
Updating / installing...
1:nginx-release-CentOS-7-0.el7.ngx ################################# [100%]

[root@localhost ~]# yum search nginx            查看源是否添加成功
...
```

此时再执行 yum -y install nginx，该命令会让系统通过 yum 方式连接到外网的应用服务器来安装与 Nginx 相关的所有软件，"-y"表示当安装过程提示选择时全部为"yes"。运行后屏幕会显示大量的安装信息，软件安装成功后会出现"Complete!"字样。

```
[root@localhost ~]# yum -y install nginx
Loaded plugins: fastestmirror
...
Complete!
```

安装完之后，在/etc 下面默认生成一些文件和目录，如下所示。
- /etc/nginx/：Nginx 配置路径。
- /var/run/nginx.pid：PID 目录。
- /var/log/nginx/error.log：错误日志。
- /var/log/nginx/access.log：访问日志。
- /usr/share/nginx/html：默认站点目录。

在管理过程中，可以通过 Nginx 配置路径来查找这些文件或目录所在的位置，其他文件或目录的路径也可以在/etc/nginx/nginx.conf 以及/etc/nginx/conf.d/default.conf 中查询到。

STEP 3   配置系统防火墙，打开 Nginx 服务的默认端口。CentOS 7 默认关闭 80 端口，可以通过 firewall-cmd 配置命令来实现。运行以下命令以允许 HTTP 和 HTTPS 通信：

```
[root@localhost ~]# firewall-cmd --permanent --zone=public --add-service=http
success
[root@localhost ~]# firewall-cmd --permanent --zone=public --add-service=https
success
[root@localhost ~]# firewall-cmd --reload
success
[root@localhost ~]# firewall-cmd --list-services            查看防火墙开放的服务
dhcpv6-client http ssh https
```

STEP 4   配置完之后重新启动系统防火墙服务：

```
[root@localhost ~]# systemctl restart firewalld.service
```

通过命令把 Nginx 服务加入系统自动启动服务中：

```
[root@localhost ~]# systemctl enable nginx.service
Created symlink from /etc/systemd/system/multi-user.target.wants/nginx.service to
/usr/lib/systemd/system/nginx.service.
```

通过 systemctl start nginx 启动 Nginx 服务：

```
[root@localhost ~]#systemctl start nginx
```

查看 80 端口的监听情况：

```
[root@localhost ~]# netstat -lnp | grep 80
tcp          0      0 0.0.0.0:80              0.0.0.0:*               LISTEN      11141/nginx: master
```

STEP 5 配置 Web 虚拟主机站点（假设使用/usr/share/nginx/webtest 目录下的文档）。创建网站的目录结构及测试用的页面文件：

```
[root@localhost ~]# cd /usr/share/nginx
[root@localhost nginx]# mkdir webtest              建立虚拟主机网站目录
[root@localhost nginx]# echo "nginx.test.com" > /usr/share/nginx/webtest/index.html    建立测试页面
```

配置虚拟主机，编辑/etc/nginx/conf.d/default.conf 文件，在文件的最后加入下面的内容：

```
[root@localhost nginx]# vim /etc/nginx/conf.d/default.conf       添加如下内容
server {
        listen          80;
        listen          [::]:80;              监听IPv6地址的80端口
        server_name     nginx.test.com;
        access_log      /var/log/nginx/access.log    main;
        location / {
            root     /usr/share/nginx/webtest;
            index    index.html index.htm;
        }
    }
```

使用 systemctl restart nginx 重新启动 Nginx 服务。

STEP 6 为了确保 Win10 虚拟机正确解析 Nginx 虚拟主机的域名，需要修改 Win10 的 hosts 文件，在文件末尾添加一行内容：

```
2001:da8:1005:1000::163 nginx.test.com
```

使用 Linux-Nginx 虚拟机的 IPv4 地址替换上文中的 IPv6 地址也可以实现相同的效果。

STEP 7 测试。在 Win10 中打开 360 安全浏览器，在地址栏输入 nginx.test.com，可以成功访问，如图 9-28 所示。

图 9-28　通过域名访问来测试 Nginx 的 Web 服务

不要清除该实验配置，实验 9-11 需要在此实验基础上继续。

实验 9-7　在 Windows Server 2016 下配置 IPv6/IPv4 双栈虚拟主机

在 EVE-NG 中打开"Chapter 09"文件夹中的"9-2 Webserver"网络拓扑，读者也可以在自己的 Winserver-IIS 服务器或者虚拟机上完成。通过本实验，读者不仅能知道如何在 Windows Server 2016 下安装、配置 IIS，还能了解 Windows Server 2016 的虚拟主机配置。本实验主要完成以下功能：

- 在 Windows Server 2016 系统下安装、配置 IIS；
- IIS 基于双栈的虚拟主机配置；
- 访问测试。

STEP 1　开启拓扑图中的 Win10 和 Winserver-IIS 虚拟机。为 Winserver-IIS 配置静态 IP 地址，分别将系统的 IPv4 和 IPv6 地址修改为 172.18.1.164 和 2001:da8:1005:1000::164。为 Winserver-IIS 安装 IIS，详见"实验 2-1"的 STEP7。

STEP 2　在 C 盘建立 www 文件夹，打开记事本工具，在记事本中输入"iis.test.com"，另存为 index.html 文件，"保存类型"选择"所有文件"，如图 9-29 所示。

STEP 3　打开"Internet Information Services (IIS)管理器"窗口，右击"网站"，从快捷菜单中选择"添加网站"，如图 9-30 所示。

图 9-29　在 Windows Server 2016 中建立网站目录和页面

图 9-30　添加网站

首先添加 IPv4 虚拟机站点，按照图 9-31 所示进行填写。

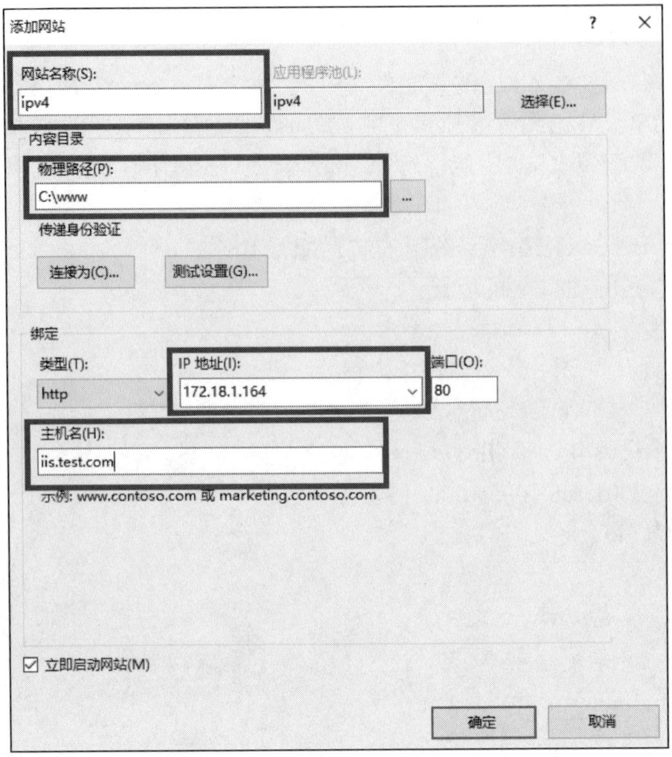

图 9-31　添加 IPv4 虚拟机站点

继续添加 IPv6 虚拟机站点，按照图 9-32 所示进行填写。

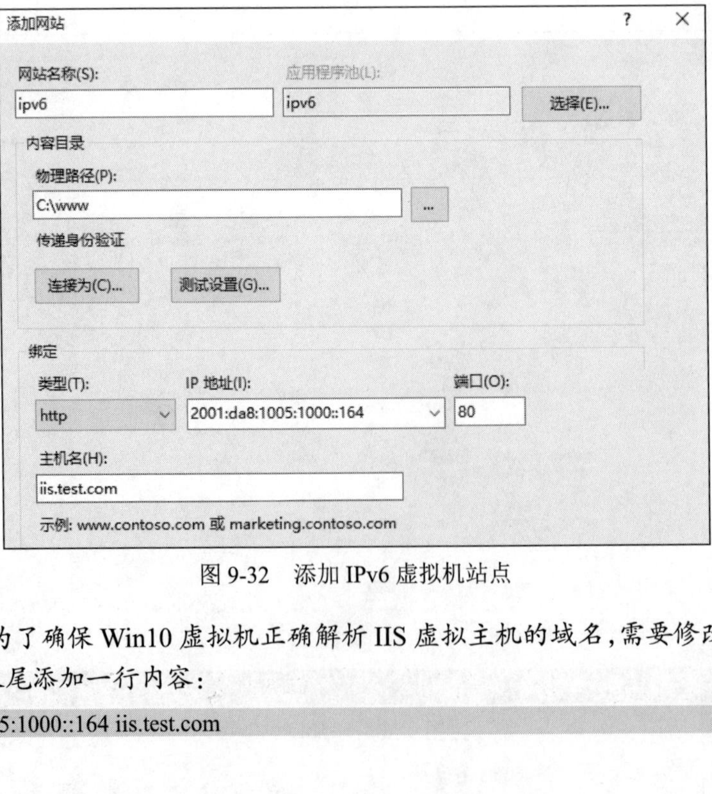

图 9-32　添加 IPv6 虚拟机站点

STEP 4　为了确保 Win10 虚拟机正确解析 IIS 虚拟主机的域名，需要修改 Win10 的 hosts 文件，在文件末尾添加一行内容：

```
2001:da8:1005:1000::164 iis.test.com
```

使用 Winserver-IIS 虚拟机的 IPv4 地址替换上文中的 IPv6 地址也可以实现相同的效果。

STEP 5 测试。在 Win10 中打开 360 安全浏览器，在地址栏中输入 iis.test.com，可以成功打开网页。从实验中可以看出，具有 IPv4 和 IPv6 的双栈主机可以分别建立 IPv4 和 IPv6 虚拟主机站点，并把两个站点指向同一个网站目录。如果服务器只有一个 IPv4 地址和一个 IPv6 地址，可以用更简单的办法，即在建立主机网站时，默认不绑定任何 IPv4 地址和 IPv6 地址，这样网站就默认同时支持 IPv4/IPv6 的双栈访问了。

在 Internet Information Services (IIS)管理器中删除刚才建立的 IPv4 和 IPv6 站点，重新添加一个站点，在"IP 地址"下拉列表中选择"全部未分配"，如图 9-33 所示。在 Win10 中再次测试访问 iis.test.com，可以成功访问。

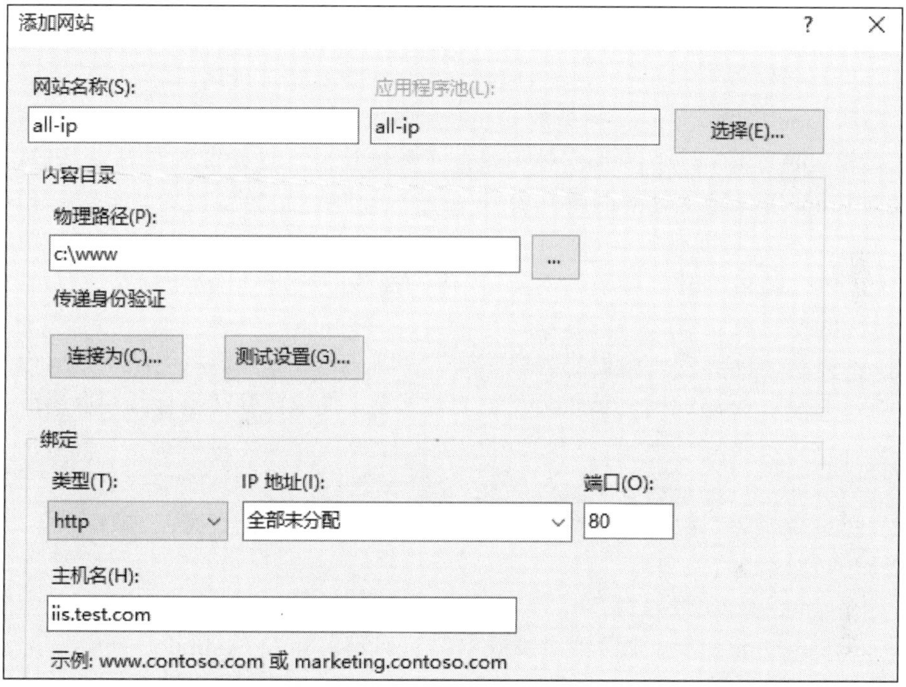

图 9-33　重新添加站点

不要清除该实验配置，实验 9-11 需要在此实验基础上继续。

9.3　FTP 应用服务

文件传输协议（File Transfer Protocol，FTP）是早期的 TCP/IP 应用协议之一，是一种基于 C/S 结构的双通道协议。目前，在互联网上可以作为 FTP 服务器的软件有很多，比如 WU-FTPD、ProFTPD、PureFTPd、Serv-U、IIS 等。除了 FTP 服务器软件，还有很多 FTP 客户端软件，例如在 Linux 平台上的 FTP 客户端工具有 ftp、lftp、lftpget、wget、curl 等。在 Windows 上也有很多的图形界面客户端，如 CuteFTP、FlashFXP、LeapFTP 等。可以通过浏览器或资源管理器直接访问 FTP 服务器。

FTP 服务器默认使用 20、21 端口，其中端口 20（FTP 处于主动模式时服务器使用的数据端口，FTP 处于被动模式时服务器使用的数据端口不固定）用于进行数据传输，端口 21（命令端口）用于接受客户端发出的相关 FTP 命令与参数。FTP 服务器普遍部署于局域网中，具有容易搭建、方便管理的特点，有些 FTP 客户端工具还可以支持文件的多点下载以及断点续传技术。

vsftpd 服务器是 Linux 下普遍使用的 FTP 服务器端软件，大部分 Linux 发行版默认带有 vsftpd 服务器软件，该软件具有很高的安全性和传输速度。

vsftpd 主要有以下 3 种认证模式。

- **匿名开放模式**：是一种最不安全的认证模式，任何人都可以无须密码验证而直接登录。
- **本地用户模式**：是利用 Linux 系统本地的账户、密码信息进行认证的模式；它比匿名开放模式更安全，而且配置起来更简单。
- **虚拟用户模式**：是这 3 种模式中最安全的一种认证模式，它需要为 FTP 服务单独建立用户数据库文件，并虚拟出用来进行密码认证的账户信息，而这些账户信息在服务器系统中是不存在的，仅供 FTP 服务程序进行认证使用。

在早期的 Linux 软件版本中，默认的 vsftpd 服务器配置一般不支持 IPv6 访问，需要 vsftpd 服务器进行相应的配置，使 FTP 服务器可以监听和接受来自 IPv6 地址的访问与连接。

首先，以 root 用户登录 vsftpd，然后打开 vsftpd.conf 配置文件，该文件通常位于/etc/vsftpd 目录中。

（1）注释掉 vsftpd.conf 文件中的下面这一行（即在这一行前面加#号）：

```
listen=yes
```

注意，此步骤非常重要，必须注释掉该行，否则 vsftpd 服务器将无法正常运行。

（2）将下面这一行添加到 vsftpd.conf 中，若配置文件中已存在该行，则取消前面的注释符号#即可：

```
listen_ipv6=yes
```

至此 vsftpd 服务器已经同时支持 IPv6 与 IPv4 的双栈访问了（前提是操作系统是双栈的，否则就是 IPv6 单栈的）。

（3）重新启动 vsftpd 服务器。

使用 service vsftpd restart 命令或者新版本的 systemctl restart vsftpd 命令重新启动服务。

不同的 Linux 发行版重新启动服务的命令可能不一样，请根据自己的服务器环境确定即可。

在实验 9-8 中，如果读者使用的是 EVE 环境的 CentOS 7 镜像并下载了 vsftpd 3.0.2 服务器软件，则不需要执行上述步骤。

实验 9-8　在 CentOS 7 下配置 vsftpd FTP 双栈服务

本实验通过在 CentOS 7 下安装 vsftpd，来配置 IPv4 和 IPv6 双栈网络环境下的 FTP 服务。本实验实现以下功能：

- 在 Linux CentOS 7 系统下安装 vsftpd 软件；
- vsftpd 服务的常用配置；
- 系统防火墙对 FTP 服务的配置；
- 通过 Win10 测试 FTP 的双栈解析。

安装、配置和测试步骤如下。

STEP 1　在 EVE-NG 中打开 "Chapter 09" 文件夹中的 "9-3 Ftpserver"，如图 9-34 所示。开启 Win10 和 Linux-Ftp 虚拟机。为便于后面测试，修改/etc/sysconfig/network-scripts/ifcfg-ens33 配置文件，为 Linux-Ftp 虚拟机配置 IPv4 和 IPv6 地址，分别将系统的 IPv4 和 IPv6 地址修改为

172.18.1.171 和 2001:da8:1005:1000::171，然后通过 systemctl restart network 命令重新启动网络服务(修改网卡方法参考实验5-1)。将 Win10 的 IPv4 和 IPv6 地址分别配置为 172.18.1.170 和 2001:da8:1005:1000::170。

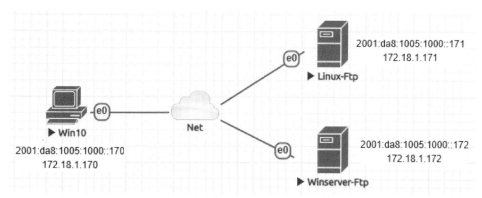

图 9-34　FTP 双栈实验拓扑图

STEP 2　在终端输入 yum install -y vsftpd 命令并按 Enter 键，这个命令会让系统通过 yum 方式连接到外网的应用服务器来安装与 vsftpd 相关的所有软件，"-y"表示当安装过程提示选择时全部为"yes"。请确保本机系统能够连接和访问外网，运行后屏幕会显示大量的安装信息，软件安装成功后会出现"Complete!"字样。

```
[root@localhost ~]# yum install -y vsftpd
Loaded plugins: fastestmirror
Repodata is over 2 weeks old. Install yum-cron? Or run: yum makecache fast
base                                    | 3.6 KB    00:00:00
extras                                  |   4 KB    00:00:00
updates                                 | 3.4 KB    00:00:00
(1/4): base/7/x86_64/group_gz           | 166 KB    00:00:00
(2/4): extras/7/x86_64/primary_db       | 205 KB    00:00:00
(3/4): base/7/x86_64/primary_db         | 6.0 MB    00:00:01
(4/4): updates/7/x86_64/primary_db      | 6.4 MB    00:00:07
…… …
Installed:
vsftpd.x86_64 0:3.0.2-25.el7
Complete!
```

安装完成后，可以通过 rpm -qi vsftpd 命令查看安装好的 vsftpd 的信息。

系统会自动联网更新和下载 vsftpd 所需要的软件包，并自动安装，同时在 Linux 系统中自动建立 vsftpd 用户，用于启动 FTP 服务进程。安装成功后会在/etc 下面生成 vsftpd 目录。

STEP 3　修改防火墙和 SELinux 配置，打开 FTP 应用服务端口和目录权限：

```
[root@localhost ~]# firewall-cmd --list-services              查看防火墙允许的服务
dhcpv6-client ssh
[root@localhost ~]# firewall-cmd --add-service=ftp --permanent    永久开放 FTP 服务
success
[root@localhost ~]# firewall-cmd --add-port=20/tcp --permanent   允许外网访问 20 端口
success
[root@localhost ~]# firewall-cmd --add-port=21/tcp --permanent   允许外网访问 21 端口
```

```
success
[root@localhost vconf]# firewall-cmd --zone=public --add-port=40000-40999/tcp --permanent
success
[root@localhost ~]# firewall-cmd --reload          重新载入防火墙配置
success
[root@localhost vconf]#firewall-cmd --list-services
ftp dhcpv6-client ssh
```

列出与 FTP 相关的设置。以下是显示出来的权限，off 表示关闭权限，on 表示打开权限。将包含 tftp_home_dir 和 ftpd_full_access 相关的项都设置为 1。

```
[root@localhost ~]# getsebool -a | grep ftp
ftpd_anon_write --> off
ftpd_connect_all_unreserved --> off
ftpd_connect_db --> off
ftpd_full_access --> off
ftpd_use_cifs --> off
ftpd_use_fusefs --> off
ftpd_use_nfs --> off
ftpd_use_passive_mode --> off
httpd_can_connect_ftp --> off
httpd_enable_ftp_server --> off
tftp_anon_write --> off
tftp_home_dir --> off
```

通过命令配置 SELinux，设置 FTP 权限：

```
[root@localhost ~]# setsebool –P ftpd_full_access 1
[root@localhost ~]# setsebool -P allow_ftpd_anon_write 1
[root@localhost ~]# setsebool -P tftp_home_dir 1
[root@localhost ~]# setsebool -P ftpd_connect_all_unreserved 1
```

大部分情况下，在访问 FTP 时会被 SELinux 拦截，可以关闭该服务。方式如下：

```
[root@localhost ~]# setenforce 0          暂时让 SELinux 进入 permissive 模式
```

如果要彻底关闭 SELinux 服务，可以通过修改配置文件来实现：

```
[root@localhost ~]# vim /etc/selinux/config
# SELINUX=enforcing          在 SELINUX=enforcing 这行最前面加#，将其注释掉
SELINUX=disabled             增加该行
```

修改完成后保存，重启系统后生效。

STEP 4　修改 vsftpd 默认配置文件/etc/vsftpd/vsftpd.conf：

```
[root@localhost ~]# vim /etc/vsftpd/vsftpd.conf
:set number                                   显示文件行号，便于定位修改
anonymous_enable=NO                           修改 12 行，关闭匿名访问
anon_mkdir_write_enable=YES                   修改 33 行，去掉前面的注释 "#"，允许建立目录
chown_uploads=YES                             修改 48 行，去掉前面的注释 "#"，允许文件上传
async_abor_enable=YES                         修改 72 行，去掉前面的注释 "#"
ascii_upload_enable=YES                       修改 83 行，去掉前面的注释 "#"
ascii_download_enable=YES                     修改 84 行，去掉前面的注释 "#"
ftpd_banner=Welcome to blah FTP service.      修改 87 行，去掉前面的注释 "#"
```

```
chroot_local_user=YES
use_localtime=YES
listen_port=21
idle_session_timeout=300
guest_enable=YES
guest_username=vsftpd
user_config_dir=/etc/vsftpd/vconf
data_connection_timeout=1
virtual_use_local_privs=YES
pasv_min_port=40000
pasv_max_port=40010
accept_timeout=5
connect_timeout=1
allow_writeable_chroot=YES
```

修改 101 行，去掉前面的注释 "#"
添加本行和后续的内容到 vsftpd.conf 末尾

STEP 5 创建并编辑虚拟用户文件和 FTP 测试账号：

```
vim /etc/vsftpd/virtusers
```

第一行为用户名，第二行为密码。不能使用 root 作为用户名：

```
ftptest
eve123
```

设定 PAM 验证文件，并指定对虚拟用户数据库文件进行读取：

```
[root@localhost ~]# db_load -T -t hash -f /etc/vsftpd/virtusers /etc/vsftpd/virtusers.db
[root@localhost ~]# chmod 600 /etc/vsftpd/virtusers.db
```

修改/etc/pam.d/vsftpd 文件，修改前先备份：

```
[root@localhost ~]# cp /etc/pam.d/vsftpd /etc/pam.d/vsftpd.bak
[root@localhost ~]# vi /etc/pam.d/vsftpd
```

先将配置文件中原有的 auth 及 account 的所有配置行注释掉，修改后文件内容如下：

```
#%PAM-1.0
session     optional     pam_keyinit.so      force revoke
#auth       required     pam_listfile.so item=user sense=deny file=/etc/vsftpd/ftpusers onerr=succeed
#auth       required     pam_shells.so
#auth       include      password-auth
#account    include      password-auth
session     required     pam_loginuid.so
session     include      password-auth
auth sufficient /lib64/security/pam_userdb.so db=/etc/vsftpd/virtusers
account sufficient /lib64/security/pam_userdb.so db=/etc/vsftpd/virtusers
```

新建系统用户 vsftpd，用于 FTP 用户目录权限控制，目录为/home/vsftpd，用户登录终端设为/bin/false（即不能登录系统）：

```
[root@localhost ~]# useradd vsftpd -d /home/vsftpd -s /bin/false
[root@localhost ~]# chown -R vsftpd:vsftpd /home/vsftpd
```

建立虚拟用户个人配置文件，同时建立一个测试用户账号 ftptest：

```
[root@localhost ~]# mkdir /etc/vsftpd/vconf
[root@localhost ~]# cd /etc/vsftpd/vconf
[root@localhost vconf]# touch ftptest              建立虚拟用户 ftptest 配置文件
```

编辑 ftptest 用户配置文件，内容如下（其他用户配置文件与之类似）：

```
[root@localhost ~]# vi ftptest
local_root=/home/vsftpd/ftptest/
write_enable=YES
anon_world_readable_only=NO
anon_upload_enable=YES
anon_mkdir_write_enable=YES
anon_other_write_enable=YES
```

建立 ftptest 用户根目录：

```
[root@localhost vconf]# mkdir -p /home/vsftpd/ftptest/
[root@localhost vconf]# mkdir /home/vsftpd/ftptest/testfile        测试文件夹
[root@localhost vconf]# chmod -R 777 /home/vsftpd/ftptest/testfile    设置权限
```

STEP 6　将 FTP 服务加到自动启动项中，并开放 vsftpd 服务和修改系统防火墙配置：

```
[root@localhost vconf]# systemctl enable vsftpd.service
Created symlink from /etc/systemd/system/multi-user.target.wants/vsftpd.service to
/usr/lib/systemd/system/vsftpd.service.
[root@localhost ~]# systemctl start vsftpd
[root@localhost ~]# firewall-cmd --reload
success
```

查看系统防火墙已经开放的服务，确认防火墙已经开放 FTP 服务：

```
[root@localhost ~]# firewall-cmd --zone=public --permanent --list-services
ftp        dhcpv6-client            dns
```

STEP 7　测试。在 Win10 中，双击桌面上的"此电脑"图标，在"此电脑"窗口的地址栏中输入 ftp://172.18.1.171/，然后按 Enter 键，系统会弹出输入用户名和密码的窗口，在"用户名"中输入 ftptest，在"密码"中输入 eve123，然后单击"登录"按钮，如图 9-35 所示。

图 9-35　登录 FTP 服务器

FTP 服务器登录成功，如图 9-36 所示。可以双击 testfile 文件夹，然后测试文件或文件夹的上传、下载和删除等操作。

图 9-36　IPv4 成功登录 FTP 服务器

继续通过 IPv6 地址访问 FTP 服务器，在地址栏输入 ftp://[2001:da8:1005:1000::171]，同样会弹出登录框，输入用户名和密码后，可以成功登录，如图 9-37 所示。

图 9-37　IPv6 成功登录 FTP 服务器

实验 9-9　在 Windows Server 2016 下配置 IPv6 FTP 双栈服务

在 EVE-NG 中打开"Chapter 09"文件夹中的"9-3 Ftpserver"网络拓扑。通过本实验，读者不仅能知道如何在 Windows Server 2016 上安装、配置 FTP 服务，还能了解 Windows Server 2016 针对 FTP 服务如何配置防火墙和进行 FTP 的双栈配置。本实验主要完成以下功能：

● 在 Windows Server 2016 系统下配置 FTP 组件；
● FTP 基于双栈的文件传输服务配置；
● 系统防火墙的配置；
● 通过 Win10 访问测试。

STEP 1　开启网络拓扑中的 Win10 和 Winserver-Ftp 虚拟机，按图 9-34 所示给两台虚拟机配置 IPv4 和 IPv6 地址。在 Winserver-Ftp 的"服务器管理器"中单击"添加角色和功能"，然后一直单击"下一步"按钮，在"服务器角色"中选择"Web 服务器（IIS）"，然后继续单击"下一步"按钮，直至出现图 9-38 所示的"选择角色服务"界面，然后选中"FTP 服务器""FTP 服务""FTP 扩展"复选框，继续单击"下一步"按钮，直至 FTP 服务安装完成。

图 9-38　安装 FTP 服务

STEP 2　在 Winserver-Ftp 服务器的 C 盘目录下建立 Ftproot 文件夹，在 Ftproot 文件夹中再建一个 test 文件夹。在 Winserver-Ftp 服务器上，单击"服务器管理器"的菜单"工具"→"Internet Information Services (IIS)管理器"，打开"Internet Information Services (IIS)管理器"窗口，右击"网站"，从快捷菜单中选择"添加 FTP 站点"，如图 9-39 所示。

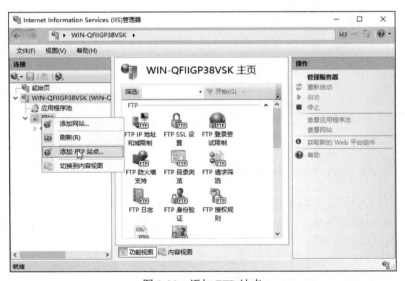

图 9-39　添加 FTP 站点

　　在打开的"添加 FTP 站点"对话框的"FTP 站点名称"中输入 Ftproot，"内容目录"中的"物理路径"选择"C:\Ftproot"，如图 9-40 所示。
　　单击"下一步"按钮，打开图 9-41 所示的"绑定和 SSL 设置"对话框，从"IP 地址"下拉列表中选择服务器的 IPv4 地址或"全部未分配"（下拉列表中没有出现服务器的 IPv6 地址，Windows Server 2016 还有待进一步完善。若是仅使用某个 IPv6 地址，这里就需要手动输入，比如[2001:da8:1005:1000::172]，这里需要用中括号把 IPv6 地址括起来）。"全部未分配"指的是服务器所有的 IPv4 和 IPv6 地址，只要没有被分配给其他 FTP 站点使用，本站点都可以使用。这里保持默认的"全部未分配"。除在"SSL"区域中选中"无 SSL"单选按钮,其他都保持默认设置,并单击"下一步"按钮。

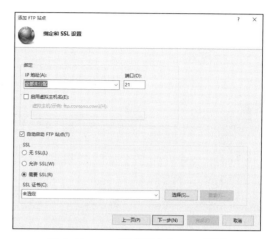

图 9-40　添加 FTP 站点信息　　　　　图 9-41　FTP 服务绑定和 SSL 设置

在"身份验证和授权信息"对话框中,按照图 9-42 所示进行设置。在"身份验证"区域中选中"匿名"复选框,"授权"区域的"允许访问"下拉列表中选中"匿名用户","权限"区域中选中"读取"复选框。最后单击"完成"按钮,完成 FTP 站点的添加。

STEP 3　配置防火墙。在 Winserver-Ftp 防火墙开启的情况下,需要专门开放 FTP 服务。单击"服务器管理器"的菜单"工具"→"高级安全 Windows 防火墙",打开"高级安全 Windows 防火墙"窗口,新建一条"入站规则",在"规则类型"对话框中选中"协议和端口"单选按钮,单击"下一步"按钮。"协议和端口"对话框的设置如图 9-43 所示:选中"TCP"单选按钮和"特定本地端口"单选按钮,在"特定本地端口"后的文本框中输入 21。单击"下一步"按钮,在"操作"对话框中选中"允许连接"单选按钮;单击"下一步"按钮,在"配置文件"对话框中保持默认的"选中所有网络类型";单击"下一步"按钮,在"名称"对话框的"名称"文本框中输入一个直观的名字,比如 ftpservice。

图 9-42　FTP 身份验证和授权信息　　　　图 9-43　防火墙配置 FTP 端口

STEP 4　测试。在 Win10 的资源管理器地址栏中输入 ftp://[2001:da8:1005:1000::172],然后按 Enter 键,结果如图 9-44 所示。

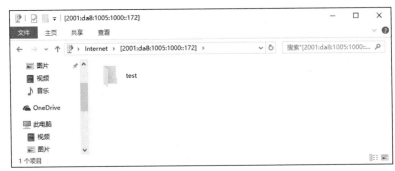

图 9-44　测试 FTP 服务

至此，完成 FTP 服务的搭建和测试。Windows Server 自带的 FTP 服务功能较弱，生产环境中使用 Serv-U 较多，感兴趣的读者可以自行测试。

9.4　数据库应用服务

9.4.1　主流数据库服务软件简介

目前主流的数据库服务软件主要有 MySQL、PostgreSQL、Microsoft SQL Server 和 Oracle 等。

1．MySQL

MySQL 是一个开放源码的关系数据库管理系统，原开发者为瑞典的 MySQL AB 公司，该公司于 2008 年被 Sun 公司收购。2009 年，Oracle 公司收购 Sun 公司，MySQL 成为 Oracle 旗下产品。

MySQL 由于性能高、成本低、可靠性好等优点，被广泛应用在 Internet 上的中小型网站中。随着 MySQL 的不断成熟，它也逐渐被用于更多大规模的网站和应用中。

2．PostgreSQL

PostgreSQL 是一个起源于加州大学伯克利分校的开源数据库管理系统，它功能强大、特性丰富、结构复杂，其中有些特性甚至连商业数据库都不具备。PostgreSQL 现已成为一项国际开发项目，在海外拥有广泛的用户群，目前国内用户也越来越多。

3．Microsoft SQL Server

SQL Server 是 Microsoft 开发的一个关系数据库管理系统（RDBMS）。由于微软系统的用户较多，它也是世界上常用的数据库。

4．Oracle

Oracle 数据库系统是美国 Oracle 公司提供的以分布式数据库为核心的一组软件产品，是目前非常流行的客户端/服务器（Client/Server，C/S）或浏览器/服务器（Browser/Server，B/S）体系结构的数据库之一。

Oracle 数据库是目前世界上使用广泛的数据库管理系统。作为一个通用的数据库，它具有完整的数据管理功能；作为一个关系数据库，它是一个关系完备的产品；作为一个分布式数据库，它实现了分布式处理功能。

9.4.2　MySQL 数据库的 IPv6 配置

MySQL 服务器在单个网络套接字上侦听 TCP/IP 连接。该套接字绑定到单个地址，但地址可能映射到多个网络接口。要指定地址，请在 MySQL 服务器启动时使用下述选项：

```
--bind-address = IP 地址
```

其中，IP 地址可以是 IPv4 地址、IPv6 地址或主机名。如果是主机名，则服务器将主机名解析为 IP 地址并绑定到该地址。

服务器可以处理以下不同类型的地址。

- 如果地址是*，则服务器接受所有服务器主机 IPv6 和 IPv4 接口上的 TCP/IP 连接；该值是默认值。

- 如果地址是 0.0.0.0，则服务器接受所有服务器主机 IPv4 接口上的 TCP/IP 连接。

- 如果地址是::，则服务器接受所有服务器主机 IPv4 和 IPv6 接口上的 TCP/IP 连接。

- 如果地址是内嵌 IPv4 的 IPv6 映射地址，则服务器接受 IPv4 或 IPv6 格式的该地址的 TCP/IP 连接。例如，如果服务器绑定 ::ffff:192.168.1.2，客户端可以使用 --host=192.168.1.2 或连接 --host=::ffff:192.168.1.2。

- 如果地址是"常规" IPv4 或 IPv6 地址（如 192.168.1.2 或 2001:da8:1005:1000::2），则服务器仅接受该 IPv4 或 IPv6 地址的 TCP/IP 连接。

可以将服务器绑定到特定地址，但要确保 MySQL.user 授权表中包含一个可连接到该地址且具有管理权限的账户，否则将无法关闭服务器。比如，绑定了服务器*，则可以使用所有账户连接到该服务器；绑定了服务器 2001:da8:1005:1000::2，则只接受该地址上的连接。

实验 9-10　在 CentOS 7 下配置 MySQL 数据库双栈服务

在 EVE-NG 中打开"Chapter 09"文件夹中的"9-4 MySQL"网络拓扑，如图 9-45 所示。读者也可以在自己的 Linux CentOS 7 服务器或者虚拟机上完成。通过本实验，读者不仅能知道如何在 Linux 上安装、配置 MySQL 服务，还能了解 CentOS 7 如何针对数据库服务进行防火墙配置，以及一些常用的数据库命令。本实验主要完成以下功能：

- 在 Linux CentOS 7 系统下安装、配置 MySQL 数据库软件；
- 系统防火墙对 MySQL 的配置；
- 配置 MySQL 的 IPv6 连接；
- 远程测试。

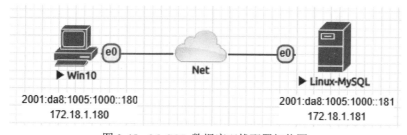

图 9-45　MySQL 数据库双栈配置拓扑图

安装、配置和测试步骤如下。

STEP 1 开启图 9-45 中的 Win10 和 Linux-MySQL 虚拟机。为便于后面的测试，修改 /etc/sysconfig/network-scripts/ifcfg-ens33 配置文件，为 Linux-MySQL 虚拟机配置静态的 IPv4 和 IPv6 地址（172.18.1.181 和 2001:da8:1005:1000::181），然后通过 systemctl restart network 命令重新启动网络服务（修改网卡方法参考实验 5-1）。将 Win10 的 IPv4 和 IPv6 地址分别配置为 172.18.1.180 和 2001:da8:1005:1000::180。

STEP 2 安装 MySQL 数据库。由于在 CentOS 7 中，默认的数据库已更新为 MariaDB，而非 MySQL，所以执行 yum install mysql 命令只是更新 MariaDB 数据库，并不会安装 MySQL。因此需要先卸载 MariaDB 数据库。

查看已安装的 MariaDB 数据库的版本：

```
[root@localhost ~]# rpm -qa | grep -i mariadb
mariadb-libs-5.5.52-1.el7.x86_64
```

卸载已经安装的 MariaDB 数据库软件：

```
[root@localhost ~]# rpm -e --nodeps mariadb-libs-5.5.52-1.el7.x86_64
[root@localhost ~]# rpm -qa | grep -i mariadb          查看卸载是否完成
```

因为系统镜像是最小化安装的，没有 wget 工具，需要先通过 yum 连接外网安装 wget 工具：

```
[root@localhost ~]# yum -y install wget          先安装 wget 工具
oaded plugins: fastestmirror
...
Installed:
  wget.x86_64 0:1.14-18.el7_6.1
Complete!
```

下载 MySQL 的 repo 源文件，安装 mysql-community-release-el7-5.noarch.rpm 包：

```
[root@localhost ~]# wget http://repo.mysql.com/mysql-community-release-el7-5.noarch.rpm
[root@localhost ~]# rpm -ivh mysql-community-release-el7-5.noarch.rpm
Preparing...                          ################################# [100%]
Updating / installing...
1:mysql-community-release-el7-5        ################################# [100%]
```

安装后就可以通过 yum 方式联网安装 mysql-server 及与其相关的软件包，在终端输入命令 yum install -y mysql-server 并按 Enter 键，这个命令会让系统通过 yum 方式连接到外网的应用服务器来安装与 mysql-server 相关的所有软件。"-y"表示当安装过程提示选择时全部为"yes"。确保本机系统能够连接和访问外网，运行后屏幕会显示大量的安装信息，软件安装成功后会出现"Complete!"字样：

```
[root@localhost ~]# yum install -y mysql-server
Loaded plugins: fastestmirror
...
Complete!
```

STEP 3 启动 MySQL 数据库服务。通过 root 用户应该可以登录，默认密码为空：

```
[root@localhost ~]# systemctl enable mysqld          将服务设为自动启动
[root@localhost ~]# systemctl daemon-reload          重载系统服务
[root@localhost ~]# systemctl start mysqld
[root@localhost ~]# mysql -u root
Welcome to the MySQL monitor.   Commands end with ; or \g.
```

```
Your MySQL connection id is 2
Server version: 5.6.44 MySQL Community Server (GPL)
Copyright (c) 2000, 2019, Oracle and/or its affiliates. All rights reserved.
Oracle is a registered trademark of Oracle Corporation and/or its
affiliates. Other names may be trademarks of their respective
owners.
Type 'help;' or '\h' for help. Type '\c' to clear the current input statement.

mysql>quit                    在命令行后输入 quit 退出数据库
Bye
```

修改/etc/my.cnf 配置文件，在[mysqld]选项下增加 bind-address = ::配置，把 bind-address 配置成::可以保证同时支持 IPv4 和 IPv6 的 TCP/IP 连接：

```
[root@localhost ~]# vi /etc/my.cnf
[mysqld]
bind-address=::
```

保存后重新启动 MySQL 数据库服务：

```
[root@localhost ~]# systemctl restart mysqld
```

查看端口的监听情况：

```
[root@localhost ~]# netstat -an | grep 3306
tcp6       0      0 :::3306                :::*                    LISTEN
```

STEP 4 为数据库创建可以远程连接的 IPv6 用户，通过 mysql -u root 命令登录 MySQL 数据库，执行命令"CREATE USER 'ipv6test'@'%' IDENTIFIED BY '123456';"，并给 ipv6test 用户增加执行权限，执行命令"GRANT ALL PRIVILEGES ON *.* TO 'ipv6test'@'%' IDENTIFIED BY '123456' WITH GRANT OPTION;"。

```
[root@localhost ~]# mysql -u root
Welcome to the MySQL monitor.   Commands end with ; or \g.
Your MySQL connection id is 2
Server version: 5.6.44 MySQL Community Server (GPL)
Copyright (c) 2000, 2019, Oracle and/or its affiliates. All rights reserved.
Oracle is a registered trademark of Oracle Corporation and/or its
affiliates. Other names may be trademarks of their respectiveowners.
Type 'help;' or '\h' for help. Type '\c' to clear the current input statement.

mysql> CREATE USER 'ipv6test'@'%' IDENTIFIED BY '123456';
Query OK, 0 rows affected (0.01 sec)
mysql> GRANT ALL PRIVILEGES ON *.* TO 'ipv6test'@'%' IDENTIFIED BY '123456' WITH GRANT OPTION;
Query OK, 0 rows affected (0.00 sec)
mysql>
```

开放数据库服务的防火墙，用于远程连接测试：

```
[root@localhost ~]# firewall-cmd --zone=public --add-port=3306/tcp --permanent
success
[root@localhost ~]# firewall-cmd --reload
success
```

STEP 5 测试。在 Win10 中安装 Navicat for MySQL 数据库管理软件来测试 MySQL 数

371

据库的双栈访问是否成功。可以从配置包"09\navicat121_mysql_cs_x64.exe"找到安装文件，安装后打开软件，单击"连接"→"MySQL"，如图 9-46 所示。

在弹出的"MySQL - 新建连接"对话框中（见图 9-47），在"连接名"文本框中输入 test；在"主机"文本框中输入 2001:da8:1005:1000::181；"端口"保持默认的 3306；在"用户名"和"密码"文本框中分别输入前面建立的用户名 ipv6test 和密码 123456，然后单击"测试连接"按钮，就会提示连接成功的消息框，说明可以支持 IPv6 访问。

图 9-46　通过客户端软件 Navicat for MySQL 连接 MySQL 数据库

图 9-47　通过客户端测试 MySQL 数据库 IPv6 连接

在图 9-47 中，将"主机"地址改成 172.18.1.181，单击"测试连接"按钮，也会提示连接成功的消息框，说明 MySQL 数据库也可以支持 IPv4 访问。

9.5　反向代理技术

反向代理（reverse proxy）技术是指让代理服务器来接受 Internet 上的连接请求，然后将请求转发给内部网络上的服务器，并将从服务器上得到的结果返回给 Internet 上请求连接的客户端，此时代理服务器对外就表现为一个服务器。传统的代理服务器只用于代理内部网络对 Internet 外部网络的连接请求，而且客户端必须指定代理服务器地址，并将本来要直接发送到 Web 服务器上的 HTTP 请求发送到代理服务器；传统的代理服务器不支持外部网络对内部网络的连接请求，因为内部网络对外部网络是不可见的。

反向代理也可以用来为 Web 服务器进行加速或者实现内部服务器的负载均衡，它可以通过在繁忙的 Web 服务器和外部网络之间增加一个高速的 Web 缓冲服务器来降低真实 Web 服务器的负载，也可以将外部对同一台服务器的请求转发到内部不同的服务器来实现负载均衡，提高内部服务器的服务性能。反向代理服务器会强制让外部网络对内部服务器的访问经过它本身，这样反向代理服务器负责接收来自外部网络客户端的请求，然后从源服务器上获取内容，把内容返回给用户，并把内容保存到本地，以便日后再收到同样的信息请求时，可以把本地缓存里的内容直接发给用户，以减少后端 Web 服务器的压力，提高响应速度。

反向代理主要有以下 3 个用途。

- 提高访问速度：可以在内部服务器前放置多台反向代理服务器，分别连接到教育网或者不同的运营商网络，这样从不同网络过来的用户就可以直接通过网内线路访问内网服务器，从而避开了不同网络之间拥挤的链路。
- 充当防火墙：由于来自外网的客户端请求都必须经反向代理服务器访问内部站点，外部网络用户只能看到反向代理服务器的 IP 地址和端口号，内部服务器对于外部网络来说完全不可见。而且反向代理服务器上没有保存任何信息资源，所有的内容都保存在内部服务器上，针对反向代理服务器发起的攻击并不能使真正的信息系统受到破坏，这样就提高了内部服务器的安全性。
- 节约有限的公网 IP 资源：在高校中，校园网内部服务器除了使用教育网地址，还会使用其他运营商的公网 IP 地址对外提供服务，但是运营商分配的 IP 地址数目是有限的，也不可能为每个服务器都分配一个公网地址，而通过反向代理技术很好地解决了 IP 地址不足的问题。

目前，我国在积极推进下一代互联网建设，为了降低 IPv4/IPv6 双栈 Web 服务的部署难度，加快向 IPv6 过渡的进程，可以通过在双栈环境下部署反向代理服务，同时分别监听 IPv4 和 IPv6 服务端口，并结合 DNS 域名配置，来实现支持 IPv4/IPv6 双栈的 Web 服务，使得纯 IPv4 和纯 IPv6 用户均可访问。与其他常用的双栈、网络翻译等过渡机制相比，采用基于双栈的反向代理方式对于 Web 应用的 IPv6 过渡有明显的优势，它无须对现有网络进行任何变更就可以快速部署，而且不需要公网双栈和无状态网络翻译机制所要求的公网地址，还在用户和服务之间增加了隔离屏障，提高了服务的安全性。

Nginx 是一款高性能的反向代理服务器。使用 Nginx 做反向代理有如下优点。

- 工作在网络七层，可以针对 HTTP 应用做一些分流的策略，比如针对域名、目录结构，它的正则规则比 HAProxy 更为强大和灵活，这也是它目前广泛流行的主要原因之一。
- Nginx 对网络稳定性的依赖非常小，理论上只要能 Ping 通就能进行负载功能，这也是它的优势之一。
- Nginx 的安装和配置比较简单，测试起来比较方便，它可以把错误用日志记录下来。
- 可以承担高负载且稳定性好。

实验 9-11　基于 Linux 的 Nginx IPv6 反向代理

在 EVE-NG 中打开"Chapter 09"文件夹中的"9-2 Webserver"网络拓扑，在实验 9-6 和实验 9-7 完成后的基础上继续本实验。通过本实验，读者不仅能知道如何在 Linux 上配置 Nginx 反向代理服务，还能了解 SSL 证书的配置和免费 SSL 的申请方法。本实验主要完成以下功能：

- 在 Linux CentOS 7 系统下配置 Nginx 软件；
- 配置反向代理；
- 配置 SSL 免费证书；
- 配置 IPv4 的被代理站点；
- 远程进行配置、测试。

安装、配置和测试步骤如下。

STEP 1　在拓扑中开启 Win10、Linux-Nginx 和 Winserver-IIS 虚拟机。

STEP 2　修改 Nginx 配置，主要是修改 Nginx 默认的配置文件/etc/nginx/nginx.conf，在

其中加上反向代理的监听端口和跳转的 IP 地址。可以将原文件中的所有内容直接替换成下面的内容：

```
[root@localhost ~]# vim /etc/nginx/nginx.conf
worker_processes   4;

events {
    worker_connections   51200;
}
http {
        server_names_hash_bucket_size 256;
        client_header_buffer_size 256k;
        large_client_header_buffers 4 256k;
        #size limits
        client_max_body_size              50m;
        client_body_buffer_size          256k;
        client_header_timeout        3m;
        client_body_timeout 3m;
        send_timeout                  3m;
        sendfile on;
        tcp_nopush            on;
        keepalive_timeout 120;
        tcp_nodelay on;


    server {
        listen [::]:80;
        server_name www.proxy-test.com;
        index index.html;
        access_log /var/log/access_test.log;
        error_log /var/log/error_test.log;
        location / {
            proxy_set_header Host $host:$server_port;
            proxy_set_header X-Real-IP $remote_addr;
            proxy_set_header REMOTE-HOST $remote_addr;
            proxy_set_header X-Forwarded-For $proxy_add_x_forwarded_for;
            proxy_pass http://172.18.1.164:80/;
        }

    }
}
```

其中粗体显示的 www.proxy-test.com 是客户端要访问的域名，http://172.18.1.164:80/ 是真正的服务器网址。这里也可以使用域名，前提是 Nginx 反向代理服务器要能识别出这个域名。

修改完成后，使用 systemctl restart nginx 命令重启 Nginx 服务，使更改生效。

STEP 3　修改 Winserver-IIS 服务器的网卡配置，取消静态配置的 IPv6 地址或禁用 "Internet

协议版本 6"。服务器不再提供 IPv6 网站服务。

在 Winserver-IIS 服务器的"Internet Information Services (IIS)管理器"中，停止所有已有的网站，重新添加一个测试站点，按照图 9-48 所示进行填写。

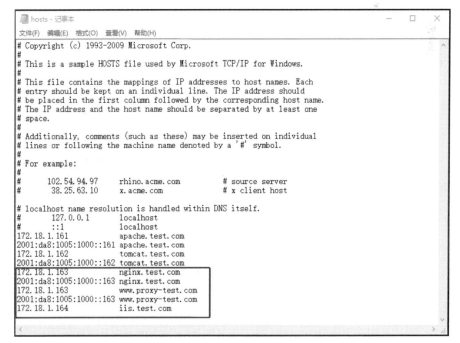

图 9-48　配置 Web 站点

STEP 4　测试。修改 Win10 的 hosts 文件，如图 9-49 所示。

```
# Copyright (c) 1993-2009 Microsoft Corp.
#
# This is a sample HOSTS file used by Microsoft TCP/IP for Windows.
#
# This file contains the mappings of IP addresses to host names. Each
# entry should be kept on an individual line. The IP address should
# be placed in the first column followed by the corresponding host name.
# The IP address and the host name should be separated by at least one
# space.
#
# Additionally, comments (such as these) may be inserted on individual
# lines or following the machine name denoted by a '#' symbol.
#
# For example:
#
#      102.54.94.97     rhino.acme.com          # source server
#       38.25.63.10     x.acme.com              # x client host

# localhost name resolution is handled within DNS itself.
#      127.0.0.1       localhost
#      ::1             localhost
172.18.1.161            apache.test.com
2001:da8:1005:1000::161 apache.test.com
172.18.1.162            tomcat.test.com
2001:da8:1005:1000::162 tomcat.test.com
172.18.1.163            nginx.test.com
2001:da8:1005:1000::163 nginx.test.com
172.18.1.163            www.proxy-test.com
2001:da8:1005:1000::163 www.proxy-test.com
172.18.1.164            iis.test.com
```

图 9-49　修改 Win10 的 hosts 文件

打开 360 安全浏览器，在地址栏输入 www.proxy-test.com，显示如图 9-50 所示。

图 9-50　测试反向代理服务器的访问效果

通过测试可以看出配置的 Nginx 能够支持 IPv6 反向代理功能。若想反向代理能够支持 HTTPS 访问，还需要配置 SSL 证书，实验 9-12 将对此进行演示。

实验 9-12　基于 Windows 的 Nginx IPv6 反向代理

在 EVE-NG 中打开 "Chapter 09" 文件夹中的 "9-5 Nginx-Windows" 网络拓扑，如图 9-51 所示，读者也可以在自己的 Windows 计算机或者虚拟机上完成。通过本实验，读者不仅能知道如何在 Windows 上配置 Ngxin 反向代理服务，还能了解 SSL 证书的配置和免费 SSL 的生成方法。本实验主要完成以下功能：

- 在 Windows 系统下配置 Nginx 软件；
- 配置反向代理；
- 配置生成 SSL 证书；
- 配置 IPv4 的被代理站点；
- 进行配置、测试。

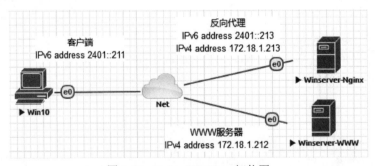

图 9-51　Nginx-Windows 拓扑图

安装、配置和测试步骤如下。

STEP 1 基本配置。开启拓扑图中所有虚拟机，为 Winserver-Nginx 配置地址，分别将系统的 IPv4 和 IPv6 地址配置为 172.18.1.213 和 2401::213，由于该服务器需要联网安装软件，配置 IPv4 的网关 172.18.1.1 和对应的 DNS（软件配置包中也提供了需要下载的软件，读者也可以不用联网下载）。为 Winserver-WWW 仅配置 IPv4 地址 172.18.1.212，网关和 DNS 不用配置，安装 IIS，详见 "实验 2-1" 的 STEP7。为 Win10 禁用 IPv4，配置 IPv6 地址 2401::211，不用配置网关和 DNS，修改 Win10 的 C:\Windows\system32\drivers\etc\hosts 文件，参照图 9-49

所示，在文件的最后插入"2401::213 www.test.com"。

STEP 2 安装 Nginx。Winserver-Nginx 访问 http://nginx.org/en/download.html 站点，下载适合 Windows 系统的 Nginx，如图 9-52 所示。将下载的 nginx-1.22.1.zip 解压到 C 盘根目录，并重命名为 nginx。

图 9-52　下载适合 Windows 系统的 Nginx

在管理员命令行窗口中进入 C:\nginx 目录，并执行 start nginx 命令，如图 9-53 所示，开启 Nginx 服务。打开浏览器窗口，输入 localhost，显示如图 9-54 所示，证明 Nginx 启动正常。

图 9-53　开启 Nginx 服务

图 9-54　Nginx 测试

STEP 3 配置 HTTP 的 IPv6 反向代理。用记事本编辑 C:\nginx\conf\nginx.conf 文件，在文件最后一个括号的前面加入如下内容：

```
server {
        listen    [::]:80;
        server_name        www.test.com;
        location / {
                proxy_pass http://172.18.1.212/;
        }
}
```

保存文件，在图 9-53 的窗口中输入 nginx -s reload 命令，重新加载 Nginx 服务：

```
C:\nginx>nginx -s reload
```

在 Win10 的浏览器中输入 http://www.test.com，可以访问 Winserver-WWW 上安装的 IIS。至此实现了纯 IPv4 的主机向外提供了 IPv6 的 HTTP 服务。

出于安全考虑，接下来演示 Nginx 配置 HTTPS 反向代理的操作。

STEP ④　安装 OpenSSL。OpenSSL 是一个开放源代码的软件库包，应用程序可以使用这个包来进行安全通信，避免窃听，同时确认另一端连接者的身份，有关 SSL 的私钥、公钥和工作原理，本书不做解释，仅进行实验演示，感兴趣的读者可以自行查阅相关资料。双击 Win64OpenSSL_Light-3_1_0.exe（配置包中已提供）进行安装（为了方便命令行窗口中的输入，改变默认的安装路径为 C:\OpenSSL），此时可能会提示缺少 Visual C++组件，如图 9-55 所示，单击"是"按钮，自动下载并安装（自动下载的 VC_redist.x64.exe 文件，配置包中也提供了）。

OpenSSL 安装后会提示 OpenSSL 提供了商业的证书服务，本实验只是演示所用，不用购买。

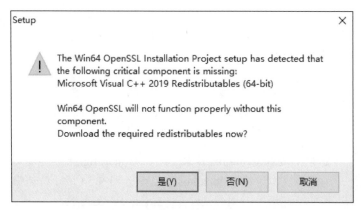

图 9-55　缺少 Visual C++组件

STEP ⑤　生成 HTTPS 证书。在 Winserver-Nginx 上使用下面的命令创建私钥：

```
c:\OpenSSL\bin\openssl genrsa -des3 -out test-back.key 1024
```

在本示例中私钥的名字为 test-back，读者可以根据自身需求替换为合适的私钥名称。输入命令后，软件会提示输入和验证密码，这里输入 123456（记住该密码，后面会用到）。

```
C:\nginx>c:\OpenSSL\bin\openssl genrsa -des3 -out test-back.key 1024
Enter PEM pass phrase:
Verifying - Enter PEM pass phrase:
```

去除私钥中的密码：Nginx 在加载 SSL 支持的上述私钥时需要输入密码，这里删除必须的口令，重命名 test-back.key 为 test.key。在命令行中执行下面的命令：

```
C:\nginx>c:\openssl\bin\openssl rsa -in test-back.key -out test.key
Enter pass phrase for test-back.key:        这里输入前面设置的密码 123456
writing RSA key
```

使用下面的命令创建 csr 证书：

```
C:\nginx>c:\OpenSSL\bin\openssl req -new -key test.key -out test.csr    test.key 文件为刚才生成的文件
Enter pass phrase for test.key:             输入前面的密码 123456
You are about to be asked to enter information that will be incorporated into your certificate request.
```

What you are about to enter is what is called a Distinguished Name or a DN.

There are quite a few fields but you can leave some blank.

For some fields there will be a default value.

If you enter '.', the field will be left blank.

Country Name (2 letter code) [AU]:CN 国家代码

State or Province Name (full name) [Some-State]:JS 省份名称

Locality Name (eg, city) []:NJ

Organization Name (eg, company) [Internet Widgits Pty Ltd]:Test 组织名称

Organizational Unit Name (eg, section) []:NIC 部门名称

Common Name (e.g. server FQDN or YOUR name) []:www.test.com *这里很关键，填的是将来要 HTTPS*
访问的域名

Email Address []:nginx@test.com 管理员邮箱

Please enter the following 'extra' attributes to be sent with your certificate request.

A challenge password []:123456 *握手密码，继续填 123456*

An optional company name []:test *可选的公司名称，此处填写为 test 作为例子*

生成 crt 证书，执行如下命令：

C:\nginx>c:\OpenSSL\bin\openssl x509 -req -days 365 -in test.csr -signkey test.key -out test.crt *这里*
的 test.key 和 test.csr 是前面生成的文件，一起再生成 test.crt 文件

Signature ok

subject=C = CN, ST = JS, L = NJ, O = Test, OU = NIC, CN = www.test.com, emailAddress =nginx@test.com

Getting Private key

至此，证书生成完毕，在 C:\nginx 文件夹中可以看到生成的证书文件：test.crt 和 test.key。

STEP 6 修改 Nginx 配置以支持 HTTPS。用记事本编辑 C:\nginx\conf\nginx.conf 文件，在文件最后一个括号的前面加入如下内容：

```
server {
        listen    [::]:443 ssl;
        server_name        www.test.com;
        ssl_certificate        C://nginx//test.crt;        证书所在位置
        ssl_certificate_key   C://nginx//test.key;        证书所在位置
        location / {
                proxy_pass http://172.18.1.212/;
        }
}
```

执行 nginx -s reload 命令，重新加载 Nginx 服务。在 Win10 的浏览器中输入 https://www.test.com，可以安全地访问 Winserver-WWW 上提供的 WWW 服务。至此实现了纯 IPv4 的主机向外提供了 IPv6 的 HTTP 和 HTTPS 服务。

STEP 7 配置 HTTP 到 HTTPS 的自动跳转。Nginx 既然提供了 HTTPS 的服务，就可以停止不安全的 HTTP 服务了，但直接关停 HTTP 服务将导致用户在每次访问站点时需要手动输入 https 加域名，不够人性化，因此需要配置 HTTP 到 HTTPS 的自动跳转。把 STEP3 中的内容，替换成下面的内容：

```
server{
    listen [::]:80;
```

```
server_name www.test.com;
rewrite ^(.*)$   https://www.test.com permanent;
}
```

在 Win10 的浏览器中输入 http://www.test.com，可以自动跳转到 https://www.test.com。

STEP 8　安全和优化。可以访问 Winserver-Nginx 服务器的 C:\nginx\log\access.txt 文件查看访问日志。每次开机都需要手动运行 Windows 中的 nginx.exe 文件，很不方便，这里介绍一种开机自动运行的方法。在 Windows 的运行栏中输入"gpedit.msc"，打开"本地组策略编辑器"→"计算机配置"→"Windows 设置"→"脚本（启动/关机）"，如图 9-56 所示。

双击"启动"，打开"启动 属性"对话框，单击"添加"按钮，输入"C:\nginx\nginx.bat"，如图 9-57 所示。nginx.bat 是一个批处理文件，内容如下：

```
cd c:\nginx
start nginx
```

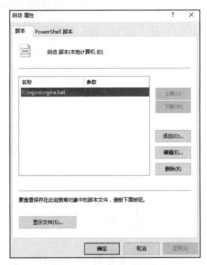

图 9-56　添加启动程序　　　　　　　　　　　　图 9-57　配置启动脚本

至此，完成了 Windows 平台上的 Nginx IPv6 HTTPS 的配置。在真实环境中，只需把这里的证书换成商业证书即可。